莫斯科智力游戏

359道数学趣味题

[俄罗斯] Б.А.柯尔捷姆斯基◎著
刘萌◎译

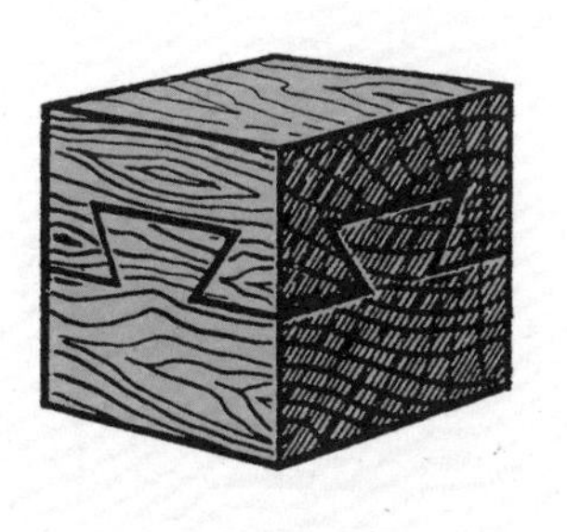

北方文艺出版社

黑版贸审字 08-2022-054号
原书名：The Moscow Puzzles:359 Mathematical Recreations by Boris A. Kordemesky
Edited and with an introduction by Martin Gardner
Translated by Albert Parry
Dover Publications, Inc. 1992

图书在版编目（CIP）数据

莫斯科智力游戏：359道数学趣味题 / (俄罗斯) 柯尔捷姆斯基著；刘萌译. -- 哈尔滨：北方文艺出版社，2023.6
ISBN 978-7-5317-5888-4

Ⅰ. ①莫… Ⅱ. ①柯… ②刘… Ⅲ. ①数学－青少年读物 Ⅳ. ①O1-49

中国版本图书馆CIP数据核字(2023)第063213号

莫斯科智力游戏：359道数学趣味题
MOSIKE ZHILI YOUXI 359 DAO SHUXUE QUWEITI

作　者 / [俄罗斯] Б.А.柯尔捷姆斯基
译　者 / 刘　萌

责任编辑 / 赵　芳
封面设计 / 烟　雨

出版发行 / 北方文艺出版社
邮　编 / 150008
发行电话 /（0451）86825533
经　销 / 新华书店
地　址 / 哈尔滨市南岗区宣庆小区1号楼
网　址 / www.bfwy.com

印　刷 / 和谐彩艺印刷科技（北京）有限公司
开　本 / 787mm × 1092mm　1/32
字　数 / 200千
印　张 / 13.25
版　次 / 2023年6月第1版
印　次 / 2023年6月第1次

书　号 / ISBN 978-7-5317-5888-4
定　价 / 88.00元

数学思维之美

如果评选世界上哪个国家的人最具数学天赋，参与投票的又都是数学领域的专家，那么当选的无疑会是法国和俄罗斯。

任何一个读过大学的人都知道，高等数学课本上，那些用法国人命名的定理定义，几乎称霸了整套高数教材。而从事近现代数学研究的学者也都了解，俄罗斯的数学实力有多强悍。俄罗斯人一直坚信，无论遇到多大困难，哪怕俄罗斯变成了一片废墟，只要莫斯科大学数学系还在，俄罗斯就一定会有重新崛起的一天。

即便是学生时代，随着数学学习的深入，体现在数学学习能力上的一定是领悟数学思想，而非单纯计算和解题的熟练度。

曾经有一本法国人编写的数学启蒙读物《很美很美的猜谜书》，它让年幼的孩子感受到数学并非枯燥的解题和烦琐的计算，全书甚至看不到几个数字，但是处处闪耀着数学思维之美。对于这样的读物，相信没有几个孩子是排斥的，因为读起来是那样有趣。

而俄罗斯人在培养数学能力方面也有自己独特的方法，他们喜欢把数学与生活结合，休闲娱乐时拿数学考考朋友，让数学变得既好玩又实用。在此给大家介绍一本俄罗斯数学书：《莫斯科智力游戏：359 道数学趣味题》。

它的内容一开始很有趣，但在有趣之后，会逐渐过渡到有点难。我曾经非常反对孩子在小学阶段盲目地学习奥数，因为不恰当的奥数学习，经常会造成孩子重解题技巧，轻数学思想和知识建构，重术轻道，最终得不偿失。但是这本书很好地解决了这个问题，同时做到了乐趣与难度的统一，以及数学思想与解题技巧的并存。

希望这本书能帮助孩子们提升数学思维能力，了解数学真正的价值所在——数学思想。

——教育研究者（毕业于北京大学） 刘威

青少年数学启蒙的“领路者”——俄罗斯数学

几十年前，我第一次在学习上“开挂”，和俄罗斯数学有着不解之缘。从小学一直到初一，我都是个“平庸”的孩子，从来不记得自己因为学习得到过老师的表扬。一切改变是从初二那年开始的。

记得那个学期，我们开始学因式分解，第一次感觉数学好难，题目稍微灵活一点儿就束手无策。就是那个时候，我母亲从箱底翻出一本至少用了几十年，旧得发黄的数学书——苏联初中代数的中文版，母亲几乎是逼着我把其中因式分解的技巧和方法都掌握了。然而奇迹发生了，那本苏联数学书令我脑洞大开，我仿佛一瞬间成了全班的数学“大神”，也第一次感觉自己是全班最聪明的学生。

从那以后，数学成了我头顶上的“皇冠”，再也没摘下来过。四年后，我毫无悬念考入清华大学。后来机缘巧合，我从事了教育研究。二十年来，我经常在各种场合和报告中提到这段经历，没想到，众多家长对那本改变我命运的苏联数学书充满了向往。

时隔几十年，当我看到《莫斯科智力游戏：359 道数学趣味题》这本书时，不禁回想起自己中学时代那段传奇般的经历。俄罗斯数学不仅闻名于世界，在我眼中，它更是青少年数学教育启蒙的“领路者”。

数学启蒙，一个重要的作用是让孩子能够发散思维，而不是从一开始就陷入所谓奥数的各种题型的定式思维当中，让孩子的数学思维还未打开，就套上了“枷锁”。

这本书中的每一个数学游戏都有独特的逻辑思维过程，它从不试图让孩子形成定式思维，而是展示了数学思维的无限可能。

在此推荐这本启蒙数学智慧的好书，希望孩子们从此脑洞大开，爱上数学，学好数学。

——教育研究者（毕业于清华大学） 洪学明

目录

序言 …… 1

第1章 有趣的谜题 …… 1

1. 观察力敏锐的孩子 …… 2
2. 宝石花 …… 2
3. 移动棋子 …… 3
4. 走三步 …… 4
5. 数数 …… 4
6. 花匠的路线 …… 5
7. 五个苹果 …… 5
8. 快问快答 …… 6
9. 上上下下 …… 6
10. 过河 …… 6
11. 狼、羊和白菜 …… 7
12. 让球滚出滑道 …… 7
13. 修链子 …… 8
14. 罗马数字等式 …… 9
15. 由三得四 …… 9
16. 三加二等于八 …… 9
17. 三个正方形 …… 9
18. 几个产品 …… 10
19. 排旗 …… 10
20. 十把椅子 …… 11
21. 保持偶数 …… 11
22. 魔幻三角 …… 11
23. 玩球的女孩 …… 12
24. 四条直线 …… 14
25. 羊与白菜 …… 14
26. 两列火车 …… 15
27. 潮汐逼近 …… 15
28. 分隔表盘 …… 15
29. 坏掉的钟面 …… 15
30. 奇妙的钟 …… 16
31. 三个一排 …… 17
32. 棋子排行 …… 17
33. 硬币图样 …… 18
34. 从1到19 …… 19

35. 前方有陷阱……19
36. 数字小龙虾……20
37. 书的价格……20
38. 不休息的苍蝇……21
39. 颠倒的年份……21
40. 脑筋急转弯……21
41. 我几岁了……22
42. 直觉分辨……22
43. 快速加法……23
44. 在哪只手里……24
45. 几个兄弟姐妹……25
46. 相同的数字（一）……25
47. 相同的数字（二）……25
48. 算术决斗……25
49. 奇数相加……26
50. 多少条路线……26
51. 数字排序……27
52. 不同的运算，相同的结果……28
53. 99和100……28
54. 切分棋盘……28
55. 找地雷……29
56. 两个一组……30
57. 三个一组……31
58. 停摆的钟……31
59. 加减法……32
60. 迷惑的司机……32
61. 发电站的设备……32
62. 准时送达……33
63. 坐火车……33
64. 从1到1000000000……33
65. 球迷的噩梦……34
66. 我的手表……35
67. 爬楼梯……35
68. 数字谜题……35
69. 有趣的分数……36
70. 它是谁……36
71. 男生的路线……36
72. 赛跑……36
73. 节省时间……37
74. 有点慢的闹钟……37
75. 要大段不要小段……37
76. 一块香皂……38
77. 算术攻坚……38
78. 多米诺分数……39
79. 米夏的小猫……40
80. 平均速度……40
81. 熟睡的乘客……40
82. 火车有多长……40
83. 自行车骑手……41
84. 比赛……41
85. 谁是对的……41
86. 三片吐司……42

第2章　有点难的谜题……43

87. 聪明的铁匠克丘……44
88. 猫和老鼠……45
89. 黄雀与画眉……46
90. 火柴和硬币……46
91. 让客运列车通过……47
92. 突发奇想的三个女孩（一）……47
93. 突发奇想的三个女孩（二）……47
94. 跳棋……48
95. 移动棋子（一）……48
96. 移动棋子（二）……48
97. 移动棋子（三）……49
98. 排列扑克牌……49
99. 排列棋子……49
100. 神秘盒子……50
101. 勇敢的守军……50
102. 日光灯……51
103. 排列兔子……52
104. 节日准备……53
105. 种橡树……54
106. 几何游戏……55
107. 奇数和偶数……57
108. 走棋子……57
109. 解谜礼物……58
110. 马的走法……58
111. 移动棋子……59
112. 1至15整数分组……60
113. 八颗星……61
114. 字母谜题……61
115. 不同颜色的格子……61
116. 纸片游戏……62
117. 盘之环……62
118. 花样滑冰选手……63
119. 马的问题……64
120. 145扇门……64
121. 逃离地牢……65

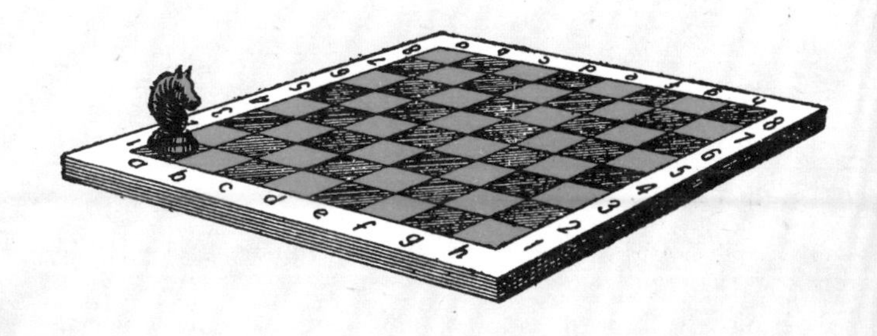

第3章　火柴几何学 ………… 67

122. 火柴阵列（一） ………… 71
123. 火柴阵列（二） ………… 71
124. 火柴阵列（三） ………… 72
125. 火柴阵列（四） ………… 72
126. 跨过护城河 ………… 73
127. 火柴阵列（五） ………… 73
128. 一栋房子的外观 ………… 73
129. 让火柴拐弯 ………… 73
130. 变换三角形 ………… 74
131. 正方形变形 ………… 74
132. 脑筋急转弯（一） ………… 74
133. 栅栏变正方形 ………… 75
134. 脑筋急转弯（二） ………… 75
135. 变形箭 ………… 75
136. 正方形与菱形 ………… 76
137. 火柴多边形 ………… 76
138. 定制花园 ………… 76
139. 等分正方形 ………… 77
140. 花园与井 ………… 77
141. 铺地板 ………… 77
142. 巧用比率 ………… 78
143. 创意多边形 ………… 78
144. 找一个证明 ………… 78

第4章　七思而后“切” ………… 79

145. 等分图形 ………… 80
146. 蛋糕上的七朵玫瑰 ………… 81
147. 丢失的切分线 ………… 81
148. 想一个办法 ………… 82
149. 零损耗 ………… 82
150. 当法西斯入侵祖国时 ………… 83
151. 电工的回忆 ………… 83
152. 一点都不浪费 ………… 84
153. 切分谜题 ………… 84
154. 马蹄铁的切分法 ………… 85
155. 每块一个洞 ………… 85
156. 水壶做成正方形 ………… 85
157. 方形字母E ………… 86
158. 转换八边形 ………… 86
159. 毛毯修复 ………… 86
160. 珍贵的奖品 ………… 87

161. 拯救棋手……88
162. 给祖母的礼物……88
163. 家具木匠的问题……89
164. 服装师也要懂几何……89
165. 四个马棋……90
166. 切圆……90
167. 多边形变为正方形……91
168. 正六边形变成等边三角形……92

第5章　生活中的数学……93

169. 目标在何处……94
170. 方块切片……94
171. 火车相遇……95
172. 三角形铁路……95
173. 称重沙砾……96
174. 转动皮带……96
175. 七个三角形……97
176. 艺术家的帆画布……97
177. 瓶子多重……97
178. 方块玩具……98
179. 装铅丸的壶……98
180. 中士去哪儿了……98
181. 原木的直径……99
182. 卡尺的难题……99
183. 没有测量计……100
184. 能否节省100%……100
185. 弹簧秤……101
186. 独创设计……101
187. 切分方块……102
188. 找圆心……102
189. 哪个箱子更重……102
190. 家具木匠的艺术……103
191. 球的几何……103
192. 木梁……104
193. 瓶子的容积……104
194. 大多边形……104
195. 两步法构建大多边形……106
196. 构建正多边形的铰链结构……108

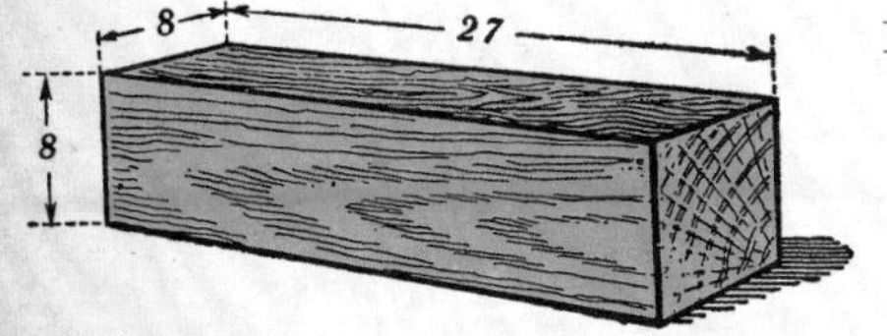

第6章 多米诺骨牌与骰子 111

197. 多少点 113
198. 一个戏法 113
199. 第二个戏法 113
200. 赢牌局 114
201. 空心正方形 115
202. 窗 115
203. 多米诺骨牌幻方 116
204. 空洞幻方 118
205. 多米诺乘法 119
206. 猜牌 119
207. 三个骰子的戏法 121
208. 猜出隐藏面的点数之和 121
209. 骰子摆放的顺序 121

第7章 9的特性 123

210. 哪个数字被删掉了 125
211. 数1313 126
212. 猜出丢失的数字 127
213. 从一个数字开始 128
214. 猜数字差 128
215. 三个人的年龄 128
216. 一串数字的秘密 128

第8章 用代数与不用代数 129

217. 战后互助 131
218. 懒汉与恶魔 132
219. 聪明的小男孩 133
220. 打猎 133
221. 火车相遇 134
222. 维拉打手稿 134
223. 蘑菇事件 135
224. 划船 135

225. 游泳者和帽子 …… 135
226. 两艘柴油船 …… 136
227. 机智考验 …… 136
228. 种果树 …… 137
229. 两个数的倍数 …… 137
230. 柴油船与水上飞机 …… 137
231. 自行车骑手 …… 137
232. 拜克夫的工作速度 …… 138
233. 杰克·伦敦之旅 …… 138
234. 错误类比 …… 139
235. 法律纠葛 …… 140
236. 两个孩子 …… 140
237. 谁骑的马 …… 140
238. 两个摩托车手 …… 141
239. 父亲驾驶哪架飞机 …… 141
240. 心算等式 …… 142
241. 两支蜡烛 …… 142
242. 惊人的睿智 …… 142
243. 腕表的时间 …… 143
244. 快表与慢表 …… 143
245. 什么时间 …… 143
246. 会议是几点开始和结束的 …… 144
247. 中士的教导 …… 144
248. 两份急件 …… 144
249. 新车站 …… 145
250. 选四个单词 …… 145
251. 有问题的天平 …… 146
252. 大象与蚊子 …… 146
253. 有趣的五位数 …… 147
254. 活到100不衰老 …… 148
255. 卢卡斯谜题 …… 149
256. 单程旅途 …… 149
257. 简分数的特征 …… 150

第9章　不用计算的数学 ……151

258. 鞋和袜子……152
259. 苹果……152
260. 天气预报……152
261. 植树节……152
262. 姓名和年龄……153
263. 射击比赛……153
264. 买东西……154
265. 火车包厢里的乘客……154
266. 象棋锦标赛……155
267. 志愿者……155
268. 工程师姓什么……156
269. 犯罪故事……156
270. 采药人……157
271. 隐藏的除法……158
272. 加密运算……159
273. 质数密码算术……161
274. 摩托车手和骑马人……161
275. 步行与坐车……162
276. 反证法……162
277. 找出假硬币……162
278. 合理的平局……163
279. 三位圣人……163
280. 五个问题……164
281. 不用等式的推理……165
282. 孩子的年龄……166
283. 是或否……166

第10章　数学游戏和数学魔术 ……167

284. 十一根火柴……168
285. 最后的胜利者……168
286. 偶数胜利……168
287. 取石子……169
288. 怎么能赢……169
289. 组成正方形……170
290. 谁先叫到100……171
291. 方格游戏……171
292. 曼卡拉棋……173
293. 一个意大利游戏……175
294. 近幻方的游戏……176
295. 数字纵横字谜……176

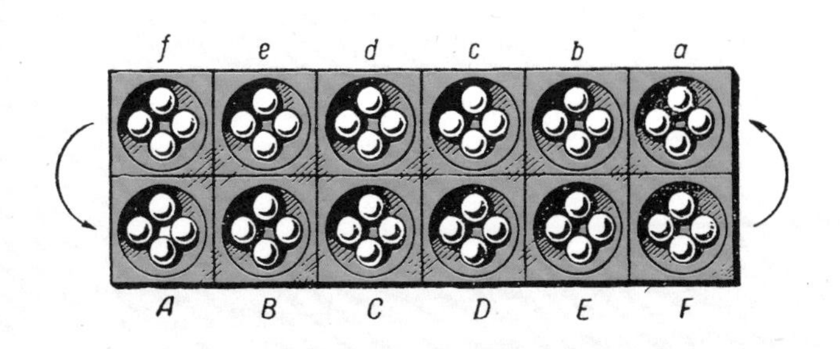

296. 猜出“所想”的数 180
297. 不用问的问题 184
298. 我知道谁拿了多少 185
299. 三次尝试 185
300. 谁拿了铅笔，谁拿了橡皮 186
301. 猜三个连续数 186
302. 猜出若干个“所想”的数 187
303. 你多少岁 188
304. 猜他的年龄 188
305. 几何“消失” 189

第11章　整除 191

306. 墓碑上的数 192
307. 新年礼物 193
308. 这样的数存在吗 193
309. 一篮鸡蛋 193
310. 一个三位数 194
311. 四艘柴油船 194
312. 收银员的错误 194
313. 数字谜题 195
314. 11的整除性 195
315. 7，11，13的整除性 196
316. 8的整除性 197
317. 超强记忆力 198
318. 3，7，19的整除性 199
319. 认识7的整除性（一） 199
320. 认识7的整除性（二） 200
321. 两个非同寻常的除七定理 201
322. 整除性的一般验证法 201
323. 除法怪象 202

第12章　交叉和与幻方……203

324. 星形……204
325. 水晶……205
326. 窗饰……205
327. 六边形……206
328. 星象仪……206
329. 重叠三角形……207
330. 趣味分组……207
331. 中国旅人和印度旅人……208
332. 幻方的制作方法……210
333. 智力测试……214
334. 魔幻的“15”游戏……215
335. 异类幻方……216
336. 中间格……217
337. 算术奇想……217
338. 规则的4阶幻方……218
339. 魔鬼幻方……220

第13章　奇特的数字……223

340. 十位数……224
341. 其他的数字怪象……225
342. 重复运算……227
343. 数字传送带……229
344. 即时乘法盘……230
345. 头脑体操……231
346. 数字的模式……232
347. 以一代全与万全归一……234
348. 偶数也能变奇数……235
349. 一行正整数……239
350. 反复出现的差……244
351. 回文之和……245

第14章　古老但永葆青春的数字……247

352. 质数与合数……248
353. 埃拉托斯特尼筛法……249
354. 多少个质数……250
355. 公开考试……251
356. 斐波那契数列……252
357. 一个悖论……253
358. 斐波那契数列的特性……255
359. 形数的特性……258

答案……263

序言

读者朋友们，你现在读到的这本书，是苏联出版过的最受欢迎、最优秀的趣味谜题书的首部英译本。该书自1956年初版至今已改版八次，并被翻译成多国语言，畅销德国、法国、日本、波兰、韩国等，仅仅是俄语的版本就畅销了一百万册。

本书作者柯尔捷姆斯基生于1907年，是莫斯科一位很有才华的中学数学教师。他的第一本数学趣味书《神奇的正方形》于1952年在苏联出版，书中用欢快的笔调描述了普通几何正方形的各种古怪的特性。1958年，出版《挑战数学难题》。1960年，和一位工程师合作出版儿童图画书《利用几何学习算术》，这本书利用大量的彩色覆盖图，展现了如何运用简单的图解和图形求解算术难题。1964年，出版《概率理论基础》。1967年，与他人合作出版有关向量代数和解析几何的教科书。但真正让柯尔捷姆斯基在苏联享有盛名的，是他所编写的智力游戏谜题，因为这些智力谜题汇集了各式各样的动脑“妙招”。

诚然，对于了解西方文化，尤其是熟悉英国作家和数学家亨利·杜德尼（擅长创作智力游戏和数学游戏题）以及美国作家和趣味数学家萨姆·劳埃德的作品的谜题爱好者来说，本书中的很多谜题都很熟悉。但是，柯尔捷姆斯基为这些古老的谜题重新构建了模式，以一种趣味十足、引人入胜的故事形式重新讲述出来，让读者在二次解题过程中依旧能够乐在其中。此外，在这些谜题的故事背景中，还展示了当代俄罗斯人生活与习俗的风貌。

在趣味数学和趣味科学方面，唯一能同柯尔捷姆斯基相比的俄罗斯作家，唯有雅科夫·佩雷尔曼。除了趣味算术、代数和几何方面的作品之外，他还创作了趣味力学、物理学和天文学方面的作品。佩雷尔曼作品的平装版本目前仍然在广泛销售，不过柯尔捷姆斯基的著作现在已被公认为是俄罗斯数学历史上的杰出谜题作品。

马丁·加德纳

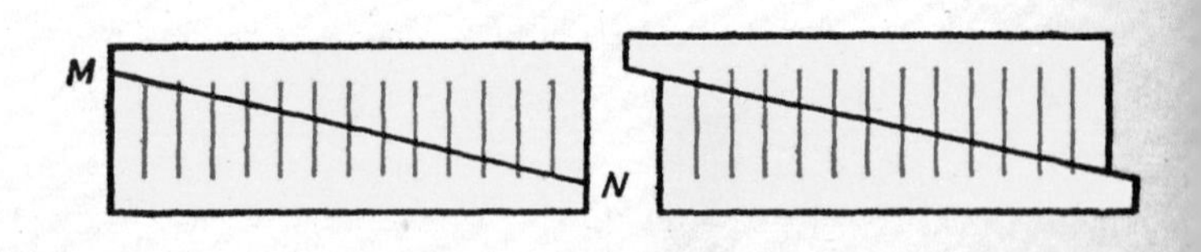

第 I 章

有趣的谜题

为了解你的大脑的强大程度，各位首先面对的谜题，主要是考验毅力、耐性、敏锐度，以及对整数进行加减乘除的能力。

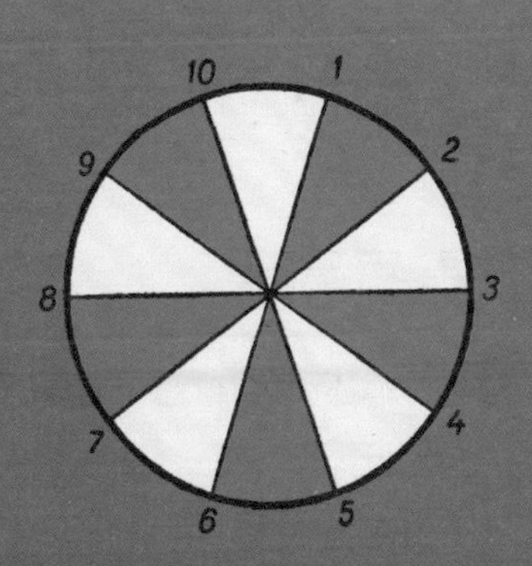

1. 观察力敏锐的孩子

一个男生和一个女生刚刚完成气象测量工作，坐在小山坡上休息。正巧一列货运火车经过，火车头带着黑烟一路轰鸣，呼啸而过驶上一个小斜坡。风沿着铁路的路基匀速地吹拂着，并不是狂风。

“测量表上显示的风速是多少？”男生问道。

“20 英里每小时。”

“这就足够让我得知火车的速度了。”

“那你说说。”女生半信半疑。

“你只需要再仔细观察火车的运动。”

女生稍做思考也明白了。

下图绘制的景象就是他们两人看到的一切。那么火车的速度是多少?

2. 宝石花

你还记得 ***P***·巴佐夫写的童话故事《宝石花》里那个聪明的工匠丹尼拉吗?

传说在乌拉尔山地区有个叫丹尼拉的工匠，他将乌拉尔山的半宝石凿成了两朵石花，花的叶子、茎和花瓣都可以分开。用花的各个部位可以拆分组合成一个圆盘。

拿一张纸或纸板，按照上图丹尼拉所做的花的样子画出来，然后剪下花瓣、茎和叶子，组合成圆形。

3. 移动棋子

将 6 枚棋子在桌上放成一横排，黑白相间，如图所示:

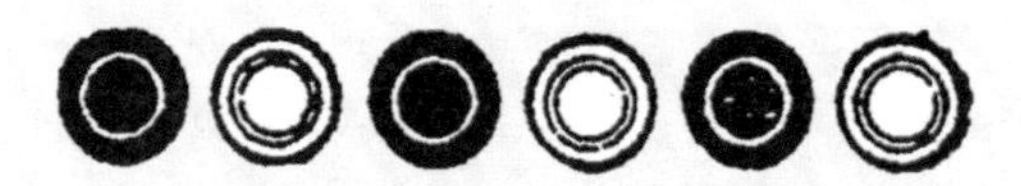

在左侧留出能放置 4 枚棋子的空位。

移动棋子，使得所有白棋走到左侧，黑棋在白棋旁边。棋子的移动必须两个一组，一次拿取两个相邻的棋子且顺序不能改动，然后两个棋子移动到空位。只需要移动三次就可以解出这个谜题。

如果身边没有棋子也可使用硬币，或者用白纸、纸板裁剪出相似的形状来替代。

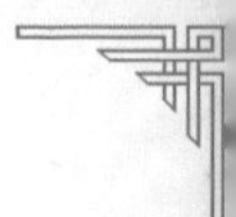

4. 走三步

在桌子上摆放三堆火柴棍，一堆放 11 根，一堆放 7 根，一堆放 6 根。请通过移动火柴使得每一堆的火柴棍数量都变成 8 根。每次在某一堆火柴上新增的火柴棍数量必须同它增加前的数量相同，且新增的火柴棍必须来自别的一个火柴堆。例如，某一堆火柴数量为 6 根，那么只能从另一堆中取出 6 根加到这一堆火柴上，不能多也不能少。

只有三步的机会。

5. 数数

此图形中有多少个不同的三角形?

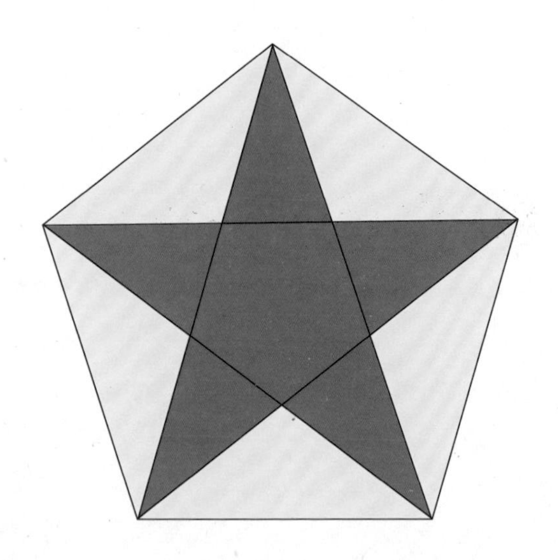

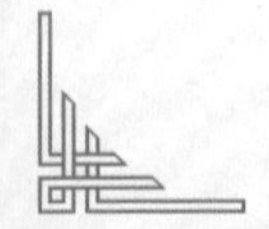

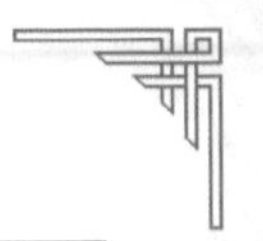

6. 花匠的路线

下面是一个苹果园的平面图（每个点代表一棵苹果树）。花匠从图中画星的方格出发，一格一格走完所有的方格（有无苹果树的方格都要走到）。已经走过的方格不可重复走。不可以对角走，也不能穿越 6 个带阴影的方格（阴影代表建筑物）。最后花匠要回到自己出发的方格。

请将花匠的路线画出来。

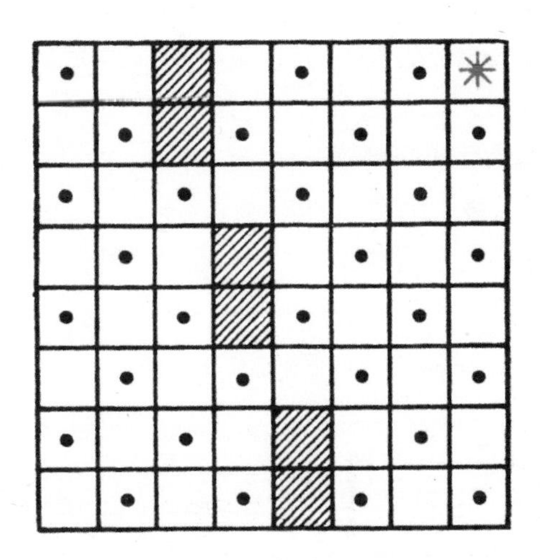

7. 五个苹果

篮子里有五个苹果。请将这五个苹果分给五个小女孩，使得每人拿到一个苹果，同时篮子里还有一个苹果。

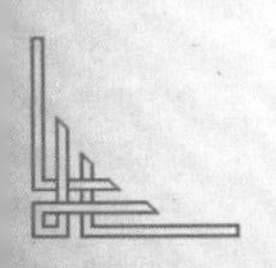
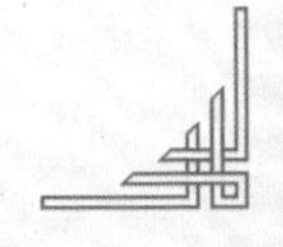

8. 快问快答

一个小房间的四个角落各坐着一只猫，每只猫的对面都有三只猫，且每只猫的身后都有一只猫，房间里共有几只猫？

9. 上上下下

一个男孩将一支蓝色铅笔和一支黄色铅笔紧贴着竖直捏在手中。将蓝色铅笔下端 1 英寸的长度（两支笔贴合的位置）涂上颜料。男孩将蓝色铅笔往下滑动 1 英寸再捏紧，两支铅笔继续紧贴，移动过程中黄色铅笔的位置保持不动。男孩再将蓝色铅笔推回最初的位置，然后再次下滑 1 英寸。持续这样操作，最后蓝色铅笔下滑 5 次、推回 5 次——总共动了 10 次。

假设在移动的过程中颜料不会干掉也不会用尽，那么在 10 次移动之后每支铅笔上涂上颜料的部分有多少英寸？

这一谜题是数学家莱奥尼德·雷巴科夫在出门猎鸭返家的路上构想出来的。至于怎么会想到这样一个谜题，本题的答案会进行详细的解释。但请在解决本谜题之后再去看答案。

10. 过河

一队士兵要过河，但是桥坏了，河水又很深，怎么办？突然，军官注意到有两个男孩在岸边划船玩。不过船特别小，只能坐进两个小男孩或者一个士兵。但最后所有的士兵都坐船成功渡了河，怎么做到的？

可以在脑中进行模拟，也可以用实物尝试——比如在桌子上用

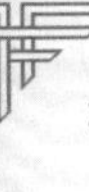

棋子、火柴等类似物品模拟渡河。

11. 狼、羊和白菜

这一谜题源自 8 世纪的一篇文章：

一个人要带一只狼、一只羊和一些白菜过河。他的小船除了他坐之外，剩下的空间可以放狼或羊或白菜。如果他带着白菜出发，那么留在岸上的狼会吃掉羊；如果他带狼出发，羊就会把白菜吃光。只有他本人在场的时候羊和白菜才能逃过一劫。当然，最后这个人成功带着狼、羊和白菜过河了。

怎么做到的？

12. 让球滚出滑道

在一段又长又窄的滑道上有 8 个球：左边 4 个黑球，右边 4 个白球，白球比黑球稍大。滑道的中间有一处小凹陷，其大小正好可以放入一个黑球或白球。滑道最右侧有出口，大小刚好够黑球通过，但白球不行。

请让所有的黑球从出口滑出。（不可以用手拿起来。）

13. 修链子

图中的年轻工匠陷入了沉思。他的工作台上有五段短链要合成一段长链。他应该断开 3 号链（第一步），连接到 4 号链上（第二步），然后断开 6 号链并将其连接到 7 号链，以此类推。这样做对吗？这样的话 8 步就可以完成，但是他想 6 步做完。怎么做呢？

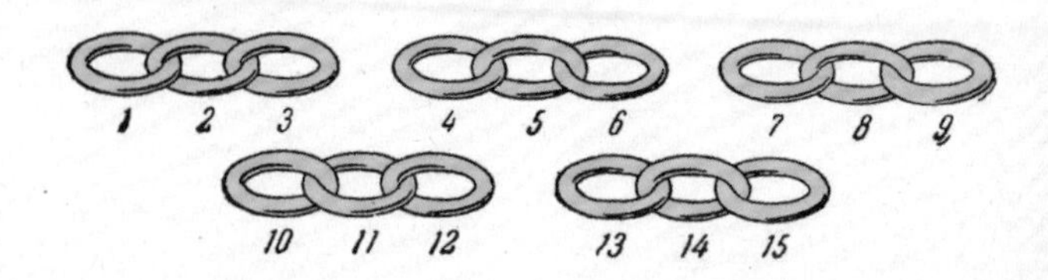

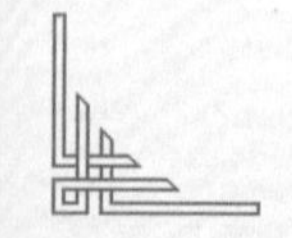
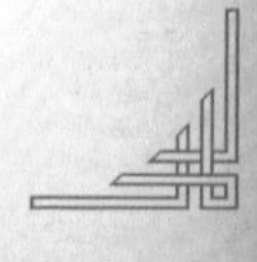

14. 罗马数字等式

12 根火柴组成了下图的等式：

这样摆出的等式显示 6－4＝9 ，这是不对的。请移动一根火柴使等式成立。

VI－IV＝IX

15. 由三得四

桌子上有 3 根火柴。在不增加火柴的前提下，让 3 根变成 4 根。不允许折断火柴。

16. 三加二等于八

桌子上放 3 根火柴。找朋友借 2 根火柴，让它等于 8。

17. 三个正方形

找 8 根小棍（或者火柴），其中 4 根要比另外 4 根短一半。用这 8 根小棍（或火柴）做出三个相同的正方形。

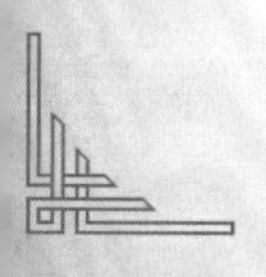
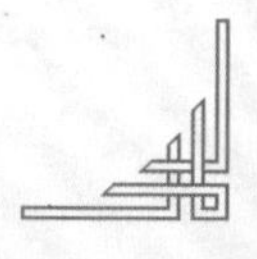

18. 几个产品

车床能将一个毛坯铅块做成一个产品。一个毛坯只够做一个产品。做出 6 个产品产生的铅碎屑能够重新熔炼成一个毛坯。那么 36 个毛坯能够做出多少个产品？

19. 排旗

苏联共产主义青年团的青年们修建了一个小型水力发电站。启用之前，共青团的男女青年用花环、电灯泡和小旗子装饰水电站的四个侧面。一共有 12 面旗子。

一开始，他们在每一个侧面放四面旗子，如图所示。但后来他们发现其实每个侧面可以放 5 面或 6 面旗子，这是怎么做到的？

20. 十把椅子

在一个矩形舞厅中靠墙放 10 把椅子。要怎么放才能使得每面墙的椅子数量一样?

21. 保持偶数

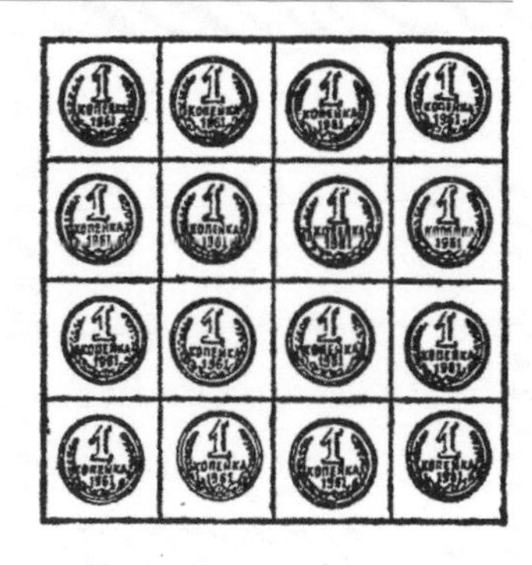

拿 16 个物件(纸、硬币、棋子均可),将其放成 4 排,每排 4 个。拿出其中 6 个,使得每一行、每一列剩下的物件数量都是偶数。(有多种解法。)

22. 魔幻三角

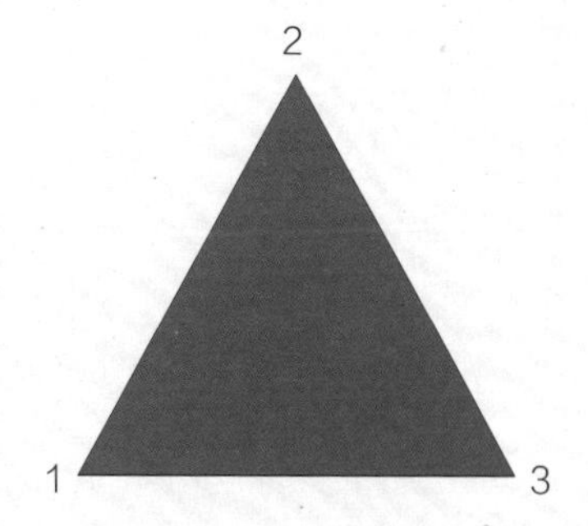

三角形的三个顶点分别标上了数字 1,2 和 3。将数字 4,5,6,7,8,9 也放到三角形的三条边上,使得每条边上的数字之和都是 17。

难度升级:这次三个顶点不再预先放置数字,请将数字 1 至 9 也进行类似排列,使得每条边上的数字之和为 20。(有多种解法。)

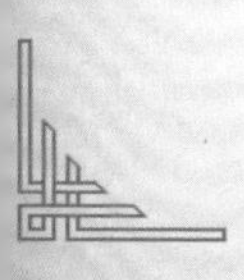
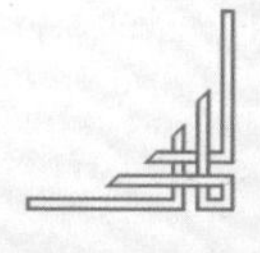

23. 玩球的女孩

12 个女孩围成一个圆形练习抛球。每个女孩将球传给左侧相邻的女孩。球传完一圈之后再反方向传递。

过了一会儿，一个女孩说道："我们来跳过 1 个人传球吧。"

"但是我们有 12 个人，那样就有一半的人玩不到球了。"娜塔莎表示反对。

"那就跳过 2 个人吧！"

"那不是更少了吗？只有 4 个人能碰到球了。我们应该跳过 4 个人——第五个人接球。没有其他方法了。"

"跳过 6 个如何？"

"这跟跳过 4 个一样。只是球会反方向传递。"娜塔莎回答道。

"那如果每次跳过 10 个人，那么就是第 11 人接球了？"

"但之前我们就是这样玩的啊。"娜塔莎说。

她们开始对各种传球的方式画图，很快就发现娜塔莎是对的。要么就一个人都不跳过，要么就是跳过 4 个（或者 6 个，反方向）的方式能让所有人都能参与（参考 ***a*** 图）。

如果是 13 个女孩，那么跳过 1 个人（图 ***b***）、跳过 2 个人（图 ***c***）、跳过 3 个人（图 ***d***）、跳过 4 个人（图 ***e***）都可以让所有人碰到球。那么跳过 5 个或 6 个呢？请画图。

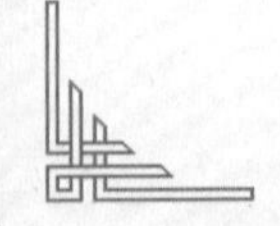
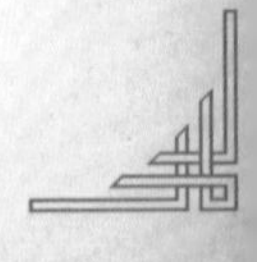

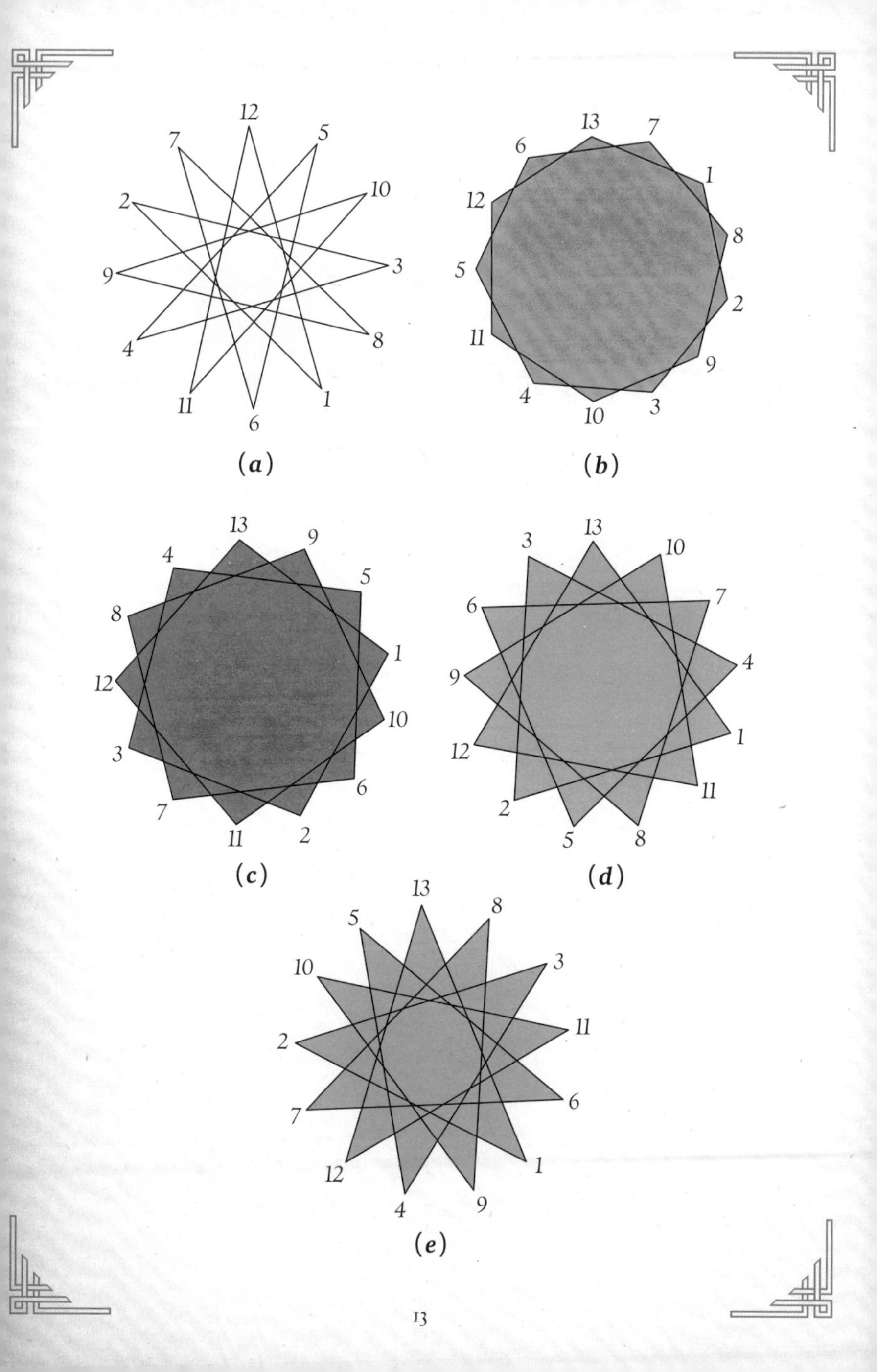
12
5
10
3
8
1
6
11
4
9
2
7
(*a*)
13
7
1
8
2
9
3
10
4
11
5
12
6
(*b*)
13
9
5
1
10
6
2
11
7
3
12
8
4
(c)
13
10
7
4
1
11
8
5
2
12
9
6
3
(*d*)
13
8
3
11
6
1
9
4
12
7
2
10
5
(*e*)

24. 四条直线

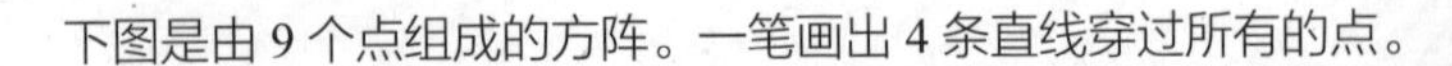

下图是由 9 个点组成的方阵。一笔画出 4 条直线穿过所有的点。

25. 羊与白菜

请用三条直线将所有的羊同白菜隔开。

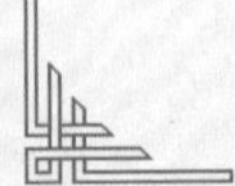

26. 两列火车

一列中途不停站的火车以 60 英里每小时的速度从莫斯科驶向彼得格勒。另一列中途不停站的火车以 40 英里每小时的速度从彼得格勒驶向莫斯科。

相遇前一小时两列火车之间的距离是多少？

27. 潮汐逼近

一艘船停在岸边不远处，绳梯搭在船身。绳梯有 10 级，每 2 级之间的距离是 12 英寸。最下面的一级正好触碰水面。海上目前风平浪静。由于潮汐接近中，水面每小时会上升 4 英寸。那么水面涨到绳梯的第三级（从上往下数）需要多长时间？

28. 分隔表盘

请用两条直线将表盘进行分隔，使得分隔后的每个部分的数字之和都相同。

能否将其分成 6 个部分，使得每个部分包含 2 个数字，且这 6 对数字之和都相同？

29. 坏掉的钟面

我在博物馆里看到一台使用罗马数字的旧钟。它没有采用比较常用的罗马数字 IV，而是用旧时写法“IIII”。钟面的玻璃有几条裂痕，将其分成了 4 个部分。如图所示，4 个部分的数字之和都不相同，从 17 到 21 不等。

请改变一条裂痕（其他裂痕不动），使得 4 个部分的数字之和都是 20。

（提示：改变之后的裂痕不一定要穿过钟面的中心点。）

30. 奇妙的钟

钟表匠接到一通紧急电话，要求上门更换时钟损坏的指针。当时他正卧病在床，于是派了徒弟前往。

徒弟很细心，对时钟完成检查之后天已经黑了。他以为工作已完成，于是赶忙装好新的指针，按自己怀表上的时间将时钟的时间设置好。当时是 6 点钟，于是他将长针设置到 12 的位置，短针设置到 6 的位置。

徒弟回来之后没多久，电话又响了。他拿起电话的听筒却只听到客户愤怒的叫喊：“你的工作没干好，钟上的时间是错的。”

徒弟很惊讶，迅速赶到客户家中，看到钟上显示的时间是 8 点过几分。他将自己的手表递给客户说道：“请看一下时间。你的钟一秒不差。”

客户无话可说。

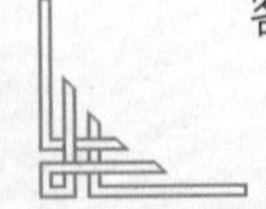

第二天清晨，客户打来电话说钟上的指针明显失控了，在钟面上随意乱走。而徒弟赶过去的时候，看到钟上的时间是 7 点过几分。徒弟看了一下手表上的时间，愤怒地说：

“你耍我！钟上的时间明明是正确的！”

你明白这是怎么回事吗？

31. 三个一排

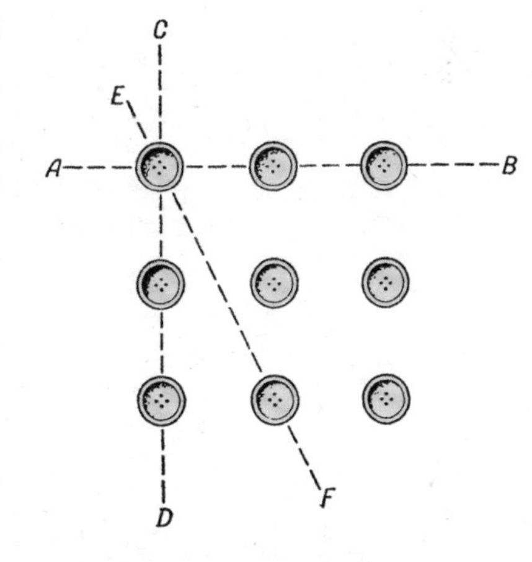

桌子上的 9 个纽扣组成了 3×3 的方形。当 2 个或以上的纽扣处于同一条直线上时，我们就称其为一行。所以 ***AB*** 行和 ***CD*** 行都有 3 个纽扣，***EF*** 行有 2 个纽扣。

图中有几个含 3 个纽扣的行，几个含 2 个纽扣的行？

现在请拿走 3 个纽扣。将剩下的 6 个纽扣排成 3 行，让每一行包含 3 个纽扣。（这次需将 2 个纽扣组成的行忽略不计。）

32. 棋子排行

将 16 个棋子排成 10 行，每行 4 个棋子。这个很简单。但要将 9 个棋子排成 6 行，每行 3 个棋子，就比较困难了。请将两种排法都做出来。

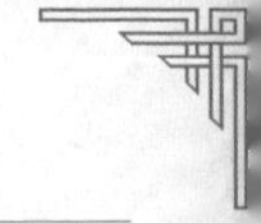

33. 硬币图样

拿纸画出图上的表格并扩大二至三倍，再准备 17 枚硬币：

20 戈比的硬币 5 个，

15 戈比的硬币 3 个，

10 戈比的硬币 3 个，

5 戈比的硬币 6 个。

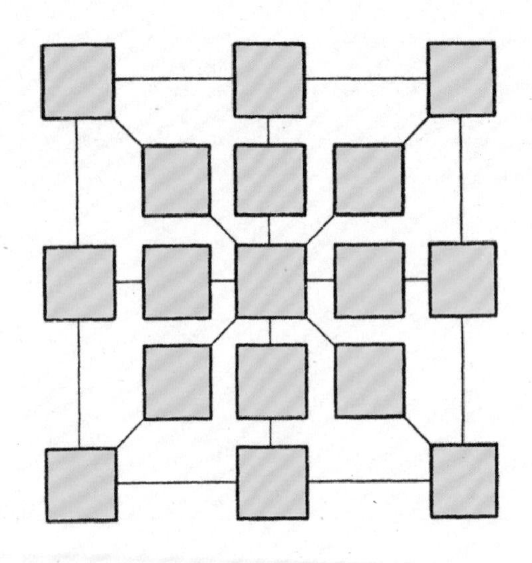

在每个方格里放一枚硬币，使得每条直线上的戈比（俄罗斯货币的辅币单位）额之和都是 55。

（本谜题无法转换为我国的硬币体系，但你可以将戈比面额写到纸上进行计算。）

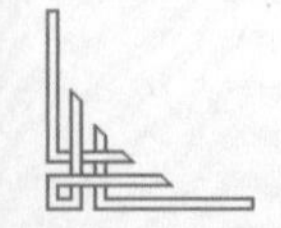

34. 从1到19

请将 1 至 19 的所有数字写到圆圈中，使得每条直线上的三个圆圈内的数字之和都是 30。

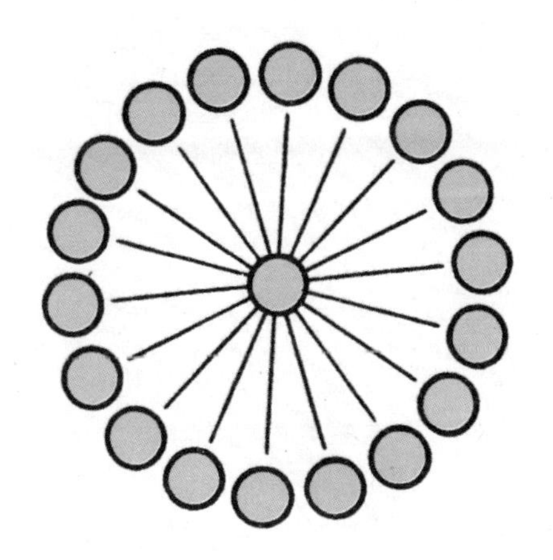

35. 前方有陷阱

（*A*）一辆巴士中午从莫斯科出发前往图拉。一小时后，一名自行车骑手从图拉出发前往莫斯科，当然自行车的速度比巴士慢。当巴士与自行车骑手相遇时，两者中谁离莫斯科更远呢？

（*B*）一磅重的 10 美元面值的金币，和半磅重的 20 美元面值的金币，哪个的价值更高？

（*C*）挂钟在 6 点的时候会响 6 次。通过核对手表后发现，响第一声和最后一声之间的时间间隔为 30 秒。那么午夜 12 点的时候，挂钟敲响 12 声需要多长时间？

（*D*）三只燕子从一个点向外飞出。那么在空间上这三只燕子会

在同一个平面上吗？

现在请翻开答案。你有没有不慎落入潜藏在这些简单问题中的陷阱里呢？

这类问题的魅力就在于能够让人保持谨慎、细心思考。

36. 数字小龙虾

图中的小龙虾由 17 块带数字的碎片组成。请在纸上照着画下来或者复印在一张纸上，并剪开。

用这些碎片拼出一个圆形和一个方形。

37. 书的价格

一本书的售价是书本身的价格的一半再加 1 美元。那么购买这本书要花多少钱？

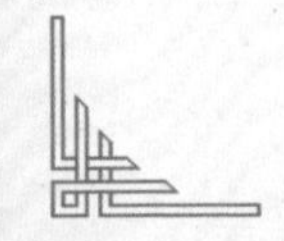
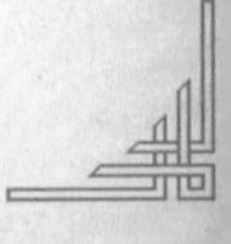

38. 不休息的苍蝇

两名自行车骑手同时出发进行训练赛。一个从莫斯科出发，一个从辛菲罗波尔出发。

当两人之间的距离为 180 英里时，一只苍蝇加入进来，从一名骑手的肩膀出发飞向另一名骑手。抵达后立刻往回飞向第一名骑手。

这只永不休息的苍蝇持续来回飞动，直到二人相遇为止，然后停到其中一名骑手的鼻子上。

苍蝇的飞行速度是 30 英里每小时。两名骑手的速度均为 15 英里每小时。

请问这只苍蝇的飞行距离是多少？

39. 颠倒的年份

离我们当前最近的、上下颠倒看都是一样的年份是哪年？

40. 脑筋急转弯

（*A*）某人打电话给自己的女儿，让其买回几样自己出远门所需的物品。他告诉女儿桌子上的信封中装的钱买这些东西足够了。女儿看到信封上写着 98。

女儿到商店里买了 90 美元的东西，在付钱的时候却发现不但没有剩下 8 美元，而且钱还不够。

那么还差多少钱，为什么？

（*B*）将 1，2，3，4，5，7，8 和 9 写在 8 张纸上，按图将纸摆成两列。

移动两张纸，使得两列的总和相等。

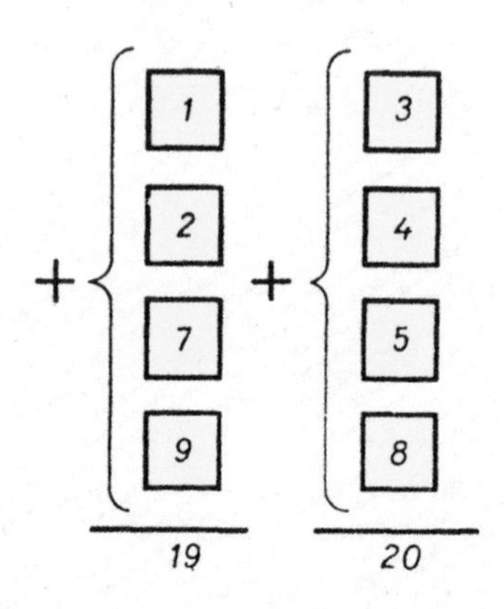

41. 我几岁了

我父亲 31 岁时，我 8 岁。而现在父亲的岁数是我的两倍。那么我几岁了？

42. 直觉分辨

下面有两组数字：

123456789　　1
12345678　　21
1234567　　321
123456　　4321
12345　　54321
1234　　654321
123　　7654321
12　　87654321
1　　987654321

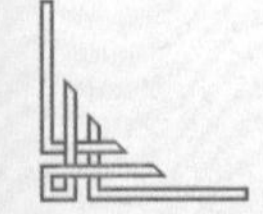

仔细观察：右边的数字其实跟左边的数字一样，只是上下和排序相反。那么哪组数字相加的总和更大呢？（首先请按直觉说出答案，然后再加一遍进行验证。）

43. 快速加法

（*A*）下边是一些六位数的数字：

这些数字可以在脑中进行分组并在 8 秒钟之内加出总和，如何做？

328645

491221

816304

117586

671355

508779

183696

882414

（*B*）请对朋友说："你任意写一些四位数的数字，写多少个都可以。我也快速写出跟你一样多的四位数字，我可以瞬间将你我的数字算出总和。"

假如对方写的是这些数字：

7621

3057

2794

4518

你的第一组数字去匹配他的第四组数字：他的是 4 你对应 5，他的是 5 你对应 4，他的是 1 你对应 8，他的是 8 你对应 1。他的 4518 加上你的 5481 等于 9999。按同样的方法将其他几个数字都匹配出

来，相加后都等于 9999。完成后的清单如下：

7621

3057

2794

4518

5481

7205

6942

2378

那么几秒之内，你要如何算出正确的答案 39996 呢？

（*C*）你对朋友说："随便写两个多位数。我来写第三个，并且可以立即（从左至右）写出三个数字的总和。"

如果他写的是这两个：

72603294

51273081

那么你应该写什么数字，才能快速得到三个数的总和呢？

44. 在哪只手里

拿一个"偶数"的硬币（比如 10 美分的硬币）和一个"奇数"的硬币（比如 5 美分硬币）给朋友，让其双手中各放一个硬币。

让他将右手中的硬币面值乘以 3，左手硬币的面值乘以 2，将得到的两个数字相加。

如果相加得到的数字是偶数，那么右手中握的就是 10 美分的硬币。如果是奇数，那么 10 美分的硬币就在左手。

请解释原理，并想出几个不同的玩法。

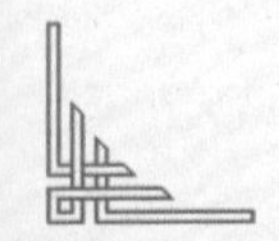

45. 几个兄弟姐妹

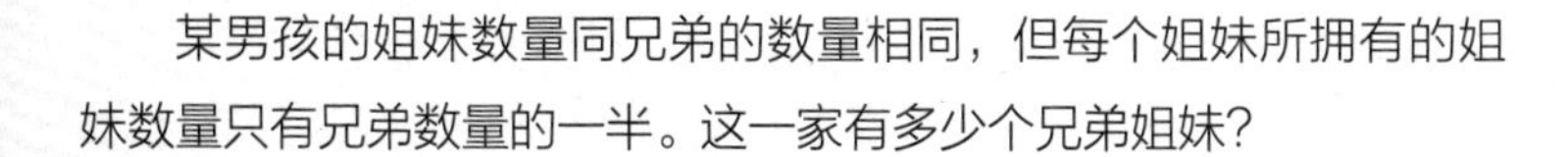

某男孩的姐妹数量同兄弟的数量相同，但每个姐妹所拥有的姐妹数量只有兄弟数量的一半。这一家有多少个兄弟姐妹?

46. 相同的数字（一）

请用加号和 5 个 2 得出 28。用加号和 8 个 8 得出 1000。

47. 相同的数字（二）

请用 5 个 1 得出 100。用 3 种方式将 5 个 5 得出 100。（可以使用括号以及四则运算的符号。）

48. 算术决斗

我们学校的数学圈子里有这样一个传统惯例：每一个申请人都被要求解出一个简单问题，只有解出问题之后才算是正式成员。

有一个叫维提亚的申请人拿到这样一个题：

1 1 1
3 3 3
5 5 5
7 7 7
9 9 9

他需要将其中的 12 个数字换成 0，使得相加的总和是 20。

维提亚略加思索，很快写出：

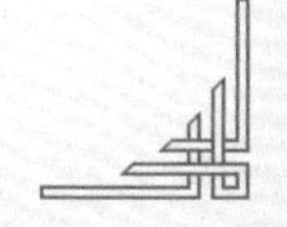

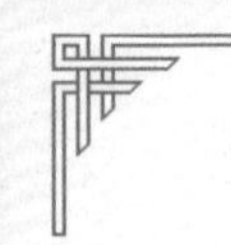

011	010
000	003
000	000
000	007
+ 009	+ 000
20	20

他笑着说："只需把其中的 10 个数字换成 0，总和会变成 1111。可以试试！"

圈子的老大有些吃惊，但他不仅解出了维提亚的谜题，还做了改良：

"何不将 9 个数字换成 0，一样可以得到 1111 的总和。"

随着讨论的深入，更换 8 个数字、7 个数字、6 个数字和 5 个数字为 0 而得出 1111 的方法也找到了。

请找出这 6 种更换方式的解法。

49. 奇数相加

将 4 个奇数相加等于 10 的方法有三种：

$$1+1+3+5=10$$

$$1+1+1+7=10$$

$$1+3+3+3=10$$

改变数字的放置顺序不算新的解法。

现在写出 8 个奇数相加等于 20 的 11 种解法。

50. 多少条路线

"我们数学圈子里将这个城市用 16 个方块表示。那么要从 ***A*** 点

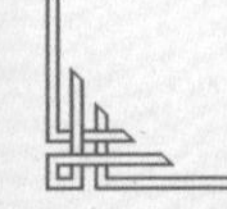

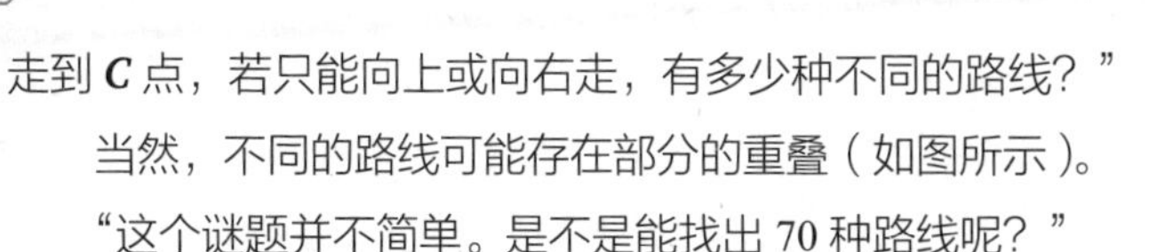
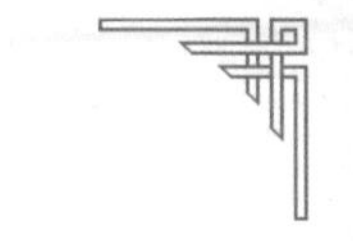

走到 *C* 点，若只能向上或向右走，有多少种不同的路线？”

当然，不同的路线可能存在部分的重叠（如图所示）。

“这个谜题并不简单。是不是能找出 70 种路线呢？”

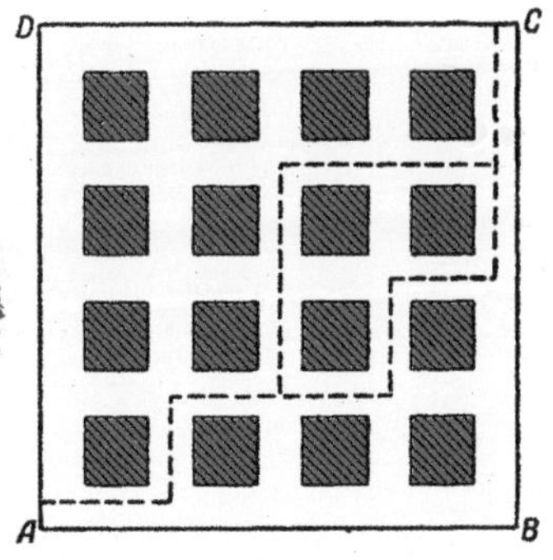

51. 数字排序

下图中每条直径的顶端放有 1 至 10（按顺序）的十个数字。相邻的两个数字之和正好等于其相对的两个数字之和的情况，只出现了一次：

$$10+1=5+6$$

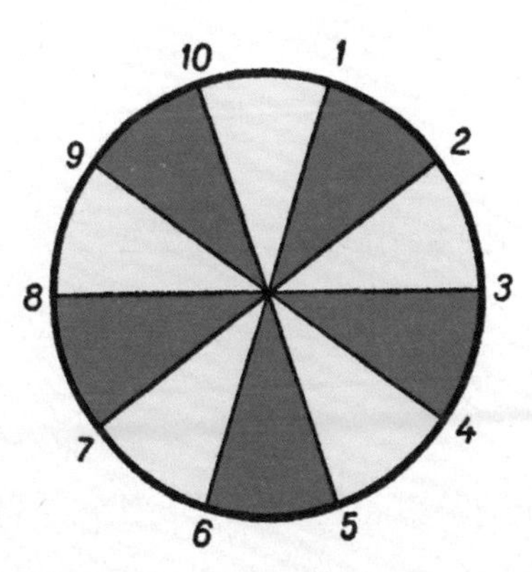

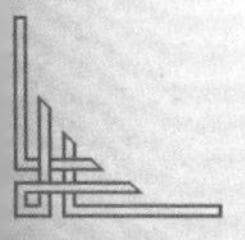
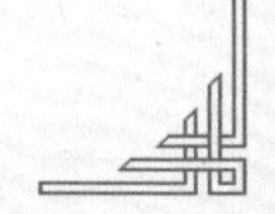

而其他情况就不是了，比如：

$$1+2\neq 6+7$$

$$2+3\neq 7+8$$

请重新排列数字，使得所有相邻数字之和都等于其相对两个数字之和。这道题不止一种解法。基本解法有几种？变体解法有多少种？（变体解法直接旋转的不算。）

52. 不同的运算，相同的结果

用 2 个 2，并将“加号”换成“乘号”，结果保持不变：$2+2=2\times 2$。

用 3 个数字的解法也很简单：$1+2+3=1\times 2\times 3$。

请找出 4 个数字的解法，以及 5 个数字的解法。

53. 99和100

请在数字 987654321 之间加入加号（数量不限），使得最后结果等于 99。

有两种解法，但两种解法都不易找出。不过这个解题思路能够帮助你在 1，2，3，4，5，6 和 7 之间放入加号，使得最后结果等于 100。

（西伯利亚中部克麦罗沃地区的一个女生已经找出了两种解法。）

54. 切分棋盘

一位棋手闲暇之余将自己的纸板棋盘切分成 14 块，如图所示。

他的朋友们如果想跟他下棋，必须先把棋盘组装回来。你知道怎么做吗？

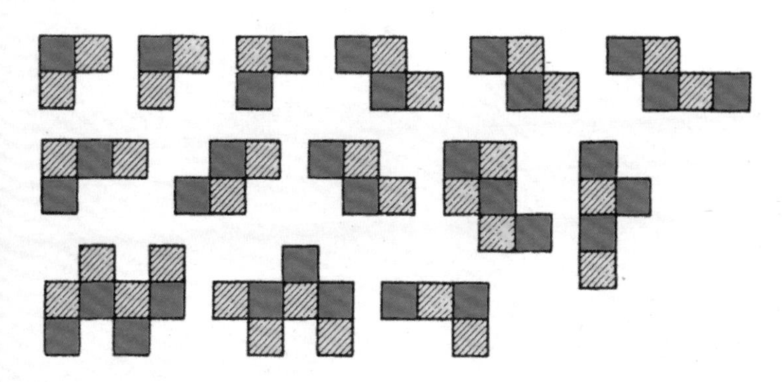

55. 找地雷

上校给一群军校学员出了一道题。他指着一张野外地图说道：

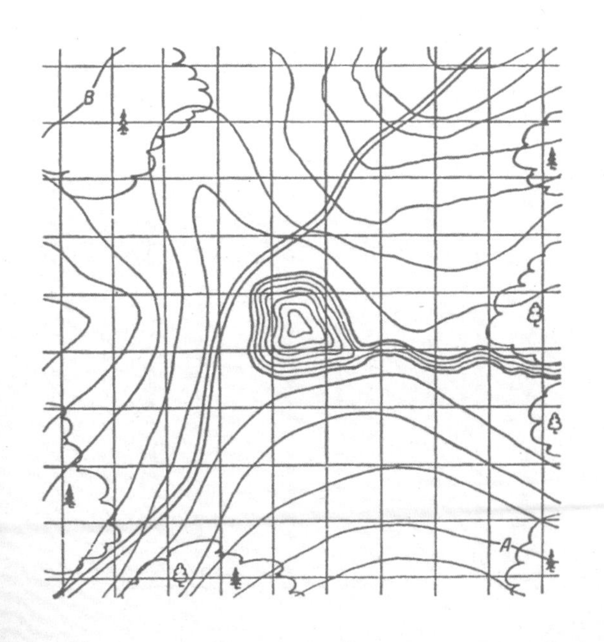

“两名携带地雷探测器的工兵要将本地区的敌军地雷找出并拆除。这张图上的每个方格区域都要检查，但中心方格区除外，那是个小池塘。他们可以横向或纵向前进，但不可以斜向前进。每个工兵对每个方格区只能检查一次。一个工兵要从 **A** 点走到 **B** 点，另一个从 **B** 点走到 **A** 点。请画出两个工兵的前进路线，要求两个工兵走过的方格区数量相同。”

你能解出上校的谜题吗？

56. 两个一组

有 10 根火柴排成一行。请将其分成 5 组，每次将 1 根火柴越过 2 根火柴，交叠到其后的第三根火柴上，如图所示。

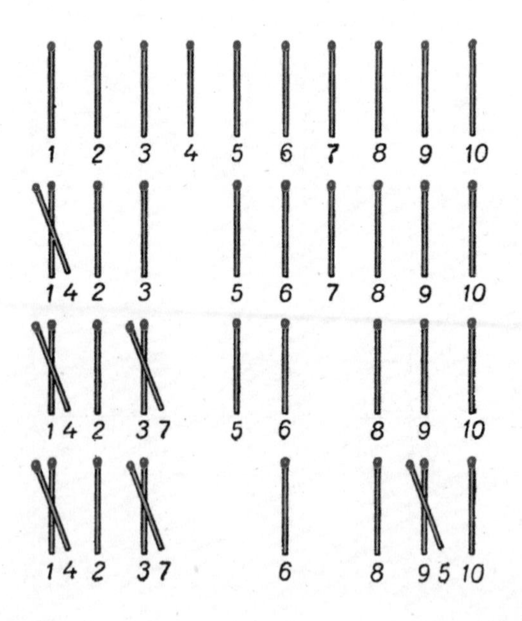

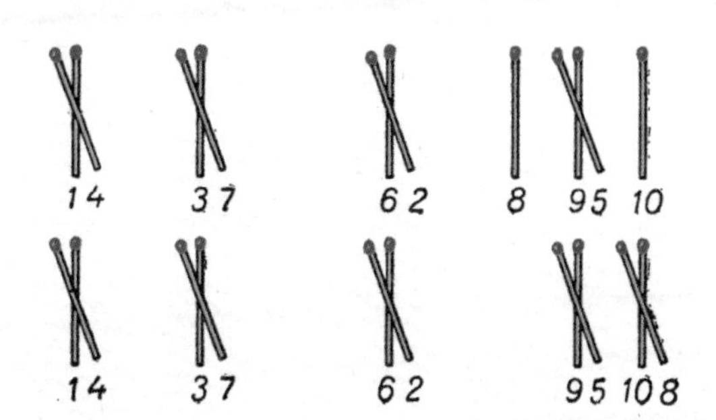

用 10 步完成此移动，写下来。再找一种解法。

57. 三个一组

有 15 根火柴排成一行。请将其分成 3 根一组，共 5 组。每次移动 1 根火柴越过 3 根火柴。

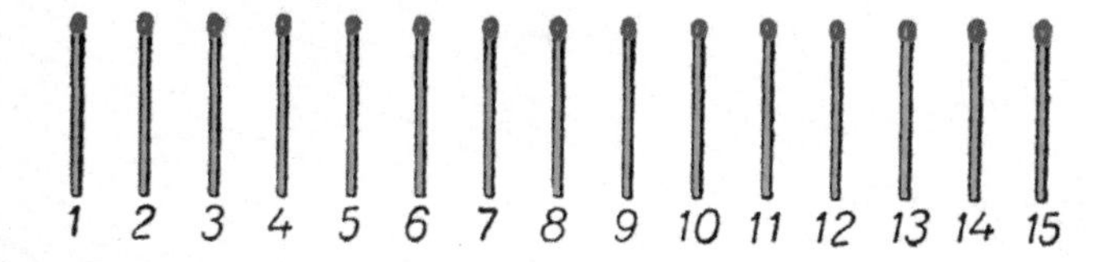

58. 停摆的钟

我身边唯一能显示时间的物件是一个挂钟。有一天我忘了给它上发条，钟停了。我去找朋友，他手表上的时间从来没错过。我逗留了一会儿就回家了。然后我做了简单的计算，就把钟的时间调对了。

我身上没有带表，无法知道从朋友家回自己家花了多长时间，那么我是怎么把时间调对的呢？

59. 加减法

1 2 3 4 5 6 7 8 9＝100

要让等式成立，只有一种放入 7 个加减符号的方式。

你能用三个加减符号让等式成立吗?

60. 迷惑的司机

车上的里程表显示为 15951 英里。司机发现这个数字是个回文：正向或反向读都是一样的。

“有意思，”司机自言自语道，“上次出现这个情况已经是很久之前了。”

不过 2 个小时以后，里程表上又显示出了一个新的回文数字。

这 2 个小时之中汽车的时速是多少?

61. 发电站的设备

著名的齐姆良斯克发电站急需的一批测量设备正由某工厂生产。该工厂有一班 10 人组成的优秀工人：班长（岁数较大，经验丰富）以及 9 名才从技工学校毕业的学生。

这 9 个年轻工人每人每天生产 15 套设备，而班长每天的产量比 10 人平均数量多 9 套。

这个班组每天的设备生产量是多少?

62. 准时送达

某集体农场要定期给国家机关送去定额的粮食。农场的管理人员要求送粮食卡车在上午 11 点准时抵达市里。如果卡车的时速为 30 英里每小时，那么抵达时间为上午 10 点，早了一小时；如果时速为 20 英里每小时，则会在正午 12 点抵达，晚了一小时。

农场同城市的距离有多远？若要在上午 11 点准时抵达，卡车的时速应为多少?

63. 坐火车

两个女生要坐电气火车从城里去往乡下别墅。

“我发现，”一个女生说道，“从乡下别墅方向驶来的列车每 5 分钟就会经过一次。你有什么想法——假设两个方向的列车速度一致，那么一小时会有多少列从乡下驶来的列车抵达城里？”

“当然是 12 列了。”另一个女生回答道，“因为 60 除以 5 等于 12。”

出题的女生认为不对。你觉得呢?

64. 从1到1000000000

德国著名数学家高斯 9 岁的时候遇到这样一个题目，要求将 1 至 100 之间的所有整数相加。他很快地将 1 加上 100，2 加上 99，以此类推得出 50 组和为 101 的数字。答案是：$50 \times 101 = 5050$。

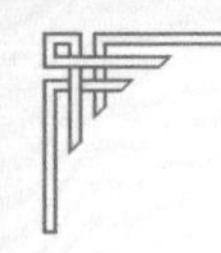

现在请将 1 至 1000000000 之间的所有整数的各位数字相加。

注意，是所有整数的各位数字，而不是所有整数本身。

65. 球迷的噩梦

某球迷由于自己喜欢的球队输球了而彻夜难眠。后来恍惚中他梦到一位守门员在巨大的空房间里练习，向墙面抛球再将弹回的球接住。

但守门员开始一点一点变小，最后变成了一个乒乓球。足球却逐渐膨胀成为一个大铁球。乒乓球绝望地在房间中四处奔逃，而铁球发疯般地在其后紧追不舍。

在不离开地板的情况下，乒乓球能找到安全的躲避之地吗?

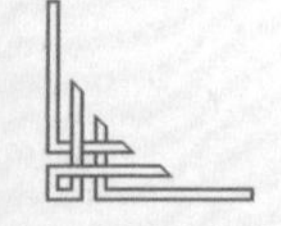

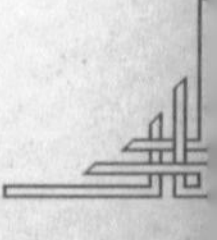

分数和小数的运用

接下来的谜题要用到分数和小数的相关知识。如果你还没学过分数和小数，请跳过这一部分直接进入第二章。

66. 我的手表

当我自由驰骋在我们伟大的祖国大地上时，意外来到一个奇怪的地方。这里白天温度急剧上升，晚上温度又陡然下降。这种气温变化给我的手表也带来了影响。到了傍晚的时候，手表会快 $\frac{1}{2}$ 分钟，而到黎明之时又会慢 $\frac{1}{3}$ 分钟，所以最后只快 $\frac{1}{6}$ 分钟。

一天早晨（5 月 1 日），我的手表显示的时间正确了。那么到哪天这只表会快 5 分钟呢?

67. 爬楼梯

一栋房子有六层楼，每层的高度一样。走到六楼要比走到三楼多花多少时间?

68. 数字谜题

在 2 和 3 之间放置一个什么样的算术符号，最后得到的数字能够大于 2 且小于 3？

69. 有趣的分数

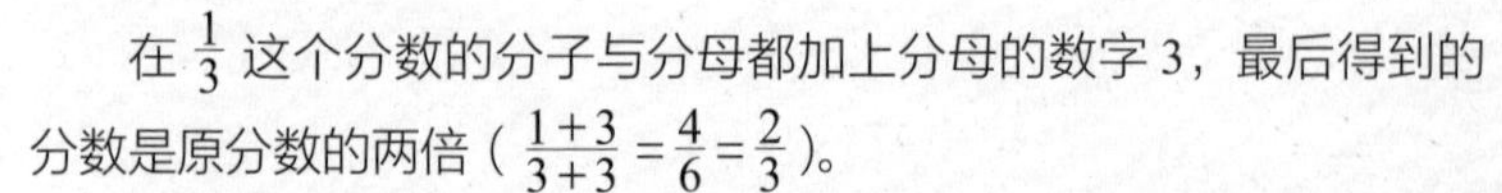

在 $\frac{1}{3}$ 这个分数的分子与分母都加上分母的数字 3，最后得到的分数是原分数的两倍（$\frac{1+3}{3+3}=\frac{4}{6}=\frac{2}{3}$）。

请找出一个分数，在其分子与分母都加上分母的数字，最后得到的分数是原分数的三倍。然后再找出一个能用同样方式得出原分数四倍的分数。

70. 它是谁

它的三分之一等于二分之一，它是谁?

71. 男生的路线

鲍里斯每天早晨步行去上学。走到四分之一路程时他经过农机站；走到三分之一路程时经过火车站。走到农机站的时候，时钟显示 7:30。走到火车站的时候，时钟显示 7:35。

请问鲍里斯离开家和到达学校的时间分别是几点?

72. 赛跑

沿着体育场的跑道插了 12 面旗，每面旗之间的距离相同。赛跑选手要从第一面旗出发。

一名选手自出发之后 8 秒就抵达了第八面旗的位置。如果他的奔跑速度不变，那么他总共需要多少秒可以到达第十二面旗的位置?

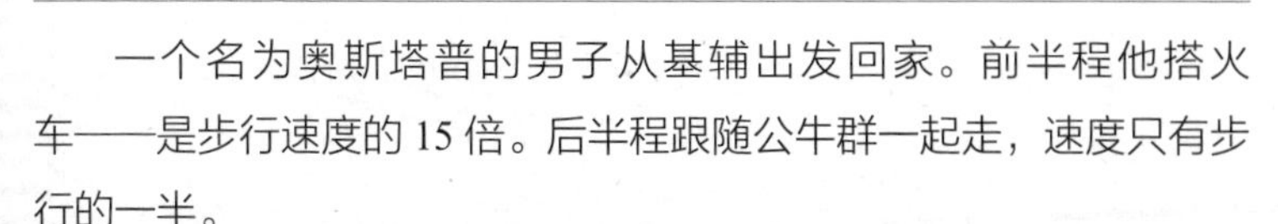

73. 节省时间

一个名为奥斯塔普的男子从基辅出发回家。前半程他搭火车——是步行速度的15倍。后半程跟随公牛群一起走，速度只有步行的一半。

如果他全程都步行，他能节省下时间吗？能省多少时间？

74. 有点慢的闹钟

一个闹钟每小时慢4分钟，且在3.5小时之前设置成了正确时间。当前有一个走时正确的闹钟显示是正午12点。

那么这个不准的闹钟最快还需要多久才能显示正午12点？

75. 要大段不要小段

在苏联的机械工厂，标记员的工作是在金属板料上画线。接着板料就会按照画线的图样进行裁剪，以生产出所需的形状。

现在要求标记员将7张相同大小的金属板料分给12个工人，每个工人分到的金属板料要相同。他不可以简单地将每张金属板料裁剪成相同大小的12块，这样会造成小块的板料过多。他应该怎么办？

他略加思索，想出了一个更简便的方法。

后来，他轻松地将5张板料分给6个工人，13张板料分给12个工人，13张板料分给36个工人，26张板料分给21个工人，等等。

他的方法是什么？

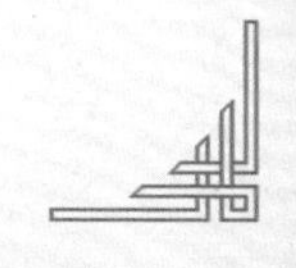

76. 一块香皂

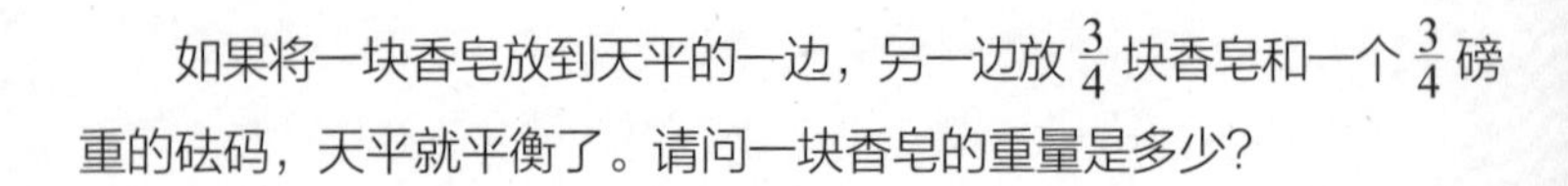

如果将一块香皂放到天平的一边，另一边放 $\frac{3}{4}$ 块香皂和一个 $\frac{3}{4}$ 磅重的砝码，天平就平衡了。请问一块香皂的重量是多少？

77. 算术攻坚

（*A*）用两个数字组成一个最小的正整数。

（*B*）5 个 3 可以得出 37：

$$37=33+3+\frac{3}{3}$$

请用另一种方法得出 37。

（*C*）使用 6 个相同的数字得出 100（有多种解法）。

（*D*）用 5 个 4 得出 55。

（*E*）用 4 个 9 得出 20。

（*F*）7 根火柴组成了一个代表 $\frac{1}{7}$ 的图形。在不移除或新增火柴的情况下，可否摆出一个等于 $\frac{1}{3}$ 的分数？

（*G*）使用数字 1，3，5 和 7（每个数字用三次）和加法符号使最后运算结果为 20。

（*H*）使用数字 1，3，5，7，9 和加法符号运算得出的两个数字之和，等于使用数字 2，4，6，8 及加法符号运算得出的两个数字之和。每个数字只能使用一次，不可使用假分数。请找出这 4 个数字。

（*I*）找出两个数字，二者之差同二者的乘积相同。

这样的数组有无限多个。请问它有什么特点?

（*J*）用数字 0—9 组成两个相等的分数且二者之和为 1，每个数字只能使用一次（有多种解法）。

（*K*）用数字 0—9 组成两个数字——均为一个整数带一个真分数，且两个数字之和为 100，每个数字只能使用一次（有多种解法）。

78. 多米诺分数

从一盒多米诺骨牌中取出双牌（即上下两端点数相同的牌）以及含有空白点数的牌。剩下的牌可以作为分数，如图列成三行，每行的分数之和均为 $2\frac{1}{2}$。

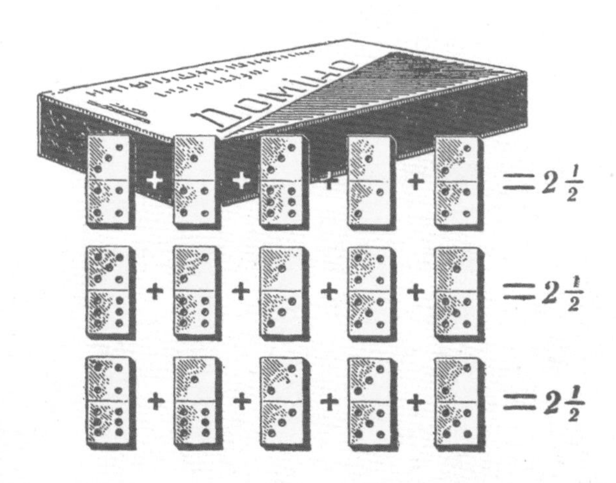

重新将这 15 张骨牌排成三行，每行 5 张。使得每一行的分数之和均为 10（可以使用假分数，比如 $\frac{4}{3}$，$\frac{6}{4}$，$\frac{3}{2}$）。

79. 米夏的小猫

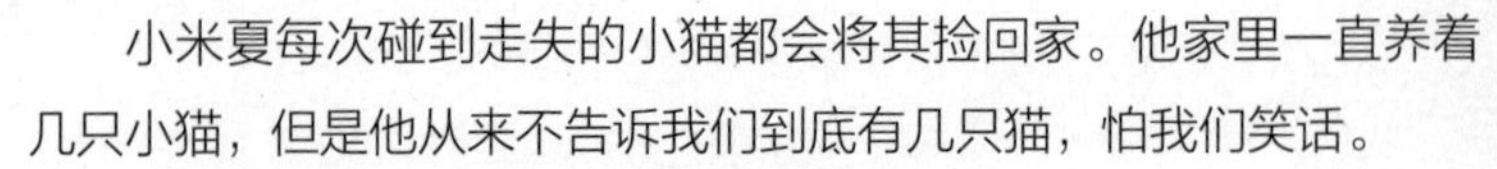

小米夏每次碰到走失的小猫都会将其捡回家。他家里一直养着几只小猫，但是他从来不告诉我们到底有几只猫，怕我们笑话。

有人会问：“你现在有几只小猫了？”

“不太多，”他回答道，“总数的四分之三加上一只小猫的四分之三。”

朋友们觉得他在说笑。不过也能算是个谜题——很简单的谜题。米夏到底有多少只小猫呢？

80. 平均速度

一匹马在无负重的情况下以 12 英里 / 时的速度走了半程。剩下的路由于负重速度降至 4 英里 / 时。

这匹马的平均速度是多少？

81. 熟睡的乘客

火车上，一位乘客在行程走到一半时睡着了。睡醒之后发现剩下的路程是睡着时经过的路程的一半。那么从全程来看，他睡着时经过了多少路程？

82. 火车有多长

一列时速为 45 英里 / 时的火车同另一列时速为 36 英里 / 时的火车相遇。前者车厢内的乘客看到后者完全经过花了 6 秒的时间。第

二列火车有多长?

83. 自行车骑手

一位自行车骑手骑完三分之二赛程时发生了爆胎。剩下的赛程他全程步行，步行的时间是之前骑行时间的两倍。请问他骑行的速度是步行速度的几倍?

84. 比赛

金属贸易学校的学生沃罗迪亚和克斯提亚正在操作车床。领班老师安排他们生产一批金属部件。他们俩想要赶在时限要求前同时做完，但是过了一阵子之后，克斯提亚完成的数量只有沃罗迪亚剩下的数量的一半，且同时还是沃罗迪亚已完成数量的一半。

那么，克斯提亚需要比沃罗迪亚快多少，他们俩才能够同时完成?

85. 谁是对的

玛莎需要算出三个数字的乘积，才能得出某土堆的体积。

她用第一个数字乘以第二个数字算出乘积，正要将其同第三个数字相乘时发现第二个数字写错了，比原来的数字大了三分之一。

为了避免重新计算，玛莎觉得只需要将第三个数字减少三分之一就可以了——因为第三个数字同第二个数字是相等的。

“但你的方法不对，”玛莎的朋友说道，“那样的话误差会有 20 立方码。”

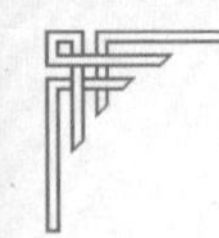

“为什么？”玛莎问道。

到底是为什么呢？土堆的正确体积应该是多少？

86. 三片吐司

母亲用小平底锅做美味的吐司。她将一片吐司烤完一面再翻面。每面烤 30 秒。

平底锅只能装 2 片吐司。如何在 1.5 分钟（而不是 2 分钟）内将三片吐司各自的两个面都烤好？

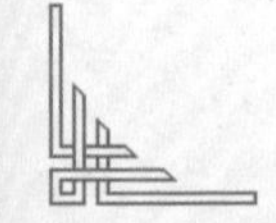

第2章

有点难的谜题

87. 聪明的铁匠克丘

去年夏天我们在格鲁吉亚共和国旅行时，时常会构想一些不同寻常的故事。而每次参观古代遗迹都会给我们带来许多灵感。

一天，我们偶然发现了一座老旧孤塔。队伍中一位数学研究生由此突发奇想，讲了一个有趣的故事：

“大约三百年前有一位国王，高傲而心坏。他的女儿达丽丹已经到了适婚之年。国王已经答应了有钱的邻居要把女儿嫁给他，但是女儿有自己的想法：她爱上了一个普通的小伙子——铁匠克丘。这对比翼鸟试图私奔逃入山里，却被抓了回来。

“国王勃然大怒，决定第二天将他们都处死。两人被关进了一个孤塔里——此塔昏暗阴森，还没建完就被荒废了。同时，协助他们俩私奔未果的那位年轻女仆也一起被关了进去。

“克丘冷静地观察了四周，爬上台阶走到塔顶处朝窗外望了望，心里明白要是直接跳下去肯定活不了。不过他发现泥瓦匠忘记带走的绳子还搭在窗户旁，绳子被放在墙上还挂着生锈的索具上。绳子的两端都系了几个空篮子，是泥瓦匠之前用来上下运送砖头和碎石的容器。克丘知道，绳子两端只要能产生 10 磅的重量差，那么较重一端的篮子就会平滑地降到地面，另一端则会升到窗台边。

“克丘看着这两个女孩，估测达丽丹的体重为 100 磅，女仆为 80 磅。他自己体重则在 180

磅左右。他在塔里找到 13 个拆开的铁链圈，每个重 10 磅。后来他们三人都成功抵达了地面，而且，每次下降的篮子都没有比上升的篮子多重 10 磅以上。

“他们是怎么逃走的呢？”

88. 猫和老鼠

咕噜猫想打个盹休息一会儿。梦里他看到自己身边围了 13 只老鼠：12 只灰老鼠和 1 只白老鼠。它听到主人的话：“咕噜猫，你每次只能吃第十三只老鼠，要按同样的方向。最后吃的一只必须是白老鼠。”

那么它应该从哪只老鼠开始吃呢？

89. 黄雀与画眉

夏令营结束前，孩子们决定将之前抓到的 20 只小鸟放生。辅导老师提了个建议：

“将笼子摆成一排。从左往右数，每次打开第五个有鸟的笼子，数到最后一个笼子时再返回第一个重新数。最后剩下的两只鸟可以带回城里。”

大部分孩子并无所谓带哪只小鸟回城里，但是塔尼亚和阿里克非常心仪黄雀和画眉，他们在帮忙将笼子摆成排的时候想起了猫和老鼠这个谜题（88 题）。那么这两只鸟应该放到什么位置呢？

90. 火柴和硬币

找 7 根火柴和 6 枚硬币。将火柴摆在桌子上呈星形（如图）。从任意一根火柴开始按顺时针方向数，在第三根火柴的顶端放一枚硬币。

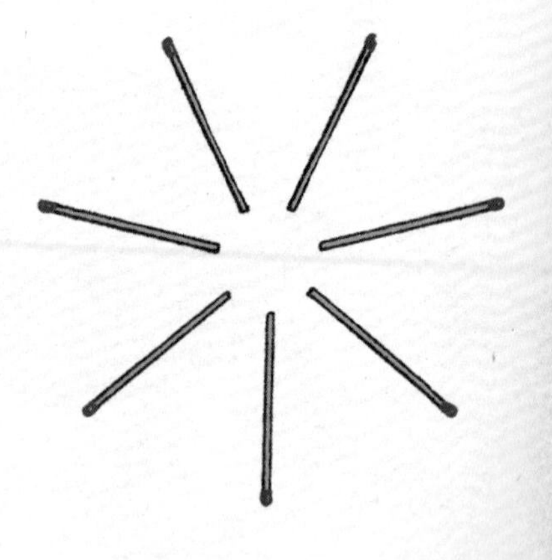

再继续顺时针方向，从任意一根不带硬币的火柴开始数，在第三根火柴的顶端放一枚硬币。已经带硬币的火柴在数的时候不能跳过。

如果同一根火柴顶端最多只能放一枚硬币，能把所有的 6 枚硬币按这个规则放上去吗？

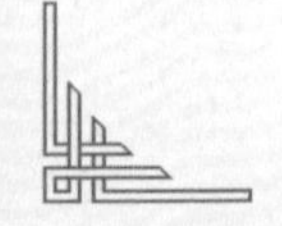

91. 让客运列车通过

一列由 1 个火车头及 5 节车厢组成的工程列车停靠在一个小站。小站有一段旁轨，但长度只够放 1 个车头和 2 节车厢。

一列客运列车正驶来，怎样才能让客车通过呢？

92. 突发奇想的三个女孩（一）

这类谜题源于好几个世纪以前。三个女孩同各自的父亲在外散步。他们来到小河边，有一艘只能搭载两人的小船可供他们使用。要过河也比较简单，但女孩们的想法很特别：女孩们都不愿意同别人的父亲待在一艘船上或者一起待在岸边，除非自己的父亲也在场。当然了，女孩们也会划船。他们要怎样全部过河呢？

93. 突发奇想的三个女孩（二）

（*A*）六人过河以后，他们在想，如果有条件的话，是不是四对父女也能过河。答案当然是可以的，不过需要小船能坐下三人。

（*B*）另外，一条仅能坐两人的船也可以将四个女孩及其各自的父亲送到河对岸——前提是中间有个小岛可以用作中转地上下船。

请说明这两种情况下的渡河方法。

94. 跳棋

在 1，2 和 3 号方格中放入三颗白色的棋子，并在 5，6 和 7 号方格中放入三颗黑色的棋子。要求将三颗白棋走到黑棋所在的三个格子中，黑棋亦然。所有棋子可以移动到相邻的空格中，也可以跳过 1 个棋子走到空格中。此题的解法需要走 15 步。

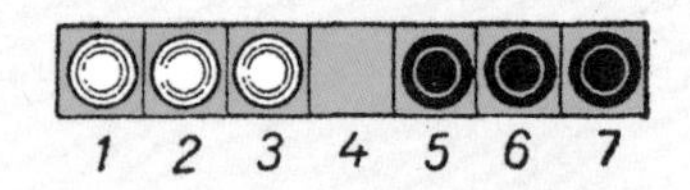

95. 移动棋子（一）

拿 4 个黑色棋子和 4 个白色棋子（或者也可以用不同的硬币代替），将棋子放在桌子上排列成一排，一白一黑相间放置。在其中一端留出能放置两个棋子的空间。经过 4 步移动之后，所有的黑棋归于一边，白棋在另一边。

移动规则为：每次需拿起两个相邻的棋子，顺序不变，放入空位。

96. 移动棋子（二）

上一个谜题中，8 个棋子需要 4 步完成。请再将 10 个棋子移动 5 步、12 个棋子移动 6 步、14 个棋子移动 7 步，将这些方法列出来。

97. 移动棋子（三）

根据 95 题和 96 题，对于 $2n$ 个棋子在 n 步内完成移动，请推导出一个通用的操作方法。

98. 排列扑克牌

将扑克牌的 *A* 至 10 拿出，将 *A* 面朝下放在桌子上，将 2 置于手中的牌堆最下面，再将 3 面朝下放置，4 放在牌堆最下面。按此进行，将所有的牌按要求放好。

此时桌子上的牌必然不是按照数字顺序排列的。

如果要让桌子上的牌按从 *A* 到 10 的顺序排列（10 在顶部），那么最开始的排序应该如何排列？

99. 排列棋子

（*A*）12 个棋子（或者硬币、纸片等）排成了一个方框，每条边有 4 个棋子。请重新进行排列，使得每条边有 5 个棋子。

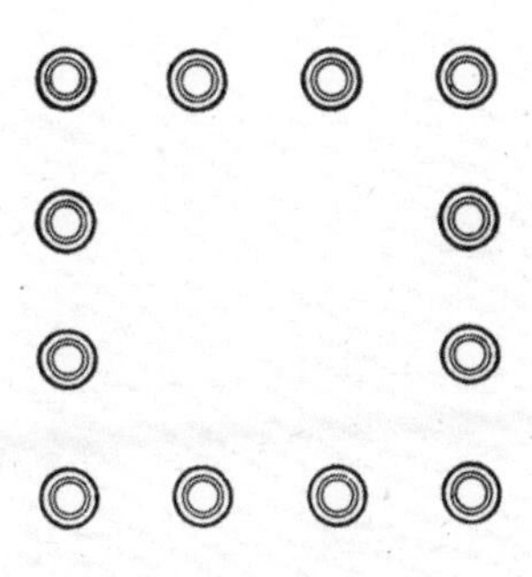

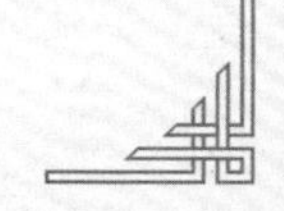

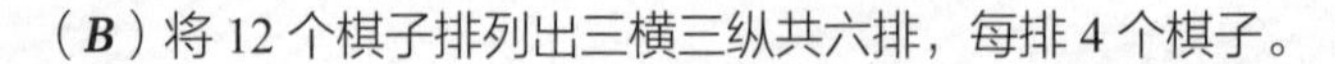

（*B*）将 12 个棋子排列出三横三纵共六排，每排 4 个棋子。

100. 神秘盒子

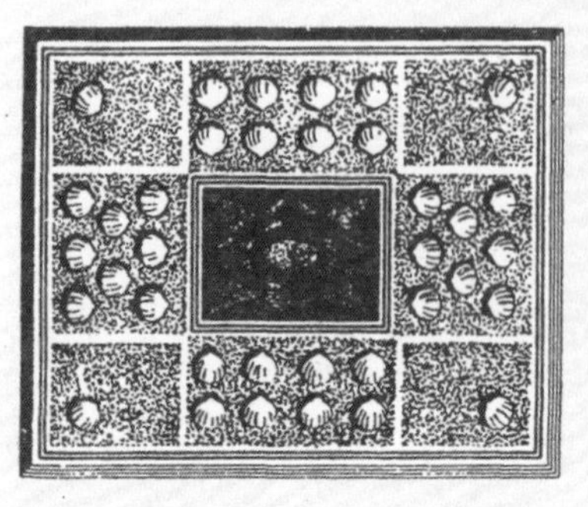

米夏从克里米亚夏令营给妹妹爱洛奇卡带回来一个漂亮的小盒子。爱洛奇卡还没到上学的年龄，但数数已经能数到 10 了。她很喜欢这个小盒子，因为她从每一边都可以数出 10 个海贝壳，如图所示。

有一天，爱洛奇卡的母亲在擦拭小盒子的时候不小心弄坏了 4 个贝壳。

“问题不大。”米夏说道。

他从剩下的 32 个贝壳中取了一些出来再重新粘上去，这样盒盖上每一边又有 10 个贝壳了。

几天之后盒子掉到地上，摔碎了 6 个贝壳。米夏又将这些贝壳进行了重新排列（尽管不太对称），这样爱洛奇卡还是跟以前一样，可以在每边数出 10 个贝壳。

请将两种排法找出来。

101. 勇敢的守军

一队“守军”正在保卫雪城堡。“指挥官”对守军的兵力分布如下图大方框所示（内侧的小方框表明了守军的总兵力：40 个男孩）。城堡每一侧都由 11 个男孩把守。

守军部队在敌方的四轮攻势中每一轮“失去”4 个男孩。而在第五轮和第六轮攻势中每次“失去”2 个男孩。但在击退敌方多次冲锋之后，雪城堡的每一边依然有 11 个男孩把守着。怎么做到的?

1	*9*	*1*
9	***40***	*9*
1	*9*	*1*

102. 日光灯

某技术员用管状霓虹灯将房间点亮，以便完成电视转播。一开始他在每个角落放置 3 盏台灯，并在房间的四面墙边各放 3 盏灯，总共 24 盏灯，如下页图所示。接着他增加了 4 盏灯，然后又加 4 盏。

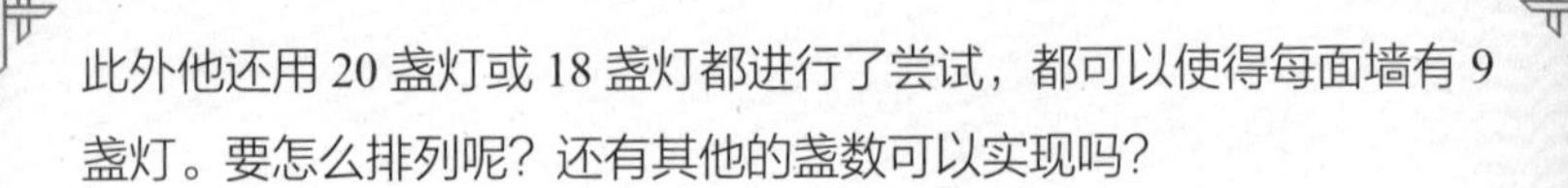

此外他还用 20 盏灯或 18 盏灯都进行了尝试，都可以使得每面墙有 9 盏灯。要怎么排列呢？还有其他的盏数可以实现吗？

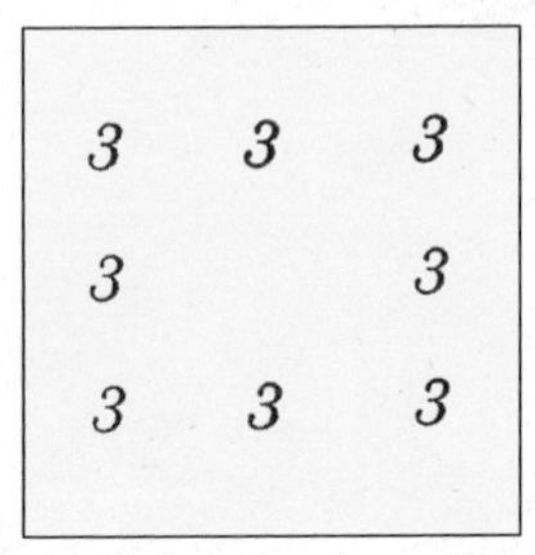

103. 排列兔子

某研究所准备了一个特制的双层笼子用于兔子实验，每层分成 9 个区。有 16 个区用于放兔子，上下两层各 8 个区（中心的两个区留出来放设备）。

这一实验要满足 4 个条件：

1. 所有 16 个区都要放兔子。

2. 每个区放的兔子数量不能超过 3 只。

3. 两层的四个外侧面各放 11 只兔子。

4. 整个上层放的兔子数量必须是整个下层兔子数量的两倍。

虽然研究所收到的兔子数量比预期少 3 只，但放置的兔子数量还是满足了这 4 个条件。

请问预期应收到的兔子数量是多少，实际送达的兔子数量又是多少？兔子是怎么安置在各个区的？

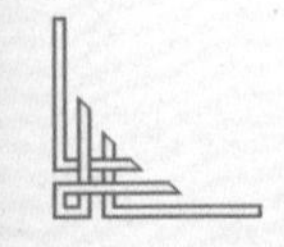

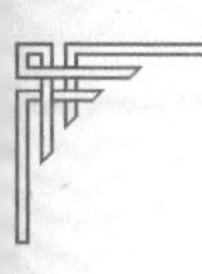

104. 节日准备

前面的五个谜题都涉及沿着矩形或方形的各边排列物体，在物体总数持续变化的情况下使得每条边的物体数量相等。除了将置于角落的物体看作是属于两边，一般来说，我们还可以将两条线段的交点看作是属于这两条线段的。

比如，在准备节日用的照明灯时，要将 10 个灯泡放成 5 排，每排 4 个灯泡，那么答案就是下图的五点星形状。

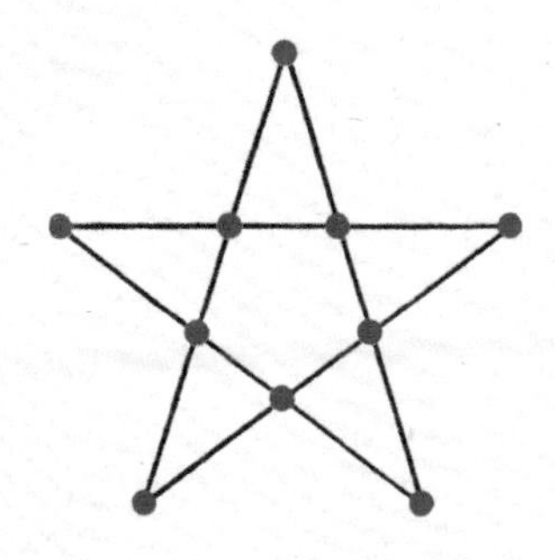

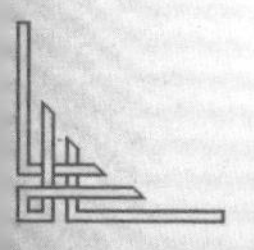

以下是一些类似的谜题。请找出对称性的解法。

（*A*）将 12 个灯泡放成 6 排，每排要有 4 个灯泡（解法不止一种）。

（*B*）将 13 簇灌木丛种成 12 排，每排要有 3 簇灌木丛。

（*C*）右图三角形的梯田上，园丁所种的 16 枝玫瑰分布在 12 条直线上，且每条线都有 4 枝玫瑰。后来他新搭了一座花坛并将这 16 枝玫瑰移栽过去，使得玫瑰排成了 15 条直线，每条线上有 4 枝。

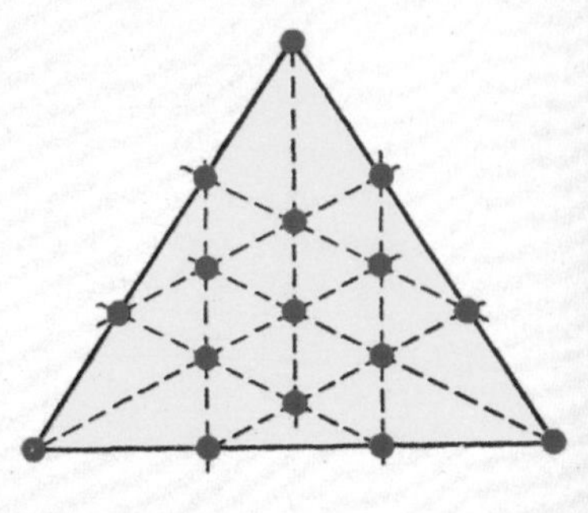

怎么做到的?

（*D*）请将 25 棵树种成 12 排，每排有 5 棵树。

105. 种橡树

27 棵橡树构成了一个六点星形（总共 9 排，每排 6 棵）。不过护林员们不会同意将三棵树孤立出去——橡树喜欢阳光，也喜欢身边有草木相伴。

重新排列这 27 棵橡树，保持对称性，要求有 9 排且每排 6 棵树，但需要让所有橡树三棵一群。

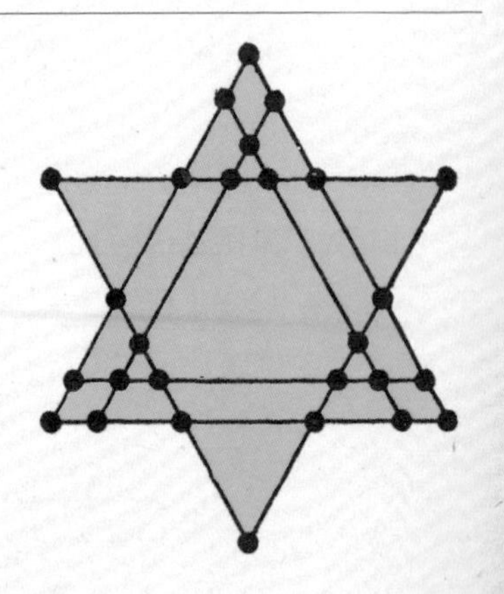

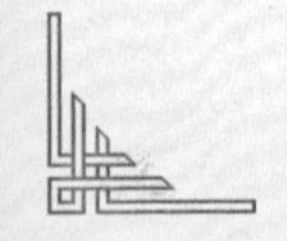

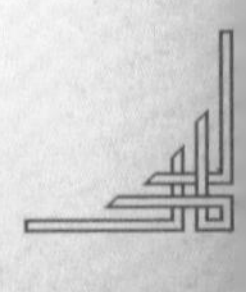

106. 几何游戏

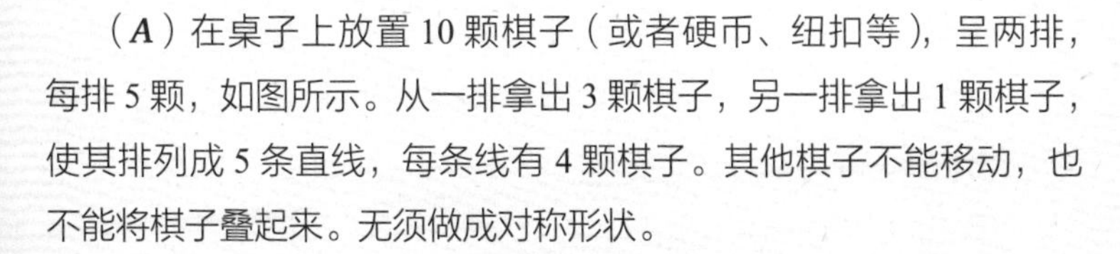

（*A*）在桌子上放置 10 颗棋子（或者硬币、纽扣等），呈两排，每排 5 颗，如图所示。从一排拿出 3 颗棋子，另一排拿出 1 颗棋子，使其排列成 5 条直线，每条线有 4 颗棋子。其他棋子不能移动，也不能将棋子叠起来。无须做成对称形状。

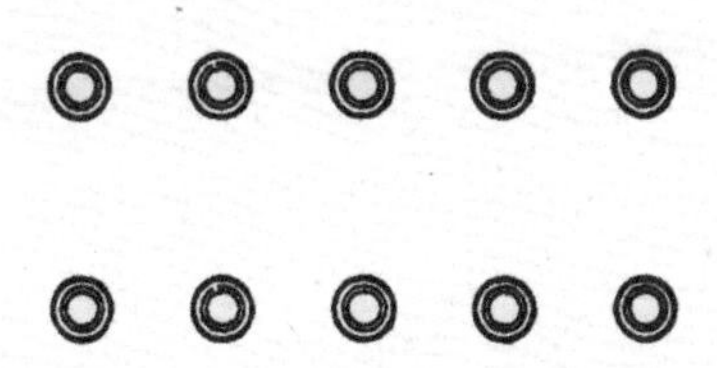

以下五种解法形状各异，此外还有许多其他解法。选择相同的棋子也有许多不同的走法（图 ***a*** 和 ***d***），也可以选 4 个不同的棋子。

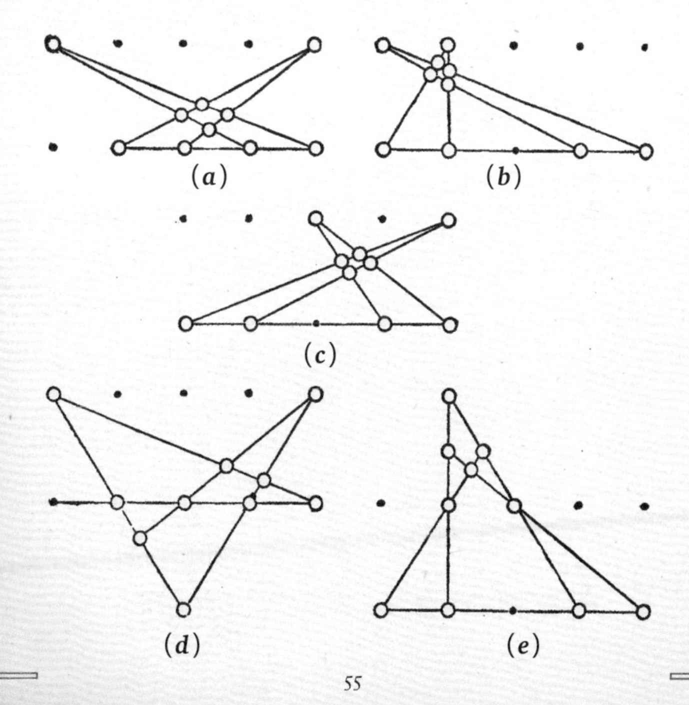

(*a*) (*b*) (*c*) (*d*) (*e*)

根据所选棋子的不同能够生成 50 种解法：从第一排 5 个棋子中选出 3 个就有 10 种方式，从第二排 5 个棋子选出 1 个有 5 种方式，10 乘以 5 就是 50 种。

这里将此游戏稍做扩展：在数名选手面前各放 10 个棋子，分两排，每排 5 个。每个选手按自己的想法移动 4 个棋子（一排取 3 个，另一排取 1 个）从而做成 5 排，每排 4 个棋子。然后将选手们的解法进行比较。解法相同的选手得 1 分，解法同其他人都不一样的选手得 2 分，规定时间内没有完成的选手不得分。

这个游戏也可以在纸上进行。另外规则也可以改为允许从每行取出 2 个棋子，或者允许棋子重叠。这样更多可能的解法就出现了，比如下图 *f* 和 *g*。

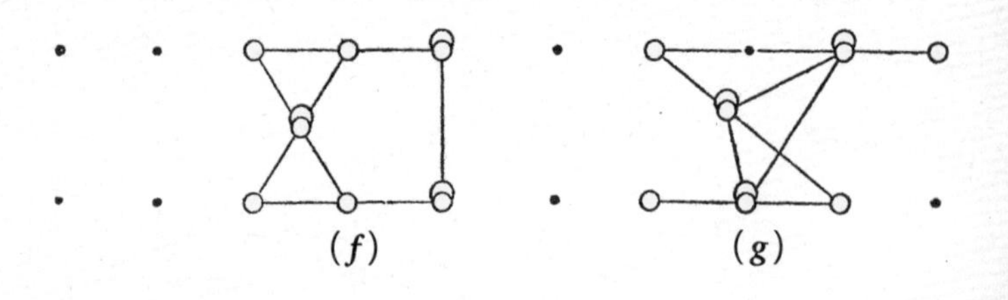

（*f*）　（*g*）

（***B***）在一块方形纸板上打 49 个小洞，将 10 根火柴插入小洞，解出下列问题：

取出 3 根火柴放置到其他小洞中，使得火柴形成 5 排，每排 4 根火柴。

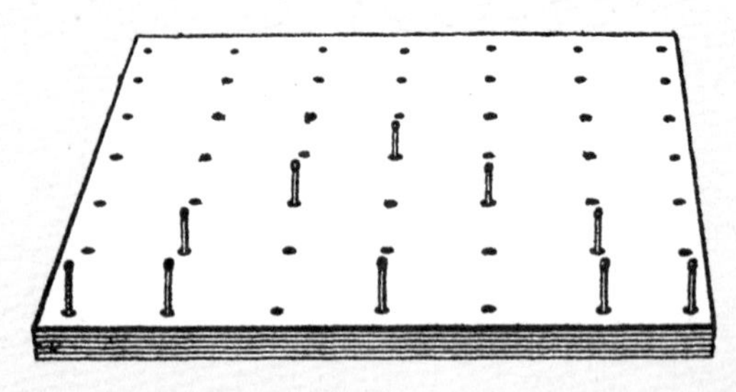

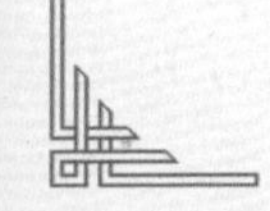
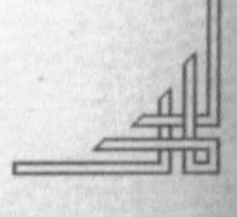

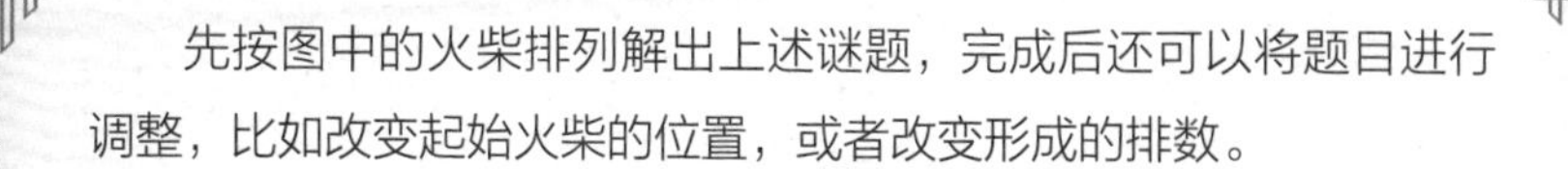

先按图中的火柴排列解出上述谜题，完成后还可以将题目进行调整，比如改变起始火柴的位置，或者改变形成的排数。

107. 奇数和偶数

将 8 个棋子编号 1 至 8，按图堆叠起来。用最少的步数将 1，3，5 和 7 号棋子从中间移动到“奇数”侧的圈中，2，4，6 和 8 号棋子移动到“偶数”侧的圈中。每次移动时需要将一堆棋子最顶部的那颗移动到另一堆的顶部。任意棋子之上不可以放置比自己本身编号更大的棋子，此外编号为奇数的棋子不可以放到编号为偶数的棋子之上，偶数棋子亦然。

也就是说，1 号棋子可以放到 3 号棋子上，3 号可以放在 7 号上，或者 2 号可以放到 6 号上——但是 3 号不可以放到 1 号上，1 号不可以放到 2 号上。

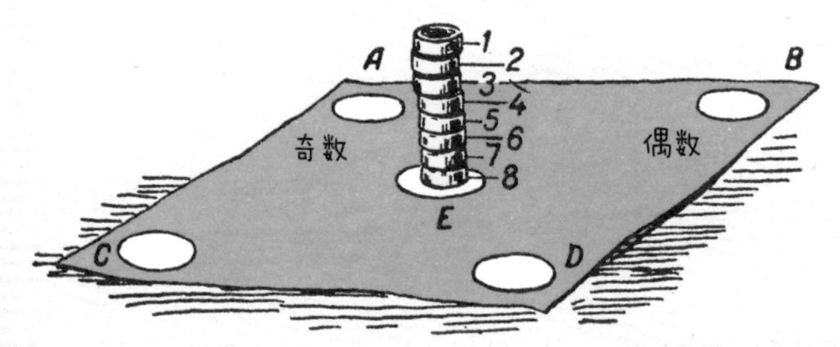

108. 走棋子

7	24	10	19	3
12	20	8	22	23
2	15	25	18	13
11	21	5	9	16
17	4	14	1	6

如图，有 25 个带编号的棋子放在了 25 个小格子中。每次将两个棋子对换位置，最后让所有数字按顺序摆放：第一排从左

至右分别是 1，2，3，4 和 5 号棋子；第二排左至右分别是 6，7，8，9 和 10 号棋子，以此类推。

最少需要多少步可以完成？应该采用什么样的基本操作法？

109. 解谜礼物

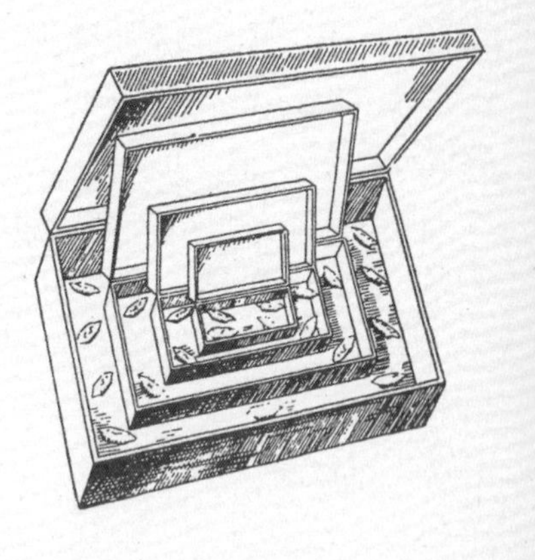

大家所熟知的中国盒子就是大盒子中套一个较小的盒子，较小的盒子里还有更小的盒子，以此类推，可以放很多个盒子。

用 4 个盒子做个玩具。在较小的三个盒子中各放 4 颗糖，最大的盒子中放 9 颗糖。

将装有 21 颗糖的盒子作为生日礼物送给朋友，让他先把盒子中的糖重新放置，使得每个盒子中的糖果数量是偶数对再加 1，完成之后才可以吃。

不过你自己得先解开这个谜题。

110. 马的走法

无须学习象棋知识也可以解出这道题。只需要了解象棋中马的走法就可以了：同一个方向走两格以及与第一个方向成直角的方向走一格。下图中在棋盘上放了 16 个兵。你能在 16 步中将 16 个兵吃完吗？

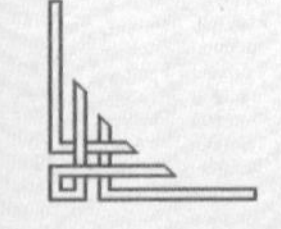

111. 移动棋子

（*A*）将 9 颗棋子编号，按下图的方法摆好。

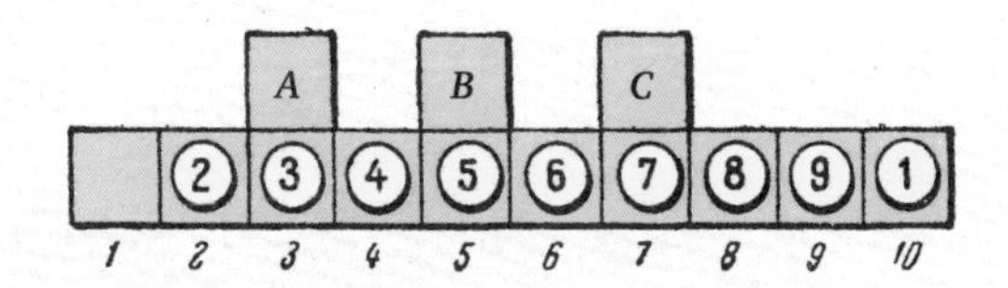

在 75 步之内，将 1 号棋子放到 1 号格中，而 2 至 9 号棋子依然留在 2 至 9 号格中。

棋子可以水平或竖直移动到空的格子中，不可跳跃。

（*B*）在下图中，在 46 步之内让黑白两色的棋子交换位置。棋子可以水平或竖直移动到空的格子中。棋子可以跳过另一个棋子。两个颜色的棋子无须轮流走。

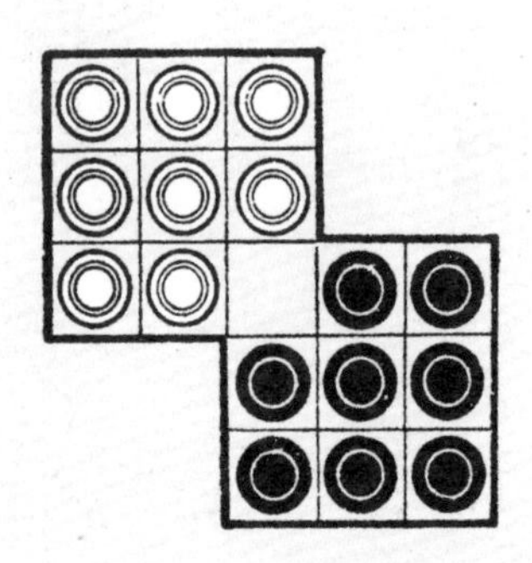

112. 1至15整数分组

1 至 15 的整数可以按 3 个一组排成 5 个优雅的等差数列：

$$\left.\begin{matrix}1\\8\\15\end{matrix}\right\}\boldsymbol{d}=7\quad \left.\begin{matrix}4\\9\\14\end{matrix}\right\}\boldsymbol{d}=5\quad \left.\begin{matrix}2\\6\\10\end{matrix}\right\}\boldsymbol{d}=4\quad \left.\begin{matrix}3\\5\\7\end{matrix}\right\}\boldsymbol{d}=2\quad \left.\begin{matrix}11\\12\\13\end{matrix}\right\}\boldsymbol{d}=1$$

比如说，$8-1=15-8=7$，所以第一组数列的 **d**（即差）就是 7。

现在保持第一个数组不变，再新建四个数组，数差 **d** 分别还是 5，4，2 和 1。

请独立思考，改变 **d** 的值，将 1 至 15 的整数进行排列。

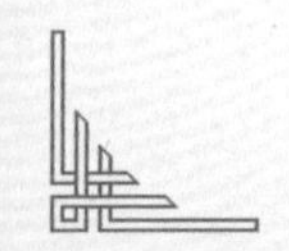

113. 八颗星

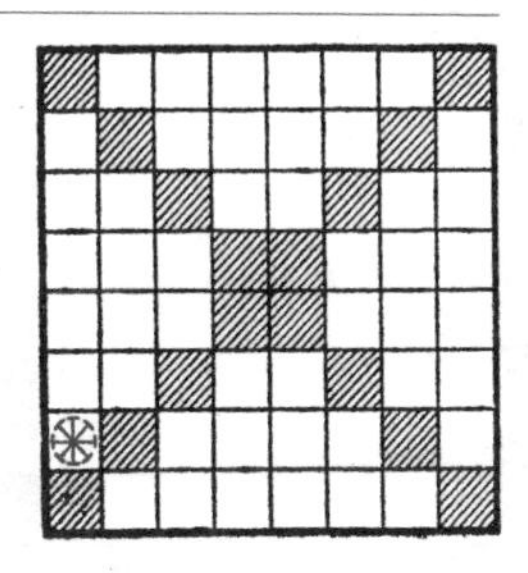

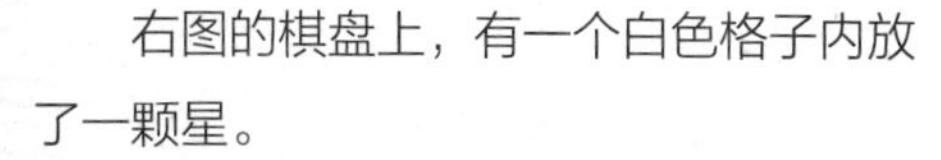

右图的棋盘上，有一个白色格子内放了一颗星。

请在白色格子中再放入 7 颗星，使得这 8 颗星中的任意 2 颗于横向、纵向及斜向上均未在同一条直线上。

114. 字母谜题

（***A***）在一个 4×4 的方格中放入 4 个字母，使得每行、每列和两条主对角线上都只有 1 个字母。如果 4 个字母相同，那么有多少种解法？如果 4 个字母不同又有多少种解法？

（***B***）将 4 个 ***a***、4 个 ***b***、4 个 ***c***、4 个 ***d*** 放在 4×4 的方格中，使得每行、每列以及两条主对角线上都没有相同的字母。共有多少种解法？

115. 不同颜色的格子

将 16 个小方格涂上四种不同的颜色，比如白、黑、红和绿。在白色格子中写上 1，2，3 和 4，黑色格子同样，以此类推。

将这些小方格排列为 4×4 的方形，使得每行、每列以及两条主对角线上都有完整的 4 个颜色和 1 至 4 的数字。解法有很多，那么存在多少种呢？

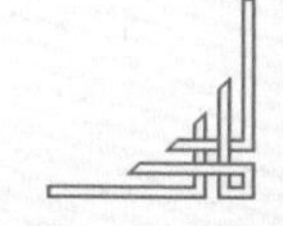

116. 纸片游戏

在一张纸板上裁出 32 张小纸片。按照下图图形扩印一张大图，将小纸片分别放到 2 至 33 号圈中。1 号圈暂时空着。

走法：一张小纸片竖直或水平跳过另一张小纸片进入空圈，而且被跳过的纸片要取走。要求在 31 步中使得最后一张小纸片能够跳入 1 号圈（有多种解法）。

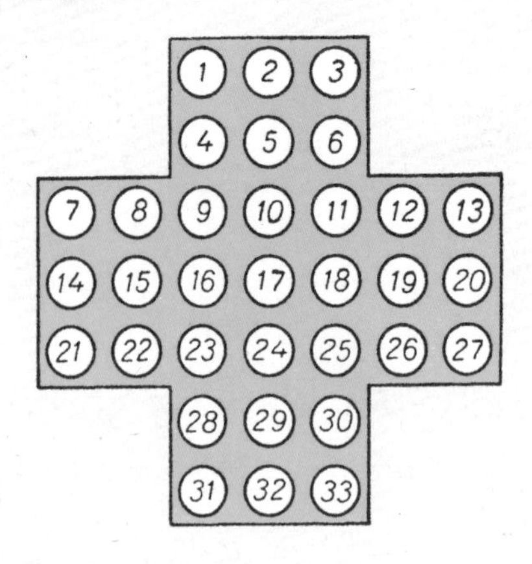

117. 盘之环

拿 6 枚相同大小的硬币（或者盘子等），并按照图 ***a*** 的方式摆好。

需在 4 步之内将图形改变为图 ***b***。每一步的走法是将 1 枚硬币滑动到新位置，且新位置至少同 2 枚其他硬币相接触。

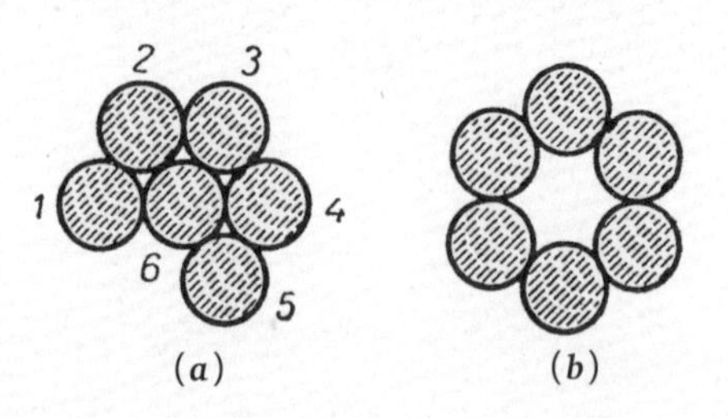

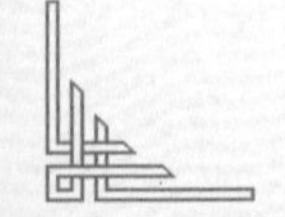

你能找出这道谜题的 24 种基本解法吗（同一走法换个走动顺序不算是基本解法）？下面演示一种解法，用步法简称表示：1 移至 2，3（即 1 号硬币滑动至同 2 号、3 号硬币相接触的位置）；2 移至 6，5（即 2 号硬币滑动至同 6 号、5 号硬币相接触的位置）；6 移至 1，3；1 移至 6，2。

118. 花样滑冰选手

“冰上芭蕾学校”的学生们正在莫斯科冰场进行排练。其中有个区域使用 64 朵花装饰出了一个方形花坛（图 ***a***），另一个区域做成了象棋棋盘的样子（图 ***b***）。

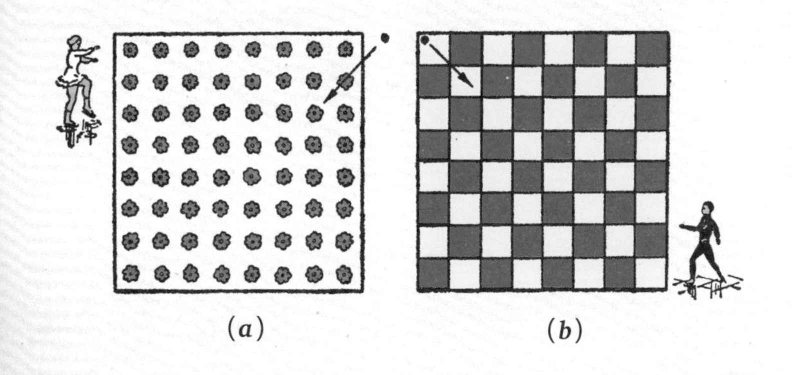

(***a***)　　(***b***)

一位女滑冰选手从花坛外的黑点位置按箭头方向（但不一定为箭头等长的距离）进入 ***a*** 场地，她行走了 14 条直线穿过了所有的花（有的花穿过不止一次）并最后回到黑点位置。

请将其路线绘出。

一位男选手不服，出发后走出了 17 条直线穿过了所有的黄色方格（部分方格穿过多次，但顶行的四个黄色方格各穿过一次，且不

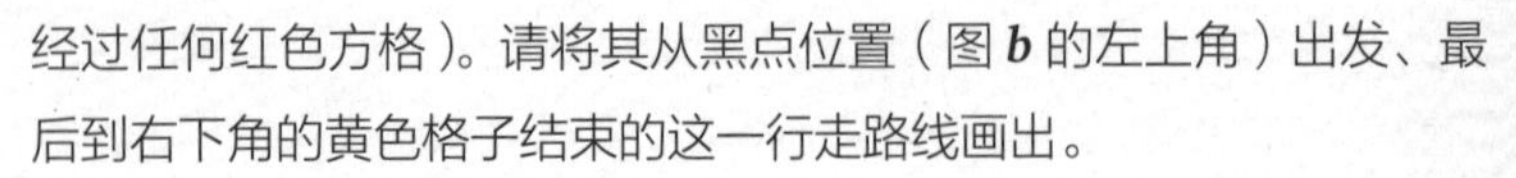

经过任何红色方格）。请将其从黑点位置（图 **b** 的左上角）出发、最后到右下角的黄色格子结束的这一行走路线画出。

两位选手的路线都不止一种。

119. 马的问题

四年级学生科里亚·西尼奇金想将棋盘左下角（*a*1）的棋子“马”移动到右上角（*h*8），途中要将每个方格都走一遍。能做到吗？（如果不清楚马的走法，请参考谜题 110。）

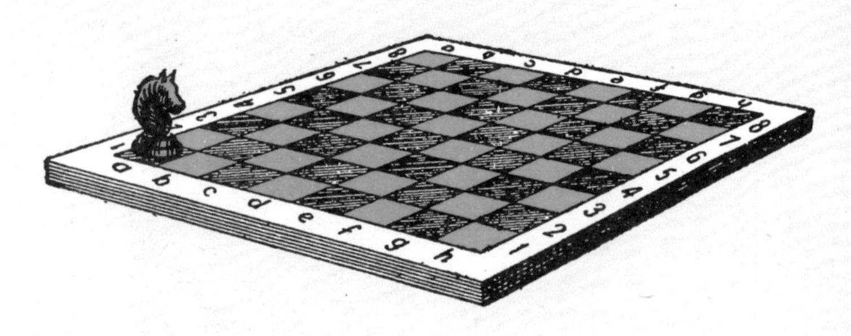

120. 145扇门

一名囚犯被投入一所共有 145 扇门的中世纪地牢。这些门有 9 扇是上锁的（图中以黑色粗线表示），但如果在到达上锁的门前时刚好穿过了 8 扇打开的门，那么该上锁的门便会解锁。不要求通过每一扇打开的门，但每间牢房和每个上锁的门都要通过。如果第二次进入同一间牢房或者穿过同一扇门，那么门会瞬间关闭，无法逃出。

囚犯（位于右下角的牢房）拿到了一张地牢的平面图，并思考了很久之后才出发。他穿过了所有上锁的门并从最后一扇上锁的门（图中左上角）逃出。

请画出他的路线。

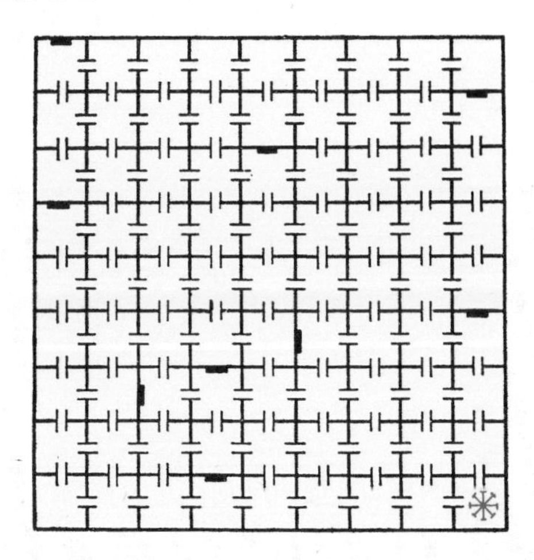

121. 逃离地牢

有一座地牢有 45 间牢房。其中标有大写字母 ***A*** 至 ***G***（如图）的 7 个房间都装有一扇上锁的门（图中以黑色粗线表示），而开门的钥匙分别在小写字母 ***a*** 至 ***g*** 代表的 7 间牢房中。其他的门只能从一侧打开（如图）。

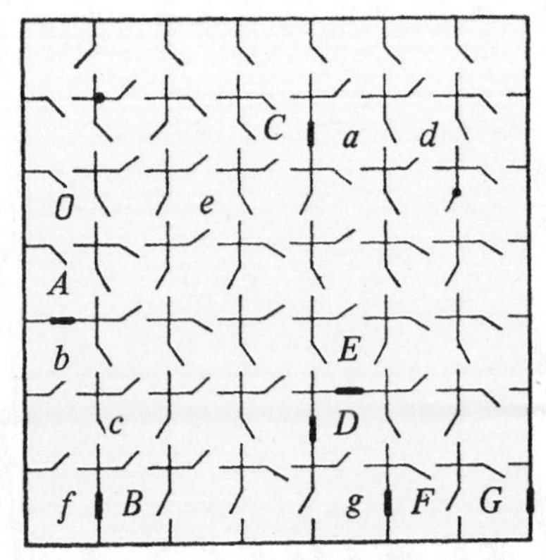

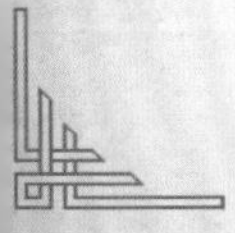
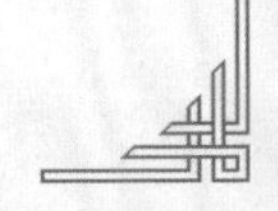

那么位于 *O* 牢房的囚犯要如何逃离呢？每一扇门的经过次数不限，打开各个上锁的门也没有顺序要求。囚犯需要到 *g* 牢房取到钥匙然后用其从 *G* 牢房逃离。

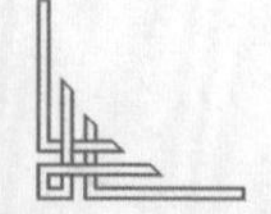

第3章 火柴几何学

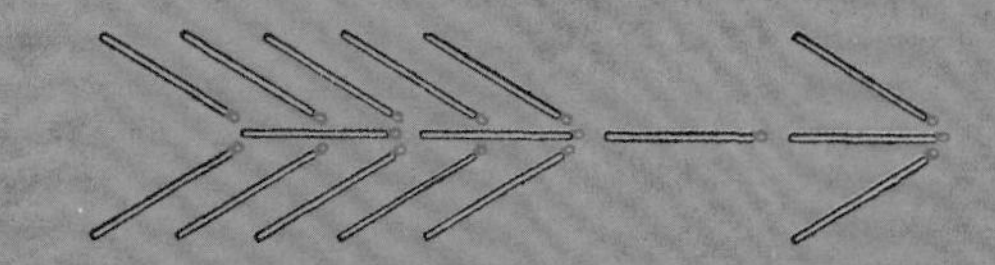

等长的火柴或牙签是很好的几何娱乐工具，对思维的训练很有帮助。举个例子：用 24 根火柴（不可折断）能够构成多少个完全相同的正方形？

如果边长为 6 根火柴，那么能构成 1 个正方形。边长为 5 根或 4 根火柴无法完成。

如果边长为 3 根，那么可以构成 2 个正方形，如图。

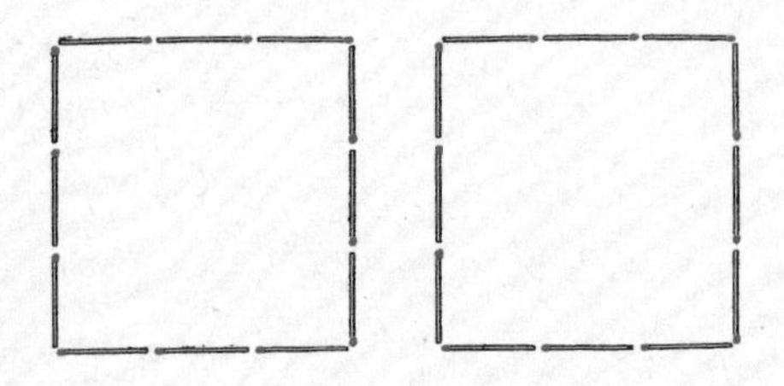

如果边长为 2 根，那么可以构成 3 个正方形，如下图的左边。

不过实际上正方形的数量还能增多的呢。因此边长为 3 根火柴时，可以构成 3 个正方形，而不是 2 个（见下图的右边）。

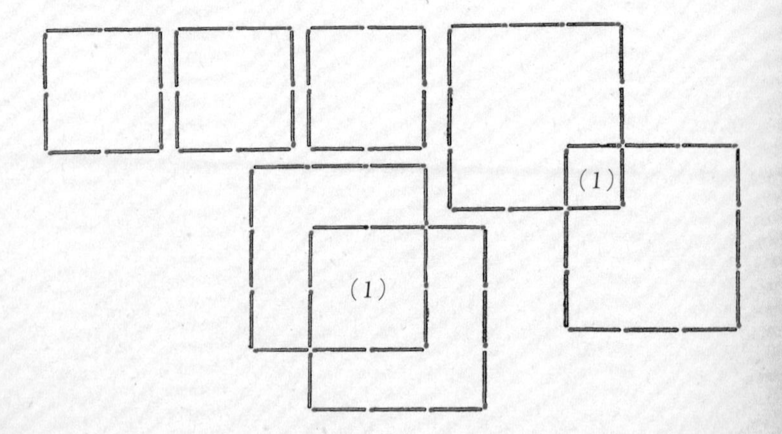

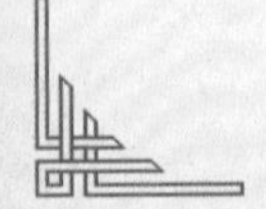

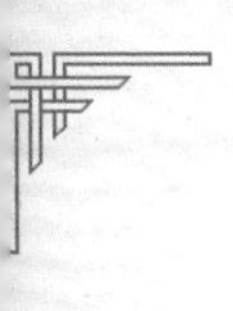

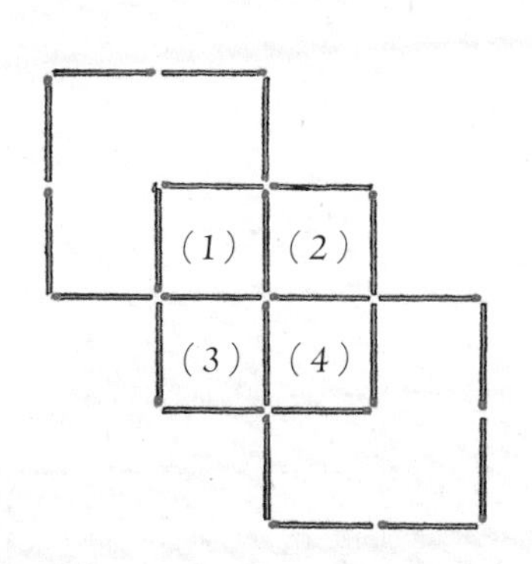

如果边长为 2 根，还能多构成 4 个正方形（一共 7 个），见上图。只是这两种方法中多出的几个正方形要小一些。

如果边长为 1 根火柴，则可以构成 6 个完全相同的正方形（下图 ***a***），或者 7 个（图 ***b***）、8 个（图 ***c*** 和 ***d***）和 9 个（图 ***e***）。后三种排列法还额外多出几个较大的正方形：***c*** 图有 1 个，***d*** 图有 2 个，而 ***e*** 图有 5 个。能看出来吗？

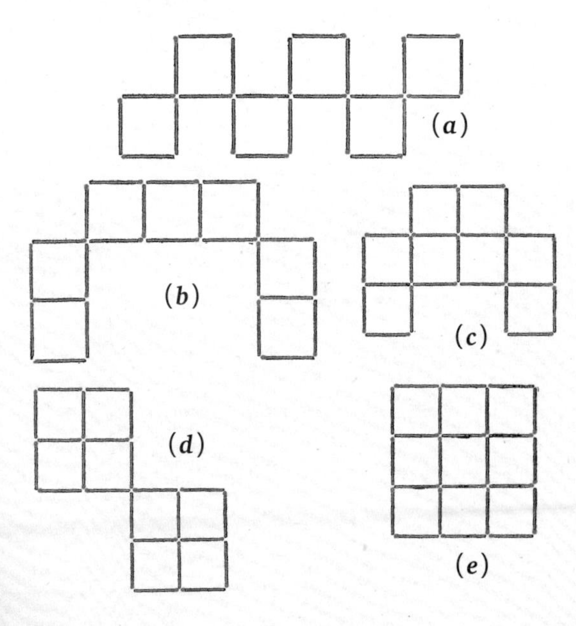

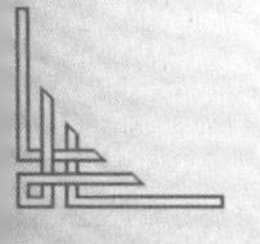
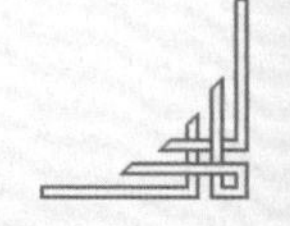

如果将火柴长度的一半作为正方形边长（如图 *f* 所示，两根火柴纵横相叠），那么则可以构成 16 个较小的小正方形和 4 个较大的正方形。

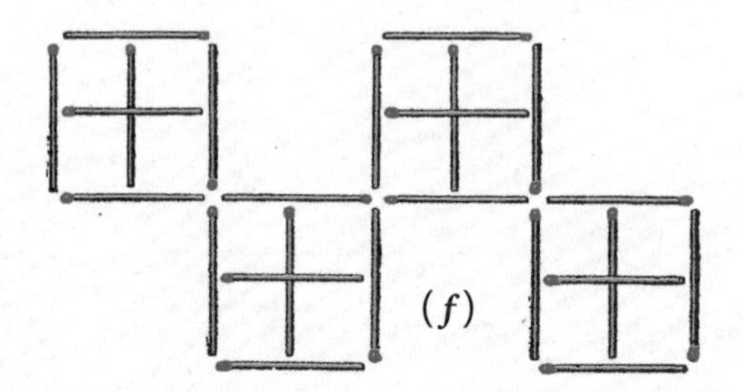
(*f*)

如果将火柴长度的三分之一作为正方形边长，则可以构成 27 个较小的正方形和 15 个较大的正方形（如下图 *g* 所示）。若是火柴长度五分之一作为边长，则可以构成 50 个较小的正方形和 60 个较大的正方形（图 *h*）。

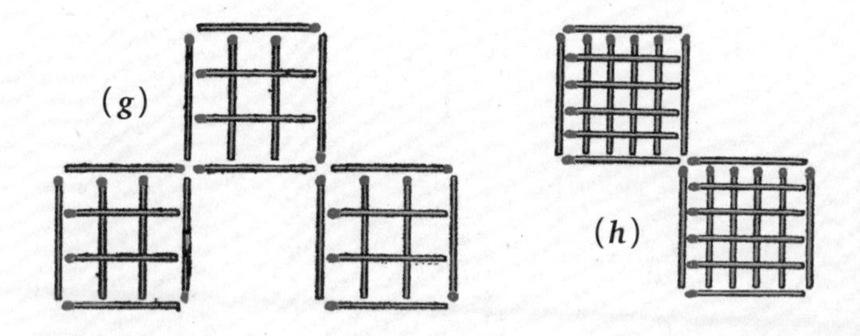
(*g*) (*h*)

学习了以上的内容，相信你已经理解了火柴的不同排列法，现在请开始做火柴谜题吧。

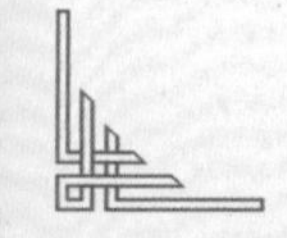

122. 火柴阵列（一）

如图所示，这是一个由 12 根火柴组成的 4 格正方形（和 1 个大正方形）。

（*A*）取走 2 根火柴，留出 2 个大小不同的正方形。

（*B*）移动 3 根火柴，构成 3 个完全相同的正方形。

（*C*）移动 4 根火柴，构成 3 个完全相同的正方形。

（*D*）移动 2 根火柴构成 7 个正方形，不必完全一样。火柴可以重叠交叉。

（*E*）移动 4 根火柴构成 10 个正方形，不必完全一样。火柴可以重叠交叉。

123. 火柴阵列（二）

如图所示，这是由 24 根火柴组成的 9 格正方形（和 5 个大正方形）。

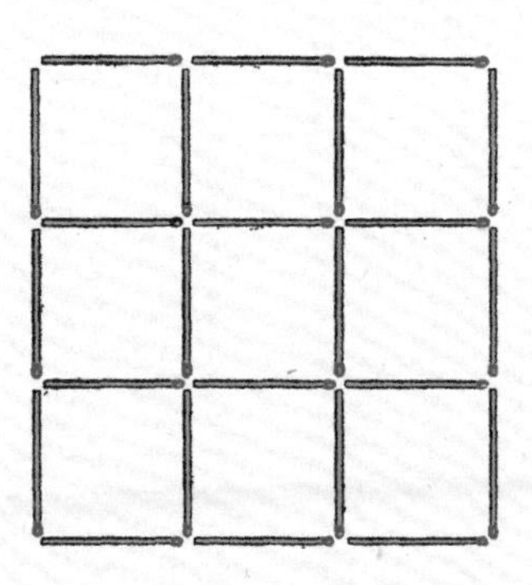

（*A*）移动 12 根火柴，构成 2 个完全相同的正方形。

（*B*）取走 4 根火柴，留下 1 个大正方形和 4 个小正方形。

（*C*）分别取走 4 根、6 根或 8 根火柴，构成 5 个小正方形。

（*D*）取走 8 根火柴，留下 4 个小正方形（两种解法）。

（*E*）取走 6 根火柴，留下 3 个正方形。

（*F*）取走 8 根火柴，留下 2 个正方形（两种解法）。

（*G*）取走 8 根火柴，留下 3 个正方形。

（*H*）取走 6 根火柴，留下 2 个正方形和两个完全相同的不规则六边形。

124. 火柴阵列（三）

用 9 根火柴构成 6 个正方形（火柴可以重叠交叉）。

125. 火柴阵列（四）

下图用 35 根火柴组成了一个类螺旋图形。移动 4 根火柴构成 3 个正方形。

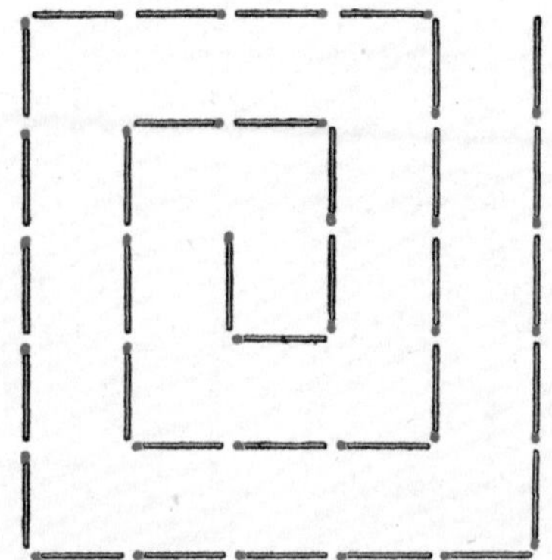

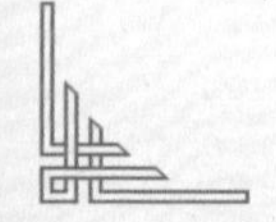

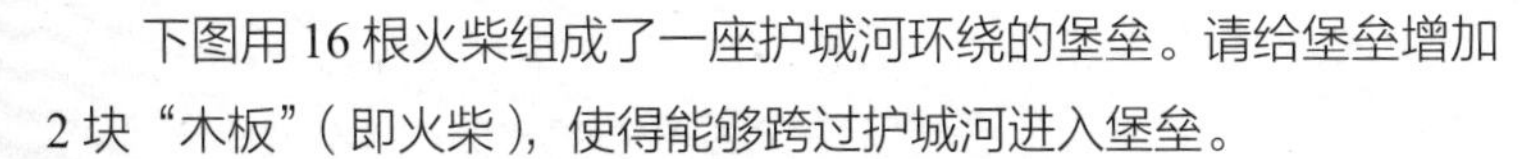

126. 跨过护城河

下图用 16 根火柴组成了一座护城河环绕的堡垒。请给堡垒增加 2 块“木板”（即火柴），使得能够跨过护城河进入堡垒。

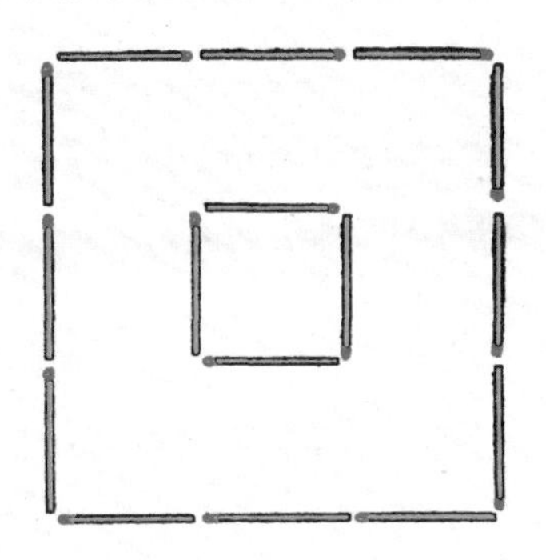

127. 火柴阵列（五）

8 根火柴构成了一个含有 14 个正方形的图形。取走 2 根，留下 3 个正方形。

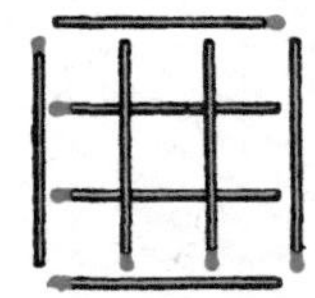

128. 一栋房子的外观

右图用 11 根火柴拼成了房屋的样子。请移动 2 根火柴得到 11 个正方形。移动 4 根火柴得到 15 个正方形。

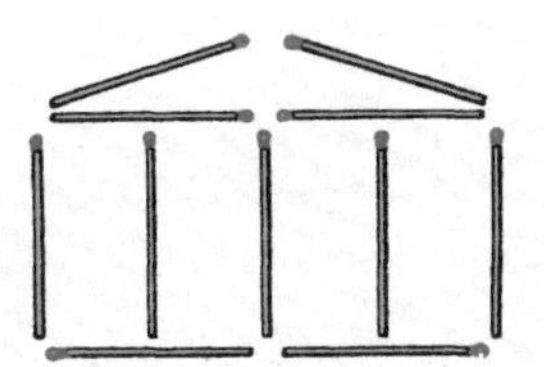

129. 让火柴拐弯

请用 6 根火柴拼成 1 个正方形，要打破现有规则。

130. 变换三角形

3 根火柴可以拼成一个等边三角形。请用 12 根火柴拼成 6 个等边三角形。然后在这个基础上移动 4 根火柴形成 3 个大小各不相同的等边三角形。

131. 正方形变形

下图共有 16 格正方形，如果要使留下的图形没有一个完整的正方形（无论大小），至少要取走多少根火柴？

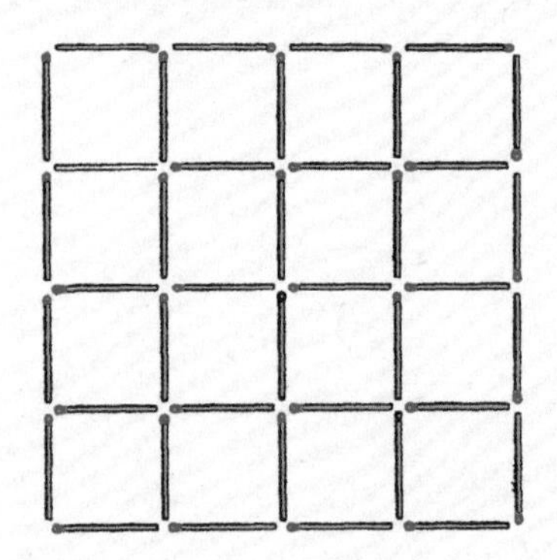

132. 脑筋急转弯（一）

有 13 根火柴，每根长 2 英寸。请将其组合起来，使得长度成为 1 码。

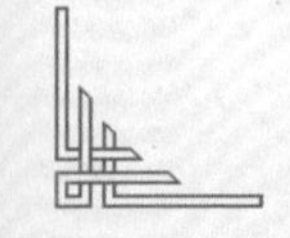

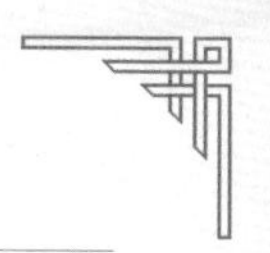

133. 栅栏变正方形

下图用火柴拼成了栅栏图形，请移动 14 根火柴构成 3 个正方形。

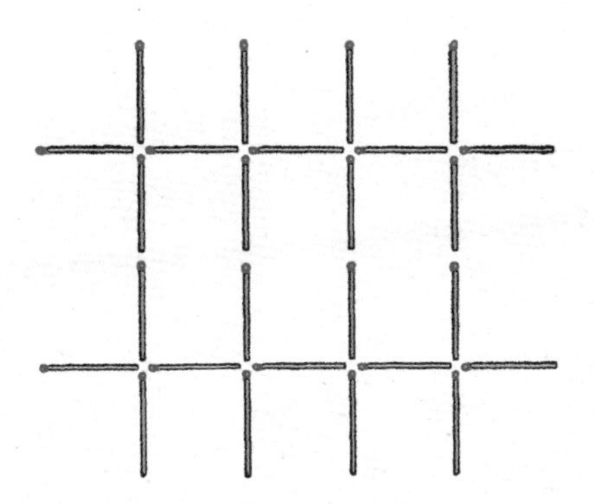

134. 脑筋急转弯（二）

用 2 根火柴做成 1 个正方形，火柴不能折断或切断。

135. 变形箭

图中用 16 根火柴做成了一支箭的形状。

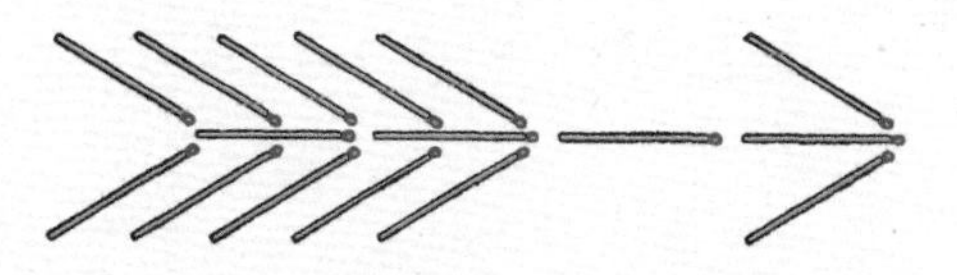

（*A*）移动 8 根火柴，构成 8 个完全相同的三角形。

（*B*）移动 7 根火柴，构成 5 个完全相同的四边形。

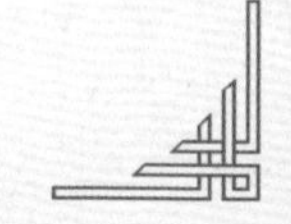

136. 正方形与菱形

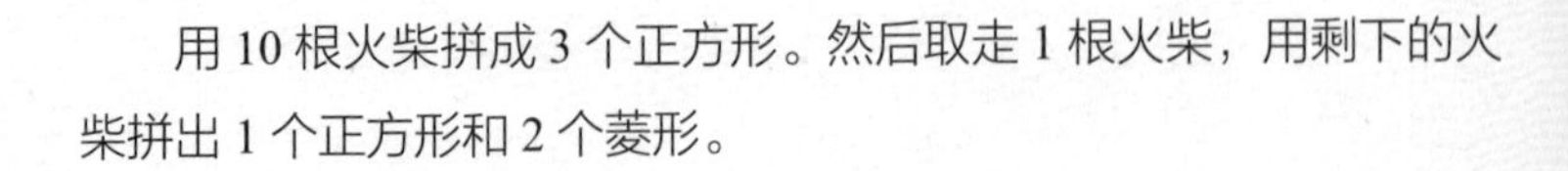

用 10 根火柴拼成 3 个正方形。然后取走 1 根火柴，用剩下的火柴拼出 1 个正方形和 2 个菱形。

137. 火柴多边形

使用 8 根火柴拼出 2 个正方形、8 个三角形和 1 个 8 角星形。火柴可以互相重叠。

138. 定制花园

如图用 16 根火柴拼出了一个正方形，用以表示围在房屋（中间 4 根火柴拼出的正方形）周围的栅栏和其中的花园。再加 10 根火柴，将花园分成大小和形状都完全相同的 5 个区域。

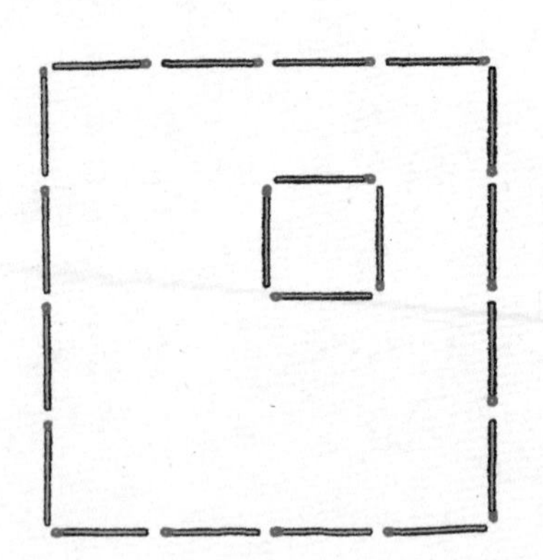

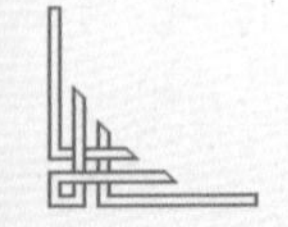

139. 等分正方形

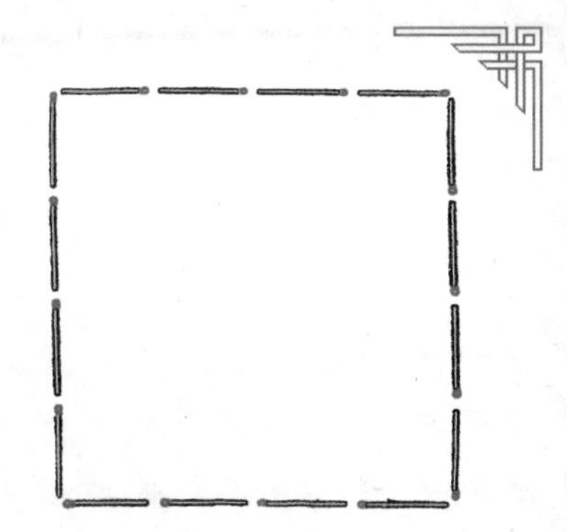

如图所示，在 16 根火柴拼出的正方形中加入 11 根火柴，形成 4 个相同的区域，使得每个区域都同其他 3 个区域接壤。

140. 花园与井

下图是由 20 根火柴拼成的花园，在花园中心有一口正方形的井。

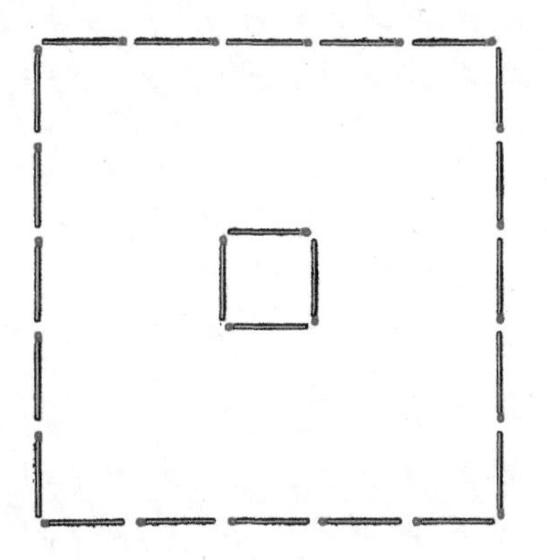

（*A*）增加 18 根火柴，将花园分隔成 6 个大小形状相同的部分；

（*B*）增加 20 根火柴，将花园分隔成 8 个大小形状相同的部分。

141. 铺地板

如果要用长为 2 英寸的火柴拼成的小正方形铺成 1 平方码（1 平方码 =1296 平方英寸）的大正方形地板，需要多少根火柴？

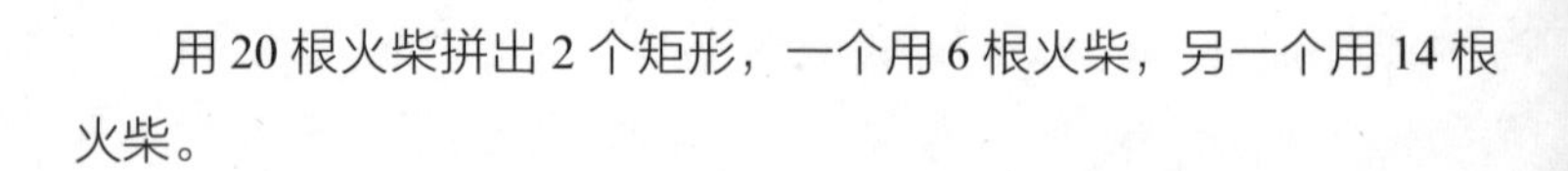

142. 巧用比率

用 20 根火柴拼出 2 个矩形，一个用 6 根火柴，另一个用 14 根火柴。

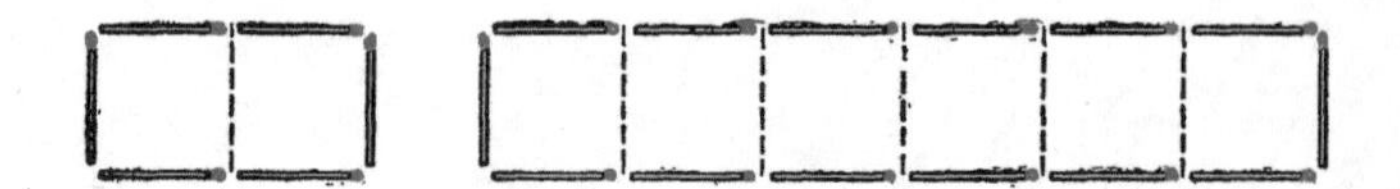

第一个矩形用虚线分成了 2 个正方形，第二个矩形分成了 6 个正方形。因此第二个矩形的面积是第一个矩形的 3 倍。

将 20 根火柴分成 7 根和 13 根。分别拼成 2 个多边形（两个多边形形状不必一样），且要求第二个多边形的面积是第一个多边形的 3 倍（存在多种解法）。

143. 创意多边形

现有 12 根单位长度的火柴。请拼成一个面积为 3 个平方单位的多边形（存在多种创意解法）。

144. 找一个证明

将两根火柴并排放能够形成一条直线。请予以证明。

证明过程可以增加火柴。

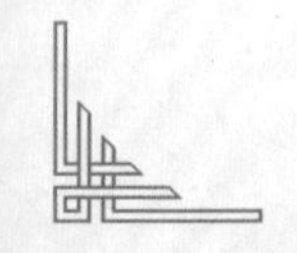

第4章

七思而后“切”

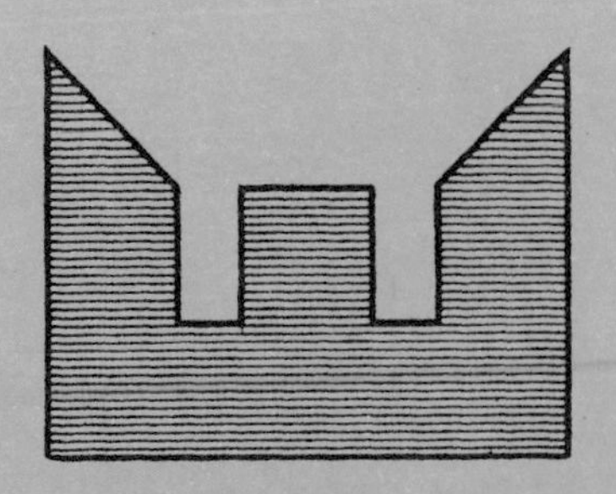

145. 等分图形

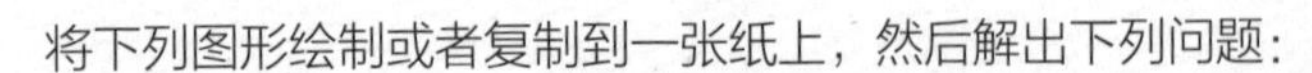

将下列图形绘制或者复制到一张纸上，然后解出下列问题：

（***A***）将图 ***a*** 分成 4 个全等的四边形；

（***B***）图 ***b*** 的上半部分展示出将一个等边三角形分成 4 个相同形状的方法。将顶部的三角形去掉之后，得到一个梯形（即图 ***b*** 的下半部分）。请将其分成 4 个全等的相同形状。

（***C***）将图 ***c*** 分成 6 个全等的图形。

（***D***）各个内角相等且各边相等的多边形称为正多边形。将图 ***d*** 的正多边形分成 12 个全等的四边形（有两种解法）。

（***E***）不是所有的梯形都可以分成 4 个全等的小梯形。图 ***e*** 由 3 个全等的等腰直角三角形构成，请设法将其分成 4 个全等的小梯形。

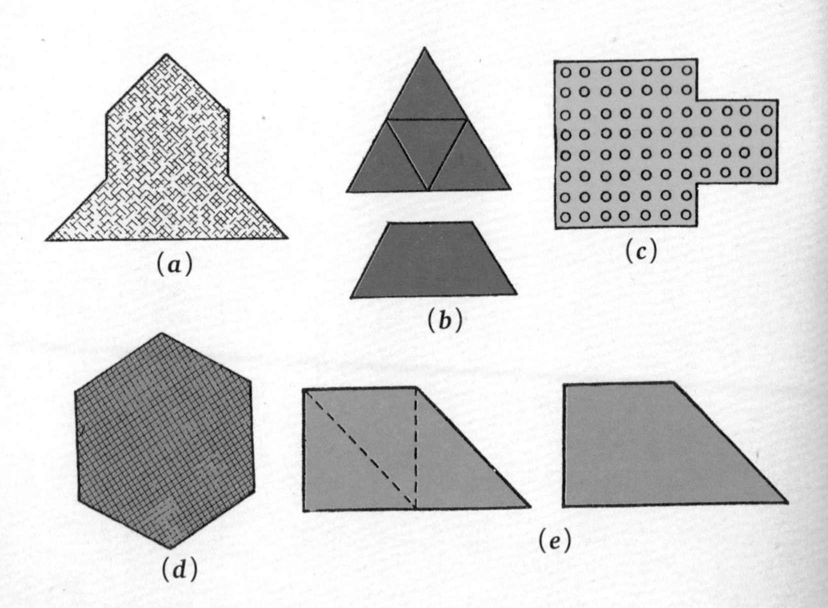

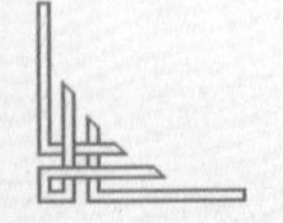

146. 蛋糕上的七朵玫瑰

将蛋糕用三条直线分成 7 个部分，且每个部分都有一朵玫瑰。

147. 丢失的切分线

下图的正方形中，包含了 4 组从 1 至 4 的整数。之前有人沿着小方格的边标记了切分线，使得正方形可以分成 4 个全等的对称图形，每个图形旋转 90 度即可同另一个图形重合。

很可惜，切分线后来被擦掉了。目前已知每个图形中包含一个 1、一个 2、一个 3 和一个 4，而这一条件就足以将切分线恢复出来。除了多次试错，还有其他办法恢复切分线吗？

			3		1	1	
			3	4			
				2			
	1		4	2			
	1						
		3	3				
					4	2	2
					4		

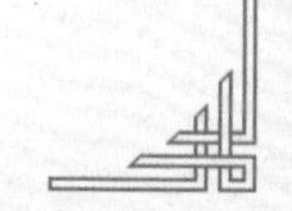

148. 想一个办法

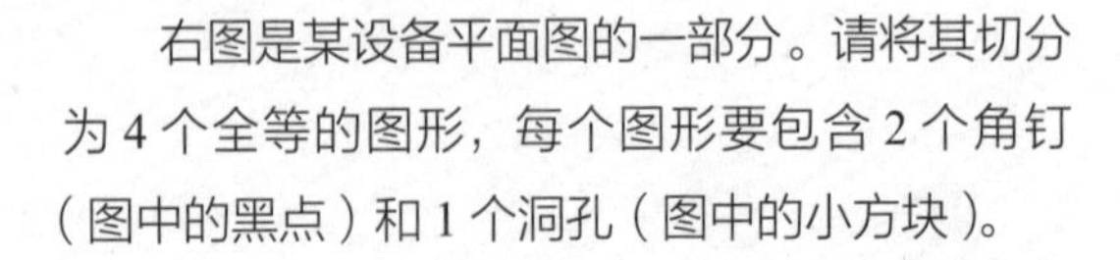

右图是某设备平面图的一部分。请将其切分为 4 个全等的图形，每个图形要包含 2 个角钉（图中的黑点）和 1 个洞孔（图中的小方块）。

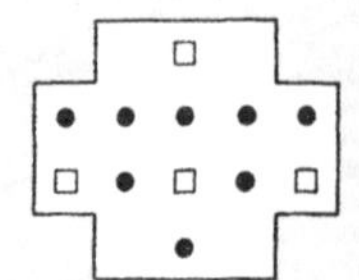

149. 零损耗

工厂中制作零部件，并不是直接将毛坯料拿到车床上进行加工，而是先送到标记员处将所需的点和线进行标记。

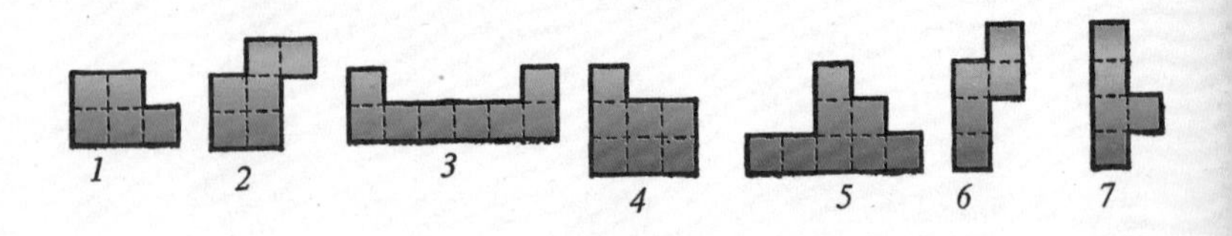

某工厂需要制作大量的多边形铜牌，这些铜牌共 7 种形状，如上图所示。标记员发现，一块小号的矩形黄铜料刚好能裁出 6 块铜牌。

标记员还发现，下页图中 6 种样式的铜料刚好都可以裁出所需的铜牌形状，不浪费一点边角。

1 号样式的铜料可以裁出 3 块 4 号铜牌，2 号样式可以裁出 5 块 7 号铜牌，等等。请在各样式的铜料上画出切分线。3 号样式要切分成 3 个全等铜牌；4 号样式切分成 4 个；5 号样式切成 6 个；6 号样式切成 4 个。

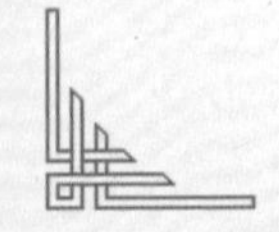

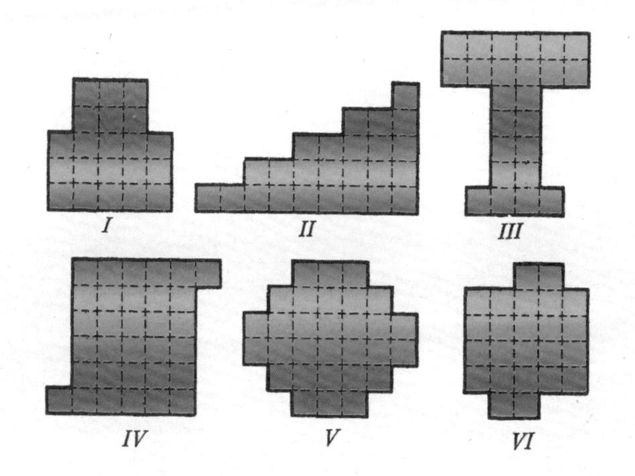

150. 当法西斯入侵祖国时

第二次世界大战期间，前线附近的城市都陷入一片黑暗。一天，学童瓦斯亚家中需要盖住窗户，但他父母怎么都找不到能覆盖到 120 × 120 单位窗户的物品。身边能用的只有一块矩形的胶合板。面积倒是大小刚好，但是尺寸不对，是 90 × 160。

瓦斯亚拿起一把尺子，快速地在胶合板上画线。然后他沿着画线将板子裁成两块，用这两块胶合板刚好可以将窗户遮住。他是怎么做到的?

151. 电工的回忆

每栋公寓楼都装有一块保险丝板，不过工厂中用到的保险丝板数量要多得多。这种板大部分是矩形或方形，在第二次世界大战期间，为了省时省力，电工们也会用一些形状奇特的板子。

有一天，我们拿到了两块板料，上面都钻满了圆孔和方孔。我们要将这两块板子切分成 8 块小板。队长将 ***a*** 板料切分为 4 块全等的小板，每块上面都有 1 个方孔和 12 个圆孔；又将 ***b*** 板料分为 4 块全等的小板，每块上面都有 1 个方孔和 10 个圆孔。

他是怎么切分的？

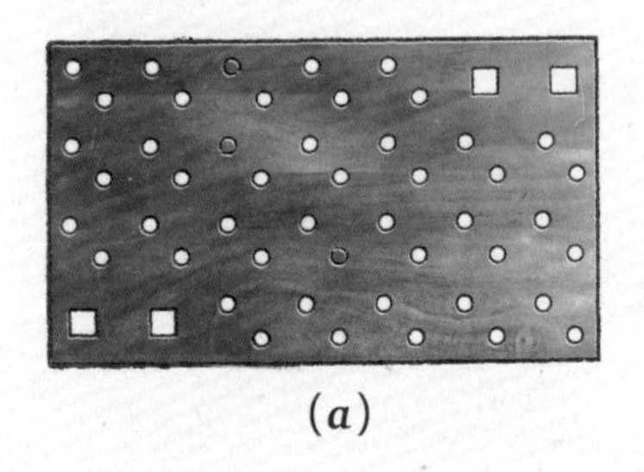

(*a*)

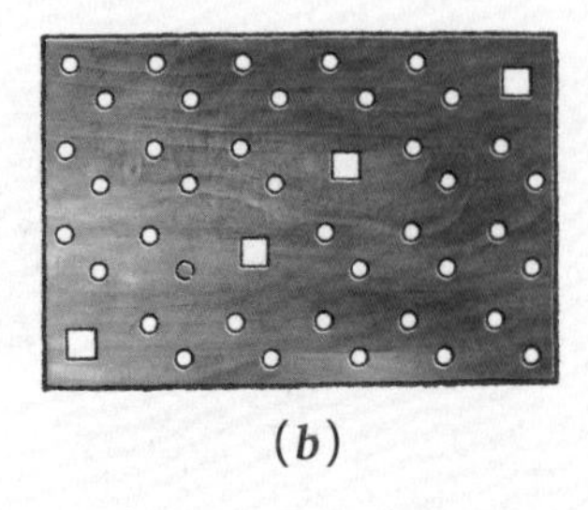

(*b*)

152. 一点都不浪费

“我能用这块木板做一个棋盘而且一点材料都不浪费吗？”我自问道。

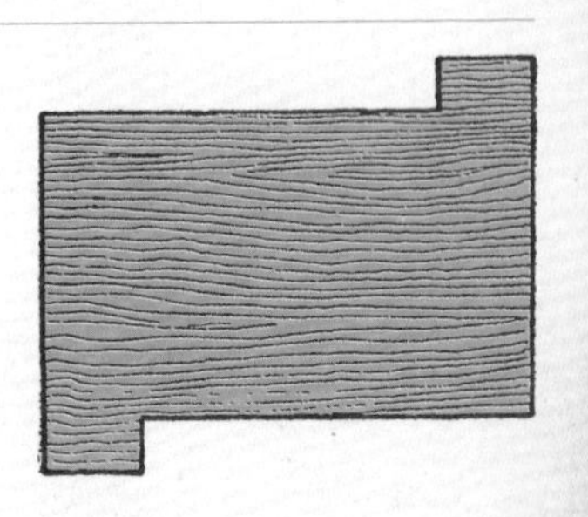

我在板子上画线，标出 64 个相同的正方形，上下两处突出的部位各标成 2 个正方形。沿着画线将木板裁成两块全等的部分组合在一起就是一块棋盘了。请找出我所画的线。

153. 切分谜题

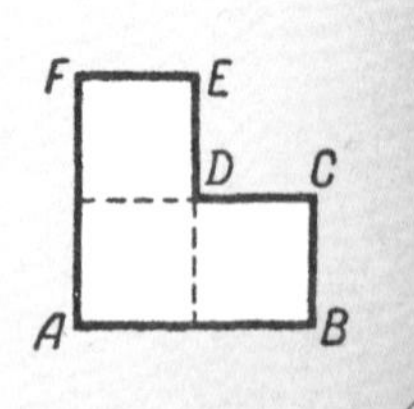

将右侧的图形切分成两块，使得两块组合起来是一个方框。同时方框中间的镂空方形必须同未切分之前的小正方形（如图所示的三个小正方

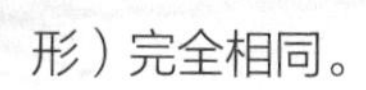
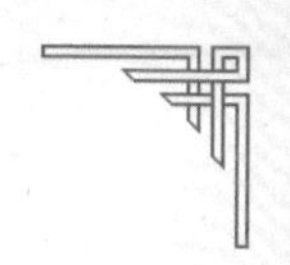

形）完全相同。

154. 马蹄铁的切分法

如何用两条直线将马蹄铁分成 6 块？本题中第一次切分后形成的小块不可移动。

155. 每块一个洞

如图所示，马蹄铁有 6 个用于钉钉子的小洞。请你用两条直线将其切成 6 块，每块上都带有一个小洞。

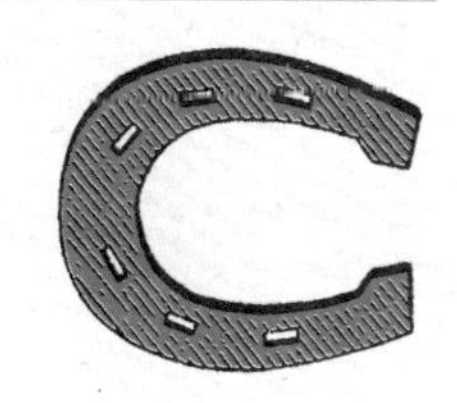

156. 水壶做成正方形

请将这张图复印下来。用两条直线将其切分成 3 个部分，且切分之后的各个部分能够形成正方形。

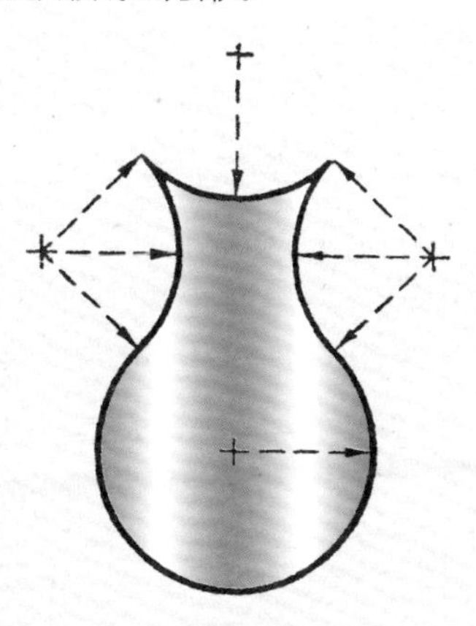

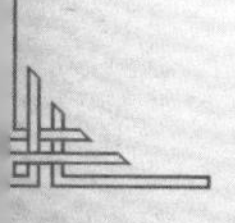
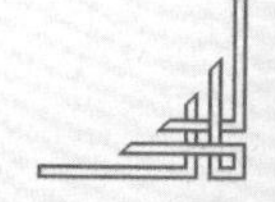

157. 方形字母E

请将下图复印下来。其轮廓确实很像字母 *E*。请用 4 条直线将其切分为 7 个部分，并用这些部分拼成一个正方形。

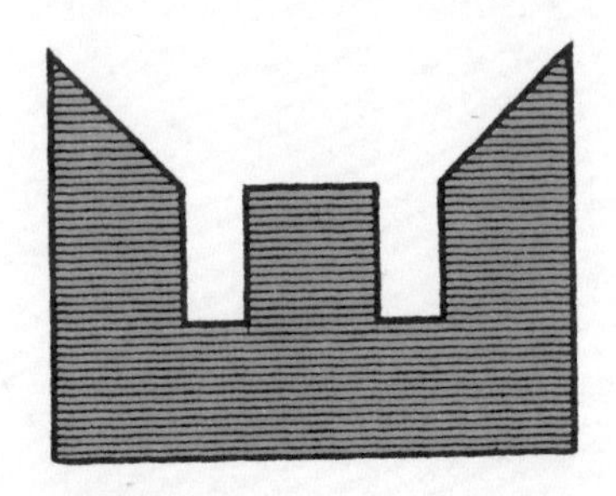

158. 转换八边形

将此八边形切分成 8 个全等的部分，并将切分出的部分拼成一个八角星形，且中间也有一个八边形的洞孔。

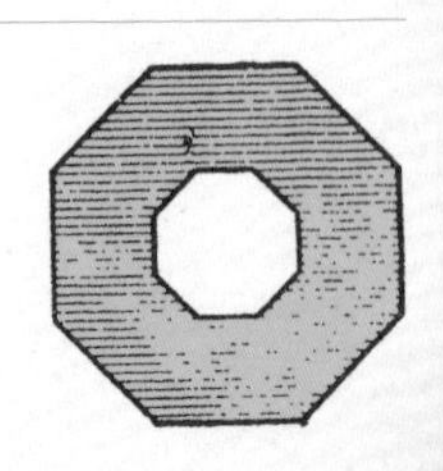

159. 毛毯修复

一块古老而贵重的毯子被切掉了两个小三角形的边角（图中阴影部分）。

工艺美术学校的学生们决定在不浪费的前提下将这块毯子修复成矩形。他们沿直线将这美丽的毯子切分成 2 个部分，并用其组成了一个新的矩形（而且正好是一个正方形）。最后毛毯的花式得以保留。

他们是怎么做到的？

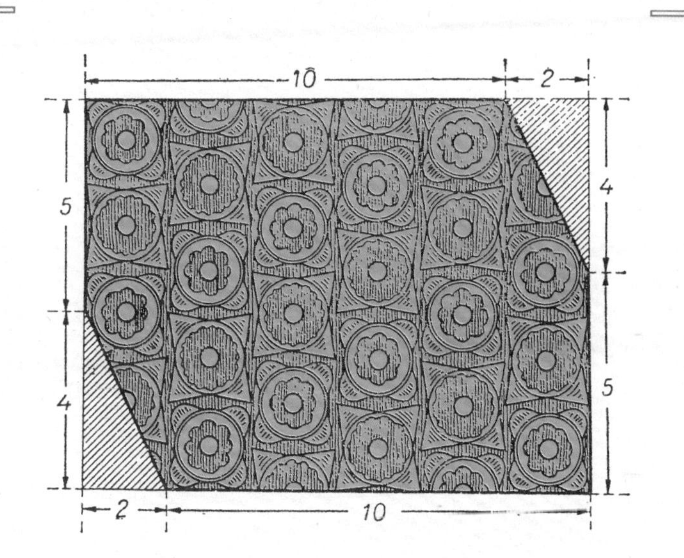

160. 珍贵的奖品

青少年时期的努利亚·萨拉哲娃在集体农场因率先采用更优的棉花采摘方法而获得奖励，奖品是一块漂亮的土库曼斯坦毛毯。

现在努利亚已经是一名农学家了。有一次在做研究时他不小心将酸洒到了毯子上。而将损坏的部分裁剪掉后，就出现了一个矩形大洞，大小为 1 英尺 ×8 英尺。

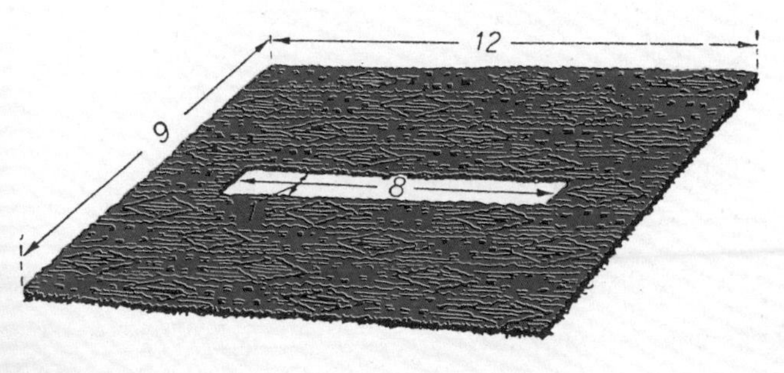

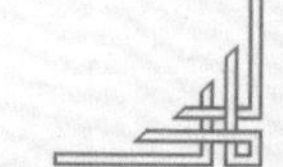

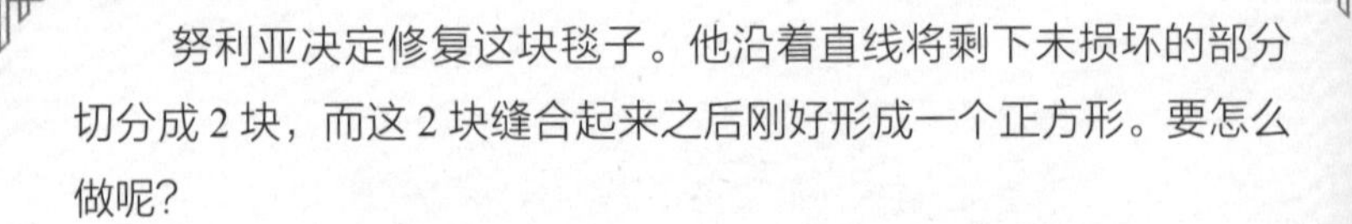

努利亚决定修复这块毯子。他沿着直线将剩下未损坏的部分切分成 2 块，而这 2 块缝合起来之后刚好形成一个正方形。要怎么做呢?

161. 拯救棋手

还记得第 54 道谜题吗，需要用 14 个部件拼成一个完整的棋盘。现在棋手又有了新想法。他想把棋盘切分成 15 个图形 ***a*** 和 1 个图形 ***b***。这样总共加起来是 64 个方格，但是目前还没想出要怎么切分。

请先证明这不可能做得到，然后找出将棋盘切分成 10 个图 ***c*** 和 1 个图 ***a*** 的方法。

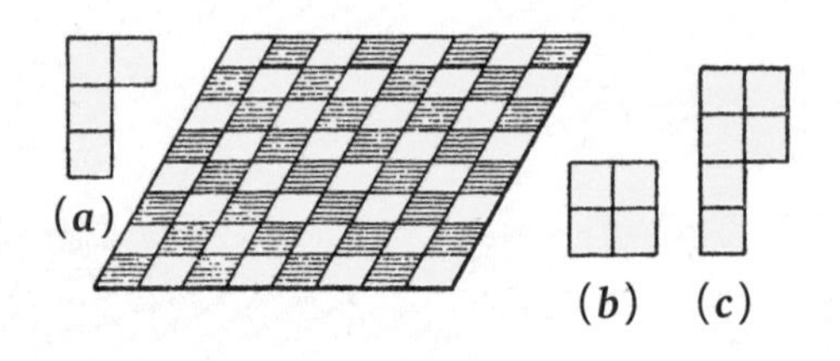

162. 给祖母的礼物

小女孩有两块方形的格子布：一块的图案是 64 个格子，另一块是 36 个格子。她想将这两块格子布组合成一块大的 10×10 的方形女式头巾送给祖母。

相邻的两个方格必须是黑白交替的。此外，大的那块布有两条整边以及一条边的一半有流苏装饰（如下方左图所示）。

女孩沿着直线将两块格子布各切分成 2 个部分，并将 4 个部分组合到一起成为一块完整的女式头巾，而且流苏装饰都在外侧的边

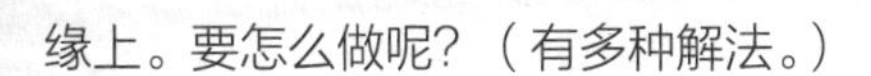
缘上。要怎么做呢？（有多种解法。）

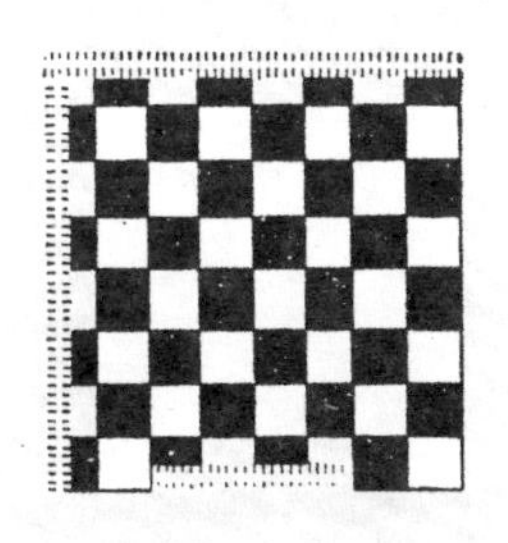

163. 家具木匠的问题

家具木匠要沿直线将两个椭圆形框架锯成若干个部分，并将这些部分组成一个圆形桌面，且不浪费一点材料。要怎么做呢？

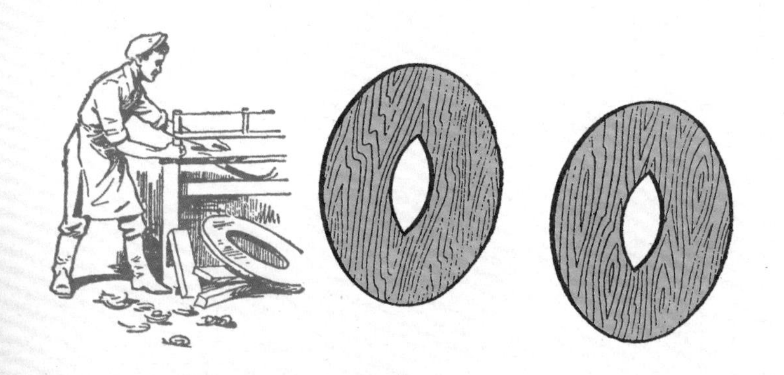

164. 服装师也要懂几何

皮草服装师需要将一块不等边三角形的补丁补到一件皮草衣服上。完成后，他猛然发现自己犯了一个严重的错误。这块补丁倒是填补了破洞，但是里外颠倒了。

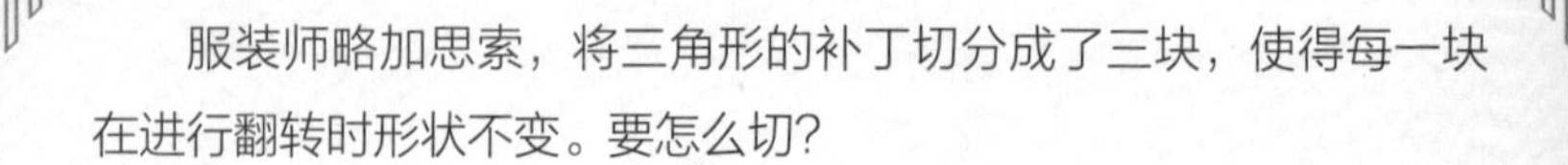

服装师略加思索，将三角形的补丁切分成了三块，使得每一块在进行翻转时形状不变。要怎么切？

165. 四个马棋

请将此棋盘切分为全等的 4 块，每一块上都必须有一个马。

166. 切圆

用 6 条直线将圆切分，让得到的小块数量达到最大值。

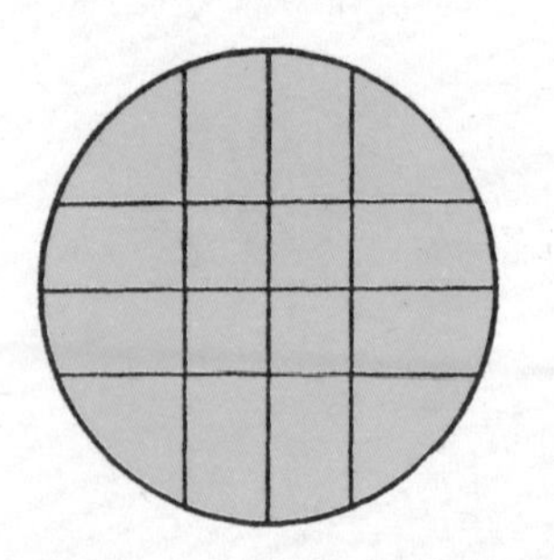

上图显示的切法将圆形切分成了 16 块，但这个数量还不是最大数量。最大块数是 $\frac{1}{2}(n^2+n+2)$，n 就是直线的数量。

请用 6 条直线将圆切分成 22 个小块。争取做到图形对称。

167. 多边形变为正方形

任意两个正方形都可以切分成若干块，而且最后组成一个大正方形，这就是著名的毕达哥拉斯定理（即勾股定理）。通过这个定理能够算出最后组成的大正方形的面积（如下图所示）。

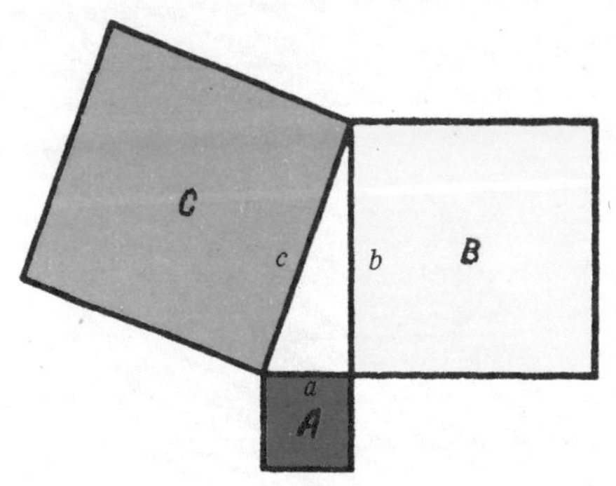

不过要怎么切分呢？在毕达哥拉斯之后的 2500 年中，这一难题已经找出了很多种解法，以下是其中一种：如下图 ***a*** 所示，2 个正方形组成图形 ***ABCDEF***。使 ***FQ***＝***AB***，并沿着 ***EQ*** 和 ***BQ*** 切开。将三角形 ***BAQ*** 移动到 ***BCP*** 的位置，并将三角形 ***EFQ*** 移动到 ***EDP*** 的位置。那么正方形 ***EQBP*** 就包含了两个已知正方形的所有小块。

请将图 ***b*** 切成三个部分，最后组成一个正方形。

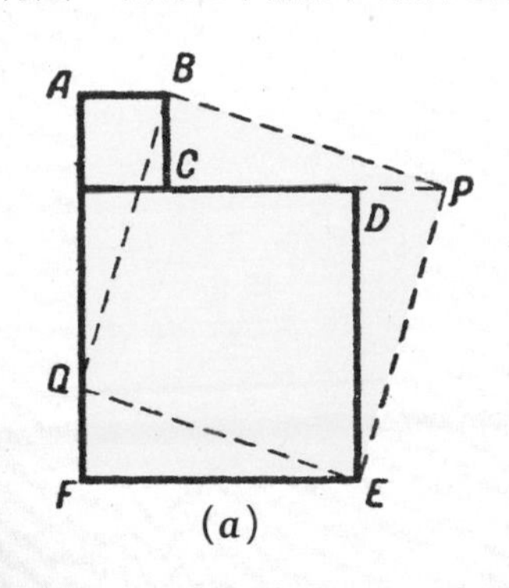

(*a*)

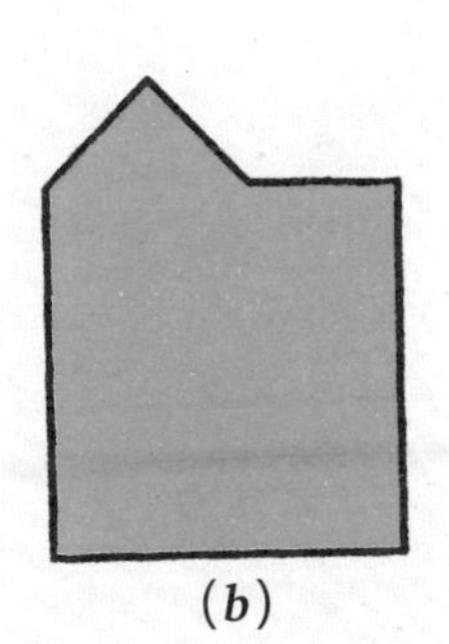

(*b*)

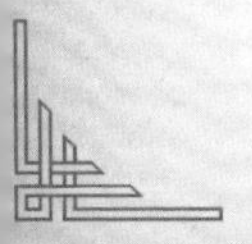
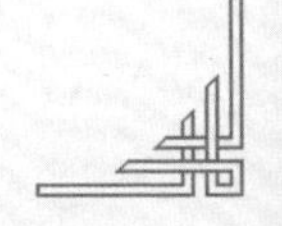

168. 正六边形变成等边三角形

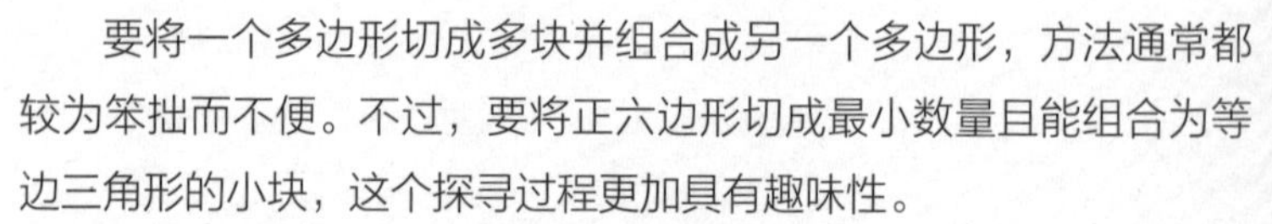

要将一个多边形切成多块并组合成另一个多边形，方法通常都较为笨拙而不便。不过，要将正六边形切成最小数量且能组合为等边三角形的小块，这个探寻过程更加具有趣味性。

直到今天依然无法得知是否能够通过切成 5 块完成这一挑战。现在请找出切分为 6 块组成等边三角形的方法。

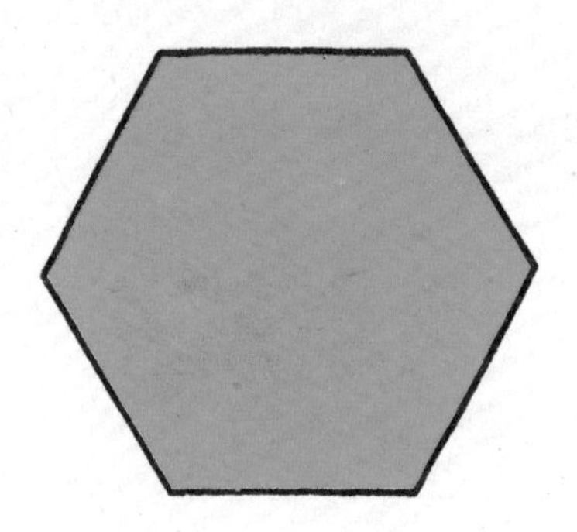

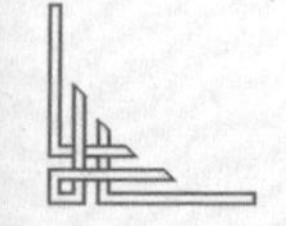

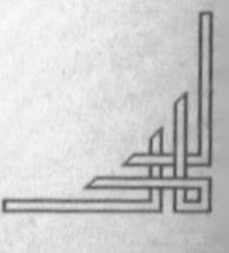

第5章
生活中的数学

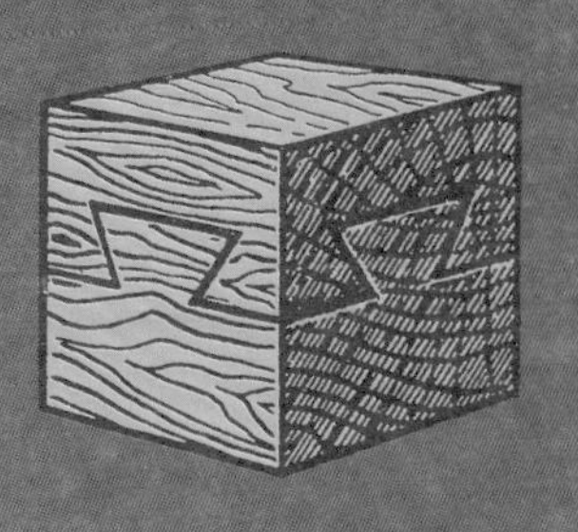

169. 目标在何处

下图中的两个圆代表雷达屏幕。无线电波从雷达站（屏幕上的0）发出，并由目标（比如一艘船）反射回到雷达站，使得电波线上出现突起。指示器上做了标记，这样突起位置下方的数字就可以代表雷达站同目标之间的距离（以英里为单位）。左屏是 ***A*** 点的海岸雷达站上显示的数据，右屏则是 ***B*** 点的数据。

怎么用指示器上的数字 75 和 90 来定位目标呢？

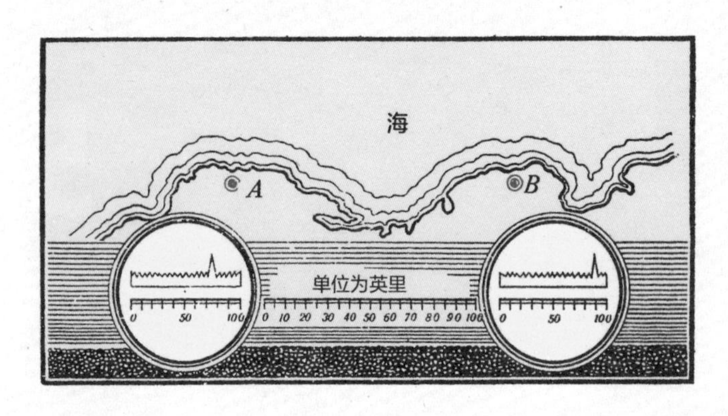

170. 方块切片

想象一个边长为 3 英寸的木质方块。虽然表面是黑色，但里面不是。

要将这个大方块切成边长为 1 英寸的小方块，需要进行多少次切分？能够切分出多少个小方块？有多少个小方块分别有 4，3，2，1 和 0 面是黑色的？

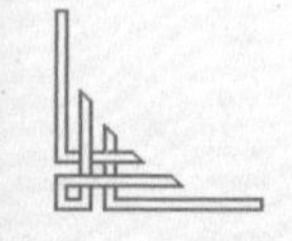

171. 火车相遇

两列各带 80 节车厢的火车都需要从同一条轨道上经过，且这条轨道的侧轨是死路。如果侧轨只能停 1 个火车头和 40 节车厢，要怎么安排才能让两列火车都通过呢？

172. 三角形铁路

（*A*）一条铁路干线 ***AB*** 和两条较短的铁路支线 ***AD*** 和 ***BD*** 构成了一条三角形铁路。如果一个火车头从 ***A*** 走到 ***B***，退回到 ***BD***，再向前沿 ***AD*** 走到干线，那么就是在干线 ***AB*** 上完成了方向掉转。

如果火车司机要在 10 步之内，将黑色车厢开到 ***BD***，白色车厢开到 ***AD***，并将火车头开回干线 ***AB*** 且正面朝右，需要怎么做？位于

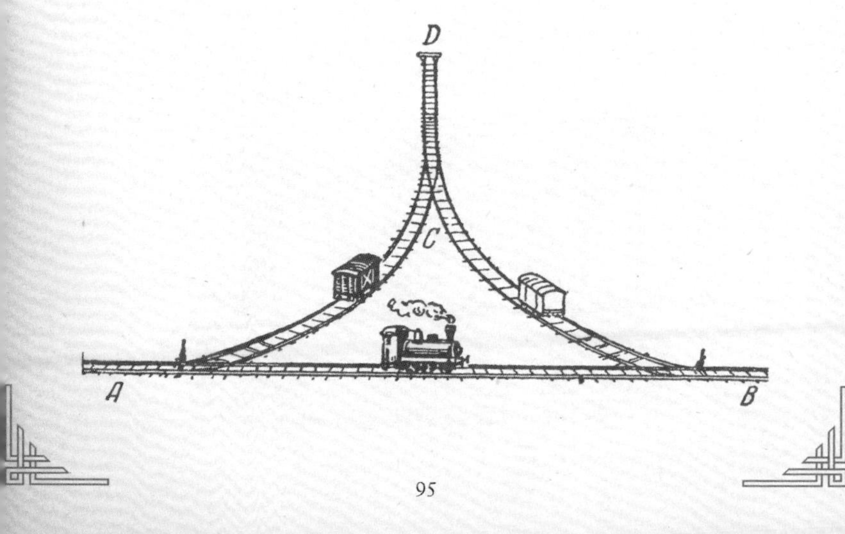

C 点道岔后面的死路只能停放火车头或者一节车厢。每次车厢同火车头挂钩或解钩都算一步。

（*B*）如果火车司机想在干线 *AB* 上将火车头掉转方向，那么这一难题在 6 步之内就能解决。请问怎么做？

173. 称重沙砾

某天平只有 2 个砝码，一个 1 盎司的，一个 4 盎司的。请将一堆重 180 盎司的沙砾分成 2 堆，一堆 40 盎司，一堆 140 盎司。总共只能称三次。

174. 转动皮带

如图所示，***A***，***B***，***C***，***D*** 四个轮子用皮带互相连接。如果 ***A*** 轮开始按箭头方向顺时针转动，是否所有 4 个轮子都能开始转动？如果可以，每个轮子是按什么方向转动的？

如果 4 条皮带均为交叉连接，这些轮子还能转动吗？如果是 1 条或 3 条皮带交叉连接呢？

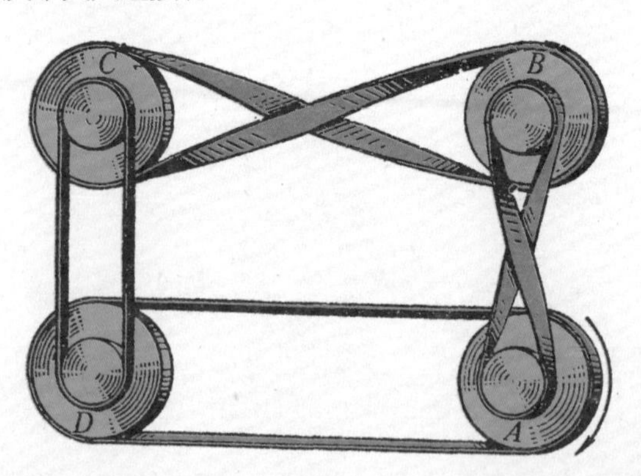

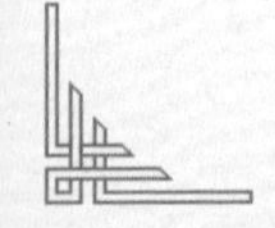

175. 七个三角形

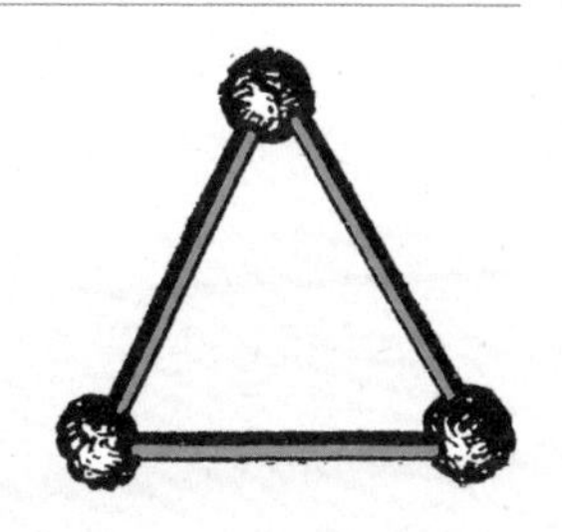

如图，三根火柴用塑料球连接，形成一个等边三角形。是否可以用 9 根火柴做出 7 个这样的三角形呢？

176. 艺术家的帆画布

一位古怪的艺术家曾经说过，最好的帆画布，面积是同周长相等的。先不管这种尺寸的帆画布是否能给作品加分，我们只需了解，如果一个矩形要满足面积同周长相等，其各条边的长度（只能是整数）是什么样的。

奥尔忠尼启则市的一位女生认为，只有两个矩形能满足条件，并给出了优雅的证明。请找出是什么样的矩形，以及证明过程。

177. 瓶子多重

天平左盘放有玻璃瓶和玻璃杯，右盘放水壶，此时天平平衡（图 ***a***）。左盘单独放一个玻璃瓶，右盘一个玻璃杯加一个盘子，也可以使天平平衡（图 ***b***）。而三个这样的盘子同两个水壶也可以达到平衡（图 ***c***）。

那么一个玻璃瓶，能跟多少个玻璃杯平衡呢？

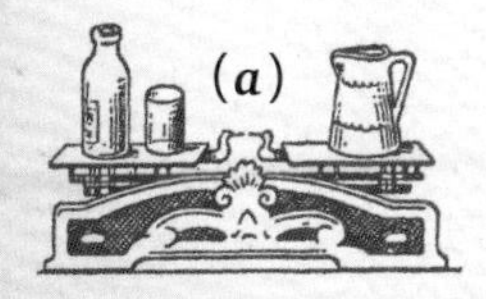

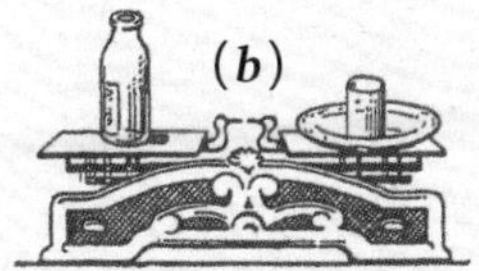

178. 方块玩具

工匠正在做一个孩子们的游戏玩具，要把字母和数字都粘到一些木头方块上。但若要全部粘完，所需的表面积是当前这些方块总表面积的两倍。

在不新增方块的前提下，要怎么做到呢？

179. 装铅丸的壶

几个人在建造灌溉渠时需要用到一块某种尺寸的铅板，但是目前没有存货了。他们决定熔炼一些小铅丸。不过，他们要怎样才能提前了解铅丸的体积呢？

一个办法是先测量其中一个，用公式计算出球体体积，再乘以球的个数。但是这个办法耗时太长，而且并非所有的铅丸都是相同大小。

另一个办法是先给所有的铅丸称重，然后除以铅的具体重力。不幸的是，没人记得住那个比率，而且野外的商店也没有这类说明书籍售卖。

还有一个方法是将铅丸倒入一加仑容积的水壶中。不过水壶的容积到底比铅丸的总体积大多少，这一点不得而知，因为铅丸在水壶里没法压紧，存在许多空间间隙。

你还有别的办法吗？

180. 中士去哪儿了

某中士沿着 330 度方位角从 M 点离开。抵达一处小山坡后又沿

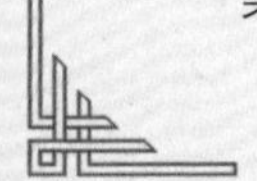
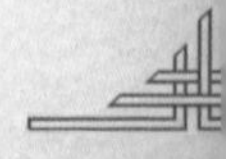

着 30 度方位角走到一棵树旁。在这里他向右转了 60 度。走到一座桥边后，在河边沿着 150 度方位角继续往前走。半小时后他抵达一处磨坊。于是中士再次改变方向，沿着 210 度方位角，朝着磨坊主的家走去。走到之后再次向右转，并沿着 270 度方位角，一直走完。

用量角器画出中士的路线草图以及他到达的位置。每次他沿着方位角都会走 2.5 千米的距离。

181. 原木的直径

一块胶合板的大小是 45 × 45 英寸。那么作为这块胶合板原料的原木直径大概是多少？（注：两个节点孔之间的距离约为胶合板宽度的 $\frac{2}{3}$ 。）

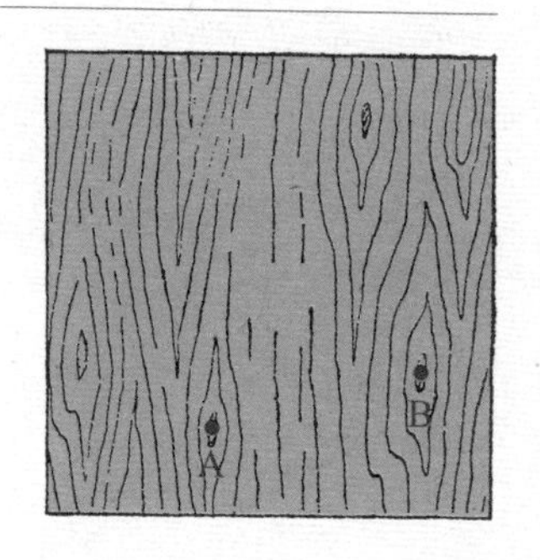

圆的直径 d 等于 $\frac{c}{\pi}$。其中 c 代表周长，不过请别误以为原木的直径是 $\frac{45}{\pi}$。

182. 卡尺的难题

瓦西里 • 恰巴耶夫是 1918 年内战期间的红军指挥官。有人曾询问其军事上的成功是否依靠运气，恰巴耶夫回答道：“呃，不是。要成功就要活用自己的大脑，要具备独创性……”

当然，要取得成功，运气是靠不住的。无论是工作中或是简单的下棋游戏，我们都可能会遇到绝望的情况，但决心和独创性能够让我们绝境逢生。

某学生需要画出一个底部有凹陷的圆柱体机械零件。身边没有深度计，只有几把卡尺和一把直尺。问题在于，虽然可以用卡尺

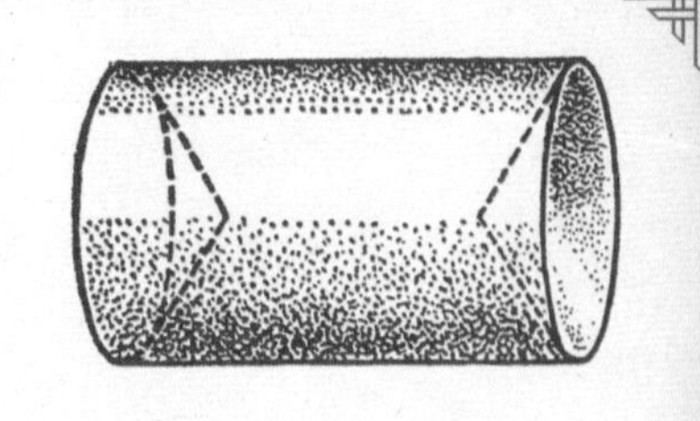

（测径器）测量两边凹陷处之间的距离，但无法原封不动地把卡尺拿出来，放到直尺上去量出卡尺的伸展长度。因为要取出卡尺就要松开尺腿，尺腿一松开就没法准确测量长度了。

他应该怎么办？

183. 没有测量计

（*A*）在技术学校，我们要学习车床和机械的构造，要学习各种工具的用法，学习如何扭转困难局势。当然，高中所学的所有知识都会非常有用。

我的领班师傅交给我一些电线，问道："如何测量电线的直径？"

"用千分尺。"

"如果没有千分尺呢？"

略加思索之后，我有了答案。那么要怎么做呢？

（*B*）还有一次，我接到的任务是在很薄的锡皮屋顶上开圆洞。

"我去拿钻孔器和凿子。"我对领班师傅说。

"我看你手上有锤子和扁锉。用这两个工具就可以了。"

要怎么做？

184. 能否节省100%

第一项发明能节省 30% 的燃油；第二项发明可以节省 45%；第

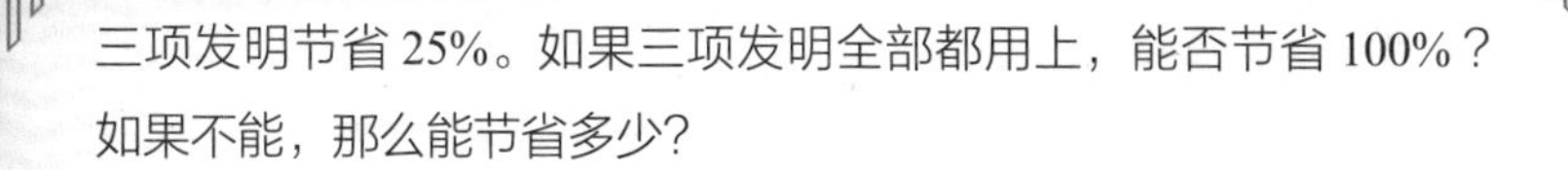

三项发明节省 25%。如果三项发明全部都用上，能否节省 100%？如果不能，那么能节省多少？

185. 弹簧秤

一根棒子的重量大于 15 磅，但小于 20 磅。现在手边只有一些小号的弹簧秤，每个秤的最大测重量为 5 磅，能用这些弹簧秤测出棒子的准确重量吗？

186. 独创设计

（*A*）通过某种方式将 3 条圆环连在一起，只要在任何一处切断连接就会让整条链全部断开。图中所示的连法，只有将中间的圆环切断才会让链断开。

（*B*）连接 5 条圆环，要求在切断某一条圆带的情况下才会使整条链断开。

（*C*）连接 5 条圆环，要求在任何一处切断连接就会让整条链断开。

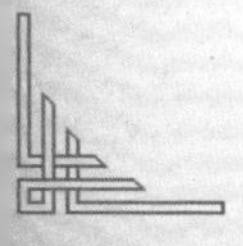

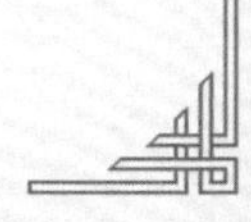

187. 切分方块

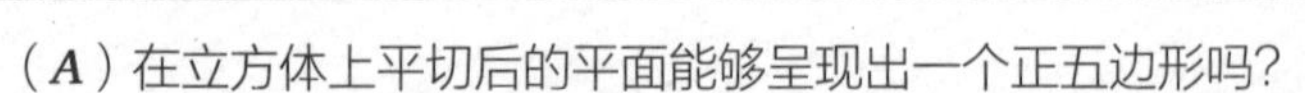

（*A*）在立方体上平切后的平面能够呈现出一个正五边形吗？

（*B*）等边三角形呢？正六边形呢？

（*C*）六边以上的正多边形呢？

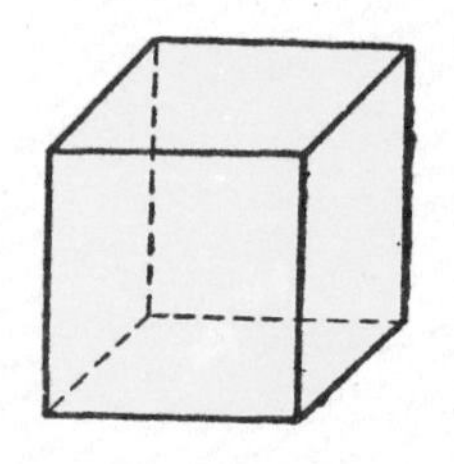
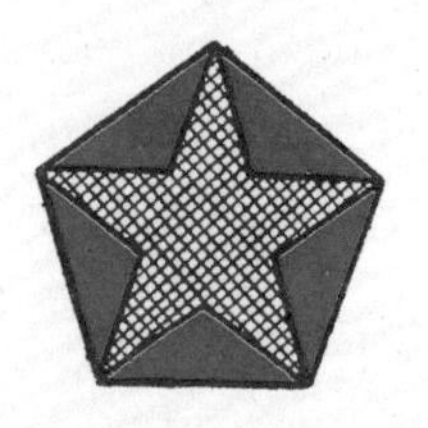
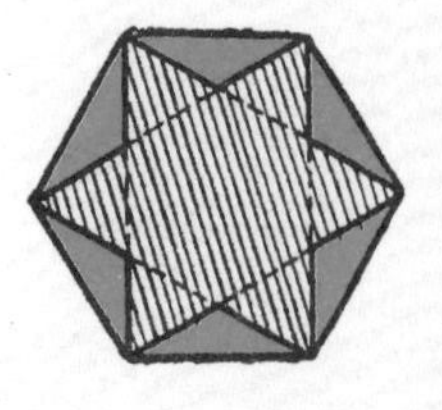

188. 找圆心

只用图中的制图三角尺和铅笔，请找出圆心。

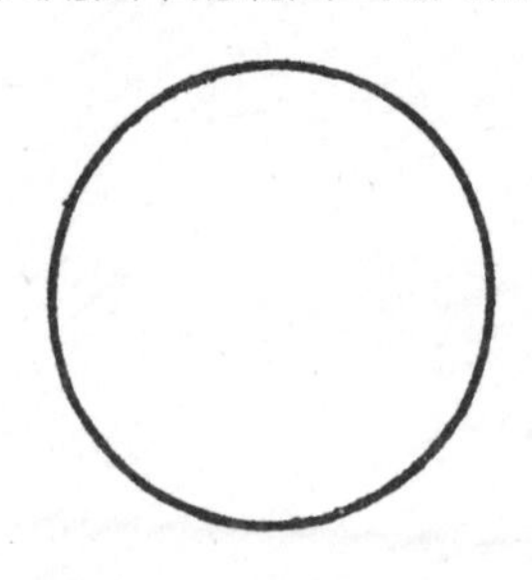
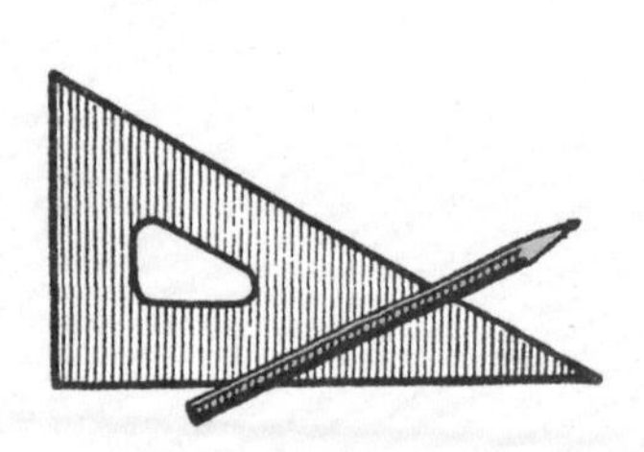

189. 哪个箱子更重

有两个完全相同的立方体箱子，其中一个装 27 个完全相同的大球；另一个箱子装 64 个完全相同的小球。所有的球都是用同样的材料制成。

两个箱子都是刚好装满。每个箱子中的每一层，球的数量都是相同的。每一层最外侧的球都同箱子的内侧紧密接触，没有空隙。

哪个箱子更重？

球的数量可以换成其他立方数。请找出一般性结论。

190. 家具木匠的艺术

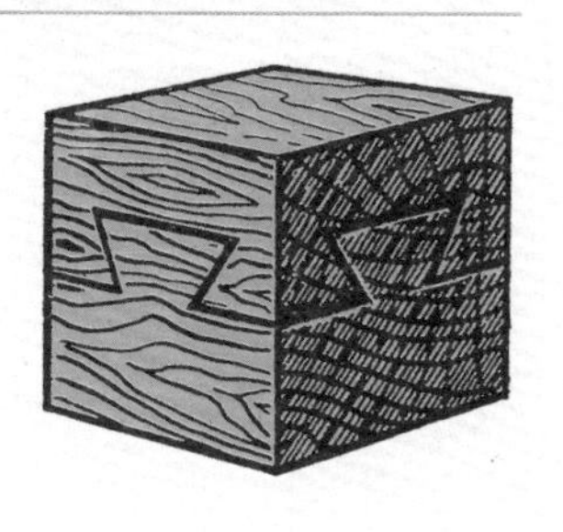

在一场初级家具工匠（都是学徒）作品展现场，我们看到一个非常精致的木质方块，上下两个部分是用榫卯结构紧紧贴合在一起的。两部分之间没有用胶水，而且看起来可以轻易分开。我们尝试进行上下拉、左右推、前后推，完全不管用，无法分开。

请大胆猜测，这个方块要怎么解开，两个部分各是什么形状呢？

191. 球的几何

用一个球（比如门球）、一张纸、一个圆规、一个没有标记的直尺和一支铅笔，在纸上画出与球的直径等长的线段。

192. 木梁

一块长方体木梁边长分别为 8，8 和 27 英寸，需要用锯子将其锯成 4 个部分，且这四个部分可以组成一个正方体。

当然，锯之前要先画线。

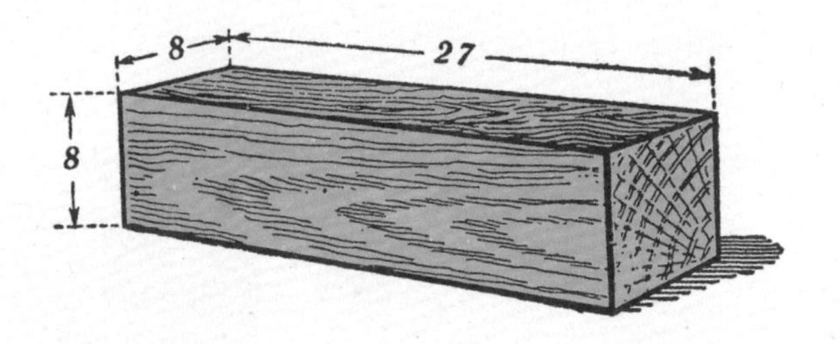

193. 瓶子的容积

瓶子中装有一些液体，如果瓶子的底部是圆形、正方形、长方形（但底部依然是平的），只用一把直尺能否测出其容积？瓶中的液体不得倾倒或增加。

194. 大多边形

建筑工人能够将一堆预制件组装成完整的房屋，同样我们也能将小多边形组合成大多边形。

本题中，我们要将相同形状的小多边形组成大多边形。

简单的正多边形很容易，比如下方图中所示的正方形和三角形（注意，三角形是有旋转的，但是不允许弯折或切分）。

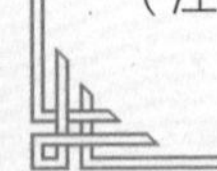

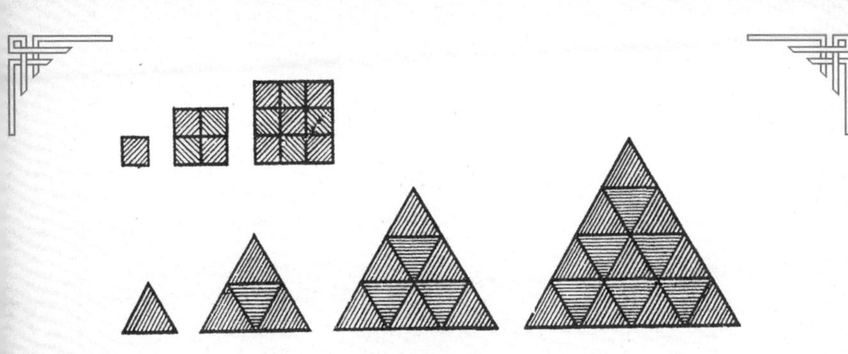

下图 ***a***，***b***，***c*** 中的不规则多边形也可以用于组合形状相同的大多边形。

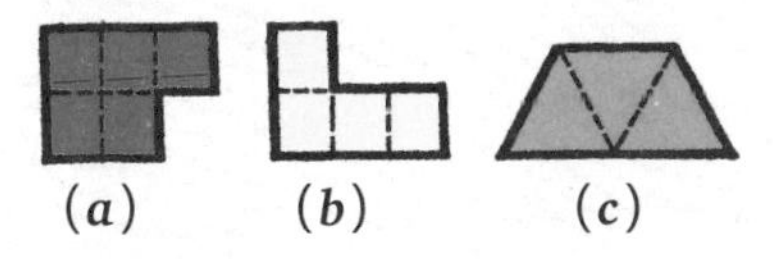

下图中，上半图显示 4 个小 ***a*** 图形和 4 个小 ***b*** 图形各自如何构成大 ***a*** 图形和大 ***b*** 图形。下半图则显示了由 16 个小 ***c*** 图形构成一个大 ***c*** 图形的方式。

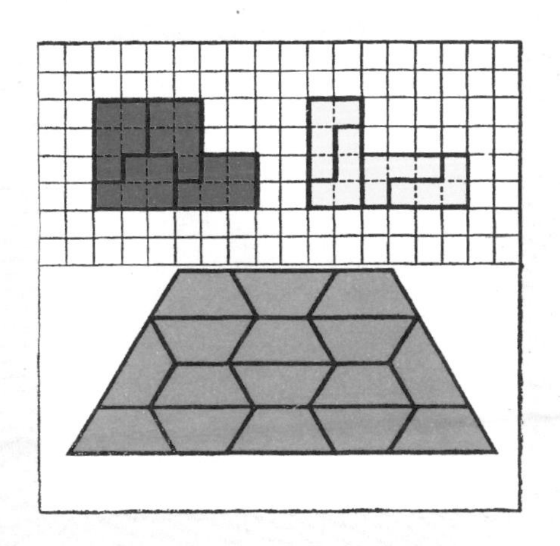

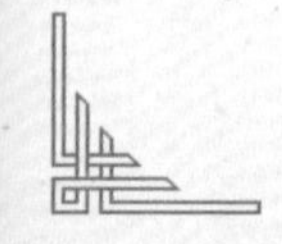
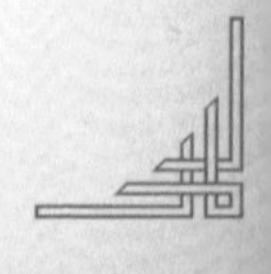

一般来说，同样形状的大多边形边长将会是单位多边形的 2，3，4，5 倍甚至以上，因此其面积也就会是单位多边形的 4，9，16，25 倍或以上。

所以，要构成相同形状的大多边形，所需的单位多边形的最小数量总是一个平方数。不过这个数字通常无法预测：有些多边形也无法构成大多边形。

请按下列要求，组成类似于右侧图中 ***a***，***b*** 或 ***c*** 的大多边形：

1. 用 9 个多边形 ***a*** 完成；
2. 用 9 个多边形 ***b*** 完成；
3. 用 4 个多边形 ***c*** 完成；
4. 用 16 个多边形 ***b*** 完成；
5. 用 9 个多边形 ***c*** 完成。

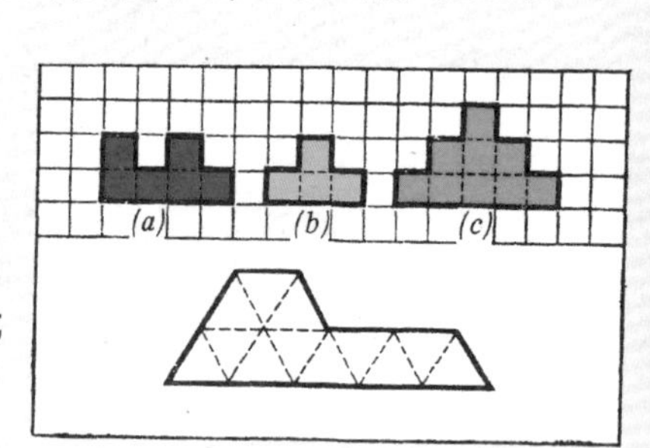

195. 两步法构建大多边形

本题将展示一种将单位多边形构成大多边形的高效方法——不过并非一定是用最少数量的单位多边形完成。

在图 1 的上半部分中，我们需要将两种标记为“***P***”的多边形构成相同形状的大多边形。第一步先要构成正方形（如图，两种 ***P*** 图形都需要 4 个）。不过单位多边形本身就是由小正方形构成的。然后第二步，就是将刚构成的大正方形组合成大的 ***P*** 图形（两种图形各需要 4 个大正方形，也就是各需要 16 个 ***P*** 图形）。同理，图 1 的下半部分，也可以通过两步使得大的 ***P*** 图形由 36 个单位 ***P*** 图形构成（首先 4 个 ***P*** 图形构成正方形，再由 9 个正方形构成大的 ***P*** 图形）。

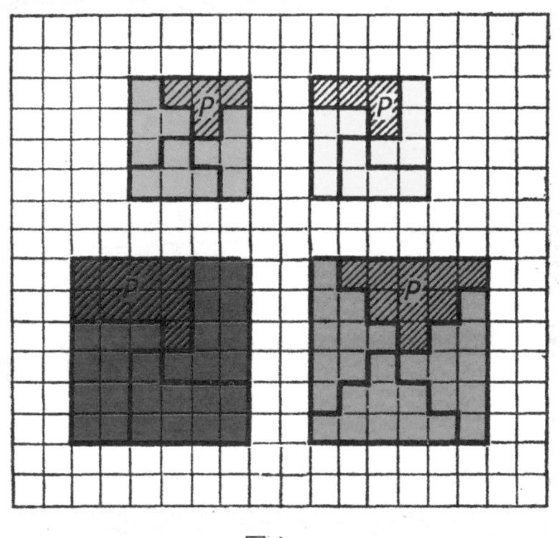

图1

在图 2 中，大的 ***P*** 图形可以由 46 个单位 ***P*** 图形构成（3 个单位 ***P*** 图形构成等边三角形，12 个等边三角形构成一个大的 ***P*** 图形）。

请找出其他能用两步法构成大多边形的单位多边形。

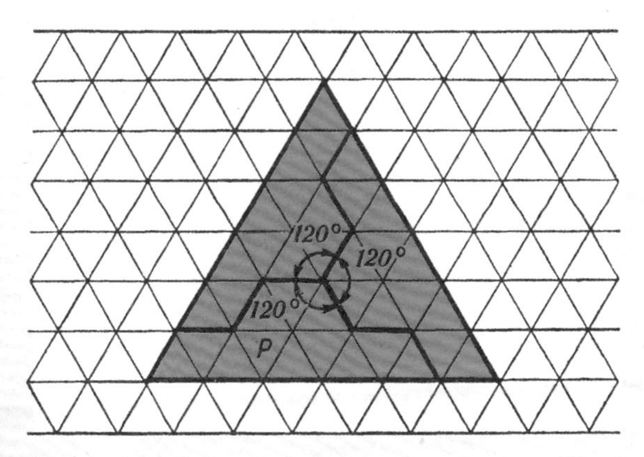

图2

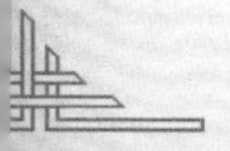
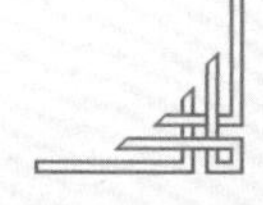

196. 构建正多边形的铰链结构

我们来做一种能够构建任何正 **n** 边形（**n** 等于 5 至 10）的简单机械结构。

这个结构可以由两个完全相同的平行四边形（**ABFG** 和 **BCHK**）（图 1）组成。**DE** 杆的两端分别位于滑动块 **D** 和 **E**，两个滑动块分别可以在 **AG** 杆和 **BK** 杆上自由滑动。长度上，**AB**=**BC**=**CD**=**DE**。**DE** 在移动的时候，两个平行四边形不受影响，且 **ABCD** 和 **BCDE** 两个梯形依然保持全等。这样一来就可以保证这个 **n** 边形连续的四条边 **AB**，**BC**，**CD**，**DE** 所形成的三个内角是相等的。

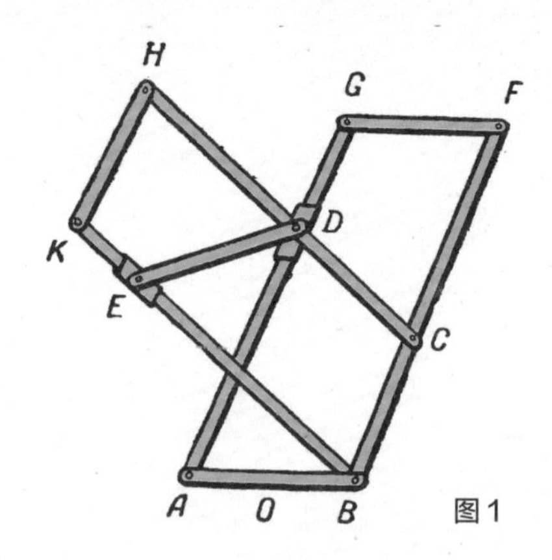

图 1

构建正 **n** 边形（**n** 等于 5 至 10）的方法基于以下特性（参考下方 **a** 至 **f** 图）：

a：五边形中的∠**DOB**=90°

b：六边形中的∠**EAB**=90°

c：七边形中的∠**EOB**=90°

d：八边形中的∠**EBA**=90°

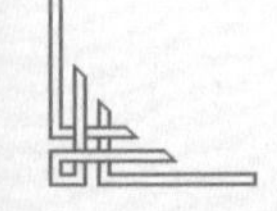

e：九边形中的$\angle EAB=60°$

f：十边形中的$\angle DAB=36°$

构建前 4 种形状的步骤：首先构造 4 个直角 Y_1OX、Y_2AX、Y_3OX 和 Y_4BX，然后将机械结构的 AB 杆同直线 AB 对齐，（a 至 d 图形）并分别将 O 点叠于 O 点，A 点叠于 A 点，O 点叠于 O 点，B 点叠于 B 点。将 AB 杆置于纸上不动，其他杆对应进行移动，使得 D 点置于直线 OY_1 上（五边形），或 E 点置于直线 AY_2 上（六边形），或 E 点置于直线 OY_3 上（七边形），或最后一张图——E 点置于直线 BY_4 上（八边形）。

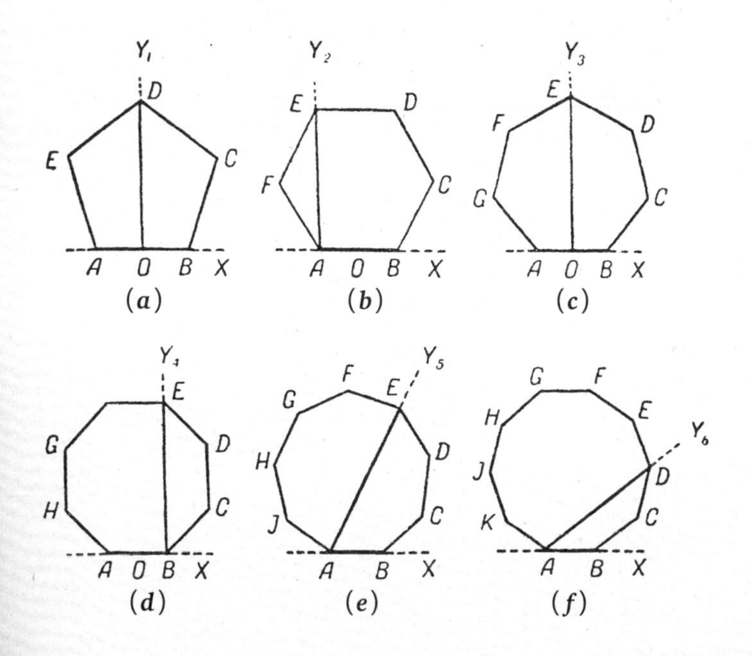

如需画出九边形或者十边形，首先必须做出直线 AY_5 和 AY_6，使得$\angle Y_5AX=60°$ 以及$\angle Y_6AX=36°$ 。然后将机械结构的 AB 杆同直

线 AB 对齐，A 点叠于 A 点。将 AB 杆置于纸上不动，其他杆对应进行移动，使得 E 点置于直线 AY_5 上（九边形），以及 D 点置于直线 AY_6 上（十边形）。这样我们就可以获得所需 n 边形的 4 条连续边（以及 5 个顶点）。n 边形的 4 条边已画出，剩下的部分就简单了。

所构建出的每个 n 边形的边长都同 AB 杆相等。理论上来说这样构建出的图形都是比较精确的，但实际操作中这个精确程度取决于这个机械机构的制作精确度。

请思考：用一把直尺和圆规就可以将任何角二等分。另外，使用以上工具和刚制作的铰链结构，能否画出一个 1° 的角？

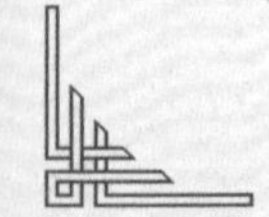

第6章
多米诺骨牌与骰子

多米诺骨牌

一套多米诺骨牌由 28 个长方形瓷片组成。每块瓷片上都有两个正方形方格，每个方格上有 0—6 的数字点数，代表了 28 种组合。每一块瓷片的值是其两个方格所示的点数之和。如果一张骨牌上两个方格点数一样，则被称为双牌（***doublet***）。

玩多米诺骨牌的基本规则是，如果要在一列牌链中加入新牌，那么新牌一个方格上的点数值要同牌链某一端的牌上其中一个方格的点数值相匹配。

如果手上有一副多米诺骨牌，或者用纸板自制一副，就能够享受以下古怪谜题带来的乐趣了。

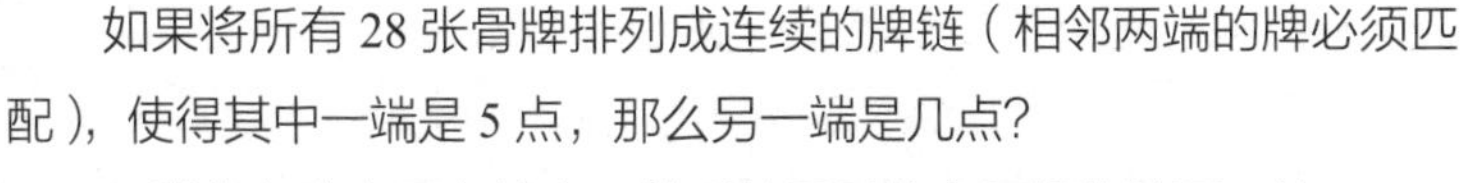

197. 多少点

如果将所有 28 张骨牌排列成连续的牌链（相邻两端的牌必须匹配），使得其中一端是 5 点，那么另一端是几点？

可以先在脑中思考答案，然后使用骨牌实际操作验证一遍。

198. 一个戏法

藏起一张非双牌的骨牌，然后让朋友用所有的骨牌做成牌链（当然了，不能告诉他少了一张牌）。在牌链摆好之前，你就可以预知两端的牌的点数值。请解释过程。

199. 第二个戏法

将 25 张骨牌垂直排成一排，并翻转面朝下。离开房间，请你的朋友从左右两端进行骨牌调换，调换多少张骨牌都可以（最多 12 张）。完成后，你返回房间翻开一张骨牌，骨牌的点数值就是调换的骨牌数量。

这个戏法的关键就在于骨牌的排列。你要把下图中的 13 张骨牌放到左侧，另外 12 张随机顺序放在其右即可。回到房间翻开的必须是最中间的那张骨牌（即第十三张），请解释原理。

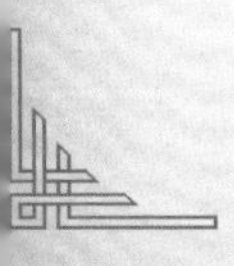

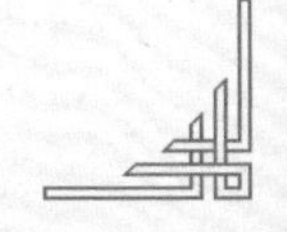

200. 赢牌局

有时候一局多米诺骨牌的胜负早已注定。假设 *A* 和 *C* 两人对战 *B* 和 *D*，每个选手开局各拿 7 张骨牌：

A 的牌为：0-1，0-4，0-5，0-6，1-1，1-2，1-3

D 的牌为：0-0，0-2，0-3，1-4，1-5，1-6 和一张其他牌

A 打出 1-1，*B* 和 *C* 放弃，由于 *A* 和 *D* 拿到了所有带 1 的牌，所以 *D* 可以打 1-4，1-5 和 1-6，然后 *A* 可以对应回打 4-0，5-0 和 6-0。然后 *B* 和 *C* 再次放弃，因为他们俩没有带 0 的牌。后面他们俩依旧无法出牌，因为 *A* 和 *D* 打出的牌都要对 0 和 1 进行匹配。

显然最后 *A* 带队赢得比赛，因为无论 *D* 出什么他都能匹配下去。到最后，*D* 会剩下第七张牌（没有 0 或者没有 1）。真的是一局古怪的骨牌局。

如果一局牌陷入僵局（没有人能继续出牌），那么哪一组剩下的牌点数最少，哪一组获胜。

假设 *A* 和 *C* 两人对战 *B* 和 *D*，每个选手拿 6 张牌，剩下 4 张牌面朝下放在一旁暂时不用。

A 的牌为：2-4，1-4，0-4，2-3，1-3，1-5

他的搭档 *C* 有 5 张双牌。*D* 有 2 张双牌；点数总和为 59。

A 打出 2-4，*B* 放弃；*C* 打出一张牌，*D* 放弃；*A* 打出一张牌，*B* 放弃；*C* 打出一张牌，然后本局陷入僵局。*B* 和 *D* 本局输了，因为一张牌都没出。*A* 和 *C* 剩余的点数为 35，*B* 和 *D* 剩余的点数为 91。打出的 4 张牌总点数为 22。

请问，放在一旁没有用到的 4 张牌和打出来的 4 张牌分别是什么牌呢？

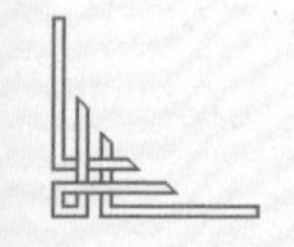

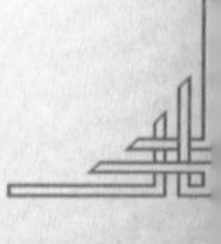

201. 空心正方形

（*A*）将 28 张骨牌按照基本游戏规则排成中空的正方形。正方形的每条边上的骨牌点数和均为 44。

（*B*）如图，将 28 张骨牌排成两个中空的正方形。两个正方形共 8 条边，每条边的点数总和要相同。

相邻的正方形点数不用匹配。

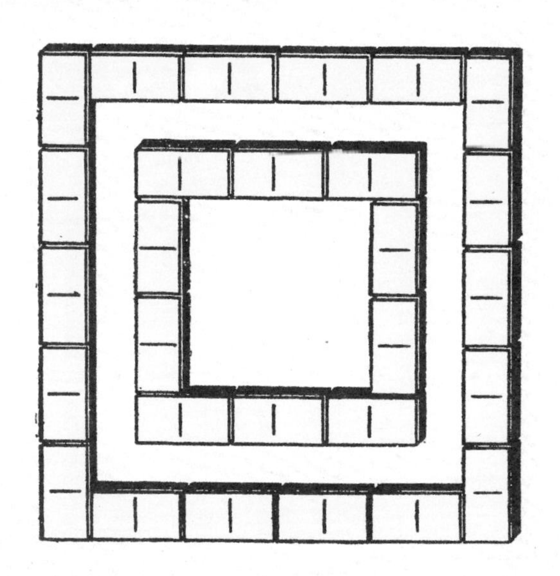

202. 窗

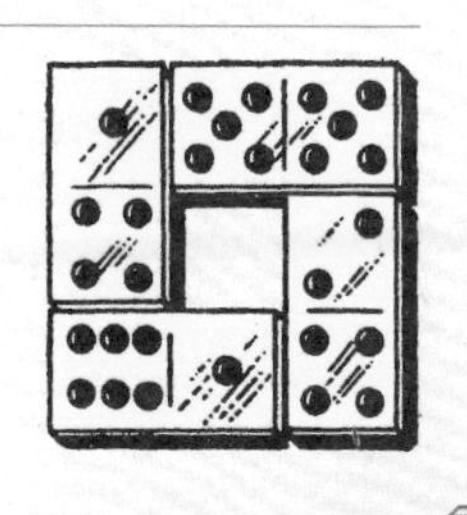

如图所示，4 张骨牌搭出一个中间镂空的“窗”。每条边的点数和都是 11。

用 28 张牌另做出 7 扇“窗”。各扇“窗”每条边的点数总和要相等（但是一扇“窗”

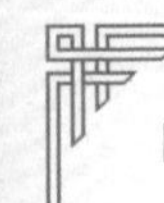

的点数不必等于另一扇窗的点数）。

203. 多米诺骨牌幻方

多米诺骨牌除了可以搭空心正方形和窗，还可以搭实心正方形，甚至幻方。

下图是 3×3 的方形。第一排是 7+0+5 = 12，第二排是 2+4+6=12，第三排相加也是 12——三个纵列和两条主对角线也是一样。这个多米诺骨牌幻方包含了点数值从 0 到 8 的牌，其幻方常数为 12。

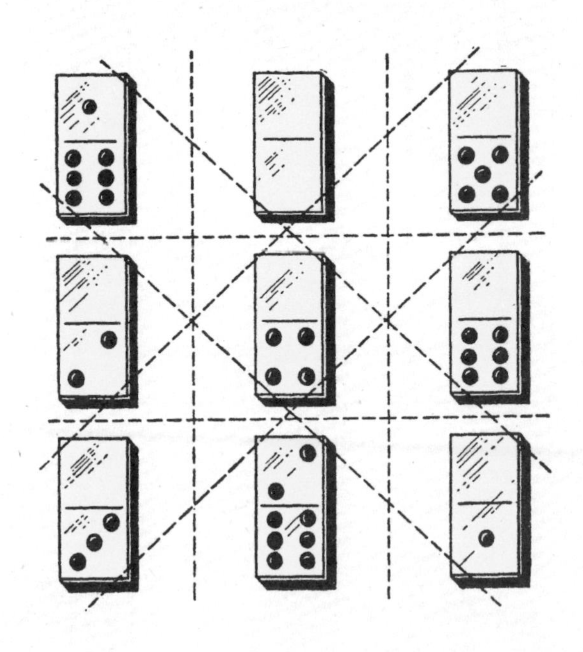

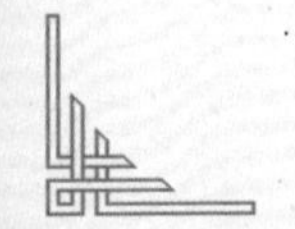

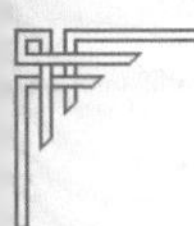

下方 9 张牌组成的幻方，点数值从 1 到 9，常数为 15。

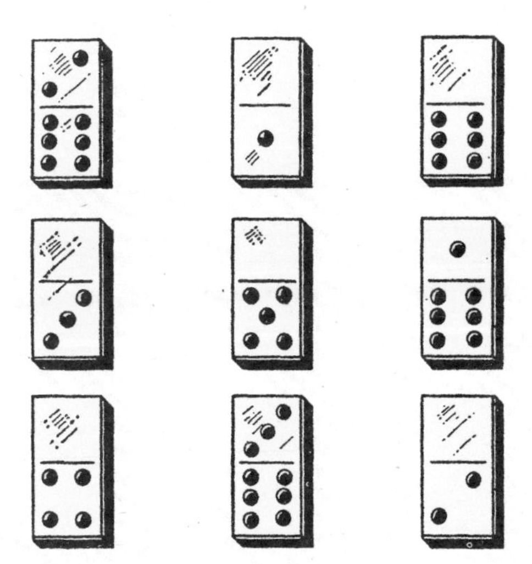

4 × 4 的幻方可以用 16 张骨牌做成（不过点数值肯定要重复，因为只有 13 种点数值）。下方是一个 4 × 4 的幻方，常数为 18。

2-6	1-2	1-3	0-3
1-4	0-2	3-6	1-1
0-5	1-5	0-1	0-6
0-0	2-5	0-4	1-6

（***A***）用下图的 9 张骨牌做出常数为 21 的幻方。

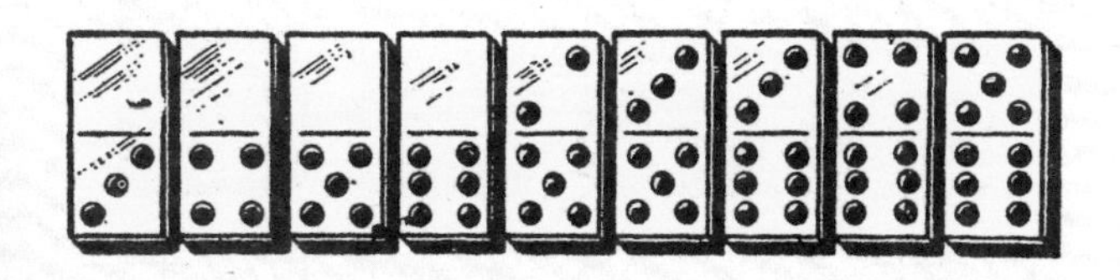

（***B***）用点数值从 4 到 12 的 9 张骨牌做一个幻方。这个幻方的常数是多少？

（*C*）用点数值分别为 1，2，3，3，4，4，5，5，6，6，7，7，8，8，9 和 10 这 16 张骨牌做一个幻方（存在多种解法）。

（*D*）使用所有骨牌（5-5，5-6，6-6 这三张牌除外）做一个常数为 27 的 5 × 5 幻方。

204. 空洞幻方

如图，用 28 张骨牌做成一个中空的矩形阵列。这个阵列中共有八行八列，每行每列以及两条主对角线（图中虚线所示）的点数值

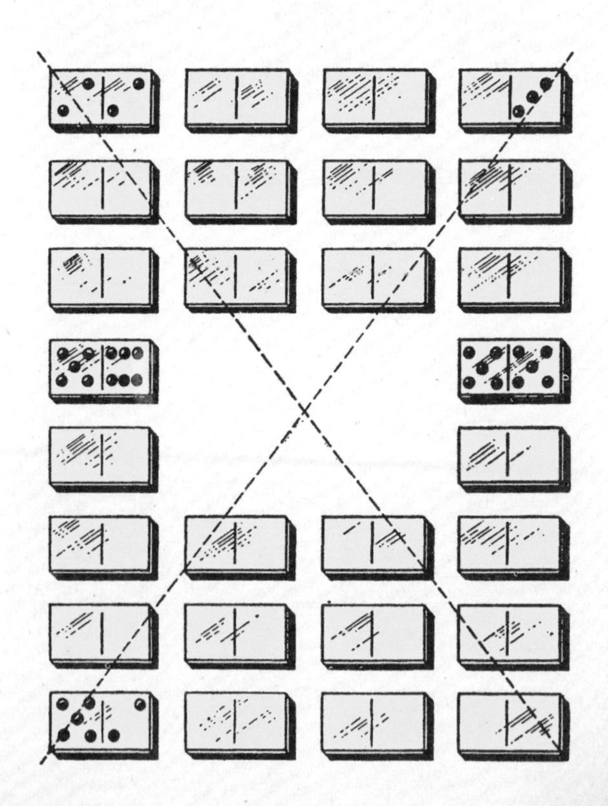

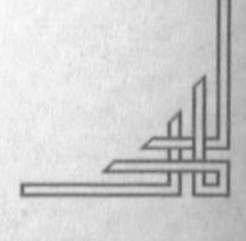

均为 21。每一行是按整张骨牌相加，每一列是半张骨牌（即正方形）相加，而对角线是按虚线穿过的 6 个半张骨牌相加。

第四排（从上至下）的骨牌已经填好了。点数之和为 5+6+5+5=21。四个角的四张骨牌也填好了（包括右下角双 0 的牌）。

现在，请完成其他的骨牌。

205. 多米诺乘法

图中所示的四张牌显示了一个乘法计算式，3 位数 551 乘以 4，得到乘积 2204。请将所有 28 张牌排列成 7 个这样的乘法算式。

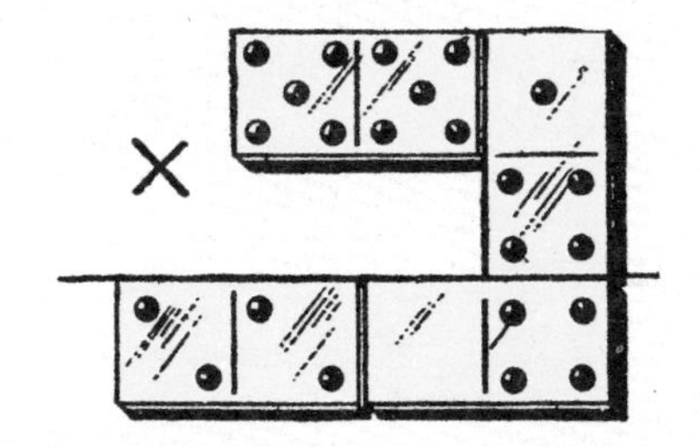

206. 猜牌

让朋友在脑中想一张骨牌，做出如下计算：

1. 将所想骨牌其中一半方格上的点数乘以 2。

2. 加上一个数字 m（这个数字由你决定）。

3. 再乘以 5。

4. 再加上这张骨牌上另一半方格上的点数。

你将他算得的结果减去 5 和 m 的乘积。最后得到的两位数数字就是你的朋友一开始所选的骨牌上的两个数字点数。

假设他选的是 6-2。他将 6 乘以 2 再加上数字 m（假设 $m=3$），得到结果 15。将 15 乘以 5 再加上骨牌上另一半的点数值 2，得到结果 77。减去 5 和 m 的乘积（即 15），最后的答案为 62。最开始的骨牌正好也是 6-2。

为何这个方法一定有效?

骰子

右图显示了一颗骰子及其“展开”的样子。一颗骰子相对两个面的数字之和总是 7。

为什么骰子最适合的形状是正方体呢？首先，骰子要做成规则立方体，以便骰子在滚动的时候每一面朝上的概率相等。而在五种规则立方体中，正方体是最适合的。这种形状便于生产，而且掷骰子的时候容易滚动，同时又不太容易滚动。而四面体和八面体（图 a 和 b）不易滚动；而十二面体和二十面体（图 c 和 d）又太“圆”了，滚起来跟球体基本无二。

“数 7 原则”（相对两面数字之和为 7）是很多骰子戏法的关键所在。

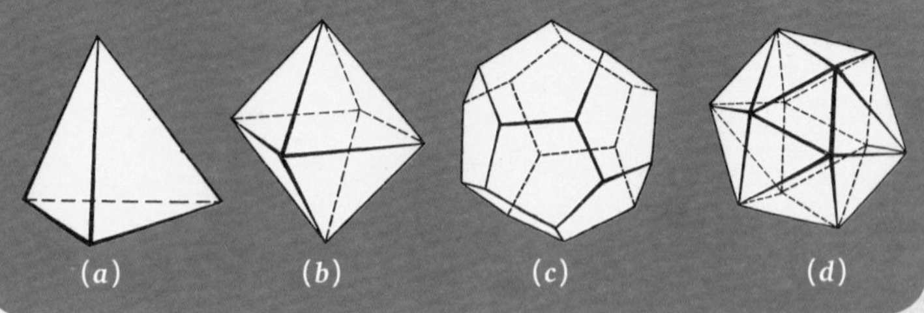

(a) (b) (c) (d)

207. 三个骰子的戏法

魔术师转过身去，另一人掷出三颗骰子。他请出一名志愿者将三颗骰子朝上的三个面上的点数相加，然后选一个骰子拿起来，将该骰子朝下那一面的点数同之前的点数和相加。然后让志愿者将这颗骰子再掷一遍，将朝上的点数加到之前的和中。接着，魔术师转过身面向桌子，提醒观众自己并不知道是哪颗骰子掷了两遍，然后拿起这三颗骰子在手中摇几下，然后猜出最后那个相加的和，观众一片惊叹。

方法：拿起这些骰子之前将三颗骰子顶面上的点数之和加上 7。

请解释原理。

208. 猜出隐藏面的点数之和

右图是三颗骰子做成的塔形，你只需看一眼顶部那颗骰子面上的数字就能知道其他 5 个面的数字和：即三颗骰子相接触的 4 个面以及最下面那颗朝下的面。按图中的摆法，总和是 17。

请解释其原理。

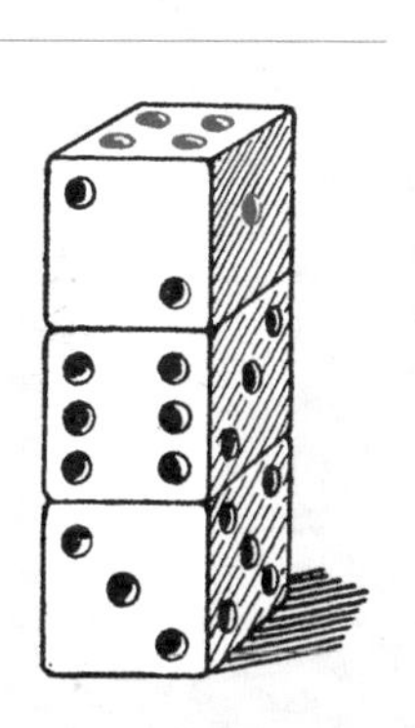

209. 骰子摆放的顺序

给朋友准备三颗骰子、一张纸和一支笔。自己转过身去，让朋友掷出骰子并排成一行，使得朝上的三个面形成一个三位数。举个例子，图中所示的三颗骰子朝上的面显示为 254。让他将三颗骰子朝下的面的三个数字添加到后面，最后得到一个六位数（在这个例子中即 254523）。让他将这个数字除以 111，并将得到的结果告诉你。随后你就能够将三个骰子朝上的面的三个数字告诉他了。

方法：将他告诉你的数减去 7，再除以 9。在这个例子中，即 $254523 \div 111 = 2293$；$2293 - 7 = 2286$；$2286 \div 9 = 254$。

请解释其原理。

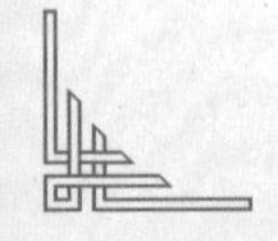

第7章 9的特性

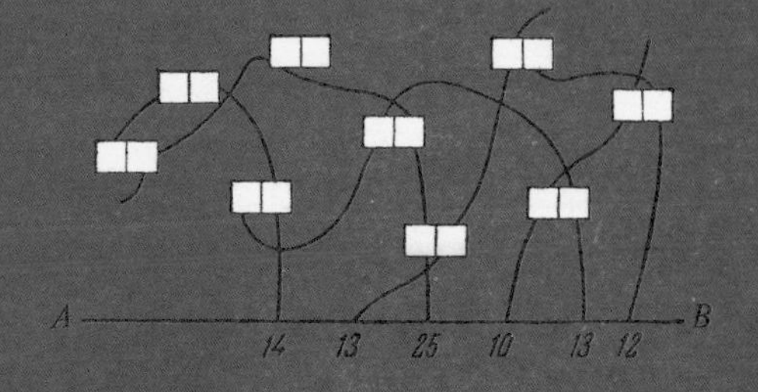

许多算术方面的奇特现象都与数字 9 有关。你可能知道，如果一个数的各位数字之和能够被 9 整除，那么这个数就能被 9 整除。比如说：$354\times9=3186$，而 $3+1+8+6=18$（能够被 9 整除）。（参见第 322 道谜题。）

某小男孩抱怨说自己记不住 9 的乘法表。他的父亲想了个办法让他用手指来帮助记忆，如下：

十指展开，掌心朝下。十根手指从左至右按 1—10 编号，如图所示。如果要计算 9×7，就将 7 号手指抬起。那么 7 号手指的左边有 6 根手指，右边有 3 根手指。所以 $9\times7=63$。这个方法对于 9 乘以 1，2，3…10 均有效。

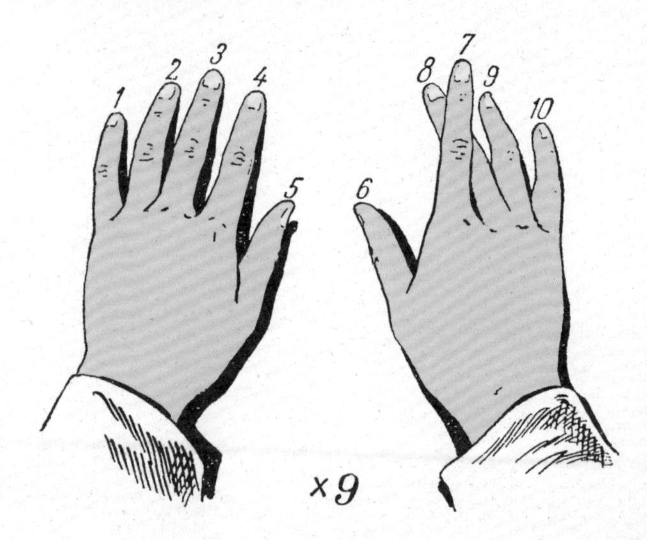

这个用手指计算的原理还是很好解释的：9 同 1 至 10 乘积，其两个数字之和都是 9（即保持不动的 9 根手指），且乘积的第一位数字均比要乘以 9 的那个数小 1（也就是抬起来的手指左侧的手

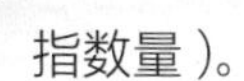

指数量）。

9的更多特性：

以下数字都可以被9整除。

1. 一个数与其各位数字之和的差。

2. 由相同的数字组成的两个不同两位数之差。

3. 两个各位数字之和相同的数之差。

7，8，9，10…除以9之后的余数分别为7，8，0，1…我们暂且称之为除9余数。请根据除9余数，用自己的方式重新表达上述三条描述。

以下是9的其他一些特性：

4. 两个数之和或差的除9余数，等于这两个数的除9余数之和或差的除9余数。

5. 两个数的乘积的除9余数等于这两个数各自除9余数的乘积的除9余数。

请找出其他类似的除法特性。

210. 哪个数字被删掉了

（*A*）让朋友随便写一个三位（或三位以上）数，除以9，然后把余数告诉你。接下来让他删去一个除0以外的数字，再将剩下的数除以9，告诉你余数。这个时候你可以立即将被删去的数字说出来。

方法：如果第二个余数小于第一个余数，则让第一个余数减去第二个余数；如果大于第一个余数，则让第一个余数加上9再减去第二个余数。如果两个余数相等，那么被删去的数字就是9。

请解释原理。

（*B*）让朋友写一个长的数，然后用这数的各位数字写出另一个

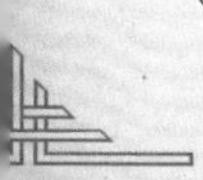
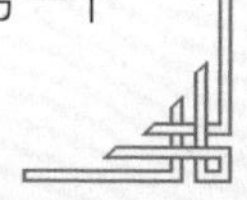

数。接着用大的数减去小的数，删去任何一个数字（除 0 以外），并将剩下的各位数字之和告诉你。这个时候你可以立即将被删去的数字说出来。比如说：

$$\begin{array}{r} 72105 \\ -\ 25071 \\ \hline 47034 \end{array}$$

如果他删去数字 3，那么剩下的各位数字之和为 4+7+0+4=15。那么大于这个数的 9 的最小倍数为 18，那么用 18 减去 15 就可以得到被删去的数字了。

这是怎么实现的?

（*C*）让朋友写一个数（比如 7146），删去一个非 0 的数字（比如删去 4，那么剩下 716），用这个数减去原数各位数字之和（716－18=698），当他告诉你这个结果时，就可以立即知道被删去的数字了，怎么做到的?

211. 数1313

让朋友先把这个很容易记的数写下来，让其减去任何一个数，然后在所得的差值后面附上刚才被减去的数加上 100 的和组成一个五位至七位数的数（比如 1313－10=1303，10+100=110，最后组成的数为 1303110）。现在让他删去一个非 0 的数字并告诉你最后的结果。

这个时候你就可以立刻知道被删去的数字了。

请问 1313 这个数存在什么特性呢?

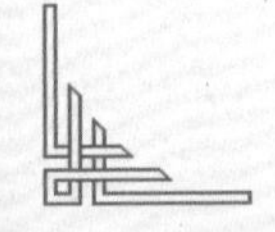

212. 猜出丢失的数字

（*A*）我从 1 至 9 中挑出 8 个数字藏到右图的圆圈中。每个圆圈都有一条直线穿过；计分线 *AB* 上显示了每条线上的各数之和。

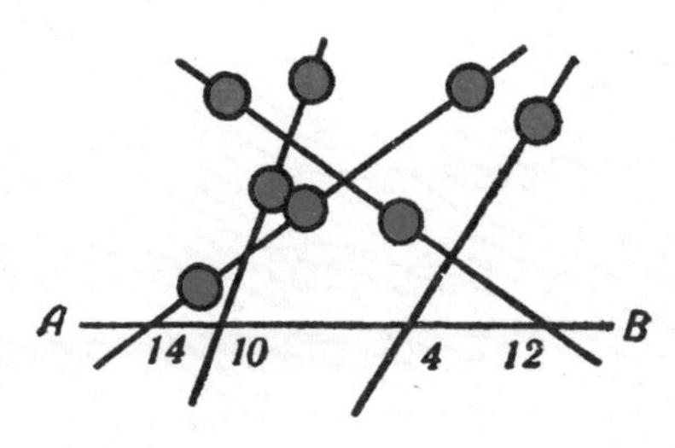

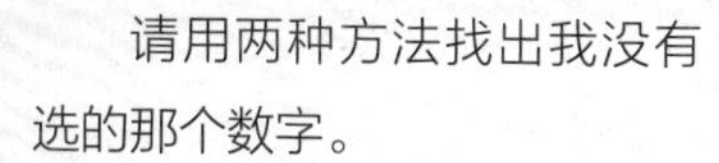

请用两种方法找出我没有选的那个数字。

下面的两张图显示了将数字写在三角形（图 *a*）或者梯形（图 *b*）的每条边上的方法；

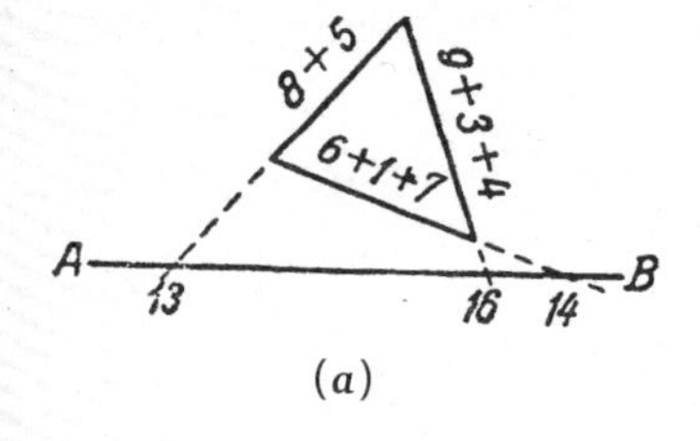

(*a*)

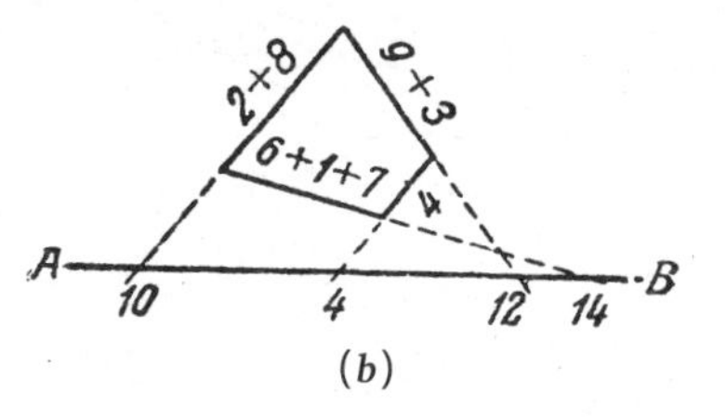

(b)

（*B*）下图中显示出用两位数也可以玩出类似的戏法。18 个隐藏的数（11，22，33…99）中，其中 17 个由曲线连接到计分线 *AB* 上。那么哪个数没有连接上呢？

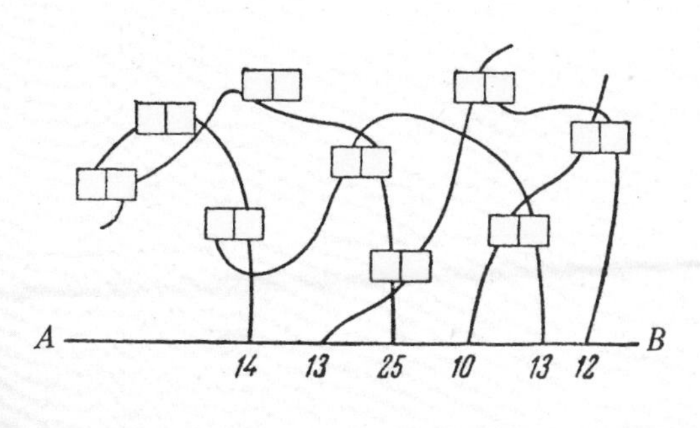

213. 从一个数字开始

两个数字相同的两位数乘以 99。如果第三个数字是 5，那么这个乘积（四位数）是多少呢?

214. 猜数字差

将任意非对称的三位数及其反序数相减得出差（比如 621 − 126 = 495）。将差的最后一位数告诉我，我就可以说出另外两位数的数字。你知道为什么吗?

215. 三个人的年龄

将 A 的两位数年龄调换位置后就得到了 B 的年龄。二者年龄之差是 C 的年龄的两倍，而且 B 的年龄是 C 的十倍。请问 A，B，C 的年龄分别是多少?

216. 一串数字的秘密

我和朋友在交流数学谜题时，一位客人写下了一串长长的数清单，从 435 到 1207941800554。这些数都有这样的特性：如果将各位数字相加，再将得到的数的各位数字相加，持续这样操作直到最后得到一个一位数，而这个一位数正好在最初所选进行各位数字相加的数的中间位置。比如说所选的长数中间数字是 1，那么连续进行各位数字相加的数字之和相继为 46，10 和 1。

请解释原理。

第8章

用代数与不用代数

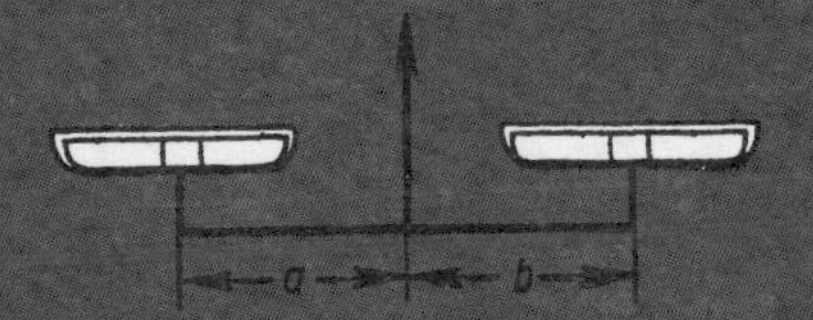

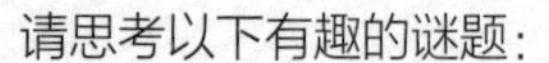

请思考以下有趣的谜题：

一只独飞的鹅正朝着与另一群鹅相反的方向飞翔，它喊道：“大家好啊，100 只鹅！”

群鹅的领头鹅回答道：“我们并不是 100 只！如果将我们数量的两倍加上我们数量的一半，再加上我们数量的四分之一，最后再加上你，总数才是 100，但是……反正，你自己想明白吧！”

独鹅继续飞着，但始终想不出答案。后来它在池塘边上看到一只鹳在找青蛙吃。鹳是鸟类中的数学专家，时常单腿站立数小时思考解决问题的方法。于是这只鹅缓缓降落，把之前的事告诉了对方。

鹳用自己的喙画了一条线代表鹅群。然后画出第二条线同第一条线等长，第三条线长度只有一半，第四条线只有四分之一长，最后是一条非常短的线，看着就像一个点，代表独鹅。

“你明白了吗？”鹳问道。

“还没有。”

鹳接着解释了一下这些线的含义：两条线代表了鹅群，一条线代表鹅群的一半，一条线代表鹅群的四分之一，另外那个点代表独鹅。然后鹳将小点擦除，那么剩下的线就代表了 99 只鹅。“如果一群鹅包含了四个四分之一，那么这四条线代表了几个四分之一？”

独鹅慢慢地将几个数字加起来，4+4+2+1，“11 个。”独鹅答道。

“那么如果 11 个四分之一代表了 99 只鹅，那么一个四分之一里面有多少只？”

“9 只。”

“那么整个鹅群有多少只鹅？”

独鹅将 9 乘以 4，说道：

“36 只。”

“没错！但是你自己没办法得出答案，对不？你……一只傻鹅！”

接下来的谜题，可以运用一切方法——代数法、算术法、图解法等。

217. 战后互助

第二次世界大战后的重建过程中，农机的缺口很大。所以农机站经常互相按需借出设备。

有三个农机站距离很近。第一农机站借给第二和第三农机站一些农机，借出的数量同两个借入方已有的数量相同。几个月之后，第二农机站又借出农机给第一和第三农机站，借出的数量也同借入方已有的数量相同。再然后，第三农机站借给第一和第二农机站的数量又同借方已有的数量相同。现在每个农机站都有 24 台农机了。

那么起初各个农机站拥有多少台农机呢？

218. 懒汉与恶魔

一个懒汉说道：“每个人都说：‘我们不需要无所事事的懒人，除了挡路啥也不会。见恶魔去吧！’但是恶魔能告诉我怎么致富吗？”

懒汉说完这番话不久，恶魔本尊就站到了他的面前。

“是这样，”恶魔说道，“我要你做的事情很简单，做完就能发家致富。看到那座桥了吗？你走过那座桥，我就让你目前拥有的钱财翻倍。而且你只要过一次桥我就给你翻一倍。”

“你说的是真的？”

“不过，还有一个小要求。我已经对你如此大方，那么每次你过完桥之后就得给我 24 美元。”

懒汉同意了。他走过了桥，然后停下来数了数自己的钱……奇迹真的出现了！钱翻倍了。

他把 24 美元扔给了恶魔，又过了一次桥，钱翻了倍，然后付给恶魔 24 美元，再过第三次桥，钱再次翻倍。不过现在他身上只有 24 美元了，他只得全部交给恶魔。恶魔大笑，转眼就消失了。

故事寓意：别人给你的建议，都要三思而后行。

那么懒汉一开始有多少钱呢？

219. 聪明的小男孩

三兄弟要分吃 24 个苹果，每个人分到的苹果数量同各自三年前的年龄相等。最小的弟弟提出这样一个交易：

“我将自己得到的苹果数量留一半，另一半苹果平均分给你们俩。接下来二哥也将自己累计拿到的苹果总数留一半，另一半也分给大哥和我。最后大哥同样也这样分。”

大家都同意了。最后每个人都分到了 8 个苹果。

三兄弟各自的年龄是多少？

220. 打猎

三个好友在针叶林（西伯利亚的沼泽林区）打猎，其中两人在蹚水过小溪时不小心把弹药掉进水里弄湿了，于是三个人将剩下还能用的弹药平均分了。

每个人放了四枪之后，剩下的弹药总数正好等于他们分完弹药之后每个人拿到的弹药数量。

他们三人分了多少弹药呢？

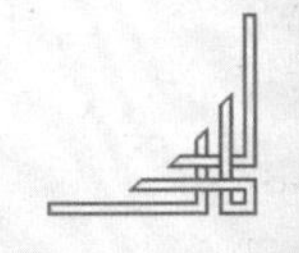

221. 火车相遇

两列货运火车各自的长度为 $\frac{1}{6}$ 英里，时速为 60 英里 / 时，相遇并各自走开。那么从两列火车的车头相遇直到两列火车的守车（即最后一节车厢）尾部错开，中间用了几秒钟?

222. 维拉打手稿

母亲让维拉将一份手稿用打字机打出来。维拉计划平均每天打字 20 页。

手稿的前半部分维拉打得拖拖拉拉的，每天 10 页。之后为了赶进度，后半部分每天打了 30 页。

“看，我平均是每天 20 页呢。”维拉得出结论，“10+30 的一半就是 20。”

“不，并不对。”母亲说。

谁说得对呢?

223. 蘑菇事件

马努西亚、科里亚、凡尼亚、安德琉沙和佩提亚在采蘑菇。但只有马努西亚在认真采集。另外四个小男孩大部分时间都在草地上躺着讲故事。到了该回家的时候，马努西亚采到了45个蘑菇，其他孩子一个都没采到。

马努西亚不忍心他们几个空手而归。“我们就这样回营地的话，你们几个脸上会挂不住的。”她把自己采的蘑菇给每个男孩都分了一些，自己一个都没有留。

返回的途中，科里亚又采到2个蘑菇；而安德琉沙也采到一些，现在手里的蘑菇数量是刚才分到的数量的两倍；但凡尼亚和佩提亚一路上只是闲逛游玩。到最后，凡尼亚丢了2个蘑菇，而佩提亚丢了一半的蘑菇。

回到营地后他们数了数，每个男孩手里的蘑菇数量相等。

那么马努西亚给每个男孩分了多少个蘑菇呢？

224. 划船

划桨手 **A** 在河上划船，顺水划了 x 英里，逆水划了 x 英里。划桨手 **B** 在湖上划了 $2x$ 英里，湖面的水不流动。那么 **A** 所花的时间比 **B** 多还是比 **B** 少呢？（二者划船的力量相同。）

225. 游泳者和帽子

一艘小船正顺着水流漂荡。一个人跳下水并逆流游了一会儿，然后转身追上了小船。那么是他逆流游泳的时间长还是转身追小船

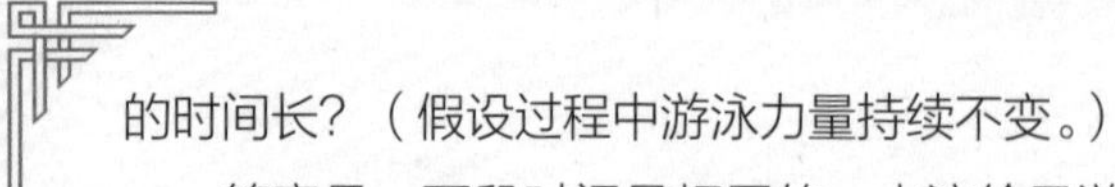

的时间长？（假设过程中游泳力量持续不变。）

答案是：两段时间是相同的。水流给予游泳者和小船的速度一样，并不影响游泳者与小船之间的距离。

现在假设一名运动员从桥上跳下水，逆流开始游泳。与此同时一阵风将桥上另一人的帽子吹掉，掉入水中开始漂流。10 分钟后运动员转身游回桥，掉帽子的人拜托运动员游过去追回帽子。于是运动员继续游向帽子，到离第一座桥 1000 码处的第二座桥下追上了帽子。

假设运动员游泳力量保持不变，请问水流的速度是多少？

226. 两艘柴油船

两艘柴油船同时离开码头。“斯捷潘·拉辛号”船往下游行驶，“季米里亚泽夫号”船驶向上游，两艘船动力相同。两艘船驶出之时，一个救生圈从“斯捷潘·拉辛号”掉落入水，随波漂荡。一小时后两艘船都受命掉头。请问“斯捷潘·拉辛号”的船员能在两船相遇之前捡回救生圈吗？

227. 机智考验

摩托艇 **M** 从湖岸 **A** 点出发，摩托艇 **N** 从湖岸 **B** 点出发。二者均以匀速穿过一个湖，第一次相遇点位于 **A** 点 500 码处。二者不停驶直接各自从相反的湖岸返回，并在离 **B** 点 300 码处再次相遇。

请问这个湖的长度是多少，两艘摩托艇的速度存在什么样的关系？机智的人不用做太多计算就可以解决这个谜题。

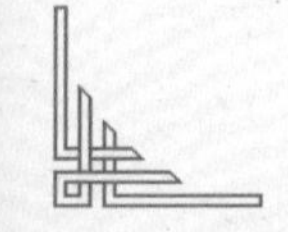

228. 种果树

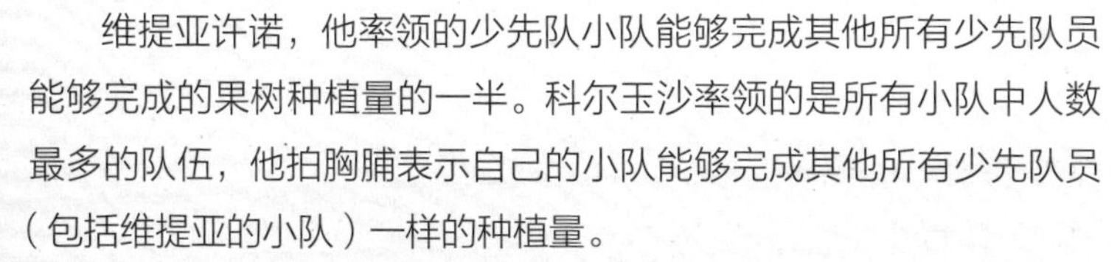

维提亚许诺，他率领的少先队小队能够完成其他所有少先队员能够完成的果树种植量的一半。科尔玉沙率领的是所有小队中人数最多的队伍，他拍胸脯表示自己的小队能够完成其他所有少先队员（包括维提亚的小队）一样的种植量。

这两支小队被安排到最后同时出发。先前的其他小队已经种植了 40 棵果树。假设这两支小队都兑现了自己的承诺，那么这次整个少先队一共种植了多少棵果树？

229. 两个数的倍数

已知有两个数，如果将这两个数都减去较小的数的一半，那么较大的数减完后得到的结果则是较小的数减完后得到的结果的三倍。

那么一开始，较大的数是较小的数的几倍呢？

230. 柴油船与水上飞机

一艘柴油船开始了一段长途航行。当其离岸 180 英里处时，一架速度为柴油船 10 倍的水上飞机接到任务外出送信。那么离岸多远水上飞机可以追上柴油船？

231. 自行车骑手

四位自行车骑手在圆形赛道上骑行，每个赛道长 $\frac{1}{3}$ 英里。四位

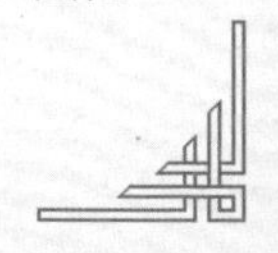

骑手同时从四个黑点处出发，各自的时速分别为 6，9，12 和 15 英里 / 时。

骑行结束时（20 分钟），他们四个同时回到出发点处的情况有几次？

232. 拜克夫的工作速度

国家奖获得者车工 ***P*** · 拜克夫将加工金属零件的时间从 35 分钟降到 2.5 分钟，那么他将切割速度从 1690 英寸 / 分增加到了多少呢？

233. 杰克 · 伦敦之旅

在一篇文章中，杰克 · 伦敦讲述了自己乘坐 5 只哈士奇拉的雪橇从斯卡格威港前往某营地探望一位即将死去的同志的故事。

哈士奇拉着雪橇全速前进了 24 个小时。随后其中两只跟着狼群跑走了，因此杰克 · 伦敦只剩下三只哈士奇，速度呈比例下降。后来比预计时间晚了 48 小时抵达营地。杰克 · 伦敦写道，如果跑走的两只哈士奇能在原队伍中多跑 50 英里，他只会晚 24 小时。

那么从斯卡格威港到营地有多远呢？

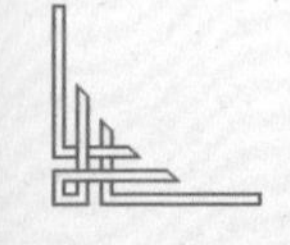
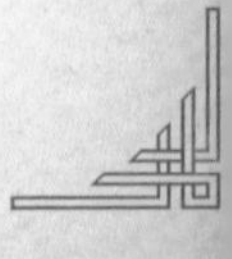

234. 错误类比

一些科学发现是通过类比的方式完成的。如果两件事物的某些特征相似，那么其他特征也许也存在相似的情况。不过，类比只是一种进行猜想的工具。既然是猜想，就必须要进行验证。

数学研究中也会用到类比，同样也会出现错误的类比：

“40 比 32 大多少？”

“大 8。”

“32 比 40 小多少？”

“小 8。”

“40 比 32 大百分之多少？”

“大 25%。”

“32 比 40 小百分之多少？”

“小 25%。”

实际上只小 20%。

（*A*）假设你的月收入增加 30%，那么你的购买力增加了百分之多少？

（*B*）假设月收入不变，但物价下跌 30%，那么你的购买力增加了百分之多少？

（*C*）如果一个二手书店促销，价格降低 10%，那么每本书售出的利润为 8%。请问促销之前每本书售出的利润是多少？

（*D*）如果一个金属加工工人将每个零件的加工时间降低 p%，他的生产力能提高多少呢？

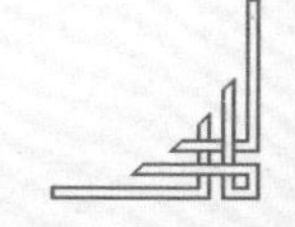

235. 法律纠葛

古罗马的数学著作都是以实用为主。以下是一道从古罗马流传至今的谜题：

一位罗马人在濒死之际，得知自己的妻子已怀孕，所以留下遗嘱说，如果生的是男孩，那么他可以继承自己三分之二的遗产，妻子继承三分之一。如果生的是女孩，那么她继承三分之一，妻子继承三分之二。

他死后不久，其妻生了一对双胞胎——一儿一女。这种情况是立遗嘱之时没想到的。要如何分配遗产才能尽可能地满足遗嘱的要求呢？

236. 两个孩子

（*A*）我有两个孩子，并不都是男孩。那么两个孩子都是女孩的概率是多少？

（*B*）一位艺术家有两个孩子，大的那个是男孩。那么两个孩子都是男孩的概率是多少？

237. 谁骑的马

有一天，一个年轻人和一个年长者一同离开村庄前往城市。一个骑马，一个坐车。如果年长者走了他已走过的路程的三倍，那么他剩下的路程则是实际剩下路程的一半；如果年轻人走了他已走过的路程的一半，那么他剩下的路程是实际剩下路程的三倍。

请问谁骑马？

238. 两个摩托车手

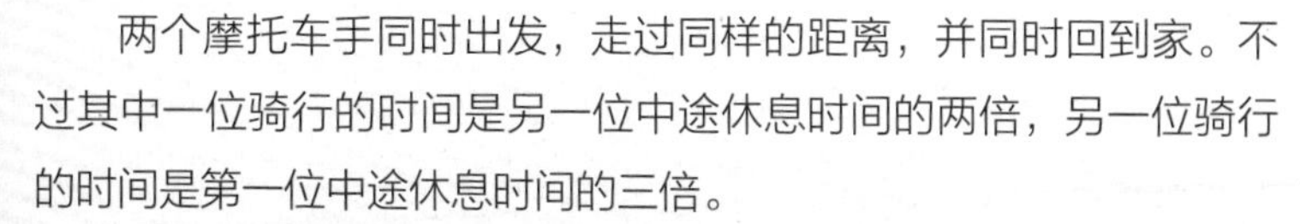

两个摩托车手同时出发，走过同样的距离，并同时回到家。不过其中一位骑行的时间是另一位中途休息时间的两倍，另一位骑行的时间是第一位中途休息时间的三倍。

谁骑的速度更快?

239. 父亲驾驶哪架飞机

沃罗迪亚问父亲：“空中游行的时候你开的是哪架飞机？”

他的父亲画了一张九架飞机的编队图。

“在我右边的飞机数量乘以我左边的飞机数量得到一个数，但如果我的飞机在我实际位置往右三个位置再进行刚才的计算，得到的数会比刚才计算得到的数大 3。”

沃罗迪亚要如何解决这一难题呢?

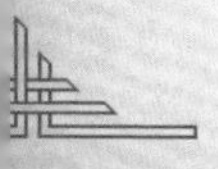

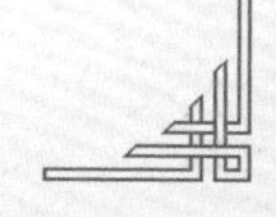

240. 心算等式

$$6751x+3249y=26751$$
$$3249x+6751y=23249$$

觉得我在开玩笑？并不是，你需要在脑中将第一个等式乘以6751并将第二个等式乘以3249，或者你也可以用其他更简单的办法。

241. 两支蜡烛

两支蜡烛的长度不同，厚度也不同。长的那支可以燃烧3.5小时；短的那支可以燃烧5个小时。

燃烧了2个小时之后，两支蜡烛长度相等了。那么2小时以前，长蜡烛的长度和短蜡烛的长度之间的比例是多少？

242. 惊人的睿智

会计员尼卡诺夫让四个孩子每个人想一个四位数。“现在请将第一个数字放到最后一位，得到的新四位数同调换前的数相加。举个例子，1234+2341=3575。请把计算结果告诉我。”

科里亚：8612

珀利亚：4322

托利亚：9867

奥利亚：13859

“除了托利亚之外，其他人都算错了。”会计员说道。

他是怎么知道的？

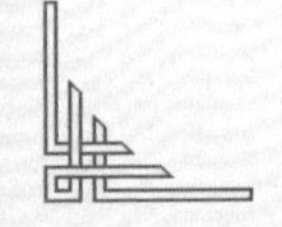

243. 腕表的时间

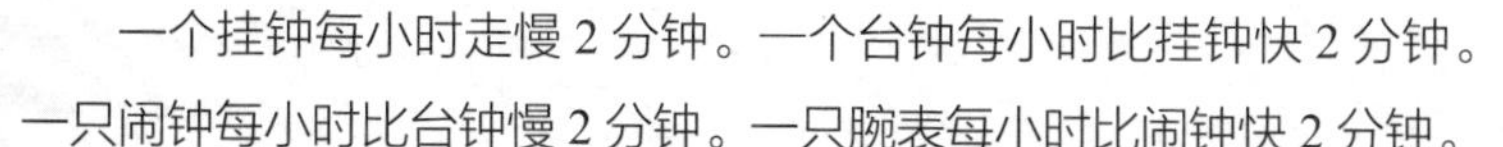

一个挂钟每小时走慢 2 分钟。一个台钟每小时比挂钟快 2 分钟。一只闹钟每小时比台钟慢 2 分钟。一只腕表每小时比闹钟快 2 分钟。

到中午的时候，四个钟表都调到了正确时间。那么当正确时间是下午 7:00 的时候，腕表上显示的时间是多少呢（精确到分钟）？

244. 快表与慢表

我的手表每小时快 1 秒钟，而瓦西亚的手表每小时慢 $1\frac{1}{2}$ 秒。两只手表目前显示的时间是一样的。那么下次显示相同时间是什么时候呢？下次显示相同的正确时间又是什么时候呢？

245. 什么时间

（*A*）某工匠在中午后不久去吃午餐。他离开的时候特意看了一下钟上两只指针的位置。等他回来的时候发现时针和分针换了位置。

他是什么时候回来的？

（*B*）我外出散步，花了 2 个多小时但不到 3 个小时。回家的时候发现时针和分针换了位置。

那么我外出散步所花的时间比 2 小时多多少呢？

（*C*）一个小男孩在下午 4:00 和 5:00 之间开始解答一个谜题，这个时候时针和分针是重合的。当时针和分针指向相反方向时他完成了解答。

小男孩解决问题花了多长时间，他完成的时间是几点呢？

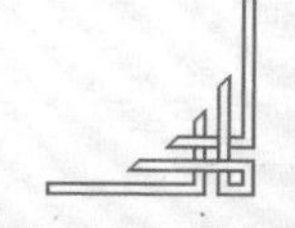

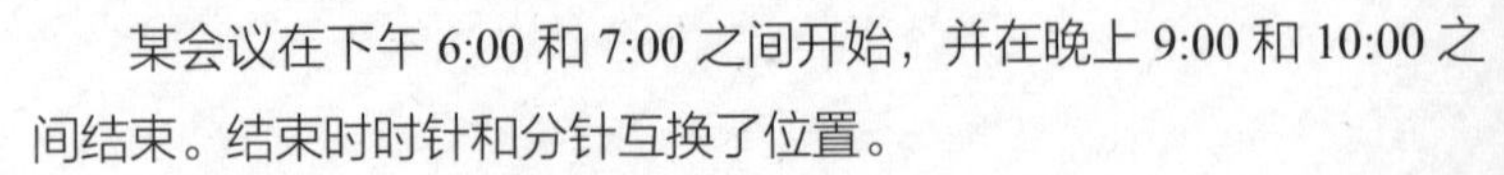

246. 会议是几点开始和结束的

某会议在下午 6:00 和 7:00 之间开始，并在晚上 9:00 和 10:00 之间结束。结束时时针和分针互换了位置。

会议是几点开始和结束的？

247. 中士的教导

赛摩希金中士会利用一切可能的机会教导属下的侦察兵要提高观察力和敏锐力。他会突然发问：“我们今天穿过的那座桥，有多少根支柱？”

或者他会给士兵们出谜题：

“假如你们有两人要走过同样的距离。第一人一半时间靠跑步，一半时间正常走路。第二人前半程跑步，后半程走路。两人跑步的速度相同，走路的速度也相同。

“谁会先抵达目的地？如果两人换成先走后跑，那么谁先抵达？”

248. 两份急件

第一份急件上说：

“列车 N 经过我用了 t_1 秒。”

第二份急件上说：

“列车 N 经过一座长 a 码的大桥，用了 t_2 秒。”

如果列车 N 的时速保持不变，请问列车时速和列车长度分别是多少？

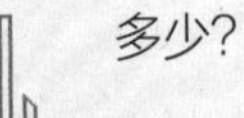

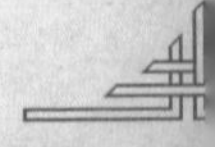

249. 新车站

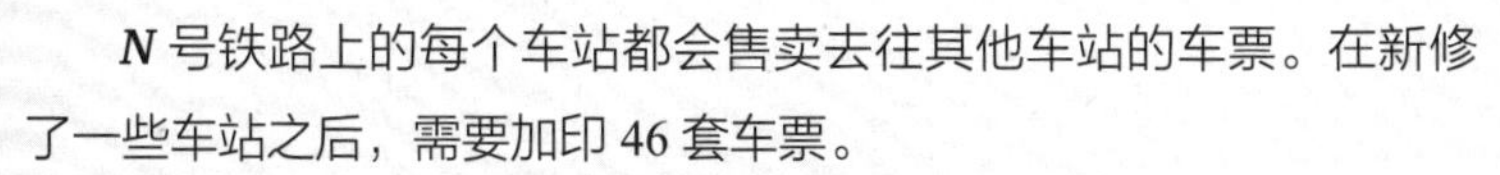

N 号铁路上的每个车站都会售卖去往其他车站的车票。在新修了一些车站之后，需要加印 46 套车票。

那么新修了多少车站呢？之前又有多少个车站呢？

250. 选四个单词

BE

OAK

ROOM

IDEAL

SCHOOL

KITCHEN

OVEECOAT

REVOLVING

DEMOCRATIC

ENTERTAINER

MATHEMATICAL

SPORTSMANSHIP

KINDERGARTENER

INTERNATIONALLY

以上单词由 2 至 15 个字母组成。请选出四个分别由 a 个、b 个、c 个、d 个字母组成的单词并使得 $a^2=bd$，$ad=b^2c$。

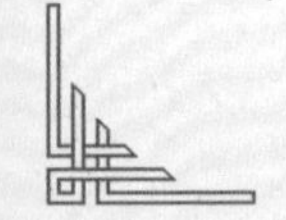

251. 有问题的天平

正常的天平两只力臂是相等长度的（图中 $a=b$），但杂货店里的一个天平并非如此。等待换货的同时，杂货店的经理在思考是否可以用这样的方式称出正确的重量：

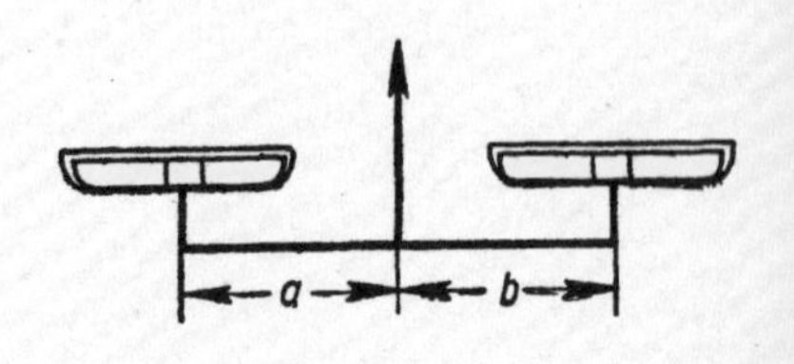

“我会在左边放入 1 磅的砝码，右边放入若干糖让天平平衡。接下来把 1 磅的砝码放到右边，左边多加一点糖。这样的话两次的糖加起来就正好是 2 磅。”

果真如此吗？还有其他办法吗？

252. 大象与蚊子

大象的重量会同蚊子的重量相等吗？

假设大象的重量为 x，蚊子的重量为 y。再设二者的重量之和为 $2v$，所以有 $x+y=2v$。

从这一等式可以得到另外两个等式：

$$x-2v=-y;\ x=-y+2v$$

相乘等于：

$$x^2-2vx=y^2-2vy$$

加上 v^2：

$$x^2-2vx+v^2=y^2-2vy+v^2\text{，或者写成 }(x-v)^2=(y-v)^2$$

取平方根:

$$x-v=y-v$$

$$x=y$$

也就是说，大象的重量（x）等于蚊子的重量（y）。

问题出在哪个地方?

253. 有趣的五位数

有一个很有趣的五位数 A。如果在后面补一个 1，形成的新数将会是在其前面补一个 1 得到的数的三倍。

这个数是什么?

254. 活到100不衰老

我的年龄同你的年龄相加等于86，某个时间我会是你现在年龄的2倍，这个时候假如你年龄是我的2倍，我就是那个假设年龄的$\frac{9}{16}$，我现在的年龄又是那会你的年龄的$\frac{15}{16}$。

我的年龄和你的年龄分别是多少?

解法：首先要把题目中让人眼花缭乱的语句理清。

1. 有一天我会是$2x$岁，你会是x岁（如图）。

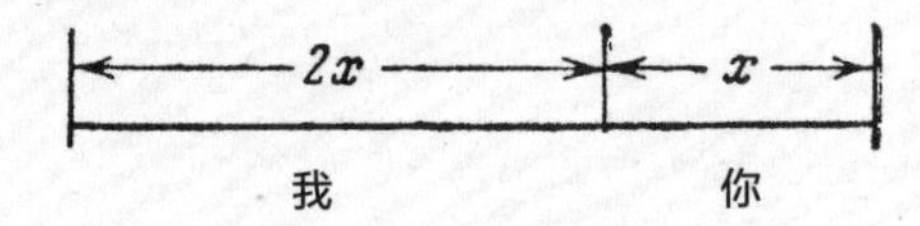

也就是说，我总是比你大x岁。

2. 当你是$2x$岁的2倍时，我就是$5x$岁。而当我是你年龄$4x$岁的$\frac{9}{16}$时，我就是$2\frac{1}{4}x$岁，而你是$1\frac{1}{4}x$岁（如图）。

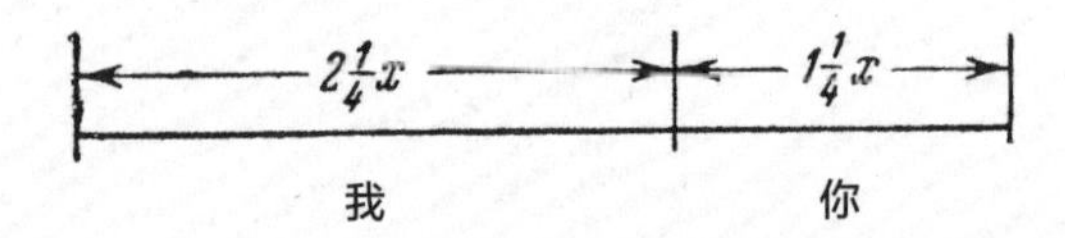

3. 当我是你年龄$1\frac{1}{4}x$岁的$\frac{15}{16}$时，我就是$\frac{75}{64}x$岁，而你是$\frac{11}{64}x$岁（如图）。

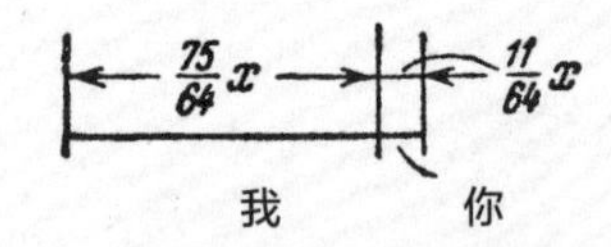

我们的年龄之和为86，所以根据谜题的要求，我的年龄就是75，你的年龄是11。而实际上，我离75岁还早，而你估计已经早过

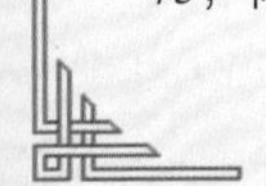

了 11 岁。不过如果我是你这么大的时候年龄已经是你的两倍了，而你到我的年龄时我们两人的年龄之和为 63，那么现在我和你分别是多少岁?

255. 卢卡斯谜题

这个谜题由 19 世纪法国数学家爱德华·卢卡斯创作。

“每天中午的时候，”卢卡斯说，“一艘船从勒阿弗尔港出发前往纽约，另一艘船从纽约出发前往勒阿弗尔港。航行全程需要 7 天 7 夜。那么今天从勒阿弗尔港出发的这艘船在前往纽约的路上，会遇到多少艘从纽约到勒阿弗尔港的船？”

你可以用图表的形式解答出来吗?

256. 单程旅途

两个小男孩骑着自行车外出。路上一辆自行车坏了，只能放在原地等人来修。两人决定一起骑剩下的一辆车：他们同时出发，一个骑自行车，一个步行。抵达某个地点之后，骑自行车的人下车并将车放在原地，然后继续步行。而另一个男孩走到自行车处时，上车骑行追上第一个男孩。追上之后第一个男孩再骑行，以此类推。

请问最后一次放置自行车的地点需要距离最终目的地多远，才能让两人能够最终同时抵达？第一辆自行车损坏的位置离最终目的地的距离为 60 英里，他俩的步行速度都是 5 英里 / 时，骑行速度都是 15 英里 / 时。

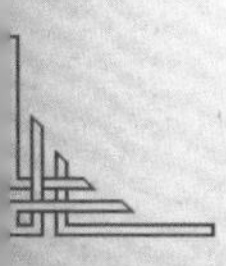
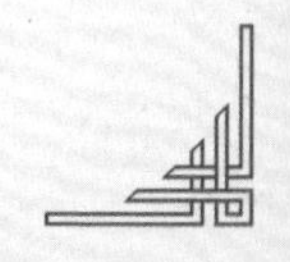

257. 简分数的特征

简分数是分子和分母均为整数的分数。现在请先写一些正简分数。将所写的所有简分数分子、分母分别相加，得到的两个数字组成一个新的分数。请问这个新分数是不是比之前写的最小的简分数大、比最大的简分数小呢？这个情况是否一定会成立呢？

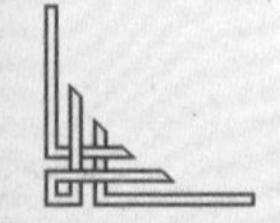

第9章

不用计算的数学

所有的问题都是通过推理解决的，而推演胜于计算的问题都具备独特的魅力和价值。这样的问题能够教给你一些分析方法，引导你通过不寻常的方式寻求问题的答案。

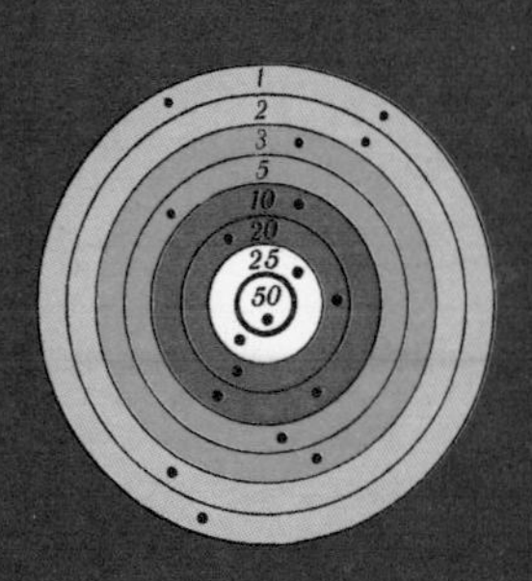

258. 鞋和袜子

我在妹妹睡着的时候把灯关了，只能摸黑去壁橱找鞋和袜子。

但我找到了自己的鞋和袜子，不过我得承认这些鞋袜完全没有整理过——3 个牌子的 6 只鞋、24 只黑色和棕色的袜子全部杂乱地堆在一起。

那么我至少需要拿出几只鞋和几只袜子，才能保证有一双成对的鞋和袜子？

259. 苹果

3 种苹果混在一个盒子里，每种苹果至少 3 个。要拿出几个苹果才能确保至少有 2 个苹果是同一种类？如果要确保至少有 3 个苹果是同一种类呢？

260. 天气预报

午夜，天在下雨——那么 72 小时之后我们会迎来阳光吗？

261. 植树节

植树节那天，四年级的少先队员很早就出发了，并在六年级队员抵达之前已经种植了 5 棵树。但是他们把树种在了划分给六年级队员的那一侧。

因此四年级队员只得穿过街道重新开始。因此最后六年级队员率先完成了任务。为了偿还人情，他们也到街对面种了 5 棵树。接着又多种了 5 棵，使得所有任务完成。

那么六年级队员领先了 5 棵树还是 10 棵呢？

262. 姓名和年龄

在俄罗斯，赛洛夫先生的妻子是塞洛娃女士。

三位少先队员在谈话。领队说道："布洛夫、格里德涅夫和克利门科明天抵达。他们的名字是科里亚、佩提亚和格里沙，不过不一定是这个顺序。"

"我觉得科里亚的姓氏是布洛夫。"

"不对，"领队说，"我给你一点提示。你们所熟识的纳迪亚·塞洛娃，她的父亲是布洛夫母亲的兄弟。

"佩提亚 7 岁的时候上小学。最近他给我写了信，说'今年我终于要开始学习六年级代数了'。

"我们的养蜂员谢米扬·扎卡洛维奇·莫克罗索夫是佩提亚的祖父。格里德涅夫比佩提亚大 1 岁。而格里沙也比佩提亚大 1 岁。"

请将三个男孩的姓名和年龄分别写出来。

263. 射击比赛

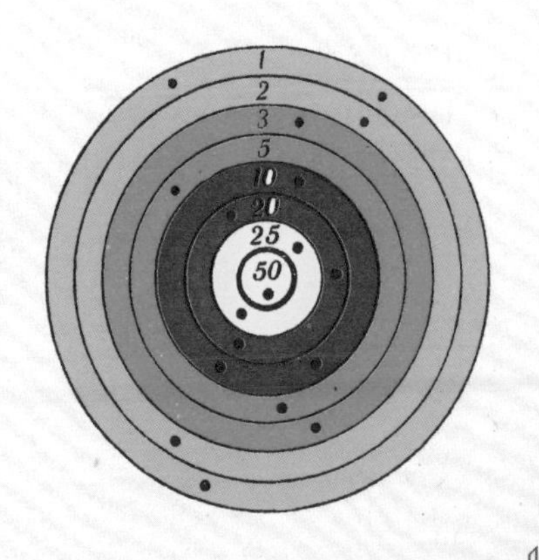

安德琉沙、波利亚和沃罗迪亚各开了 6 枪，而且每个人的得分都是 71。

安德琉沙的前两枪得了 22 分，沃罗迪亚的第一枪只得了 3 分。

请问谁射中了靶心？

264. 买东西

“你购买的铅笔、笔记本和彩纸一共 1.7 美元。”

“2 美分一支的铅笔我买了 2 支，4 美分一支的铅笔买了 5 支——另外还有 8 个笔记本和 12 张彩纸，具体价格记不住了。但肯定总价不是 1.7 美元。”

为什么？

265. 火车包厢里的乘客

同一个包厢中的六名乘客分别来自莫斯科、圣彼得堡、图拉、基辅、哈尔科夫和敖德萨。

1. ***A*** 和莫斯科男子都是医生。

2. ***E*** 和圣彼得堡人都是教师。

3. 图拉男子和 ***C*** 都是工程师。

4. ***B*** 和 ***F*** 都是二战老兵，但图拉男子没有在军队服过役。

5. 哈尔科夫男子比 ***A*** 年龄大。

6. 敖德萨男子比 ***C*** 年龄大。

7. 到了基辅之后，***B*** 和莫斯科男子下车了。

8. 到了文尼察之后，***C*** 和哈尔科夫男子下车了。

请将字母代称、职业和来源城市分别配对。另外，这些已知条件对于解决本题是否既充分且必要呢？

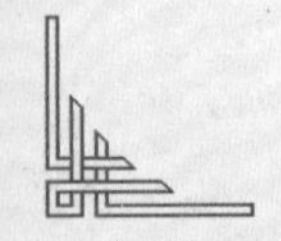
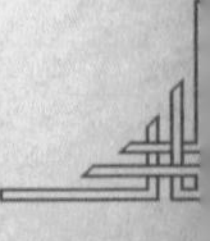

266. 象棋锦标赛

一名步兵、一名飞行员、一名坦克兵、一名炮兵、一名骑兵、一名迫击炮兵、一名工兵和一名通信兵参加了军队象棋锦标赛，他们的军衔（顺序并非一一对应）分别是上校、少校、上尉、中尉、高阶军士、初阶军士、下士和列兵。你能匹配他们的兵种和军阶吗？

1. 第 1 回合上校同骑兵对弈；

2. 飞行员到达时刚好赶上第 2 回合；

3. 第 2 回合步兵同下士对弈；

4. 第 2 回合少校同高阶军士对弈；

5. 第 2 回合结束后上尉退出了锦标赛（他是唯一退赛的选手）；

6. 初阶军士因病未能参加第 3 回合；

7. 坦克兵因病未能参加第 4 回合；

8. 少校因病未能参加第 5 回合；

9. 第 3 回合中尉击败了步兵；

10. 第 3 回合炮兵同上校打成平手；

11. 第 4 回合工兵击败了中尉；

12. 第 4 回合高阶军士击败了上校；

13. 最后一回合之前，骑兵和迫击炮兵完成了从第 6 回合推迟的一场比赛。

267. 志愿者

六名共青团员自愿报名去将大块原木锯成 $\frac{1}{2}$ 码的木柴给学校取暖。

他们两人一组，各组的领队分别是沃罗迪亚、佩提亚和瓦斯亚。

沃罗迪亚和米沙负责锯 2 码长的原木，佩提亚和克斯提亚锯 $1\frac{1}{2}$ 码长的，瓦斯亚和菲迪亚锯 1 码长的（以上都是他们各自的名）。

第二天学校张贴出布告表扬了由拉瓦洛夫、加尔金和梅德维德夫率领的小队工作非常出色。拉瓦洛夫和科托夫将原木锯成了 26 块小木头，加尔金和帕斯托霍夫锯出了 27 块，梅德维德夫和耶夫多基莫夫锯出了 28 块（以上都是他们各自的姓）。

请问帕斯托霍夫的名是什么？

268. 工程师姓什么

一列在莫斯科与圣彼得堡间通行的火车上有三名乘客，分别叫伊万诺夫、彼得罗夫和西多罗夫。巧合的是，工程师、消防队员和一名列车员姓氏相同。

1. 伊万诺夫住在莫斯科。
2. 列车员住在莫斯科与圣彼得堡两地中间的地方。
3. 同列车员姓氏相同的那名乘客住在圣彼得堡。
4. 同列车员住得最近的那位乘客月收入刚好是列车员的三倍。
5. 彼得罗夫的月收入是 200 卢布。
6. 西多罗夫（一名工作人员）最近打台球击败了消防队员。

请问工程师姓什么？

269. 犯罪故事

纽约州的一位小学教师钱包被偷了。小偷一定在莉莉安、朱迪、大卫、西奥及玛格丽特之中。

询问他们时，这几个孩子分别做了三句陈述：

莉莉安:（1）我没有拿钱包。（2）我从来没偷过东西。（3）是西奥偷的。

朱迪:（4）我没有拿钱包。（5）我爸爸很有钱，我自己也有钱包。（6）玛格丽特知道是谁偷的。

大卫:（7）我没有拿钱包。（8）我进这所学校之前都不认识玛格丽特。（9）是西奥偷的。

西奥:（10）我没有罪。（11）是玛格丽特偷的。（12）莉莉安说是我偷的，那是她在撒谎。

玛格丽特:（13）我没有拿老师的钱包。（14）朱迪有罪。（15）大卫可以为我担保，他从我出生就认识我。

后来每个孩子都承认他们各自的陈述中有两句是真的，一句是假的。

假设最后他们说的是真话，那么到底是谁偷了钱包?

270. 采药人

两个少先队小组将采集到的一些珍贵的医用草药出售给了当地医疗机构。机构额外多给了一些费用作为奖励。第一组拿到的奖励比第二组多，因为他们采集的草药更多。

出于好玩，一个队员将分奖励的计算式做了加密，用星号来代替除了一个数字外的每个数字。

你能解密吗?

（*A*）第一组和第二组所采集的草药包数相加:

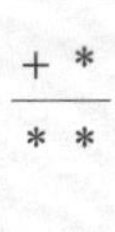

```
   *
 + *
 ---
  **
```

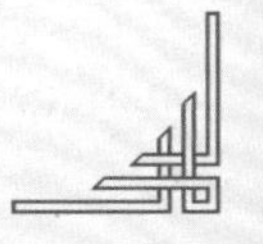

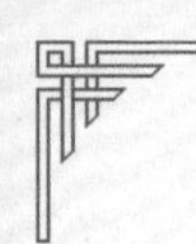

（*B*）将奖励（以美分为单位）除以草药的包数：

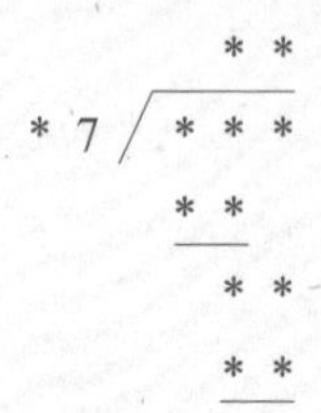

（*C*）第一组得到了多少奖励？

$$\begin{array}{r} * \quad * \\ \times \quad * \\ \hline * \; * \end{array}$$

（*D*）第二组得到了多少奖励？

$$\begin{array}{r} * \quad * \\ \times \quad * \\ \hline * \; * \end{array}$$

271. 隐藏的除法

奥利亚是数学公报《思考！》的编辑，她写了一则七位数除以两位数的计算式，然后把这张纸放到一旁。两位象棋选手开始将被

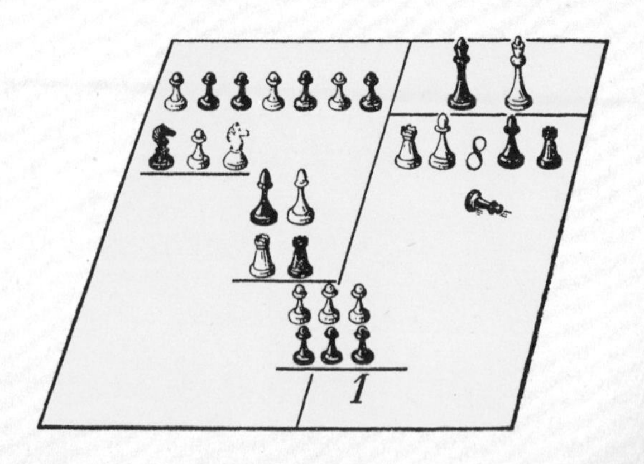

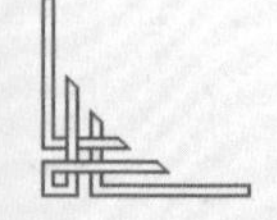

吃掉的棋子填充到计算式的各个数字上。一局棋下完时，计算式的每个数字都放了棋子，除了余数。

奥利亚决定将其作为一个谜题来用。她将商的其中一位数字 8 上的棋子拿掉，使 8 显示出来，这样一来就不会有第二种解法了。

这道题其实没有看上去那么难。你能够解出来吗？

272. 加密运算

下面七则加密算式中，各个数字都用字母和星号代替了。相同的字母代表相同的数字，不同的字母代表不同的数字。一个星号代表任意数字。

（*A*）

```
    A B C
    B A C
  -------
  * * * *
  * * A
* * * B
-----------
* * * * * *
```

（*B*）

```
      * * *
      * 2 *
      -----
      * * *
  * * * *
  * 8 *
-----------
* * 9 * 2 *
```

（*C*）

```
                      * * 7 * *
                ---------------------
* * * * 7 * /   * * 7 * * * * * * *
                * * * * * *
                -------------
                * * * * 7 7 *
                * * * * * * *
                -------------
                    * 7 * * * *
                    * 7 * * * *
                    ---------------
                    * * * * * * *
                    * * * * 7 * *
                    ---------------
                        * * * * * *
                        * * * * * *
```

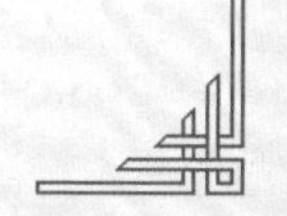

（*D*）（有四种解法。）

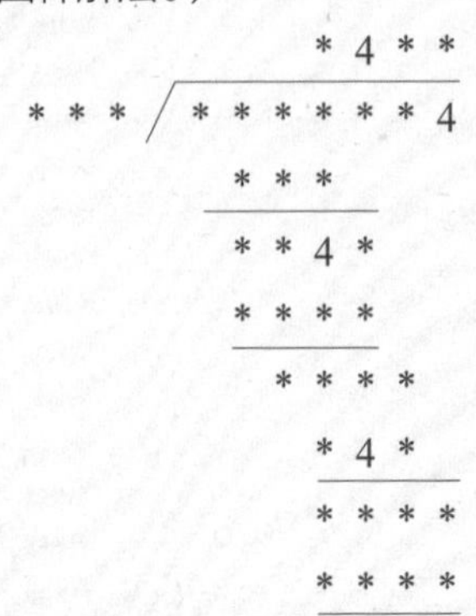

（*E*）（有两种解法。）

DO+RE=MI;
FA+SI=LA;
RE+SI+LA=SOL

（*F*）（虽然除数有几位都未知，但其实这个计算式还是比较简单的，而且只有一种解法。）

```
          * * * * * 8 * *
   ? / * * * * * * * * * *
       * * *
           * * *
           * * *
             * * *
             * * *
                 * *
                 * *
                   * * *
                   * * *
```

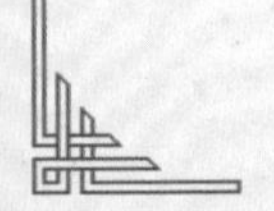

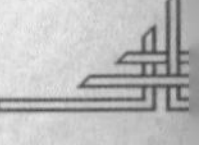

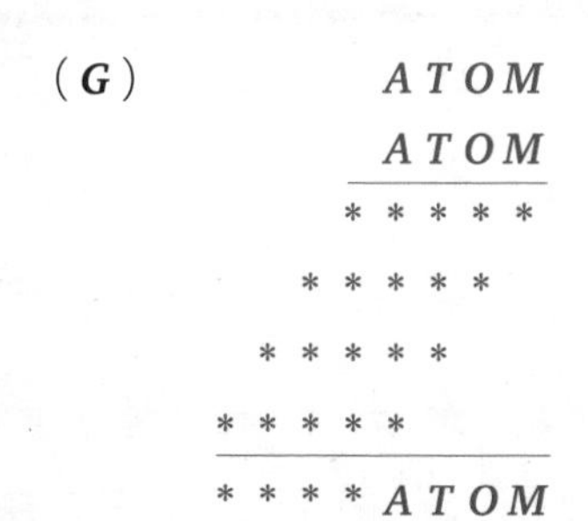

273. 质数密码算术

这道非凡的密码算术谜题中，每个数字都是一个质数（2，3，5或7），这道题没有字母或数字作为提示，但是只有一种解法。请把题解出来。

```
      * * *
        * *
    -------
    * * * *
  * * * *
  ---------
  * * * * *
```

274. 摩托车手和骑马人

一位摩托车手接到邮局的要求赶去机场接一架飞机送来的邮件。

飞机比预计时间提早抵达了，因此飞机上运载的邮件就派人骑马送往邮局。半小时后骑马人同摩托车手在路上碰面了，于是骑马人就把邮件给了摩托车手。

摩托车手比预计时间提前20分钟回到邮局。

请问飞机提前多少分钟抵达？

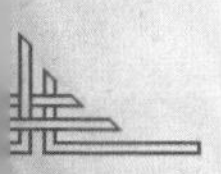

275. 步行与坐车

一位工程师每天乘火车去城里上班。早晨 8:30 他一下火车就会有一辆汽车接上他，送他去单位。

有一天工程师坐的火车在早晨 7:00 就抵达了，然后他下车开始步行前往单位。路上汽车接到了他并提前 10 分钟到达单位。

他是在什么时间遇到汽车的？

276. 反证法

当两种陈述 ***A*** 和 ***B*** 互相排斥，那么二者中只有一个为真。通过证明 ***B*** 为假来证明 ***A*** 为真的方法就叫作“反证法”。

举例：两个数之和是 75。第一个数比第二个大 15。请用反证法证明第二个数是 30。

解法：假设第二个数不是 30。那么这个数要么大于 30，要么小于 30。如果大于 30，那么第一个数就大于 45，那么二者之和就大于 75，不成立。如果第二个数小于 30，那么第一个数就会小于 45，那么二者之和小于 75，也不成立。

因此，第二个数只能是 30。

（***A***）两个整数的乘积大于 75。请证明至少有一个整数大于 8。

（***B***）某两位数与 5 的乘积还是一个两位数。请证明被乘数的第一个数字是 1。

277. 找出假硬币

（***A***）（这道题很简单。）9 枚相同面值的硬币，其中 8 枚重量相

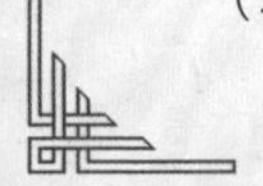

同，1 枚假币比其他硬币都轻。请使用天平称两次找出假币，不可以使用砝码。

（***B***）（稍有难度。）其他条件不变，但总共只有 8 枚硬币。

（***C***）（难度加大。）一共 12 枚硬币，其中 11 枚重量相同，1 枚假币可能较重或者较轻。请用天平称三次找出假币，并确认它是较重还是较轻。

请独立解决以下谜题：

（***D***）使用天平称三次，确认 13 个机械零件中是否存在非标准重量的零件（如果有，请找出是哪个），并确认是较重还是较轻。可以提供第 14 个标准重量零件协助解决问题。

（***E***）给问题（***D***）找出一个通用解法：从 $\frac{1}{2}(3^n-1)$ 个机械零件中称 ***n*** 次找出次品（可以额外提供一个标准重量的零件）。

278.合理的平局

三位参与谜题竞赛的选手被蒙上眼睛。在每个人的额头上都贴一张白纸，并且告知他们不是所有人额头上的纸都是白色的。然后把蒙眼睛的东西去掉，谁能第一个推断出自己额头上贴的纸是白色的还是黑色的，谁就能赢得大奖。

三个人同时说出自己额头上贴的是白纸。为什么？

279. 三位圣人

三位古希腊哲学家在树下小憩。他们睡着时，一个喜欢恶作剧的人拿着木炭在他们脸上乱画一通。三人醒来后哈哈大笑，每个人都认为其他两人是在互相嘲笑。

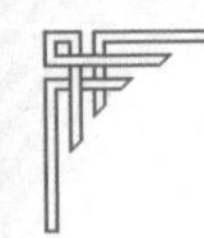

突然其中一人不笑了。他是怎么发现自己脸上也被画花了的?

280. 五个问题

一个数学陈述应该是完整的，但不应该出现无必要的语句。简明、精确是数学语言独特而悦人的特征。

(***A***)你能找出以下陈述中不必要的语句吗?

1. 直角三角形的两个锐角之和为 90°。

2. 如果直角三角形的一条直角边是斜边的一半，则其对向的锐角为 30°。

(***B***)用一个或两个词表述出相同的意思:

1. 不在圆外的部分割线

2. 边数最少的多边形

3. 穿过圆心的弦

4. 两个底角相等的等腰三角形

5. 共用圆心的圆

(***C***)在三角形 ABC 中，$AB=BC$ 且 $AD=DC$。请用至少三种名称称呼 BD。

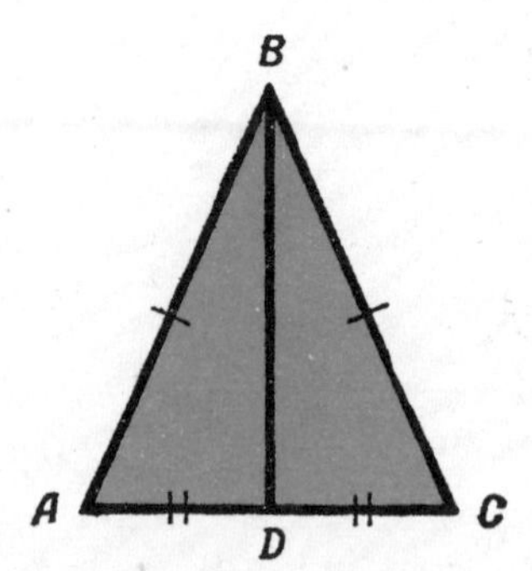

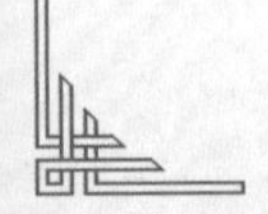

（*D*）这里有 7 个互相关联的术语：平行四边形、几何图形、正方形、多边形、平面图形、菱形、凸四边形。将这些概念进行排序，使得每个术语描述的概念都包括了后一个术语所描述的概念。

（*E*）凸多边形的外角和是 4 个直角。那么一个凸多边形最多能有几个内锐角？

281. 不用等式的推理

有一些谜题外表看上去是代数方面的，但完全可以通过逻辑推理来解决。

（*A*）有一个两位数，从右往左读，是从左往右读的 $4\frac{1}{2}$ 倍。这个数是什么？

1. 这个数比 9 大，因为是两位数；
2. 这个数比 23 小，因为 $23\times4\frac{1}{2}$ 大于 100；
3. 这是个偶数，因为当其乘以 $4\frac{1}{2}$ 后依然是整数；
4. 9 乘以这个数的一半就是这个数的反序数，所以这个数的反序数可以被 9 整除；
5. 这个数与它的反序数有同样的数字，因此这个数也可以被 9 整除。

请参考上述内容将其解出来。

（*B*）四个连续整数的乘积是 3024。这四个整数是什么？

1. 四个整数里面没有 10（否则乘积的最后一位肯定是 0）；
2. 至少有一个整数小于 10（否则乘积至少会是五位数）；
3. 那么四个整数都小于 10；
4. 四个整数里面没有 5（否则乘积的最后一位肯定是 5 或者 0）。

请参考上述内容将其解出来。

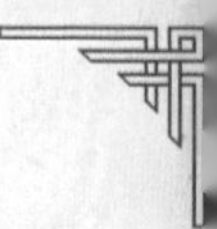

282. 孩子的年龄

某个孩子的年龄加 3 之后是一个拥有整数平方根的数。而其年龄减 3 之后刚好得到那个平方根。

请问孩子的年龄是多少？如果减数换成 3 以外的数，请找出类似的关系。

283. 是或否

让朋友从 1 至 1000 的数中选一个。通过问他十个用“是”或“否”作答的问题，就能找出他所选的数。

要问什么样的问题呢？

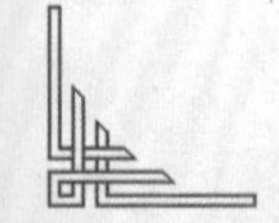

第10章 数学游戏和数学魔术

M

N

数学游戏

284. 十一根火柴

桌上放 11 根火柴（其他物品也可以）。第一个人可以拿起 1，2 或 3 根。然后第二个人拿起 1，2 或 3 根，以此类推。拿最后一根火柴的人算输。

（***A***）先拿的人一定能够赢吗?

（***B***）如果是 30 根火柴而不是 11 根，先拿的人一定赢吗?

（***C***）一般来说，如果放置了 n 根火柴，每次拿起 1 至 p 根（p 不大于 n），他一定能赢吗?

285. 最后的胜利者

有30根火柴，你每次拿起1至6根。然后另一人再拿起1至6根，以此类推。拿到最后一根火柴的人是赢家。要怎么做才能拿到最后一根火柴呢?

286. 偶数胜利

有 27 根火柴，2 个人轮流每次拿起 1 至 4 根，直到全部拿完。你先拿，如果最后拿起偶数根火柴的人是赢家，要怎么做才能赢?

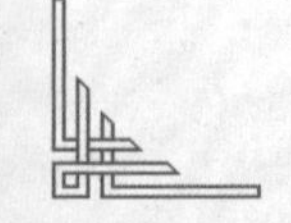

287. 取石子

有两堆小石子（其他物品也可以），A和B两人轮流取一些石子。

1. 可以从其中一堆石子中取出若干或者全部的石子；

2. 也可以从两堆石子中都取，但是需要两堆石子取出的数量一致。

取出最后一个石子的人获胜。

获胜的取法包括（1，0）（意思是从第一堆取出1个，第二堆取0个）以及（***n***，***n***）。亦即，各取出1个石子（规则1）以及2***n***个石子（规则2）。

（1，2）这种取法会输：下面的表格显示了***A***的四种取法之后的情况。四种情况中，***B***都可以取走剩下的全部石子：

A	***B***	***A***	***B***	***A***	***B***	***A***	***B***
0	0	1	0	1	0	0	0
2	0	0	0	1	0	1	0

举个例子，在第三种情况中，***A***从第二堆取出1个石子（规则1），然后***B***取走两堆所有剩下的石子（规则2）。

虽然（1，2）这种取法必输，不过除了（1，0）和（1，1）之外，其他的（1，***n***）的取法都可以获胜。***A***只需要从第二堆取出（***n***−2）个石子即可，剩下（1，2）。

请问，除了（1，2）之外，还有其他必输的取法吗？

288. 怎么能赢

下图的8个方格中，***d***，***f***和***h***方格各放了一颗棋子。每次移动时都是将一颗棋子往左移动到任何一个格子中，无论格子内有没有其他棋子均可，也可以跳过另一个或几个棋子。将最后一颗棋子移

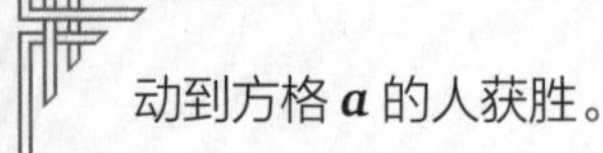

动到方格 ***a*** 的人获胜。

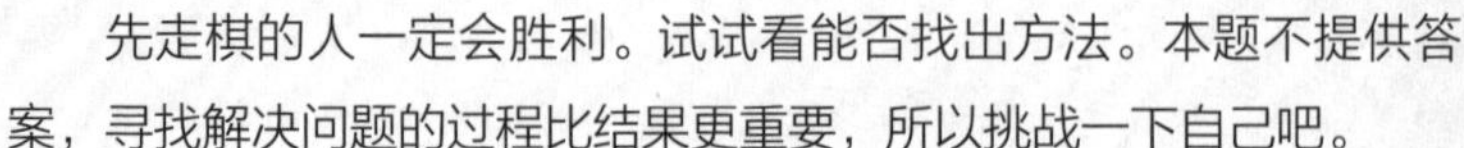

先走棋的人一定会胜利。试试看能否找出方法。本题不提供答案，寻找解决问题的过程比结果更重要，所以挑战一下自己吧。

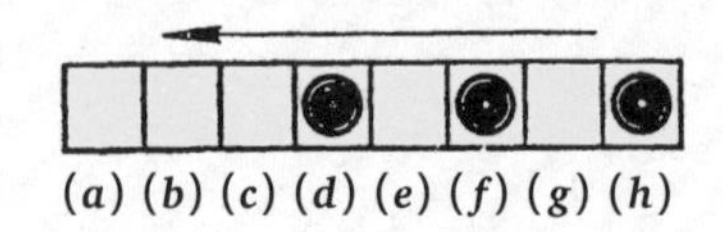

289. 组成正方形

每个参加游戏的人手里都有 18 块纸板拼片（图 ***a*** 显示出各个拼片的形状和数量）。

板面是一个 6×6 的正方形。有很多种方法将拼片组合为 2×2 的正方形（见图 ***b***）。图中的游戏区域（粗线部分）由 9 个部分组成，每个参加游戏的人只能用 4 个。

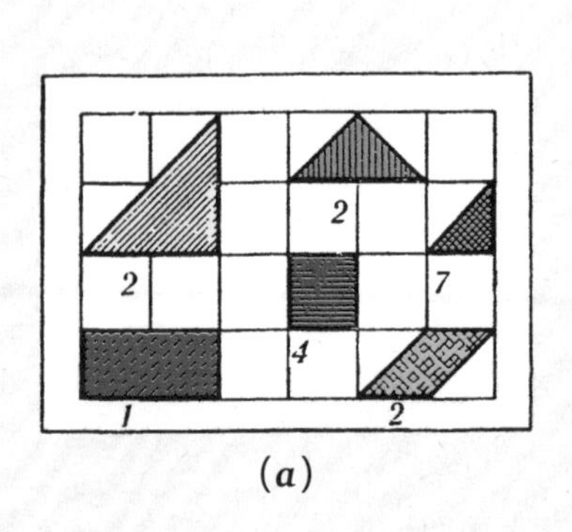

(*a*)

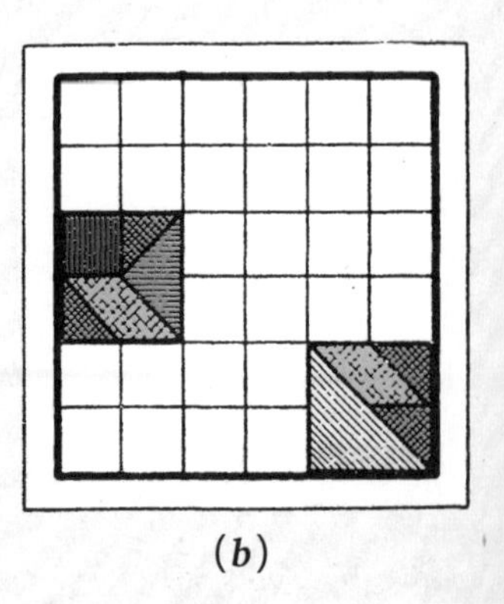

(*b*)

每一步就是将一个拼片放到板面上，不得重叠，放置后不可移动。组成最多 2×2 的正方形的人获胜（最多组 4 个）。

（本题属于独立思考题，不提供答案。）

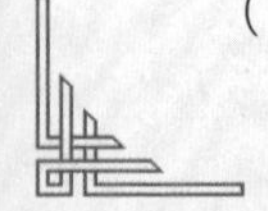

290. 谁先叫到100

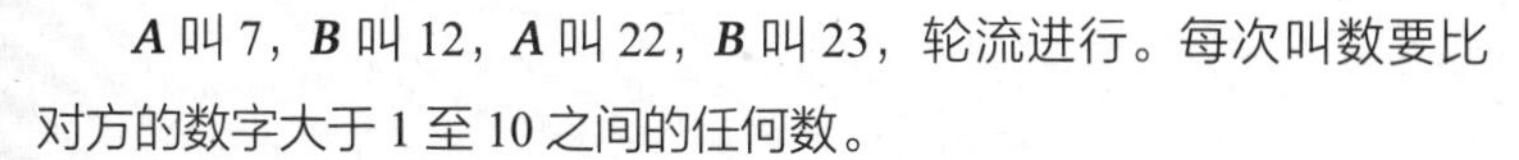

A 叫 7，***B*** 叫 12，***A*** 叫 22，***B*** 叫 23，轮流进行。每次叫数要比对方的数字大于 1 至 10 之间的任何数。

谁先叫到 100 即获胜。***A*** 要怎么做才能赢呢？

291. 方格游戏

在格子图纸上画出数个小方格组成的底板（方格数量最好是奇数）作为游戏区。

底图的边界是已画好的。两个人轮流标记这些方格的内边界线，标记方格第四条边（也就是最后一条边）的人可以在格子内画个自己的符号表示占领，并多走一步：可以且必须多标记一条边。一方在规则内占领的小方格数量不限。

所有方格都标记完后游戏结束。谁占领的方格多，谁就是赢家。

这一游戏的原理比较复杂。现在我们先了解一些简单的技巧吧。

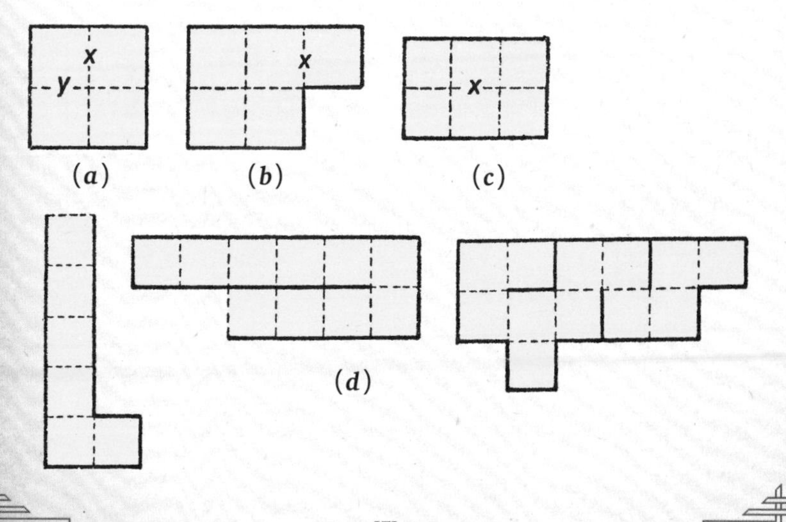

(*a*) (*b*) (*c*) (*d*)

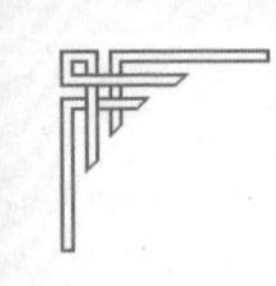

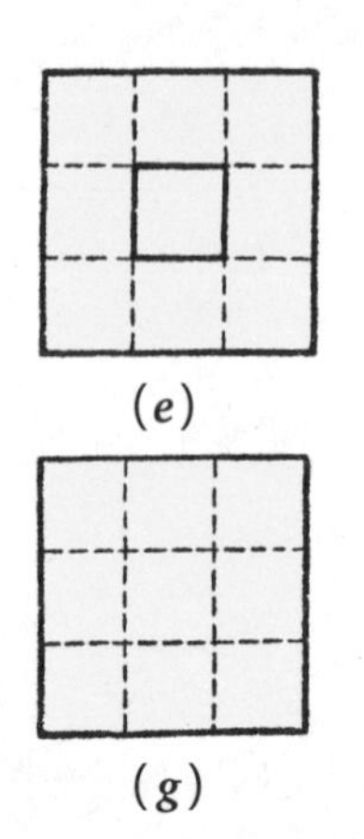

(e)　(g)

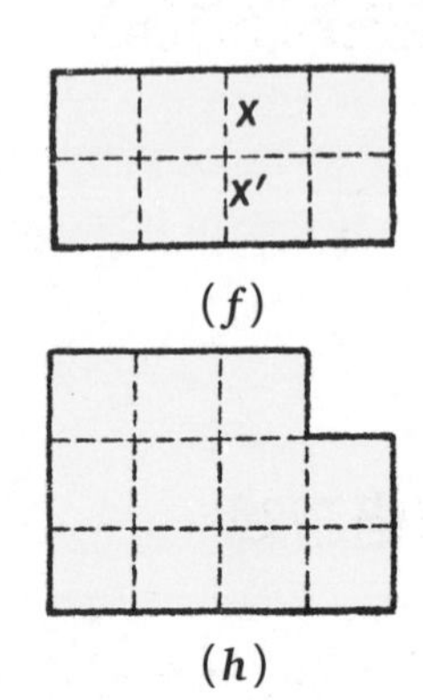

(f)　(h)

1. 如果是 2×2 的方格，那么先走的人会输掉 4 个方格。无论他标记哪条 x 线，对手都可以画出相应的 y 线赢得这一格，接着标记另外两条线（图 a 的逆时针方向）。

2. b 图这种情况也是一样输。如果 A 标记了除 x 线以外的任意一条内边界线，就会输掉所有五个方格；如果标记 x 线能赢 1 个方格，不过由于必须再画一条线，相当于 2×2 方格的情况再次上演。

3. c 图的话，A 可以赢得所有 6 个方格，但必须从 x 线开始画。

4. 一格宽的通道形状（d 图）——无论这条通道如何弯曲，都会被 A 全部赢得。如果通道是围绕一个已经画好的方格（图 e），B 就会赢得全部方格。

5. f 图中，如果 A 先画 x 线或者 x' 线，可以赢 4 个方格。先画其他线都会输。

这个游戏的技巧在于将游戏区拆分成一个个简单的图形，然后选择从哪个图形开始，哪些图形先不动。

那么，在 g 图中，A 先走哪一步可以赢下至少 8 个方格？

按照你自己的想法，A 在 h 图要怎么开局？他能赢多少个方格？

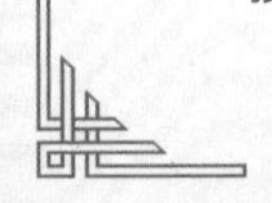

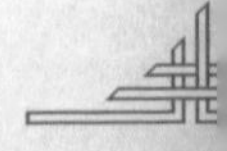

292. 曼卡拉棋

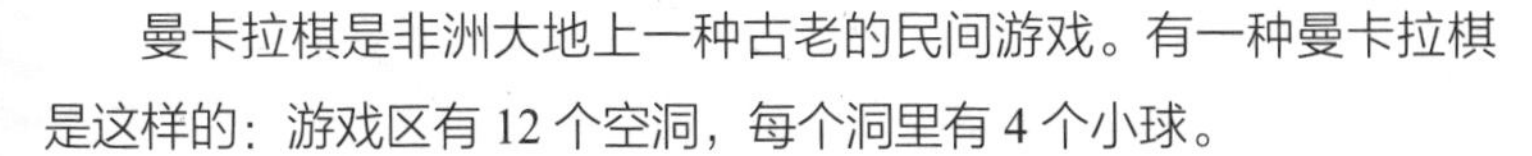

曼卡拉棋是非洲大地上一种古老的民间游戏。有一种曼卡拉棋是这样的：游戏区有 12 个空洞，每个洞里有 4 个小球。

一个人坐在 ***A—F*** 这一侧，另一人坐在 ***a—f*** 那一侧。

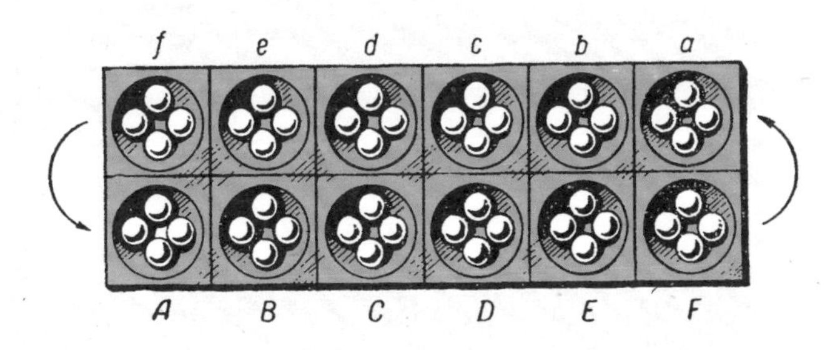

一步的走法为从自己一侧的其中一个洞里拿出所有的小球，并在其后的各个洞里按顺序各放 1 个（洞的顺序为：***ABCDEFabcdef***，逆时针方向）。假设你取出 ***D*** 洞的所有小球，并在 ***E***，***F***，***a***，***b*** 洞中各放入一个小球。然后对手可能取出 ***a*** 洞的所有小球（这个时候的 ***a*** 洞有 5 个小球），分别放入 ***b***，***c***，***d***，***e***，***f*** 洞中。目前的状况为：

f	***e***	***d***	***c***	***b***	***a***
5	5	5	5	6	0
4	4	4	0	5	5
A	***B***	***C***	***D***	***E***	***F***

如果从一个洞中取出了 12 个或以上的球，那么放球的时候要跳过这个洞——也就是第十二个球要放到下一个洞中。

下棋时要想办法将一组球的最后一个放到对手的最后一洞中（***f*** 洞或 ***F*** 洞），让这个洞有 2 至 3 个球。然后可以拿走对手一侧这个洞之前的、连续多个放有 2 个球或者 3 个球的洞中的所有球作为战利

品。举个例子，看这样一个情况：

f	*e*	*d*	*c*	*b*	*a*
2	1	2	3	1	2
0	0	0	0	0	6
A	***B***	***C***	***D***	***E***	***F***

1. 你从 ***F*** 点取球（也只能这么走），于是：

f	*e*	*d*	*c*	*b*	*a*
3	2	3	4	2	3
0	0	0	0	0	0
A	***B***	***C***	***D***	***E***	***F***

你的最后一球放入了 ***f*** 洞，于是 ***f*** 洞的 3 个球成了战利品。还可以从 ***e*** 洞和 ***d*** 洞拿 2 个球和 3 个球（不能跳过 ***c*** 去拿 ***b*** 和 ***a*** 洞的球）。所以你赢了 8 个球。

2. 下面这种情况：

f	*e*	*d*	*c*	*b*	*a*
0	1	2	0	1	2
1	0	0	0	7	7
A	***B***	***C***	***D***	***E***	***F***

你从 ***F*** 点取球，就一个球都赢不到。因为最后一球是进自己这侧的 ***A*** 洞的。如果从 ***E*** 点取球，也是什么都赢不到。他的最后一球进的是 ***f*** 洞但是并没有使得该洞有 2 个球或者 3 个球。

3. 即便是空洞，也不能保证安全：

f	*e*	*d*	*c*	*b*	*a*
0	0	0	0	0	0
1	0	0	0	0	17
A	***B***	***C***	***D***	***E***	***F***

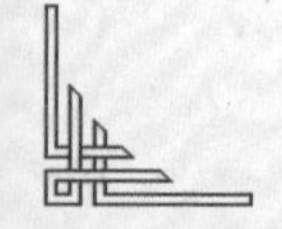

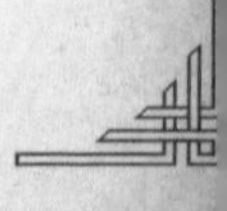

你这一侧的大部分洞是空的，却可以赢 12 个球。从 ***F*** 洞取球之后是这样的：

f	*e*	*d*	*c*	*b*	*a*
2	2	2	2	2	2
2	1	1	1	1	0
A	***B***	***C***	***D***	***E***	***F***

最后一球进入 ***f*** 洞，所以你就赢得了你这一侧所有的球。

如果双方都认可没有足够的球来制造战利品了，或者其中一方无法走棋了，则游戏结束。

（本题及 293 题、294 题讲解的是一种运用数学玩游戏的方法，不再额外提供答案。）

293. 一个意大利游戏

这一游戏包含了一些扑克和宾戈游戏的元素，用标准的牌组进行游戏。

每个玩家有一个 5×5 的方格。叫完 25 张牌后，玩家选一格放入对应数字（***K*** 作为 13，***Q*** 作为 12，***J*** 作为 11，***A*** 作为 1）。方格填满后，可以将各行、各列以及两条主对角线的一串数字计分，得分最高者胜。

右图是一张示例方格。玩家第三行的一对 5 计 10 分，但对角线上的一对 ***K***（即 13）计 20 分。

1	1	7	1	7	(80)
2	10	2	13	2	(40)
5	12	13	5	7	(10)
3	3	3	11	3	(160)
4	12	4	13	12	(20)
(20)	(50)	(10)		(10)	(10) (160)

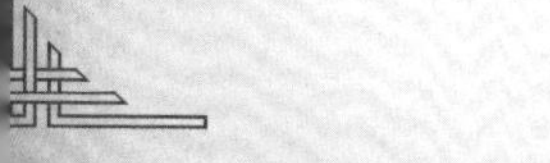

294. 近幻方的游戏

所谓的近幻方，就是指方格的各行、各列（对角线不一定）之和为方格的常数（见第 12 章的幻方）。这个游戏可以设置为单人玩或者多人玩。下图是三个示例：

6	8	7	0	9
6	5	8	9	2
9	2	7	9	3
5	7	7	4	7
4	8	1	8	9

(*a*)

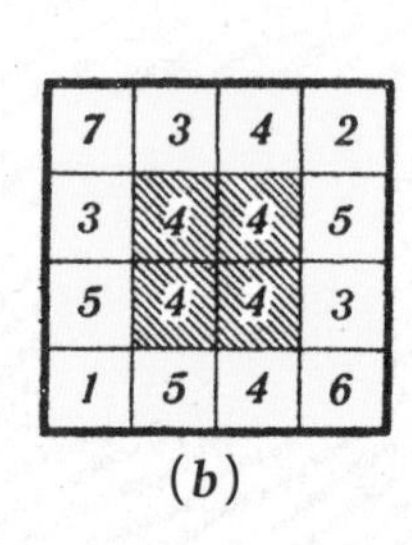

(*b*)

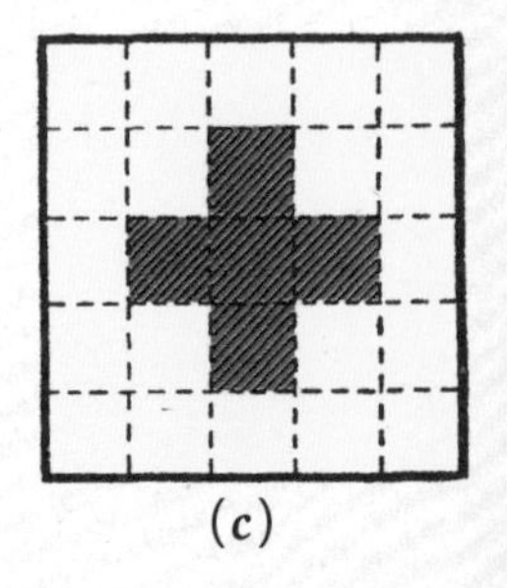

(*c*)

a 图中，玩家画出 5×5 的方格。要求玩家将 0 至 9 的数字填入 25 个格子中，每个数字至少使用 1 次。这个近幻方的常数为 30。

（提示：请用纸板剪出数字便于移动，提高效率。）

b 图中，玩家画出 16 格的方格。要求 1 至 7 的数字每个至少使用 1 次，使得除了各行各列之外，中间有阴影的格子相加也等于常数（如图所填，常数为 16）。

（提示：游戏的胜利者为得到最大的近幻方常数的玩家。）

请独立思考，将 0 至 8 的数字填入 ***c*** 图，每个数字至少使用 1 次（但 0 和 6 只能用 1 次）。阴影的格子相加也要等于各行、各列相加的常数。

295. 数字纵横字谜

以下谜题跟纵横字谜的做法一样，只是横向与纵向的提示是针

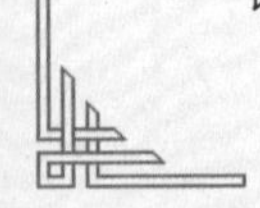

对数字而非单词。粗线（而非黑色方格）指的是末位数字的位置。

（*A*）先看前两个图表。

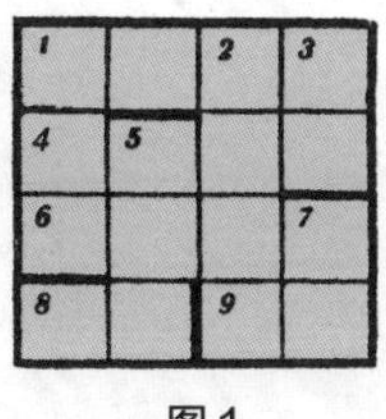

图 1

横向

1. 4 个连续递增的数字组成的数与其反序数之差
4. 由连续递增的几个数字组成的数
6. 3 号纵向乘以 8 号横向
8. 质数
9. 13 的倍数

纵向

1. 1 号横向的某个数字的立方
2. 2 的立方，然后 1 号横向乘以 7 号纵向的末三位
3. 6 号横向除以 8 号横向
5. 3 个连续数字
7. 3 号纵向的一个因数乘以 1 号横向的一个因数

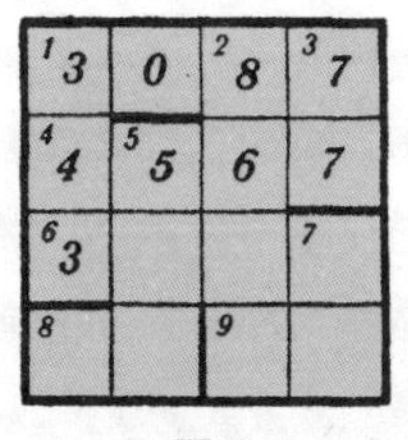

图 2

开始吧。可能你会惊讶地发现，1 号横向只有一个答案。不过无论你用 4321 减去 1234，还是用 9876 减去 6789，得到的答案都是 3087。图 2 中已经将其填入第一行了。

（*B*）来看下一张图表。

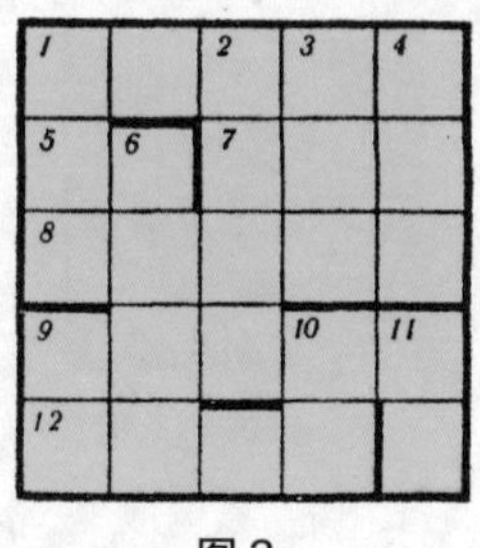

图 3

横向

1. 5 个不同的数字组成的数，且与 8 号横向没有相同的数字（8 号横向也是 5 个不同的数字组成）
5. 3 号纵向的最大的两位数因数
7. 3 号纵向的反序数
8. 见 1 号横向
9. 1 号横向与 8 号横向之和的九分之一
12. 三个两位数质数的乘积，其中两个质数是 6 号纵向的因数

纵向

1. 第一位数字等于后两位数字之和
2. 18 世纪后半叶中的年份
3. 1 号横向与 8 号横向之差
4. 最后一位数字是前两位数字的乘积
6. 反序数为 3 号纵向的倍数，也是 3 个两位数质数的乘积
9. 6 号纵向的因数，但不是 3 号纵向的因数
10. 同 5 号横向相同
11. 3 号纵向最小的两位数因数

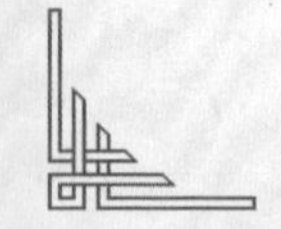

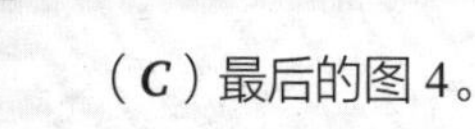
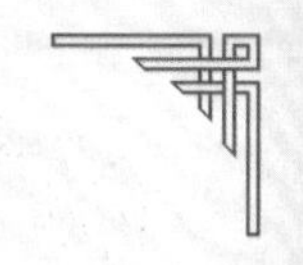

（*C*）最后的图 4。

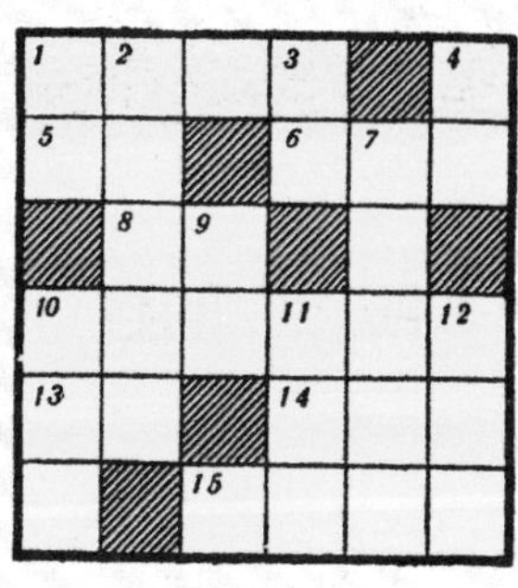

图 4

横向

1. 一个质数的平方
5. 10 号纵向与 11 号纵向最大公因数的一半
6. 一个平方数的立方
8. 1 号横向的平方根
10. 一个对称的平方数（从左往右读和从右往左读都一样）
13. 比 9 号纵向大 1
14. 8 号横向的五倍
15. 一个数的平方，并且比 13 号横向大 1

纵向

1. 比被 2，3，4，5 和 6 除后余数分别为 1，2，3，4 和 5 的最小整数小 8
2. 这个数中各个数字之和为 29
3. 质数
4. 11 号纵向的质因数
7. 15 号横向的十分之一与 13 号横向的乘积的四倍
9. 4 号纵向的 2 倍
10. 11 号纵向的反序数
11. 10 号横向的平方根
12. 13 号横向最大质因数的倍数

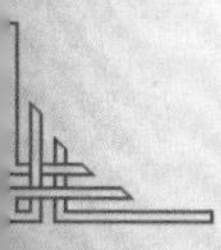
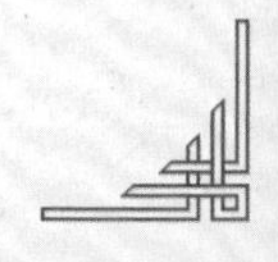

数学魔术

296. 猜出“所想”的数

以下展示这一游戏的七种玩法。

(***A***) 对方想一个数，减去 1，将得到的差乘以 2 再加上“所想”的数，将计算结果告诉我，我就能猜到最初所想的数。

方法：将计算结果加上 2，再除以 3。最后的商就是“所想”的数字。

举例：“所想”的数为 18：$18-1=17$；$17\times2=34$；$34+18=52$。我的思考：$52+2=54$；$54\div3=18$。

证明：将“所想”的数设为 x，如题则有 $2(x-1)+x=3x-2$

再加上 2 得到 $3x$，再除以 3 等于 x。

(***B***) 让朋友想一个数，让他将这个数乘以或除以你自己随机说出的几个数，计算结果不用告诉你。

让他将计算结果除以“所想”的数，然后再加上“所想”的数。根据最后的计算结果，你就可以立刻说出“所想”的数。

原理很简单。他在进行乘除运算的时候，你也同步进行乘除——不过你是用 1 进行运算。不管中间进行了多少次乘除运算，他得到的结果都是你得到的结果乘以“所想”的数；所以最后他再除以“所想”的数时，他得到的结果就跟你的计算结果一样了。

然后他再将“所想”的数加上之后并告诉你结果时，这个结果就是你得到的结果加上一个“所想”的数。所以你把这个结果减去你的结果，就得到他“所想”的数了。

（C）对于任意一个奇数 n，我们将 $\frac{1}{2}(n+1)$ 称为 n 的较大部分。比如 13 的较大部分为 7，21 的较大部分为 11，等等。

想一个数，然后加上这个数的一半（如果是奇数，就加上它的较大部分），再加上刚才的和的一半（如果和是奇数，就加上其较大部分），最后除以 9，把最后的商说出来。同时如果有余数的话，要告知余数是大于 5、等于 5 还是小于 5。

“所想”的数就是商乘以 4，以及：

加 0（如果没有余数）

加 1（如果余数小于 5）

加 2（如果余数等于 5）

加 3（如果余数大于 5）

举例：“所想”的数字为 15，那么 $15+8=23$，$23+12=35$，$35\div9=3$（余数为 8）。那么需要告知的信息为：“商为 3，余数大于 5。”

你的思考：$(3\times4)+3=15$，这就是“所想”的数。

解答：请用代数的方法进行证明。提示：每个“所想”的数都可以用 $4n$、$4n+1$、$4n+2$、$4n+3$ 来代表，n 等于 0 或任意正整数。

（D）再想一个数，加上该数的一半（或者较大部分）；所得之和再加上和的一半（或者较大部分）。然后不用像（C）那样除以 9，但需要告知所得结果中除一个数字以外的所有数字以及数字所在的位置（隐藏的数字不能是 0）。另外，如果相加的过程中使用了较大部分，要告知在哪一步使用了较大部分。

举例：$28+14=42$，$42+21=63$。隐藏 3 不说。“第一位的数字是 6，没有使用过较大部分。”

要找到“所想”的数，先将告知的各位数字相加，以及：

加 0（如果没有使用较大部分）

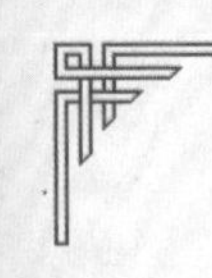

加 6（如果只是第一步用了较大部分）

加 4（如果只是第二步用了较大部分）

加 1（如果用了两次较大部分）

用大于上述和的 9 的最小倍数减去这个和，得到的结果就是隐藏没说的数字。

现在你有了他的计算结果，将其除以 9。将得到的答案（不计余数）乘以 4，然后像（***C***）这样，加上下列数字：

加 0（如果除以 9 的时候没有余数）

加 1（如果除以 9 余数小于 5）

加 2（如果除以 9 余数等于 5）

加 3（如果除以 9 余数大于 5）

举例："第一个数字是 6，没有使用过较大部分。"用 9 减去 6：隐藏的数字为 3。那么他的计算结果为 63。再除以 9 等于 7（没有余数）。再乘以 4，所以"所想"的数就是 28。

再举个例：如果"所想"的数为 125，然后 $125+63=188$，$188+94=282$。隐藏第一个数字 2。"第二个数字和第三个数字分别是 8 和 2。在第一次加和的时候使用了较大部分。"

要找到这个"所想"的数，先将 8 和 2 相加，再加上 6（因为第一步使用了较大部分），等于 16。由于 16 比 18 小 2，所以隐藏的数字为 2。

282 除以 9 等于 31（余数为 3）。然后 31 乘以 4 再加上 1，得到 125。

请解答：为什么使用过较大部分时，要分别加上 6，4 或 1 呢？

（***E***）从 1 至 99 之间选一个数。算出它的平方。再在"所想"的数上加一个数（这个数要说出来），再把上述之和算出平方。将两个平方数之差算出来并告知。

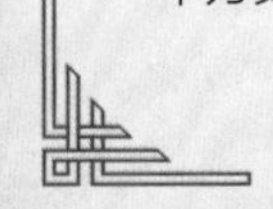

要找到“所想”的数，先将最后答案的一半除以所加的数，再减去所加的数的一半。

举例：53的平方等于2809，假如所加数字为6，那么53加6等于59，59的平方等于3481。$3481-2809=672$。“最后的计算结果是672。”

要找到“所想”的数，那么672的一半是336，$336\div6=56$，56减去6的一半，等于53。

解答：请证明这个方法的可行性。

（***F***）从6至60之间选一个数。将“所想”的数除以3，告知余数。同时再告知该数除以4以及除以5之后的余数。

要找到“所想”的数，将（$40\boldsymbol{r}_3+45\boldsymbol{r}_4+36\boldsymbol{r}_5$）的计算结果除以60（$\boldsymbol{r}_3$、$\boldsymbol{r}_4$、$\boldsymbol{r}_5$分别对应该数除以3，4，5之后的余数）。如果余数为0，那么“所想”的数就是60；如果余数不是0，那么余数就是“所想”的数。

举例：“所想”的数为14。那么三个余数分别为：$\boldsymbol{r}_3=2$，$\boldsymbol{r}_4=2$，$\boldsymbol{r}_5=4$。

现在计算：

$\boldsymbol{S}=(40\times2)+(45\times2)+(36\times4)=314$，$314\div60=5$（余数为14）。因此“所想”的数为14。

解答：请用代数法证明。

（***G***）如果你理解了上述方法的数学基础，就可以对其进行改良来适配自己的爱好。比如说（***F***）里面，也可以用3，5，7代替3，4，5作为除数，“所想”的数的范围也可以改成8至105，那么公式应该如何相应调整呢?

答案：$\boldsymbol{S}=70\boldsymbol{r}_3+21\boldsymbol{r}_5+15\boldsymbol{r}_7$，其中$\boldsymbol{r}_3$、$\boldsymbol{r}_5$、$\boldsymbol{r}_7$分别对应“所想”的数除以3，5，7之后的余数。“所想”的数等于***S***除以105之后的

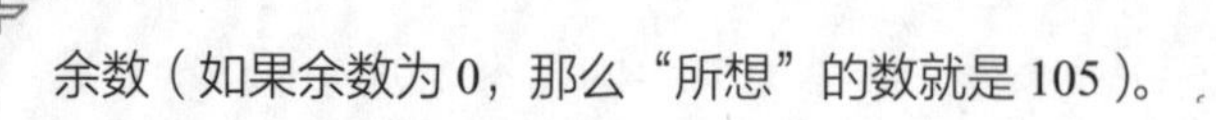

余数（如果余数为 0，那么“所想”的数就是 105）。

297. 不用问的问题

某些数学法则能够让你在不问问题的情况下只用“所想”的数就可以得到计算结果。

（*A*）假设朋友“所想”的数为 6。让他将该数乘以 4 再加上 15，但是不用告知计算结果。让他再除以 3（对方现在的结果是 13，但是不告诉你）。

你在脑海中用自己提供的第一个数除以第三个数：$4\div3=1\frac{1}{3}$。让他用刚才得到的结果减去 $1\frac{1}{3}$ 同“所想”的数字的乘积。现在他的计算结果是什么？

你在脑海中用自己提供的第二个数除以第三个数：$15\div3=5$。现在你知道他的计算是 $13-(6\times1\frac{1}{3})=5$。尽管到目前为止你一个问题都没问。

这是怎么实现的？

（*B*）每个观众从 51 至 100 之间选一个“所想”的数，之后，作为“魔术师”的你写一个 1 至 50 间的数放入信封中封装好。

你在脑海中用 99 减去所写的数。将计算结果说出来并让观众将这个计算结果加上自己的数。将所得之和划去第一位数字，并把所得的结果加上这个数。得到的结果再用他们“所想”的数去减就得到了你封装好的数。

他们不知道的是，他们所有人最后的计算结果是一样的，而且看到信封里的数时会发现，你已经提前将最后的结果写好了。

请问这是怎么做到的？

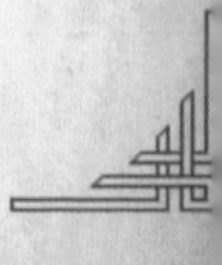

298. 我知道谁拿了多少

你转过身去，然后 ***A*** 想一个数 ***n***，从一堆硬币（或者其他物品）中拿走 4***n*** 个。***B*** 拿走 7***n*** 个，***C*** 拿走 13***n*** 个。然后 ***C*** 根据 ***A*** 和 ***B*** 目前拥有的硬币数量给两人同样数量的硬币。***B*** 对 ***A*** 和 ***C*** 也这样做，***A*** 同理。

问其中一人自己现在有多少硬币。将其除以 2 就可以说出 ***A*** 一开始拿了多少。将 ***A*** 所拿的数量除以 4 再乘以 7，就可以说出 ***B*** 一开始拿了多少。将 ***B*** 所拿的数量除以 7 再乘以 13，就可以说出 ***C*** 一开始拿了多少。

请解释原理。

299. 三次尝试

想两个正整数，将两数之和加上两数的乘积，然后将计算结果告诉我。即便是职业跳高运动员也需要尝试多次才会成功，所以我可能也不会一次就猜中你“所想”的数，但最后一定会猜出来。

我的方法很简单。我将你的结果加 1。然后我将刚才之和的所有因数分成所有可能的双数组（除了 1 和总和两个数）。然后将各个因数减 1。现在我有了一堆双数组，其中一组就是你“所想”的两个数。

如果我只有一组，当然就可以立刻猜出你“所想”的数。举个例子，你所想的是 4 和 6。将两数之和（10）加上两数的乘积（24）等于 34。我再加 1 等于 35。由于 35 只有一个因数组（5×7），所以我知道你最初想的数就是 $5-1=4$ 以及 $7-1=6$。

请证明这个方法的正确性。

300. 谁拿了铅笔，谁拿了橡皮

我转身背对两个男孩（珍尼亚和舒拉），让他们一个拿铅笔，一个拿橡皮。我说：“拿铅笔的人，你的数是 7。拿橡皮的人，你的数是 9。”

（一个数必须是质数，另一个为无法被第一个数整除的合数。）

“珍尼亚请把你的数乘以 2。舒拉请把你的数乘以 3。”

（这两个数，其中一个必须是刚才那个合数的因数，比如 3 就是 9 的因数。另一个数不能同第一个数字存在除 1 以外的公因数。）

“将你们俩的乘积结果相加，结果告诉我。”

如果最后的结果能够被 3 整除，那么舒拉拿的是铅笔。如果不是，那么舒拉拿的是橡皮。

请问这是为什么?

301. 猜三个连续数

让朋友默选三个连续数（比如 31，32，33），但都不能大于 60。再让他说一个 100 以下的 3 的倍数（比如 27），将这 4 个数加起来再乘以 67（$123\times67=8241$）。让他将计算结果的后两位数告诉你，然

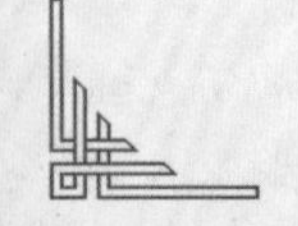

后你就可以猜出他“所想”的三个数以及没说的前两位数。

方法：将其所选的 3 的倍数除以 3，再加 1。将这一结果从他告诉你的后两位数中减去就可以得到他“所想”的第一个数：$41-(9+1)=31$。

对于他没说的前两位数，只需要将他所说的后两位数乘以 2 即可：$41\times2=82$。

请解释原理。

302. 猜出若干个“所想”的数

想几个一位数。将第一个数乘以 2，加 5，再乘以 5，再加上 10。接着再加第二个数，再乘以 10。继续加第三个数，再乘以 10。以此类推，加到最后一个“所想”的数之后就不用再乘以 10 了。说出最后的计算结果，并告知想了多少个数。

要找到这些“所想”的数，从最后的计算结果中减去 35（如果“所想”的数是 2 个），或者减去 350（如果“所想”的数是 3 个），或者减去 3500（如果“所想”的数是 4 个），以此类推。最后结果的几个数就是“所想”的数。

举例：比如“所想”的数是 3，5，8 和 2。$(2\times3)+5=11$；$(11\times5)+10=65$；$10\times(65+5)=700$；$10\times(700+8)=7080$；$7080+2=7082$；$7082-3500=3582$。

请解释其原理。

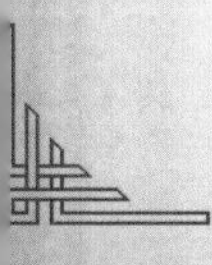

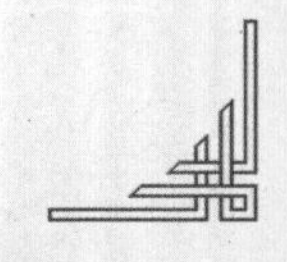

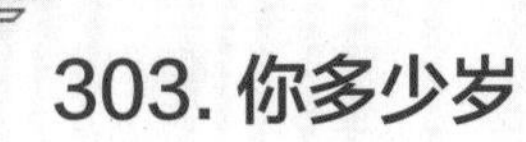
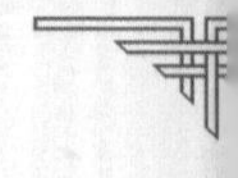

303. 你多少岁

不愿意告诉我？没问题，告诉我计算结果就行。将你的年龄的十倍减去任意一个一位数与 9 的乘积。多谢，我已经知道你的年龄了。

举例：比如年龄是 17 岁，任意个位数字 3 与 9 的乘积为 27。那么 $170-27=143$，说出这个计算结果。

猜年龄的方法：将计算结果的最后一位数字拿出来，加到拿出末位后的数字中。在这个例子中，143 拿出 3 就是 14，然后 $14+3=17$。

（这种玩法只适合 9 岁以上。）

简单又神秘！不过为了避免尴尬，在玩这一戏法之前还是先了解一下原理更好。

304. 猜他的年龄

把 303 题稍做变化，可以请对方将自己的年龄乘以 2，加上 5，再乘以 5，然后说出结果。

将结果的最后一位数字去掉（最后一位数字只会是 5），去掉之后剩下的数字减去 2 就是对方的年龄了。

举例：$21\times2+5=47$；$47\times5=235$。然后 235 变成 23，$23-2=21$。

你知道为什么吗？

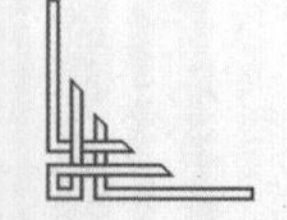

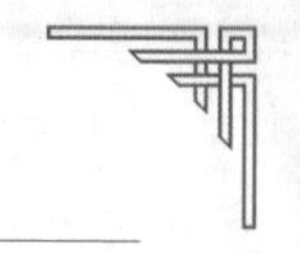

305. 几何“消失”

这是一个很有意思的悖论，大多数人都无法解释其原理。如果将图中的一部分稍加移动，一条线段就会在你眼前消失。

按照左图画出 13 条线。然后沿着 ***MN*** 线剪开。将剪开的上半部分移到左侧第一条线处（如图右）。

等等！第 13 条线去哪儿了？

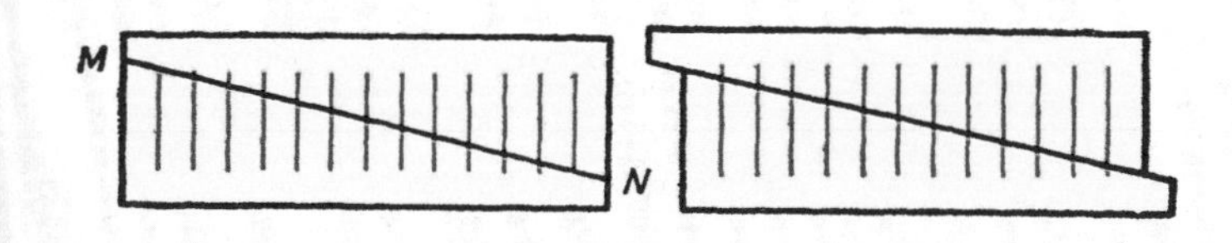

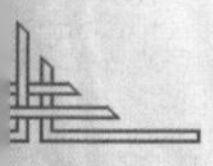
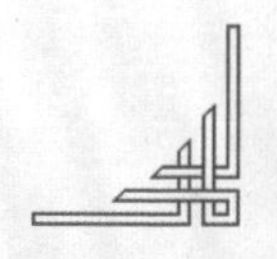

第11章 整除

$$
\begin{aligned}
31218001416 &= 416+(1\times10^3)+(218\times10^6)+(31\times10^9)\\
&= 416+1(10^3+1-1)+218(10^6-1+1)+31(10^9+1-1)\\
&= (416-1+218-31)+\left[(10^3+1)+218(10^6-1)+31(10^9+1)\right]
\end{aligned}
$$

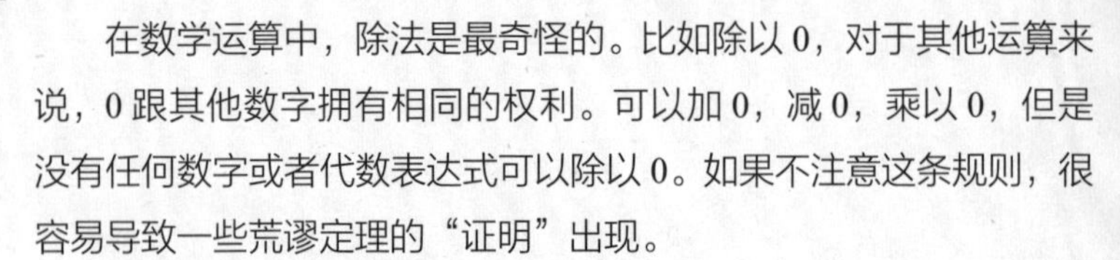

在数学运算中，除法是最奇怪的。比如除以 0，对于其他运算来说，0 跟其他数字拥有相同的权利。可以加 0，减 0，乘以 0，但是没有任何数字或者代数表达式可以除以 0。如果不注意这条规则，很容易导致一些荒谬定理的“证明”出现。

定理：任何数都等于自己的一半。

证明：假设 $a=b$。两边都乘以 a：

$$a^2=ab$$

两边减去 b^2：

$$a^2-b^2=ab-b^2$$

提取公因数：

$$(a+b)(a-b)=b(a-b)$$

两边除以 $(a-b)$：

$$a+b=b$$

因为 $b=a$，那么可以把 b 换成 a：$2a=a$。两边再除以 2 得到 $a=\frac{1}{2}a$。一个数等于自己的一半。

这个错误应该很明显。

还有一个奇怪的地方，两个整数的和、差、乘积一定是整数，商却不一定。

306 .墓碑上的数

学者们在埃及金字塔内一座墓的石头盖子上发现刻着“2520”。这样一个数为何享有如此礼遇？

也许是因为这个数能够被从 1 至 10 之间所有整数整除。这也是具备这一整除性的最小的数。请证明。

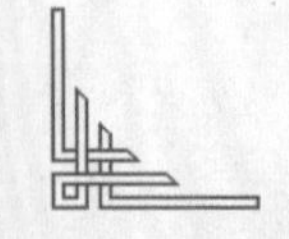

307. 新年礼物

工会的执行委员会想给孩子们准备一棵新年树（俄罗斯没有圣诞树这一概念，只有新年树）。将蜡烛和饼干分配到礼品袋中后，接着开始分橙子。但计算后发现，如果每个礼品袋都装 10 个橙子，那么会有一个袋子里只有 9 个橙子；如果每个礼品袋都装 9 个橙子，那么会有一个袋子里只有 8 个橙子；如果每个袋子放 8 个，那么有个袋子只有 7 个；如果每个袋子放 7 个，那么有个袋子只有 6 个；以此类推，直到每个袋子放 2 个橙子，有一个袋子只有 1 个橙。

请问总共有多少个橙子呢?

308. 这样的数存在吗

是否存在这样一个数，当它除以 3 时，余数为 1；除以 4 时，余数为 2；除以 5 时，余数为 3；除以 6 时，余数为 4？

309. 一篮鸡蛋

某女士正提着一篮鸡蛋往市场走去，突然一个路人不小心撞倒了她。她的篮子掉到了地上，所有的鸡蛋都摔碎了。路人想赔偿她的损失，就问她：

“你篮子里有多少个鸡蛋？”

“具体数量记不清了，”女士答道，“不过我记得，我把鸡蛋的总数分别除以 2，3，4，5 或 6，都会剩下 1 个鸡蛋。而当我每次拿出 7 个鸡蛋时，最后能刚好拿空篮子。”

那么摔碎的鸡蛋最少可能是多少?

310. 一个三位数

我想了一个三位数。如果用这个数减 7，那么得到的结果可以被 7 整除；如果用这个数减 8，那么结果可以被 8 整除；如果减 9，结果就能被 9 整除。这个数是什么？

311. 四艘柴油船

四艘柴油船于 1953 年 1 月 2 日中午离开港口。

第一艘船每 4 周回一次港口，第二艘船每 8 周回一次，第三艘每 12 周回一次，第四艘每 16 周回一次。

什么时候四艘船能再次在港口相遇呢？

312. 收银员的错误

顾客对收银员说：“我拿了 2 包价格为 9 美分的猪油，2 块价格为 27 美分的肥皂，还有 3 包糖和 6 块糕点，但是糖和糕点的价格我记不清了。”

“一共 2.92 美元。”

顾客说道：“你算错了。”

收银员检查了一遍，确实如此。

顾客是怎么发现算错了的？

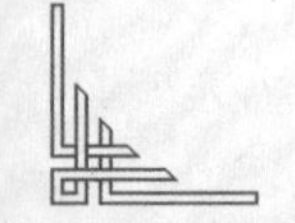
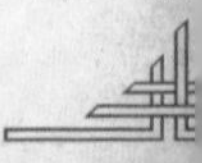

313. 数字谜题

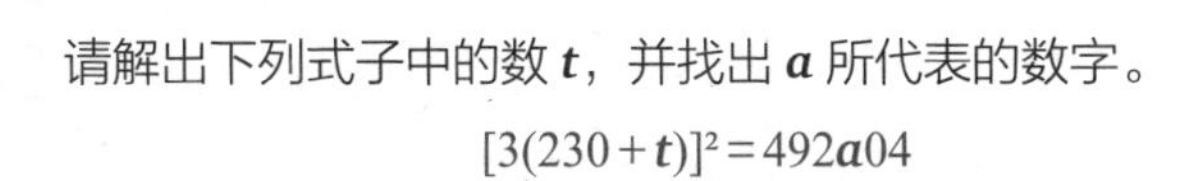

请解出下列式子中的数 t，并找出 a 所代表的数字。

$$[3(230+t)]^2=492a04$$

314. 11的整除性

并非一定要做除法运算才能验证整除性。我们已经了解，如果一个数的各位数字相加之和能够被 9 整除，那么这个数就能被 9 整除。同时也了解如果一个数的个位数是 0，那么这个数就能被 10 整除；一个数的个位数是 0 或者 5，那么这个数可以被 5 整除；一个“偶数”（个位数是 2，4，6，8 或 0）可以被 2 整除；那么你知道怎么样能简化验证 11 的整除性吗?

将偶数位（第二位、第四位等）的数字相加，再将奇数位的数字相加（第一位、第三位等）。如果这两个和数的差是 0 或者 11 的倍数，那么这个数就能被 11 整除，否则就无法整除。

这里引入一个概念：模数。这个概念跟“余数”比较相似。因此 18 在除以 11 的时候会有一个余数 7，并且 $18=7 \bmod 11$（“7 模数 11”）$=-4 \bmod 11$。这些数字 0，1，2…9 当然也是 0，1，2…9 $\bmod$ 11；但是 0，10，20…90 通过实际除法运算后，得出 0，10，9…2 $\bmod 11=0，-1，-2…-9 \bmod 11$；还有 0，100，200…900 还是 0，1，2…9 $\bmod$ 11，以此类推。

两个数之和的模数，同两个数的模数之和是一样的。所以，对于已知数：

$$N=a+10b+100c+1000d+\cdots$$

$$N \bmod 11=a \bmod 11+10b \bmod 11+100c \bmod 11+1000d \bmod 11+\cdots$$

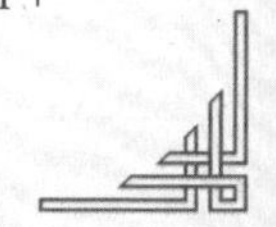

$$= a \bmod 11 - b \bmod 11 + c \bmod 11 - d \bmod 11 + \cdots$$

$$= a \bmod 11 + c \bmod 11 + \cdots - (b \bmod 11 + d \bmod 11 + \cdots)$$

而 a，b，c，d…都是 N 的各位数字（从右至左），那么我们对于 11 整除性的验证就是正确的。

现在请告诉我：

（A）如果 37a10201 能够被 11 整除，那么 a 代表什么数字?

（B）如果 $[11(492+x)]^2 = 37b10201$，那么 b 代表什么数字，x 的值是什么。

315. 7，11，13的整除性

7，11，13 是三个连续的质数，三个数的乘积为 1001；而一个乘积在接近 10 的某次幂时，就可以进行整除性验证了。

验证如下：将一个数从右至左按三位数字一组分开。接下来将分好的组按奇偶位分好，如果奇数位中各组数字相加之和同偶数位中各组数字相加之和，二者之差能够被 7，11，13 整除，那么这个数就能够分别被 7，11，13 整除（如果二者之差是 0，那么这个数也能够被 7，11，13 整除）。

举例：验证 42623295，那么先行分组为 42，623，295，那么奇偶位数组的差为：

$$623 - (42 + 295) = 286$$

而 286 能够被 11 和 13 整除，无法被 7 整除，所以 42623295 这个数就能够被 11 和 13 整除，无法被 7 整除。

现在 $1001 = 10^3 + 1$，而其同时也是 10 六次方 −1 和 10 九次方 +1 的因数，按照这些已知条件，你能否演示将一个数按四位数字分组的验证过程?

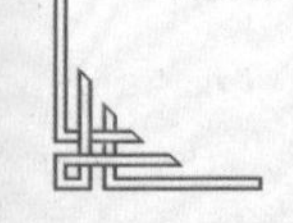
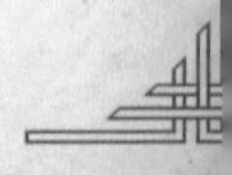

你能否将通用的验证法以两种方式演示出来？其中一个方式可以基于刚才提出的问题的解答过程。另一个方式可以类比第 314 道谜题（可以试试使用 1001 的模数，而非 11 的模数）。

316. 8的整除性

既然 10 可以被 2 整除，100 可以被 4 整除，1000 可以被 8 整除，10000 可以被 16 整除……我们可以进行类似下列的验证：

如果一个数的最后一位数能够被 2 整除，那么这个数就可以被 2 整除（该数剩余的部分能够被 10 整除，自然也可以被 2 整除）。

如果一个数最后两位数组成的数能够被 4 整除，那么这个数就可以被 4 整除。

如果一个数最后三位数组成的数能够被 8 整除，那么这个数就可以被 8 整除。

不过由于将一个两位数除以 4 比将一个三位数除以 8 要更简单，所以这里提供一个简便的方法：

将一个三位数的前两位数组成的数同这个三位数最后一位数的一半相加。如果相加之和能够被 4 整除，那么这个三位数就能够被 8 整除。我们用 592 举个例子：

$$59+1=60 \quad 60\div 4=15$$

$$592\div 8=74$$

请证明这一验证方法的正确性。

（这里要说明的是，对于 968 的 10 个或以上偶数，你需要验证一个三位数对 4 的整除性，但这个三位数不会大于 103，因为最大的三位数偶数是 998，99+4=103。）

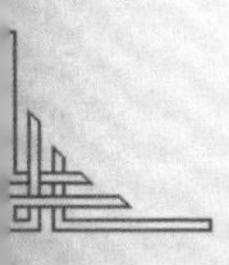
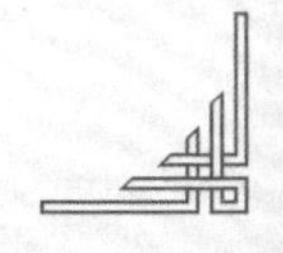

317. 超强记忆力

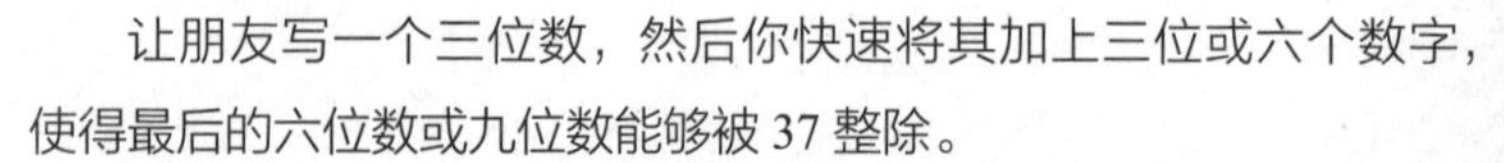

让朋友写一个三位数，然后你快速将其加上三位或六个数字，使得最后的六位数或九位数能够被 37 整除。

假设他写的是 412。在这个数左边或右边再写个 143，使其成为 143412 或 412143。两个数都可以被 37 整除。

这一能力并非归功于你具备能够记住所有能被 37 整除的数字的超强记忆力，而是你知道一种简单的验证 37 的整除性的方法。

将一个数从右至左按个位数字一组分开（左边最后一组可能不足三个数字）。将每个数组作为一个独立的数。将这些数相加。如果相加之和能够被 37 整除，那么整个数就能够被 37 整除。举个例子，153217 能够被 37 整除，因为 153+217=370，而 370 是可以被 37 整除的。

请独立思考证明这个方法的正确性。（提示：37 是 999 的一个因数，$999=10^3-1$。）

如果想快速展示这一技法，要注意 111，222，333…999 都是可以被 37 整除的。你将 143 组合到朋友所写的数 412 旁边是因为两个数相加等于 555。如果他写的是 341，你可以加上 103 或 214 或 325，以此类推。

如果要得到一个九位数，先假装你在组合一个六位数，然后将附加的数字分成两组各一个三位数。还是以对方写 341 为例，你可以不用把 325 加到 341 上，而是把 203 和 122（这两个数相加等于 325）加上去：即 203341122，这个数也可以被 37 整除。

请证明，一个九位数，如果按三个数字分一组一共分成三组，那么若三组数字之和的形式为 ***AAA***（即三位数由相同的三个数字组成），那么这个九位数能够被 37 整除。

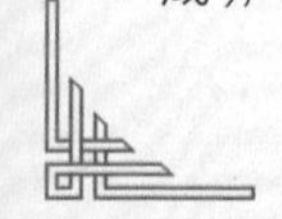

318. 3，7，19的整除性

质数 3，7，19 的乘积为 399。如果一个数 $100\boldsymbol{a}+\boldsymbol{b}$（$\boldsymbol{b}$ 为一个两位数，$\boldsymbol{a}$ 为任意正整数）能够被 399 或它的除数中的任何一个整除，那么 $\boldsymbol{a}+4\boldsymbol{b}$ 也能够被同样的数整除。

请用自己的方法进行证明。（提示：用 $400\boldsymbol{a}+4\boldsymbol{b}$ 作为一种联系。）能将其逆命题列出公式并证明吗？

请设计一个简单的验证 3，7，19 的整除性的方法。

319. 认识7的整除性（一）

俄罗斯人喜欢数字 7，当地的民歌和谚语中经常出现这个数字：

布匹要量 7 次再裁剪。

倒霉 7 次就会转运。

一人犁地，7 人带勺来（指那些懒汉喜欢捡别人辛苦劳作后的现成来吃）。

7 个保姆带一个孩子，他的眼睛就没用了。

你已经了解了两种验证 7（连同其他数）的整除性方法。其实还有很多种类似这样的验证方法，以下是其中一种：

将左边第一位数字乘以 3 再加上第二位数字。将结果乘以 3 再加上第三位数字，持续往下进行直到加到最后一位数字。

为了简化运算，每次相加的结果等于或者大于 7 时，就从结果中减去 7 的最大倍数，减完得到 0 或者一个正整数。如果最后的结果可以被 7 整除，那么所给的数才能够被 7 整除。

举例：验证 48916。

$$4\times3=12\quad 12-7=5$$

$$5+8=13\quad 13-7=6$$

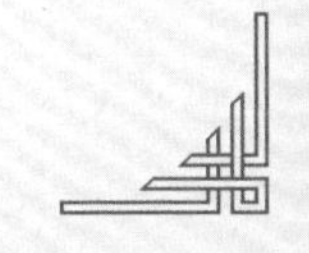

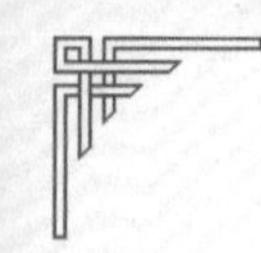

$$6\times3=18\quad 18-14=4$$

$$4+9=13\quad 13-7=6$$

$$6\times3=18\quad 18-14=4$$

$$4+1=5$$

$$5\times3=15\quad 15-14=1$$

$$1+6=7$$

所以，48916 是可以被 7 整除的。

请证明这个验证法的有效性。［提示：$a+10b+10^2c+\cdots-(a+3b+3^2c+\cdots)$ 能够被 7 整除吗？］

（本题讲解了有关 7 的整除性的解题思路与方法，不再提供答案。）

320. 认识7的整除性（二）

还是使用 319 题的方法，但这次要从右至左，且乘数换成 5：

举例：验证 37184：

$$4\times5=20\quad 20-14=6$$

$$6+8=14\quad 14-14=0$$

$$0\times5=0$$

$$0+1=1$$

$$1\times5=5$$

$$5+7=12\quad 12-7=5$$

$$5\times5=25\quad 25-21=4$$

$$4+3=7$$

因此，37184 是可以被 7 整除的。请证明这个验证方法的有效性。

（本题讲解了有关 7 的整除性的解题思路与方法，不再提供答案。）

321. 两个非同寻常的除七定理

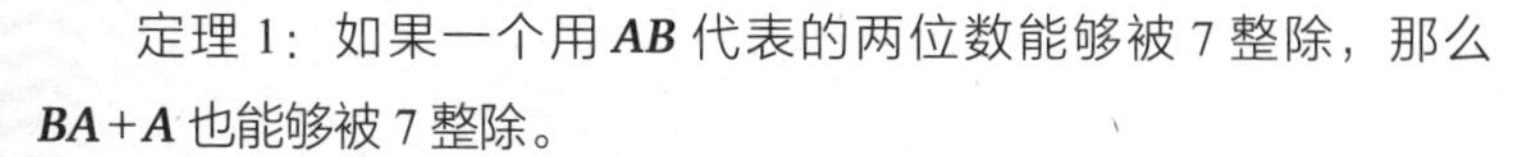

定理 1：如果一个用 ***AB*** 代表的两位数能够被 7 整除，那么 $BA+A$ 也能够被 7 整除。

比如说 14 可以被 7 整除，那么 41+1 也可以被 7 整除。

（注意：在比较 $10A+B$ 和 $10B+2A$ 的时候，请尝试将第一个代数式乘以 2，第二个代数式乘以 3。）

定理 2：如果一个用 ***ABC*** 代表的三位数能够被 7 整除，那么 $CBA-(C-A)$ 也可以被 7 整除。

举例：126 是可以被 7 整除的，而 621−(6−1) 也可以被 7 整除。

或者 693 可以被 7 整除，而 396−(3−6)=399 也可以被 7 整除。

（本题提供解题思路与方法，不再提供答案。）

322. 整除性的一般验证法

我们在验证 11 的整除性等于 10+1 时（第 314 题），我们会交替进行加减数字（这也可以称为一位数的数组）。

我们在验证 1001 的整除性等于 10^3+1，以及被其质因数 7，11，13 整除时（第 315 题），我们会交替加减三位数的数组。

同样，我们在验证 101 的整除性等于 10^2+1 时，我们会交替加减两位数的数组。在验证 10001 的整除性等于 10^4+1，以及被其质因数 73 和 137 整除时，我们会交替加减四位数的数组。

比如说验证 837362172504831。先按四个数字一组切分为 837，3621，7250，4831。奇数组之和 837+7250=8087，偶数组之和 3621+4831=8452，两组之差为 365，而 $365=73\times5$，因此这个 15 位数能够被 73 整除，但不能被 137 整除。

一般来说，要验证一个 $10^n=1$ 的整除性，以及被其比自身小的质因数（如果有）的整除性，那么就从右至左交替加减 n 位数的数组。

而要验证 $9=10-1$ 的整除性时，原理也类似（9 的特性）。我们将各位数字（每个数字也可以称为一位数的数组）相加，如果其和能够被 3（9 的质因数）整除，那么这个数也可以被 3 整除。

我们可以给 $99=10^2-1$、$999=10^3-1$ 等做一次类似的验证。为了简化过程，我们现将这些数除以 9（之前展示过验证方法）。对其他质因数的整除性没有影响。

这样我们就有了第二种验证 11 的整除性的方法：将两位数的数组相加（从右至左）。

对 111（以及其相关质因数 37）整除性的验证方法是将三位数的数组相加，同第 317 题所使用的的方法一样。

而 $1111=101\times11$，这个数没什么新鲜的。不过 $11111=271\times41$ 给了我们一种验证这两个质数的方法。

一般来说，要验证 $\frac{1}{9}(10^n-1)$ 以及比它小的质因数（如果有）的整除性，就从右至左将 n 位数的数组相加。

（本题提供解题思路与方法，不再提供答案。）

323. 除法怪象

在此我送给大家 4 个十位数作为本章的结语：

2438195760；4753869120；3785942160；4876391520

每一个数都可以被 2，3，4，5，6，7，8，9，10，11，12，13，14，15，16，17 和 18 整除。

（本题提供解题思路，不再提供答案。）

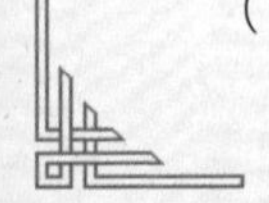

第12章

交叉和与幻方

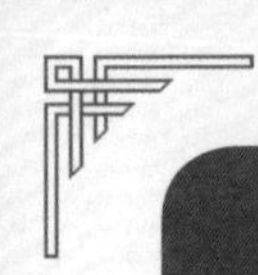

交叉和

这里我们把 1 至 9 的数字写成两条直线，每条直线之和相等。两条直线不能平行，因为 9 个数字之和（45）无法被 2 整除。但可以写成两条交叉线：

```
    5
    9
3 7 1 8 4
    6
    2
```

每条直线相加都是 23。

我们将这种交叉的两条数字和相等的直线称为“交叉和”，有点像“纵横字谜”。解出下列给出的交叉和谜题之后，请尝试自己创作一些，尽量对称。大多数交叉和谜题都不止一种解法。

324. 星形

请将 1 至 12 的整数放入下面的六角星圆圈中，使得这六条直线上的数字之和都是 26。

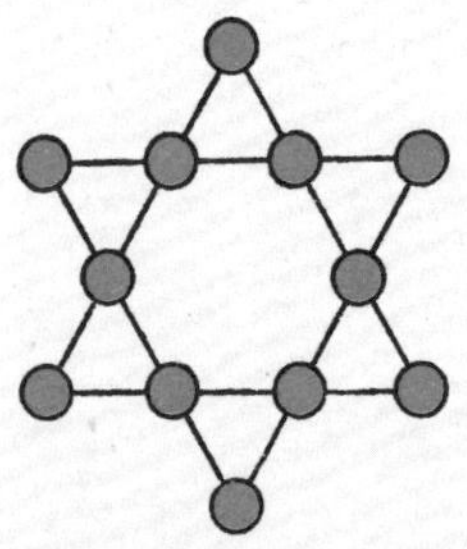

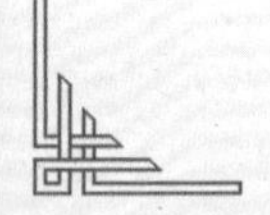

325. 水晶

如下一个晶格的“原子”由十条线、每条线三个原子构成。请选择 13 个整数（其中 12 个要互不相同）并放入“原子”中，使得每条线上的数字之和为 20（所需的最小数字为 1，最大为 15）。

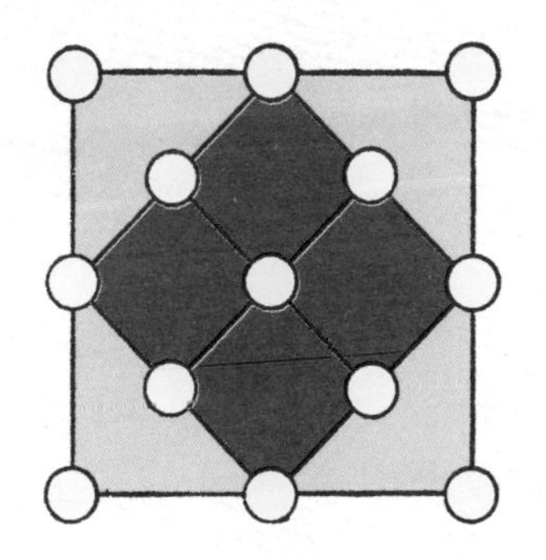

326. 窗饰

一家出售次等宝石的商店用如下五角星形做窗户上的装饰物，各个圆点都用金属丝连接起来。

这 15 个小圆点装了 1 至 15 颗宝石（每个数字只用一次）。5 个大圆各装了 40 颗宝石，星形的五个角共有 40 颗宝石。请用 1~15 的数字进行匹配。

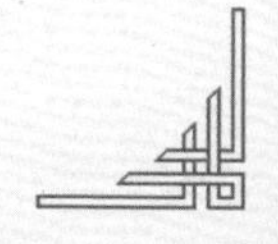

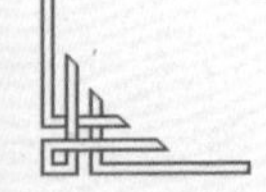
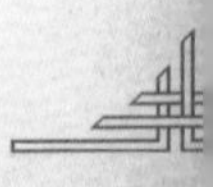

327. 六边形

将 1 至 19 的整数放入六边形的各个点中，使得每三个点组成的直线（六条边以及从中心往外辐射的六条线）数字之和都是 22。

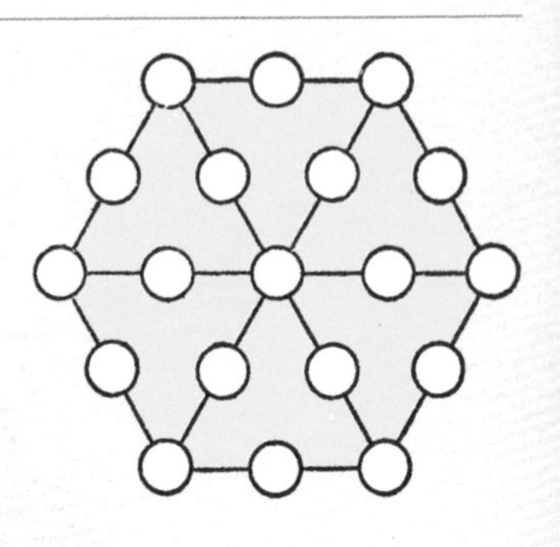

完成后再重新放一次，使得数字之和为 23。

328. 星象仪

一个小的星象仪的每条轨道上都有 4 颗行星，每条半径上也有 4 颗行星（左图）。一个大的星象仪的每条轨道上都有 5 颗行星，每条半径上也有 5 颗行星（右图）。

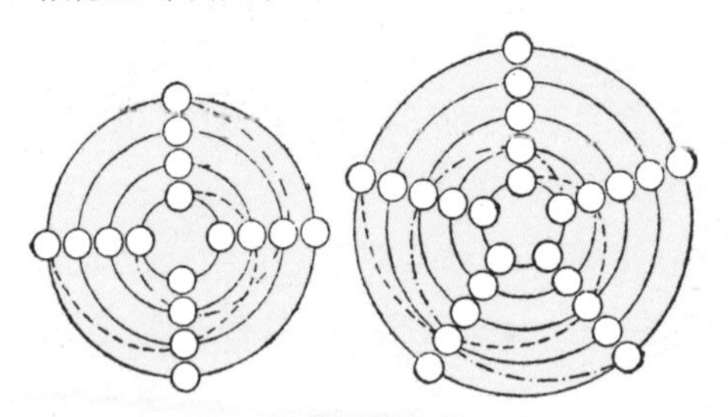

小星象仪中各个行星的重量通过 1 至 16 的整数来表示，大星象仪的行星重量则通过 1 至 25 的整数表示。

将所有的重量进行排列，使得两个行星系达到均衡状态，小星象仪、大星象仪在下列条件下的重量之和分别为 34 和 65：

1. 每条半径上的重量；

2. 每条轨道上的重量；

3. 从外轨道到内轨道以及内轨道至外轨道的螺旋形（参考图中的虚线）。

小星象仪的相邻两组旋臂（半径）中，相邻的两条轨道上的四个行星重量之和为 34。

小星象仪要组合出 28 组相同的和，大星象仪有 20 组相同的和。

提示：这道题有多种解法。

329. 重叠三角形

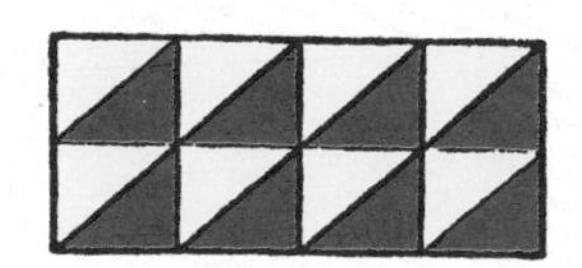

一个矩形饰品由 16 个小三角形组成，每个三角形包含一个 1 至 16 的整数。请找出 6 个相互重叠的大直角三角形。这 6 个直角三角形包含的整数和都是 34。

330. 趣味分组

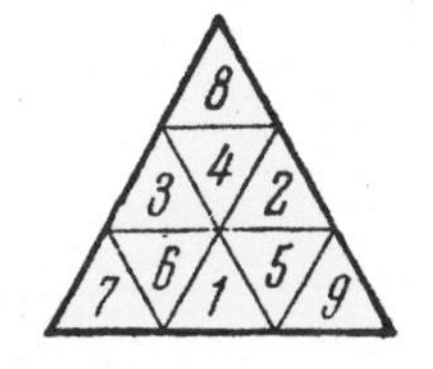

请在右边大三角形中找出 3 个由 4 个格子组成的互相重叠的三角形，以及 3 个由 5 个格子组成的互相重叠的梯形。这些格子分别用 1 至 9 进行标记，使得每个三角形的数字之和为 17，每个梯形的数字之和为 28。

用四种方式对数字重新排列，使得三角形数字之和为 20，梯形数字之和为 25。

用一种方式对数字重新排列，使得三角形数字之和为 23，梯形数字之和为 22。

（提示：如果不想重复填写和擦除，可以用纸片做成小三角形格子形状进行拼合来探索所需的答案。）

幻方

331. 中国旅人和印度旅人

幻方是一种古老的交叉和，非常美妙。

据说是中国人发明了幻方，最早在一本中国古籍上有相关记载。

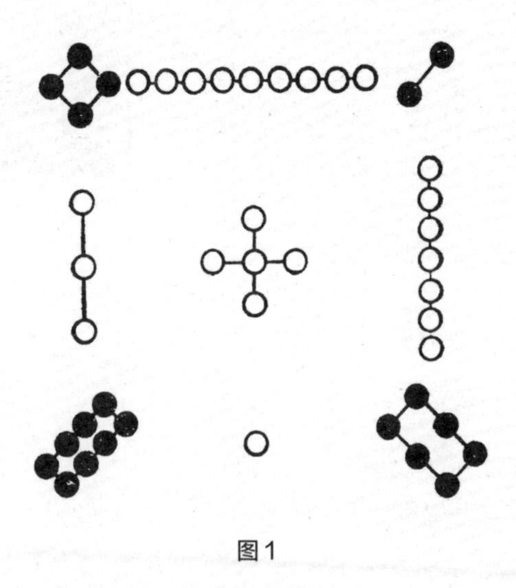

图1

图 1 是中国所发明的世界上最古老的幻方。黑圆表示偶数（又称阴数），白圆代表奇数（又称阳数）。下图左显示了其代表的数字。这 9 个数每一横行、每一纵列以及主对角线的总和都为 15。因此 15 就是这个幻方的幻常数。

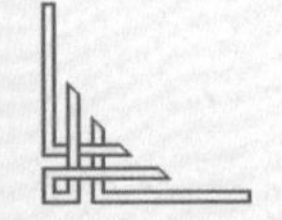

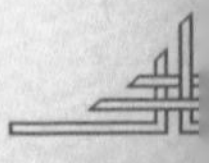

下图右这个 4×4 的幻方也有 2000 年历史了，来自印度，使用了 1 至 16 的数字，幻常数为 34。

4	9	2
3	5	7
8	1	6

1	14	15	4
12	7	6	9
8	11	10	5
13	2	3	16

幻方在 15 世纪初传入欧洲。阿尔布雷特·丢勒最优秀的雕刻作品之一《忧郁》中就有一个幻方。这个幻方源自印度，只是稍做调整。

现在我们来看一下幻方的其他 6 个特性：

1. 4 个角之和为 34；

2. 在 4 个角上以及中心的 5 个 2×2 的方格数字之和为 34；

3. 每一行中，一组相邻的两个数字和为 15，另一组相邻两个数字和为 19；

4. 将每一行各个数字的平方相加：

$$1^2+14^2+15^2+4^2=438 \quad 13^2+2^2+3^2+16^2=438$$

$$12^2+7^2+6^2+9^2=310 \quad 8^2+11^2+10^2+5^2=310$$

外侧两行之和相等，内侧两行之和相等；

5. 对于纵列也一样。外侧两列平方之和为 378，内侧两列平方之和为 370。

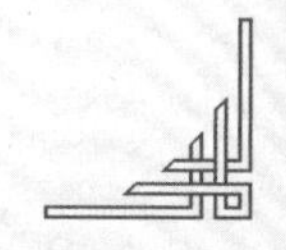

6. 在图中画一较小的方格（图 ***a*** 中的折线所示）。折线组成的方格中相对的两条边的数字之和相等，和为 34：

$$12+14+3+5=15+9+8+2$$

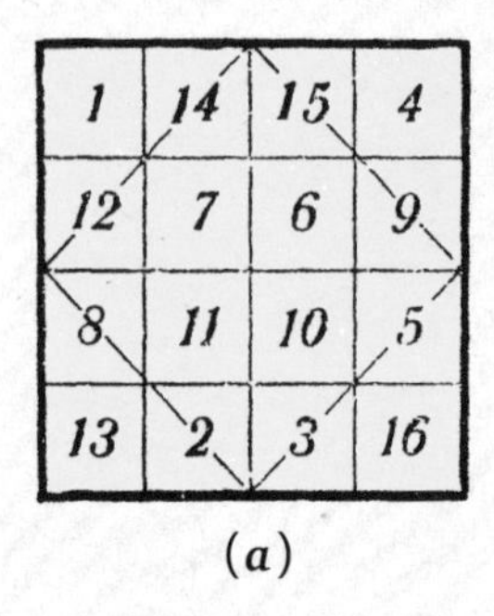

1	14	15	4
12	7	6	9
8	11	10	5
13	2	3	16

(***a***)

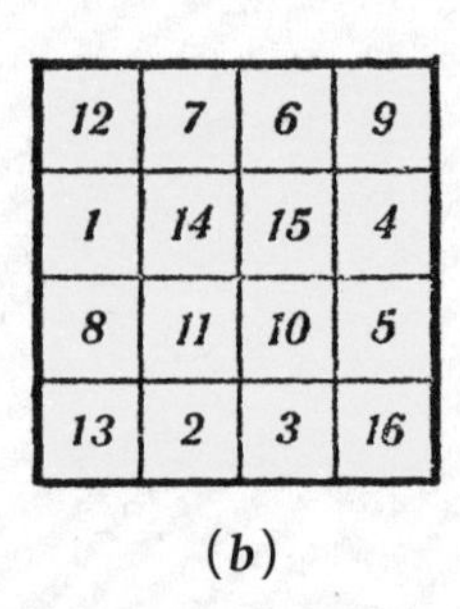

12	7	6	9
1	14	15	4
8	11	10	5
13	2	3	16

(***b***)

这两组数字的平方和与立方和也相等：

$$12^2+14^2+3^2+5^2=15^2+9^2+8^2+2^2$$
$$12^3+14^3+3^3+5^3=15^3+9^3+8^3+2^3$$

如果将两行互换（图 ***b***），当然行和列的数字之和依然是 34，但是主对角线就不是了。现在这个幻方成了半幻方。

请解答：将印度幻方的行和列进行互换，让得到的幻方具备下列两个特性：

1. 两条主对角线上的数字的平方和相等；

2. 两条主对角线上的数字的立方和相等。

332. 幻方的制作方法

三阶幻方每行有 3 个格子，四阶幻方每行有 4 个格子，以此类

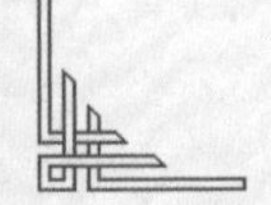

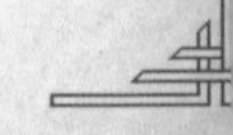

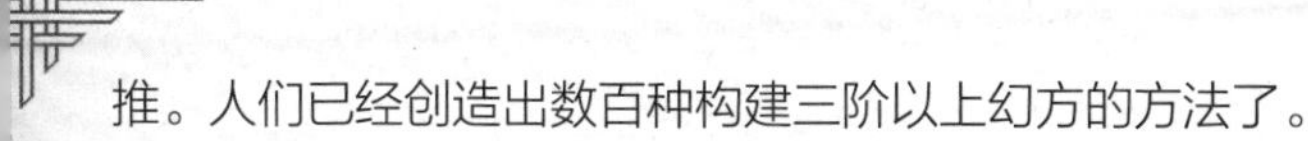

推。人们已经创造出数百种构建三阶以上幻方的方法了。

奇数阶幻方：我们用一种已知的方法来构建五阶幻方。同样的方法也可以得到三阶、七阶或者其他奇数阶的幻方。

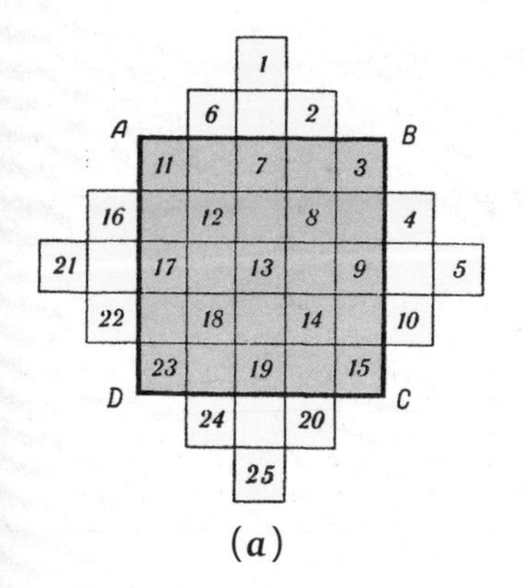

(*a*)

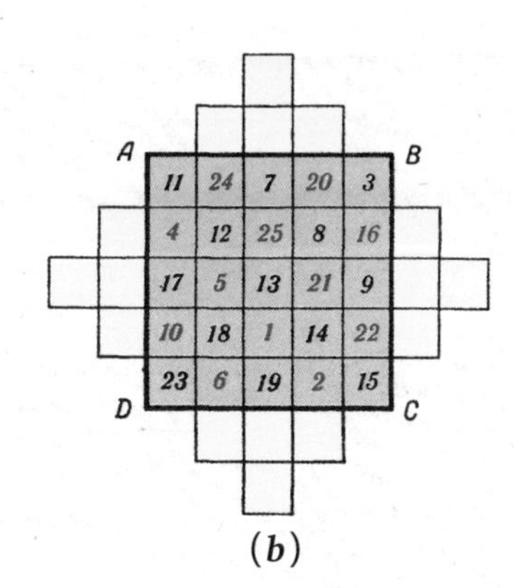

(*b*)

画一个 25 格的五阶矩阵 ***ABCD***（上方图 ***a***），并按图示在每条边上加四格。在五条斜线上放入 1 至 25 的整数。在 ***ABCD*** 矩阵之外的每个整数沿着行或列移动 5 格进入幻方内（***n*** 阶幻方就移动 ***n*** 格）。比如说，6 移动到 18 的下方，24 移动到 12 的上方，16 移动到 8 的右侧，4 移动到 12 的左侧。

移动完成后就得到了图 ***b*** 的幻方，幻常数为 65。每个数字与其“对面”的数（在中间格另一侧且对称于中间格的数）相加等于 26:

$$1+25=19+7=18+8=23+3=6+20=2+24=4+22$$

以此类推。这是个对称的幻方。

请用上述方法构建出三阶和七阶的幻方。

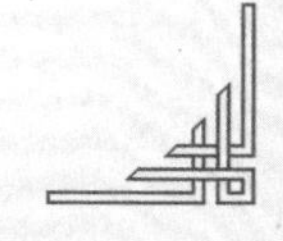

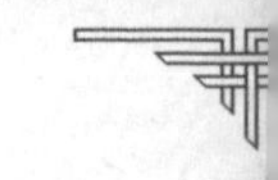

4 的倍数阶幻方的构建有一个比较简单的方法:

1. 先按顺序给各小格编号，如下图 $\boldsymbol{a}$ 的 4×4 方格和下图 $\boldsymbol{c}$ 的 8×8 方格。

2. 用两条竖线和两条横线将小格进行分隔，使得方格的每个角都有一个 $\frac{n}{4}$ 阶的方格，中间有一个 $\frac{n}{2}$ 阶的方格。

1	2	3	4
5	6	7	8
9	10	11	12
13	14	15	16

(*a*)

16	2	3	13
5	11	10	8
9	7	6	12
4	14	15	1

(*b*)

1	2	3	4	5	6	7	8
9	10	11	12	13	14	15	16
17	18	19	20	21	22	23	24
25	26	27	28	29	30	31	32
33	34	35	36	37	38	39	40
41	42	43	44	45	46	47	48
49	50	51	52	53	54	55	56
57	58	59	60	61	62	63	64

(*c*)

64	63	3	4	5	6	58	57
56	55	11	12	13	14	50	49
17	18	46	45	44	43	23	24
25	26	38	37	36	35	31	32
33	34	30	29	28	27	39	40
41	42	22	21	20	19	47	48
16	15	51	52	53	54	10	9
8	7	59	60	61	62	2	1

(*d*)

3. 在这五个方格中，交换与方格中心对称的所有相对的数对。五个方格以外的数字不动。

4. 4×4 方格互换后的结果如图 $\boldsymbol{b}$ 所示，8×8 方格互换后的结果如图 $\boldsymbol{d}$ 所示。按这个方式构建出的幻方就是对称的。

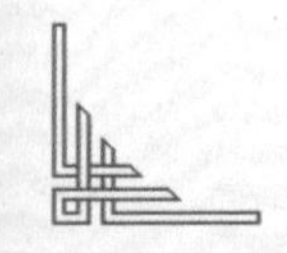

下面两个问题请独立思考解决:

要构建一个 $4k$ 阶的幻方，要将第三步反过来。将五个方格里的数字不动，剩下的四个矩形中，交换与中心对称的所有相对的数对。就可以得到一个幻方。

请构建一个 12 阶幻方。

阶数不是 4 的倍数的偶数阶幻方的构建：对于 6，10，14，18…阶的幻方，最优方法之一就是在 $4n$ 阶幻方外层套一个框，如下图所示。在最初的方格（这里指先前我们做好的 4 阶方格）内每个数字增加了（$2n-2$），这里的 n 代表我们想要构建的幻方阶数（本例中为 6）。在这种情形中，1 就变成了 $1+10=11$，2 变成 $2+10=12$，3 变成 13，以此类推。那么新的 4 阶幻方就如图 c 所示。完全可以将 1 至 10 的数字（见图 a）或者 27 至 36 的数字（见图 b）填入后使得最后形成的幻方的常数为 $\frac{n^3+n}{2}$。本例中 $n=6$，所以常数为 111。

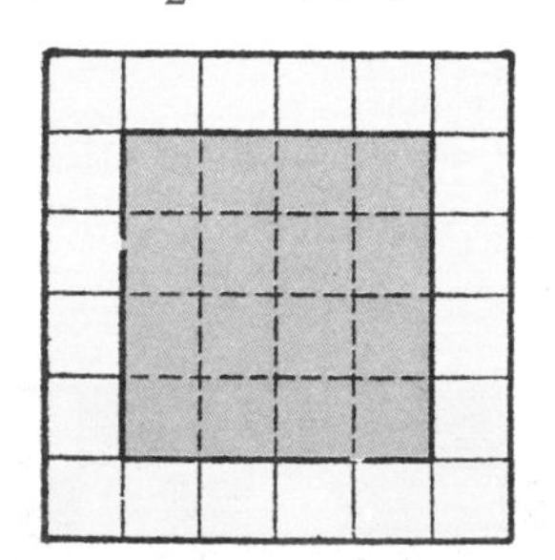

1	9				2
6					
10					
					7
					8
		3	4	5	

(a)

1	9	34	33	32	2
6					31
10					27
30					7
29					8
35	28	3	4	5	36

(b)

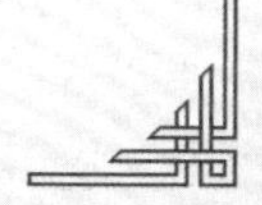

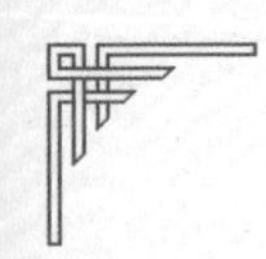

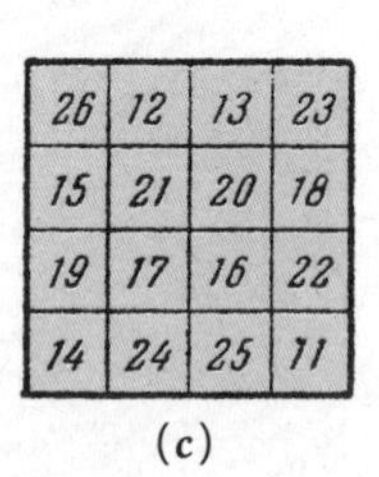

26	12	13	23
15	21	20	18
19	17	16	22
14	24	25	11

(c)

1	9	34	33	32	2
6	26	12	13	23	31
10	15	21	20	18	27
30	19	17	16	22	7
29	14	24	25	11	8
35	28	3	4	5	36

(d)

请独立思考，构建一个 6 阶幻方和 10 阶幻方。

（本题提供了构建幻方的解题思路与方法，不再提供答案。）

333. 智力测试

在下方 7 阶方格的黄色小格内放入 30 至 54，使得每一行、每一列的数之和都为 150，两条主对角线的数之和都为 300。不要用随机的试错法，尽量找到其中的规律。

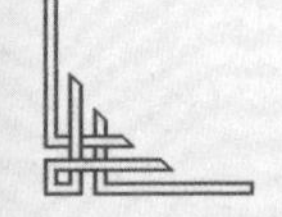

334. 魔幻的“15”游戏

一个方形盒子中有编号从 1 至 15 的小方块，并且有一个空位。常见的玩法是将 15 个方块随机打乱，通过移动使得最后所有的数字能够按顺序排列（图 1）。

这种玩法很没意思。我们准备加入一个额外的要求来提高这个游戏的数学价值：移动方块并最后做成一个幻方（空位代表的数字为 0）。

如图 2，将 14 和 15 的位置互换。请尝试在 50 步之内完成一个常数为 30 的幻方。

图 1

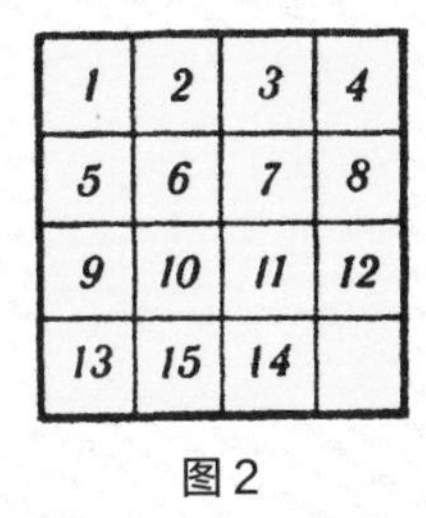

1	2	3	4
5	6	7	8
9	10	11	12
13	15	14	

图 2

从图 1 的数字排法开始移动方块也可以做成幻方，但是与图 2 的排法开始所做成的幻方不同。实际上，从图 1 的排法开始最后是无法排成图 2 的布局的。从 19 世纪下半叶（这也是“15”游戏在欧洲最风靡的时段）人们的研究成果来看，一半的数字排法是基于图 1 的步数演变而来，另一半的排法则基于图 2。

有一种很神奇的方法可以确认一种排法是基于图 1 还是图 2：从盒子中拿起两个方块，交换位置后再放回盒子。至于要选哪两个方块进行交换以使得几步之内就可以让所有数字按顺序排好，倒也不是什么难事。如果所需的步数是偶数，那么这种排法则是基于图 1。如果是奇数，则是基于图 2。

335. 异类幻方

一般的 n 阶幻方都包含了从 1 至 n^2 的整数，每个数字出现 1 次。而在这个谜题中，小格中可以填入任何的数。

1	2	3	4
5	6	7	8
8	7	6	5
4	3	2	1

（*A*）如右图，将这个 4×4 的方格填入 1 至 8 的整数，每个数字出现两次。请将数字重新排列，构建出一个常数为 18 的幻方。此外，以下的几个组合之和也需要等于 18：

1. 四个角上的数。

2. 所有九个 2×2 的方格的数，但每一个 2×2 的方格中都不能出现重复的数。

3. 所有四个 3×3 的方格的四个角的数。任意一组四个角都不能出现重复的数。

（*B*）用 1 至 31 之间的奇数做成一个常数为 64 的 4 阶幻方，并具备以下特性：

1. 4×4 方格的四个角、四个 3×3 方格各自的四个角、九个 2×2 方格各自的四个角以及六个 2×4 矩形的四个角相加之和必须等于 64。

2. 画一个倾斜的方格，使其四个角为已知方格各条边的中心，相对的两条边之和为 64。

3. 两行中数的平方和要相等，另外两行数的平方和也要相等。

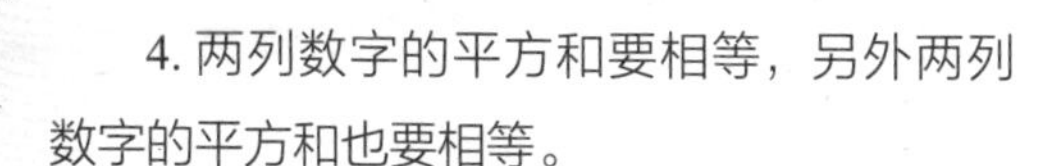

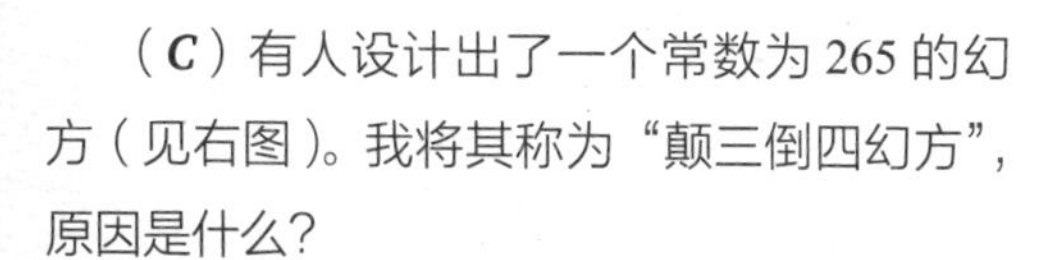

4. 两列数字的平方和要相等，另外两列数字的平方和也要相等。

（C）有人设计出了一个常数为 265 的幻方（见右图）。我将其称为“颠三倒四幻方”，原因是什么？

96	11	89	68
88	69	91	16
61	86	18	99
19	98	66	81

336. 中间格

用 1 至 9 的数字构建一个 3 阶幻方。所有可能的构建方式要么如图 1 所示，要么是图 1 经过旋转得到的三种图样，要么是这四种旋转图样的镜像图样。

请证明中间小格的数字为常数的三分之一，并证明在规则 3 阶幻方中，中间小格的数字一定是 5（请使用右图所示的符号图）。

4	9	2
3	5	7
8	1	6

$S=15$

图 1

a_1	a_2	a_3
a_4	a_5	a_6
a_7	a_8	a_9

337. 算术奇想

整数之间存在许多很神奇的关系。观察这组数字：1，2，3，6，7，11，13，17，18，21，22，23。乍一看好像没什么特点，现在将它们分成两组：

1，6，7，17，18，23　2，3，11，13，21，22

比较两组之和：

$$1+6+7+17+18+23=72 \quad 2+3+11+13+21+22=72$$

比较两组的平方和：

$$1^2+6^2+7^2+17^2+18^2+23^2=1228$$

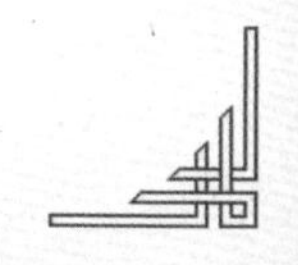

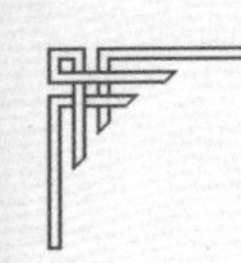

$$2^2+3^2+11^2+13^2+21^2+22^2=1228$$

它们的立方和、四次方和以及五次方和都是相等的。

如果让这 12 个数都加上或减去同样一个整数，这一特点依旧不变。举个例子，12 个数各减去 12 之后得到：

$$-11，-6，-5，5，6，11，-10，-9，-1，1，9，10$$

每组中每个负数和整数都是相互对应的，所以不仅是两组数之和相等，两组数的立方和以及五次方和也是相等的。另外也可以尝试看看平方及四次方的情况。

下面的公式可以得出无数组这样的 12 个数：

$$(m-11)^n+(m-6)^n+(m-5)^n+(m+5)^n+(m+6)^n+(m+11)^n=$$
$$(m-10)^n+(m-9)^n+(m-1)^n+(m+1)^n+(m+9)^n+(m+10)^n$$

公式中的 m 代表任意整数，n 等于 1 至 5 中任意一个数字。

（本题提供解题思路与方法，不再提供答案。）

338. 规则的4阶幻方

1 至 15 的数可以用 1，2，4，8 这组数中一个或几个（不重复）之和来代表：1=1，2=2，3=1+2，4=4，5=1+4，以此类推，最后是 15=1+2+4+8。

如果我们将一个 4 阶幻方中每个数字减 1，那么小格中的数就是

9	14	2	5
15	4	8	3
0	11	7	12
6	1	13	10

(a)

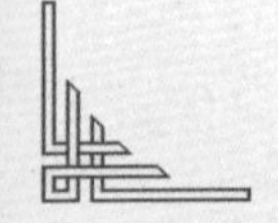

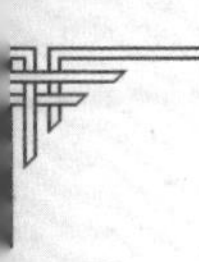

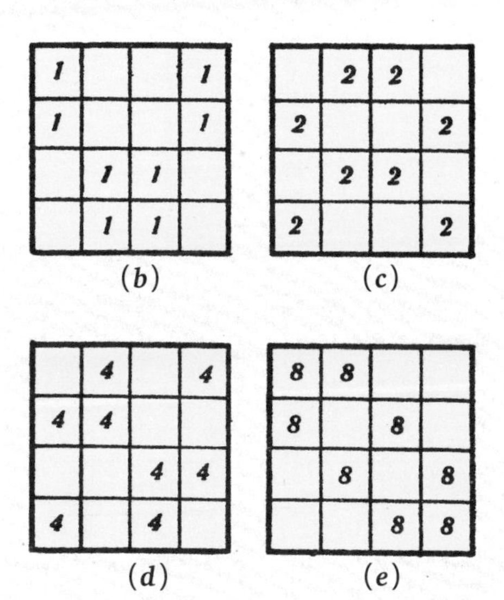

从 0 至 15（见图 ***a***）。画出 4 个 4 阶幻方的矩阵图。在第一个矩阵图中，如果原幻方（图 ***a***）中的各小格的数所用到的加和法（用 1，2，4，8 的和来代表的数，如 9=1+8，15=1+2+4+8）中用到了数字 1，那么就在对应的小格中标上 1；同理，第二个矩阵图用到数字 2 的标上 2；第三张图标上 4；第四张图标上 8。最后得到的结果如上面四个方格所示（见图 ***b***，图 ***c***，图 ***d***，图 ***e***）。

所谓规则的 4 阶幻方，就是该幻方的四个矩阵图本身也构建成了幻方。因此前面第一个图中的幻方就是规则的，因为四个矩阵都是幻方。而下图的第一个幻方是不规则的，因为其第二和第三矩阵在主对角线上无法构成幻方。

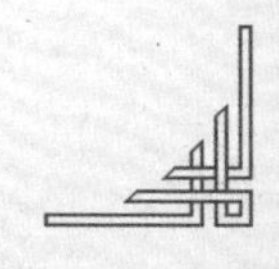

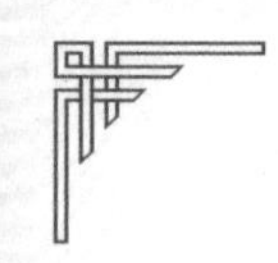

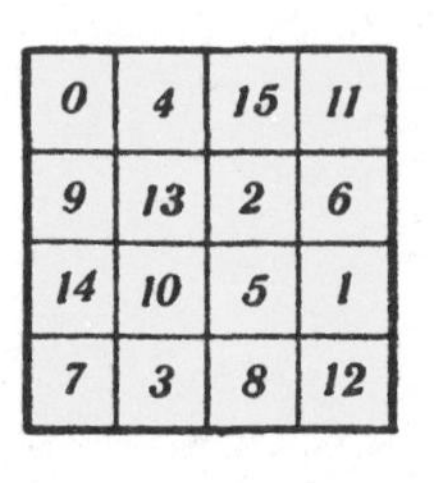

0	4	15	11
9	13	2	6
14	10	5	1
7	3	8	12

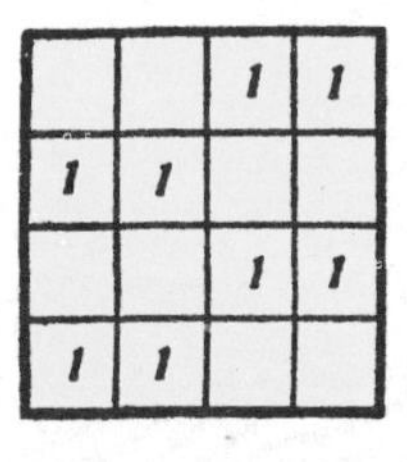

		1	1
1	1		
		1	1
1	1		

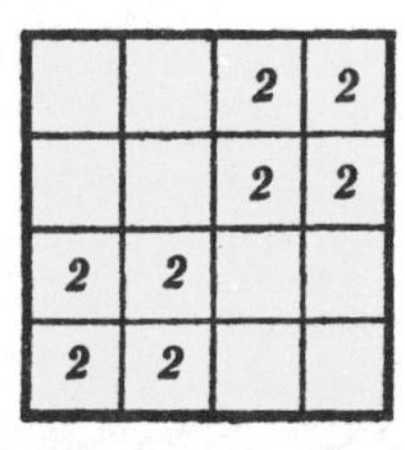

		2	2
		2	2
2	2		
2	2		

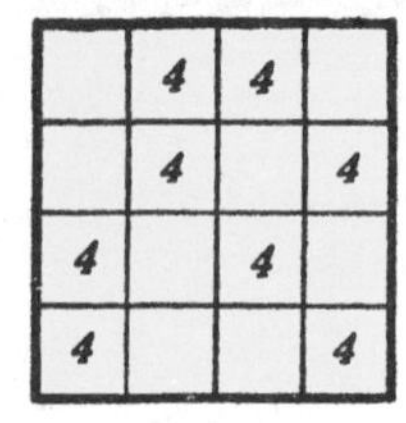

	4	4	
	4		4
4		4	
4			4

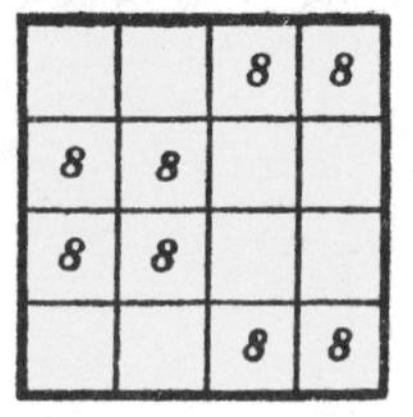

		8	8
8	8		
8	8		
		8	8

人们已经找出了 528 种规则 4 阶幻方（不算旋转和镜像所形成的幻方）。

（本题提供解题思路与方法，不再提供答案。）

339. 魔鬼幻方

所谓魔鬼幻方（又称泛对角幻方）是指这样的幻方不仅在行、列、主对角线上常数相等，甚至在所谓的折对角线上也相等。图 1 所示为 4 阶幻方六条折对角线：

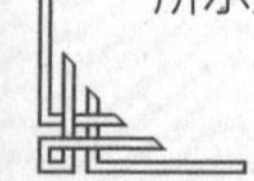

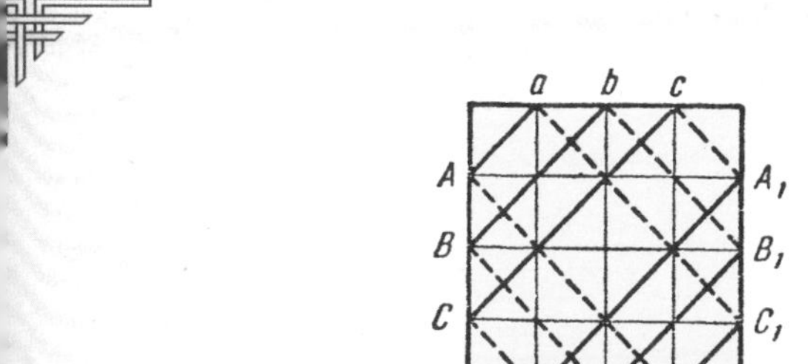

图 1

Aa 和 A_1a_1；Bb 和 B_1b_1；Cc 和 C_1c_1

cA_1 和 Ac_1；bB_1 和 Bb_1；aC_1 和 Ca_1

5 阶幻方有 8 条折对角线（图 2），而且阶数每增加 1，折对角线的数量就增加 2。

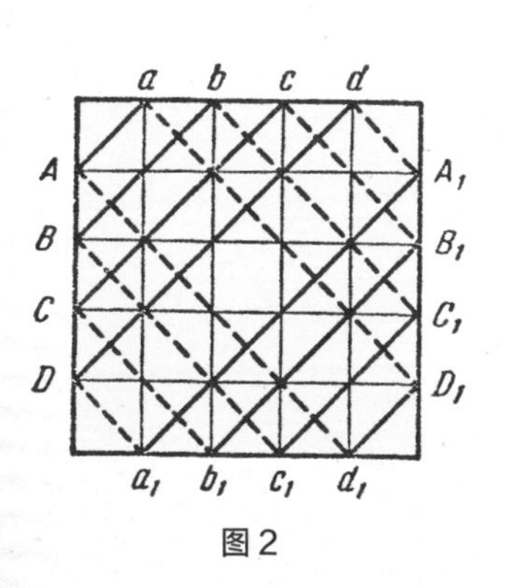

图 2

	0	1	2	3	4
0	1	8	15	17	24
1	20	22	4	6	13
2	9	11	18	25	2
3	23	5	7	14	16
4	12	19	21	3	10

图 3

3 阶幻方只有一种基础型，而且并没有泛对角。已经能够证明（$4k+2$）阶不存在魔鬼幻方（k 为任意整数），比如 6 阶和 10 阶。

其他阶的情况都存在魔鬼幻方。图 3 是一个 5 阶的魔鬼幻方。其每行、每列、主对角线和折对角线（加起来总共 12 组）相加都等

于常数 65。

其实魔鬼幻方正是第 328 道谜题的大星象仪，只是换了一种形式而已。

（本题提供解题思路与方法，不再提供答案。）

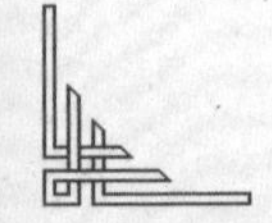

第13章

奇特的数字

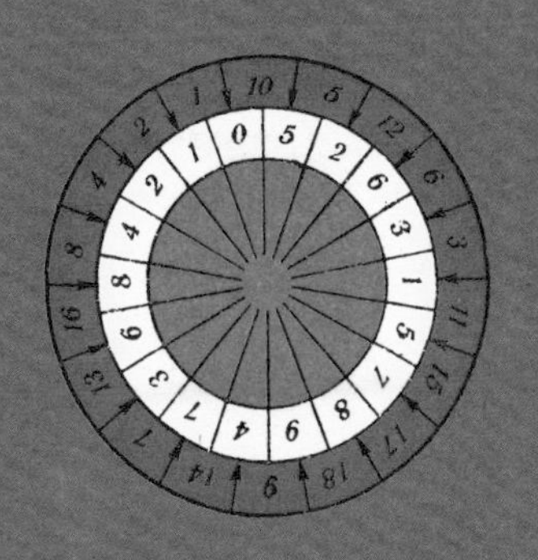

340. 十位数

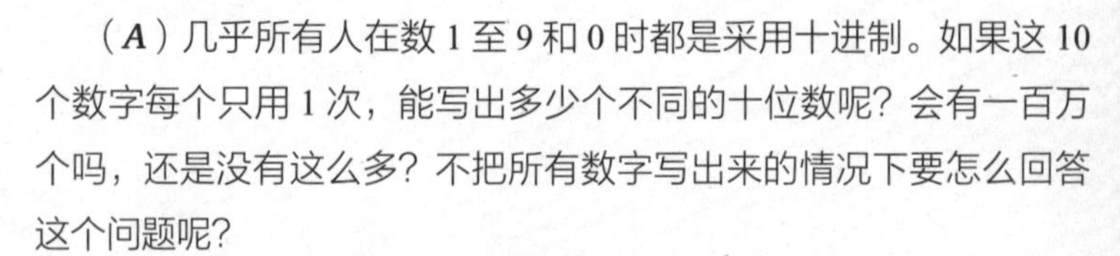

（*A*）几乎所有人在数 1 至 9 和 0 时都是采用十进制。如果这 10 个数字每个只用 1 次，能写出多少个不同的十位数呢？会有一百万个吗，还是没有这么多？不把所有数字写出来的情况下要怎么回答这个问题呢？

（*B*）先观察 6 个这样的十位数：

1037246958　1286375904　1370258694

1046389752　1307624958　1462938570

这些数中，每个数均不同，如果各除以 2 就可以得到一个每位数字都不相同的九位数，而再除以 9 就得到每位数字都不相同的八位数。

有一个每位数字都不相同的十位数，除以 9 之后会得到一个回文的商（即从右至左或从左至右都一样），你能找出这个十位数吗？

（*C*）观察以下数字：

$$\boldsymbol{a}=132456789$$

$$\boldsymbol{b}=987654321$$

这两个数是不包含 0，且有 9 个不同的数字组成的 9 位数中的最小和最大的数。

而二者之差（$\boldsymbol{b}-\boldsymbol{a}$）还是由这九个数字组成：

$$987654321-123456789=864197532$$

给 $\boldsymbol{a}$ 和 $\boldsymbol{b}$ 分别乘除 0 和 1 以外的所有一位数，得到的积存在什么特点，让你能够将乘数分成“2，4，5，7，8”和“3，6，9”这两组？

顺便提一句，$\boldsymbol{b}=8\boldsymbol{a}+9$。

（*D*）将 12345679（各个数字按升序递增，但是没有 8）乘以任意一个一位数，然后再乘以 9。最后得到的乘积，每位数都是第一个乘数。这是为什么？

比如：

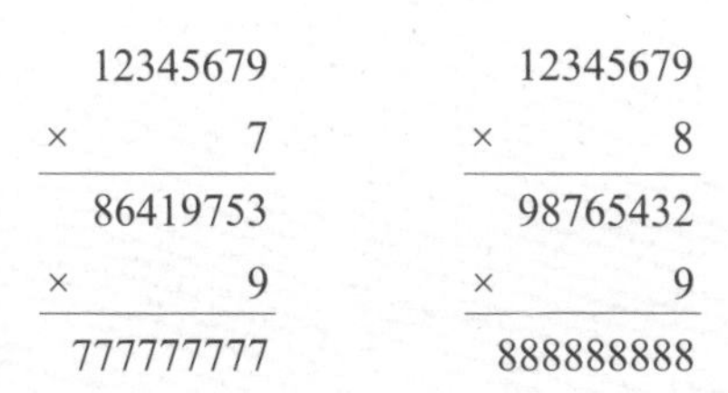

$$\begin{array}{r} 12345679 \\ \times \quad 7 \\ \hline 86419753 \\ \times \quad 9 \\ \hline 777777777 \end{array} \qquad \begin{array}{r} 12345679 \\ \times \quad 8 \\ \hline 98765432 \\ \times \quad 9 \\ \hline 888888888 \end{array}$$

341. 其他的数字怪象

（*A*）一段电报纸条在数字 9801 中间处断开了。为了好玩，我将 98 加上 01，再将结果进行平方——进而得到了最初的数字：$(98+01)^2=9801$。

3025 这个数字也可以实现这个效果，另外还有一个四位数也可以。什么样的方法最合适找到第三个这样的数，并证明不存在第四个这样的数？

（*B*）观察这个数组：

A

1	3	5	7	9	11	13	...
1	4	7	10	13	16	19	...
1	5	9	13	17	21	25	...
1	6	11	16	21	26	31	...
1	7	13	19	25	31	37	...
1	8	15	22	29	36	43	...
1	9	17	25	33	41	49	...
.	.	.	.	.	.		*C*

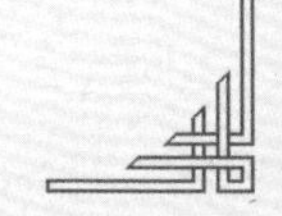

每行的第一个数都是 1，且每一行都是等差数列。第一行每两个相邻的数之差为 2；第二行的差为 3；第三行为 4，以此类推。这一数组向右、向下无限延展。

如果将每一个直角通道（有时也叫磬折形）中的数相加，那么总和就是 n^3，n 代表所在的行数。比如在第二通道中，$1+4+3=2^3$，而第三通道中，$1+5+9+7+5=3^3$，以此类推。

在对角线 AC 上的任意一个数都是所在行数的平方。另外，从对角线 AC 上取出任意一段，那么以这一段做对角线的所在方格中的所有数之和也是一个平方数。比如说，对于 25，36，49 这条对角线所在的方格，其中所有的数之和为 $25+31+37+29+36+43+33+41+49=324=18^2$。

可以试试对角线 AC 上的其他方格中的计算结果。

（C）37 的一些奇怪特性：

1. 37×3，6，9…27，分别等于 111，222，333…999。

2. 37× 其各位数字之和 = 其各位数字的立方和：

$$(3+7)\times 37=3^3+7^3$$

3. 37 的各位数字的平方和减去其各位数字的乘积等于 37：

$$(3^2+7^2)-(3\times 7)=37。$$

用一个 37 的三位数倍数为例：$37\times 7=259$。用 259 进行循环进位得到 925，然后再一次循环进位得到 592。这两个数都可以被 37 整除，此外还有其他的例子：185，518，851。

请用自己的方法证明这一陈述的正确性。（提示：如果 $100a+10b+c$ 可以被 37 整除，那么 $1000a+100b+10c$ 呢？ $a+100b+10c$ 呢？）

41 的五位数倍数也有这样的特性：15498，81549，98154，49815，54981，都可以被 41 整除。

342. 重复运算

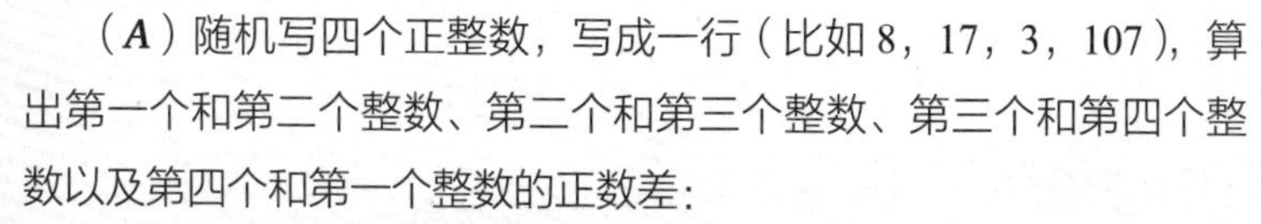

（A）随机写四个正整数，写成一行（比如 8，17，3，107），算出第一个和第二个整数、第二个和第三个整数、第三个和第四个整数以及第四个和第一个整数的正数差：

$$17-8=9，17-3=14，107-3=104，107-8=99$$

将得到的数称为第一组差（9，14，104，99）。

在第一组差的基础上做同样的运算得到第二组差为（5，90，5，90），然后得到第三组差为（85，85，85，85），第四组差为（0，0，0，0）。

将写出来的随机整数行称为 A_0，然后每组差称为 A_1、A_2、A_3……那么对于（93，5，21，50）：

$A_0=(93，5，21，50)$

$A_1=(88，16，29，43)$

$A_2=(72，13，14，45)$

$A_3=(59，1，31，27)$

$A_4=(58，30，4，32)$

$A_5=(28，26，28，26)$

$A_6=(2，2，2，2)$

$A_7=(0，0，0，0)$

一共七步。而（1，11，130，1760）这组数需要六步。一般来说八步就足够了。是否存在一组数使得最后的结果不会出现一组 0？

注意，这样的数组是存在的，只要不是由 2 的 n 次方个正整数构成：

$A_0=(2，5，9)$

$A_1=(3，4，7)$

$A_2=(1，3，4)$

$A_3=(2，1，3)$

$A_4=(1，2，1)$

$A_5=(1，1，0)$

$A_6=(0，1，1)$

$A_7=(1，0，1)$

$A_8=(1，1，0)$

$A_8=A_5$，然后 A_5，A_6，A_7 这三组差会无限循环下去。

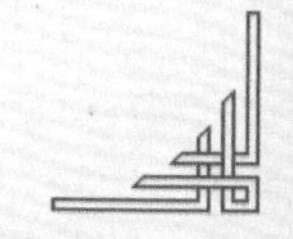

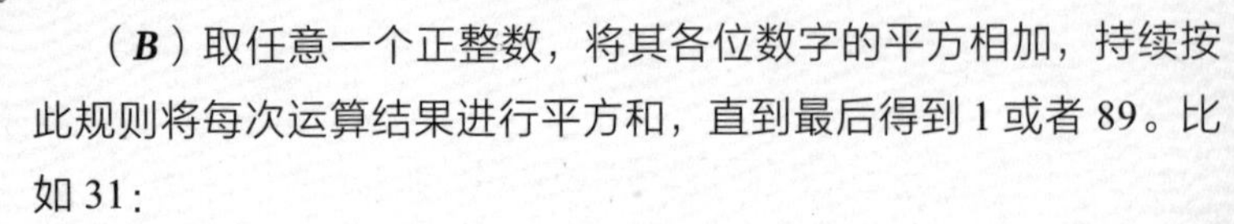

（*B*）取任意一个正整数，将其各位数字的平方相加，持续按此规则将每次运算结果进行平方和，直到最后得到 1 或者 89。比如 31：

$$3^2+1^2=10$$
$$1^2+0^2=1$$

由 10 的幂运算会得到 1，而一般来说，由 1，3，6 和 8（每个数字最多用 1 次）构成的数以及上述 4 个数字同任意个 0 的组合：13，103，3001，68，608，8006…你将得到 10 的幂。

而其他的数最后都会得到 89，比如 48：

$$4^2+8^2=80 \qquad 5^2+2^2=29$$
$$8^2+0^2=64 \qquad 2^2+9^2=85$$
$$6^2+4^2=52 \qquad 8^2+5^2=89$$

继续往下计算，可以得到：

$$8^2+9^2=145 \qquad 4^2=16$$
$$1^2+4^2+5^2=42 \qquad 1^2+6^2=37$$
$$4^2+2^2=20 \qquad 3^2+7^2=58$$
$$2^2+0^2=4 \qquad 5^2+8^2=89$$

中间过渡的数有 145，42，20，4，16，37 和 58。这其中任意一个都可以作为最后循环归位的数，不一定非得是 89。

你能否证明，从一个三位数或三位数以上的数开始，按照刚才的计算方式最终会得到一个一位数或两位数？莫斯科数学家坦纳塔尔指出，一旦完成了这个证明，就可以用一个一个的数来验证这个方法。

请用自己的方法，确认一个正整数的立方和或四次方和是否也存在这样的重复特性。

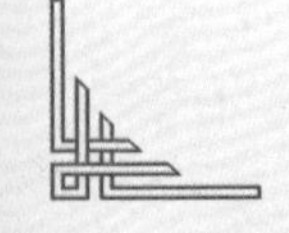

343. 数字传送带

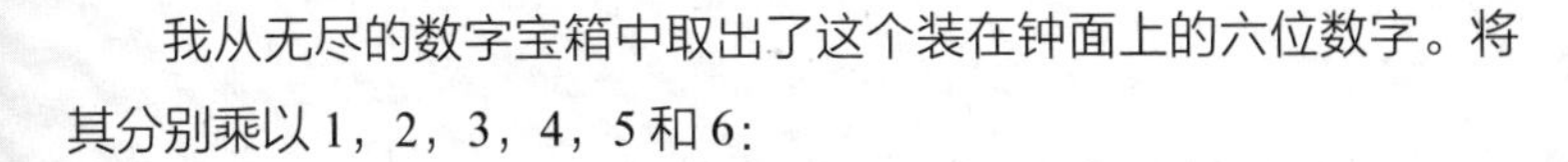

我从无尽的数字宝箱中取出了这个装在钟面上的六位数字。将其分别乘以 1，2，3，4，5 和 6：

$$142857\times\left\{\begin{array}{l}1=142857\\2=285714\\3=428571\\4=571428\\5=714285\\6=857142\end{array}\right.$$

每一个乘积都可以在图中顺时针方向读出。此外，每一个乘积的前三位同后三位相加总是等于 999。

观察这个七位数的乘积：

$$142857\times\left\{\begin{array}{ll}8=1142856 & (142856+1=142857)\\9=1285713 & (285713+1=285714)\\10=1428570 & \cdots\\11=1571427 & \cdots\\\cdots & \\69=9857133 & (857133+9=857142)\end{array}\right.$$

括号中的运算是用后六位数同第一位数字相加，这样算出来总是会得出一个 142857 的循环排列。

观察 $142857\times7=999999$。

这样的乘积表明 142857 是 $\frac{1}{7}$ 这个分数的小数表示的循环周期。

1 除以 $7=0.142857142857142857\cdots$

注意，如果一个分数 $\frac{a}{b}$ 变成了循环小数，那么其循环周期不可能有多于（$b-1$）位数字，尽管其数字的数量可能是（$b-1$）的因数。如果确实是 $b-1$ 位数字，那么就是一个完整的循环周期。无论 $\frac{1}{n}$ 在何时出现完整的小数循环周期，周期内的循环数字同 145827（即 $\frac{1}{7}$ 的完整循环周期）具有同样的特性。比如说，$\frac{1}{17}$ 的完整循环周期为 0.588235294117647，这个数字乘以 1 至 16 的任意一个数，都可以得到基于其本身的一个循环排列数字。而乘以 17 则得到一个由 16 个 9 构成的数。

（本题提供解题思路与方法，不再提供答案。）

344. 即时乘法盘

下图的圆盘能够算出内圈上的数字（052631578947368421）同外圈上 1 至 18 的数字的乘积。转动内圈使得 0 同 2 相对，即可从内圈上读出乘积：105263157894736842。

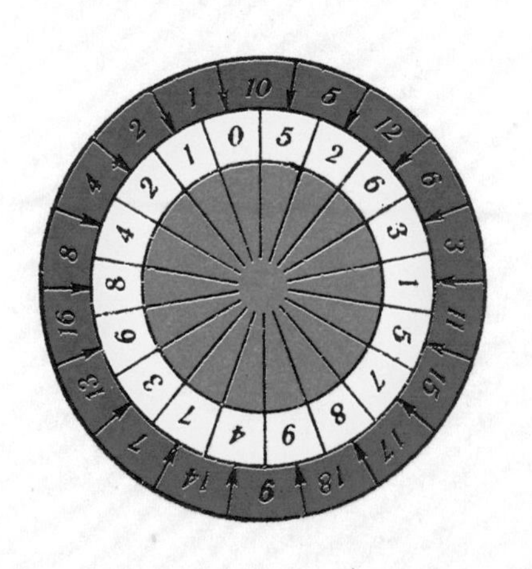

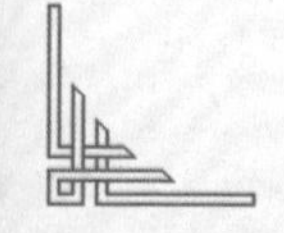

这一效果是因为内圈上的数字是 $\frac{1}{19}$ 的完整小数循环周期，而其同 1 至 18 的数字的乘积正是其本身的循环排列数字。

具备完整小数循环周期的前九个质数为 7，17，19，23，29，47，59，61，97，每个数字都可以做出一个乘法盘。

（本题讲解解题原理，不再提供答案。）

345. 头脑体操

不用练成心算高手也可以在心里计算出 142587 乘以 7000 以内的任何一个数的乘积。在第 343 道谜题中，我们展示了 $142587\times11=1571427$ 的这个七位数乘积可以通过将第一位数字转换到末尾的位置从而变成 142587 的循环排列数：$1+571427=571428$。

同理，也可以在八位数乘积上进行两位数转换，九位数乘积上进行三位数转换：

$$142857\times111=15857127\quad 15+857127=857142$$

$$142857\times1111=158714127\quad 158+714127=714285$$

这就让心算成为可能。假如你需要计算 142857×493。将 493 除以 7，得到 $70\frac{3}{7}$。那么最后乘积的前两位数是 70，后六位则是 142857 的一个循环排列数减去 70。对于 $\frac{3}{7}$，其排列数是 428571。因此答案为：

$$142857\times493=70428501$$

如果乘数变成 378，那么除以 7 之后等于 54，没有余数。那就将其变成 $53\frac{7}{7}$。那么最后乘积的前两位数是 53，后六位则是 999999 减去 53。因此乘积为 53999946。

（本题提供解题思路与方法，不再提供答案。）

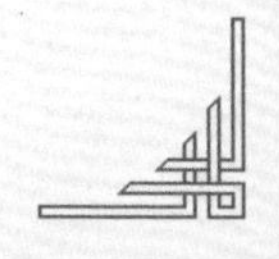

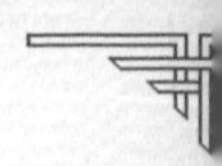

346. 数字的模式

复杂的数字组合很容易让人联想到雪花的复杂图样。

（*A*）以下一些简单乘法却能得到一些惊人的结果。

77
× 77
———
49
4949
+ 49
———
5929

或者

77
× 77
———
7
+ 777
———
847
× 7
———
5929

777777777777
× 777777777777
———
49
4949
494949
49494949
4949494949
494949494949
49494949494949
4949494949494949
494949494949494949
49494949494949494949
4949494949494949494949
494949494949494949494949
4949494949494949494949
49494949494949494949
494949494949494949
4949494949494949
49494949494949
494949494949
4949494949
49494949
494949
4949
+ 49
———
604938271603728395061729

或者

777777777777
× 777777777777
———
7
777
77777
7777777
777777777
77777777777
7777777777777
777777777777777
77777777777777777
7777777777777777777
777777777777777777777
77777777777777777777777
———
86419753086246913580247
× 7
———
604938271603728395061729

666
× 666
———
36
3636
363636
3636
+ 36
———
443556

或者

666
× 666
———
6
666
+ 66666
———
73926
× 6
———
443556

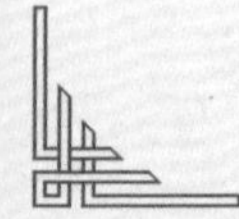

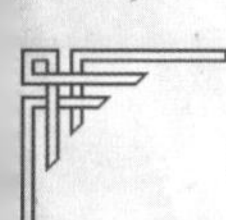
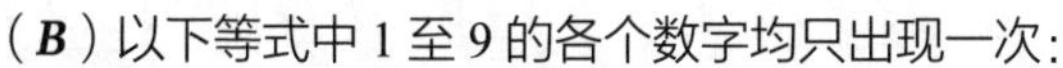

（*B*）以下等式中 1 至 9 的各个数字均只出现一次:

$$1738\times4=6952\quad 483\times12=5796$$
$$1963\times4=7852\quad 297\times18=5346$$
$$198\times27=5346\quad 157\times28=4396$$
$$138\times42=5796\quad 186\times39=7254$$

（*C*）下列等式中，等号两边有相同的数字:

$42\div3=4\times3+2$　　$\sqrt{121}=12-1$

$63\div3=6\times3+3$　　$\sqrt{64}=6+\sqrt{4}$

$95\div5=9+5+5$　　$\sqrt{49}=4+\sqrt{9}=9-\sqrt{4}$

$(2+7)\times2\times16=272+16$　　$\sqrt{169}=16-\sqrt{9}=\sqrt{16}+9$

$5^{6-2}=625$　　$\sqrt{256}=2\times5+6$

$(8+9)^2=289$　　$\sqrt{324}=3\times(2+4)$

$2^{10}-2=1022$　　$\sqrt{11881}=118-8-1$

$2^{8-1}=128$　　$\sqrt{1936}=-1+9+36$

$4\times2^3=4^3\div2=34-2$　　$\sqrt[3]{1331}=1+3+3+1+3$

（*D*）下列等式中，一个数乘以它的两部分之和，最后等于这两部分的立方和:

$$37\times(3+7)=3^3+7^3$$
$$48\times(4+8)=4^3+8^3$$
$$111\times(11+1)=11^3+1^3$$
$$147\times(14+7)=14^3+7^3$$
$$148\times(14+8)=14^3+8^3$$

（*E*）数可以像晶体一样扩展:

$$16=4^2$$
$$1156=34^2$$
$$111156=334^2$$
$$11115556=3334^2$$
$$1111155556=33334^2$$
$$111111555556=333334^2$$

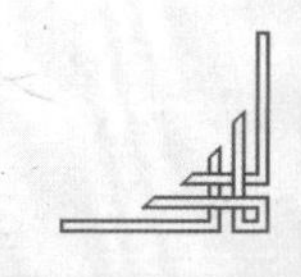

像 16 这种两位数的平方数（$10a+b$）只有一个。无论我们在其中间插入（$10a+b-1$）多少次，最后得到的数依然是一个平方数。

你能找到这个数字吗？

（*F*）9 是另一种晶体平方数。将其写为 09。可以持续在左侧加一个 1，并在右往左的第二位置持续加一个 8：

$$09=3^2$$
$$1089=33^2$$
$$110889=333^2$$
$$11108889=3333^2$$

这里所添加的数字，左边一个比 0 大 1，右边一个比 9 小 1。36 的情况也比较类似，我们加一个比 3 大 1 的数，一个比 6 小 1 的数：

$$36=6^2$$
$$4356=66^2$$
$$443556=666^2$$

请找出第二种类型的平方数。

347. 以一代全与万全归一

（*A*）要将 1 至 10 的数写出来，可以不用这 10 个数字，而是用 1 个数字写成这种形式：

$$1=2+2-2-\frac{2}{2} \qquad 6=2+2+2+2-2$$
$$2=2+2+2-2-2 \qquad 7=22\div2-2-2$$
$$3=2+2-2+\frac{2}{2} \qquad 8=2\times2\times2+2-2$$
$$4=2\times2\times2-2-2 \qquad 9=2\times2\times2+\frac{2}{2}$$
$$5=2+2+2-\frac{2}{2} \qquad 10=2+2+2+2+2$$

请将 11 至 26 的每个数按此方式写出，每个数使用 5 个 2。除了上述运算符号之外，也可以使用指数和括号。

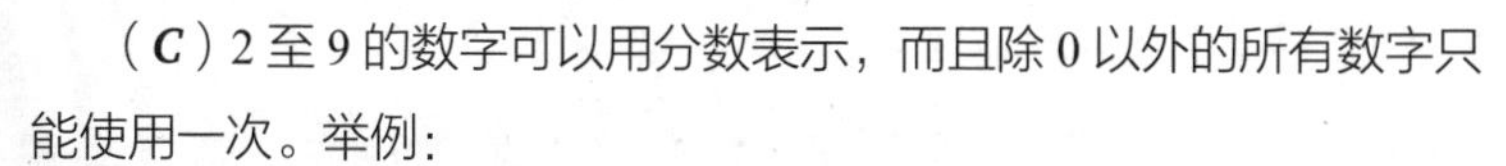

（*B*）写出 1 至 10 的数字，每个数字用 4 个 4。

（*C*）2 至 9 的数字可以用分数表示，而且除 0 以外的所有数字只能使用一次。举例：

$$2=\frac{13458}{6729} \qquad 4=\frac{15768}{3942}$$

请将 3，5，6，7，8，9 也用这样的分数构建出来。

（*D*）9 可以用 6 种不同的分数表达出来，要用到所有 10 个数字。下面是其中 3 种：

$$9=\frac{97524}{10836}=\frac{57429}{06381}=\frac{95823}{10647}$$

你能找出其他的表示方法吗？（可以试试在已知的分数中将各个数字调换位置，但是不要将分子和分母进行互换。）

348. 偶数也能变奇数

（*A*）乘积反过来可以是和：

$$9+9=18 \qquad 9\times 9=81$$
$$24+3=27 \qquad 24\times 3=72$$
$$47+2=49 \qquad 47\times 2=94$$
$$497+2=499 \qquad 497\times 2=994$$

（*B*）两个两位数的乘积可以同它们的数字调换次序后的乘积相等：

$$12\times 42=21\times 24 \qquad 24\times 63=42\times 36$$
$$12\times 63=21\times 36 \qquad 24\times 84=42\times 48$$
$$12\times 84=21\times 48 \qquad 26\times 93=62\times 39$$
$$13\times 62=31\times 26 \qquad 36\times 84=63\times 48$$
$$23\times 96=32\times 69 \qquad 46\times 96=64\times 69$$

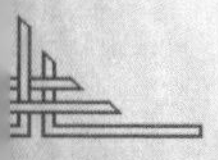

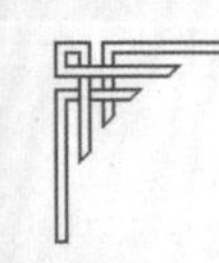
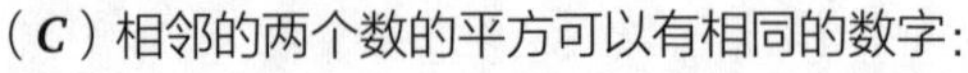

请找出四组这样的数。

（*C*）相邻的两个数的平方可以有相同的数字：

$$13^2=169 \qquad 157^2=24649 \qquad 913^2=833569$$
$$14^2=196 \qquad 158^2=24964 \qquad 914^2=835396$$

（*D*）带有如下特性的整数是否存在？

1. 它正好是其各位数字之和的四次方；

2. 如果将这个数分成三个两位数，那么这三个两位数之和正好是一个平方数；

3. 如果将这个数反过来写再分成三个两位数，那么这三个两位数之和还是同一个平方数。

没错，这个数就是 234256。

（*E*）由 2，3，7，1，5，6 这 6 个数字组成的数组有一些比较有趣的特性：

$$2+3+7=1+5+6$$
$$2^2+3^2+7^2=1^2+5^2+6^2$$

具备此种特性的数组有无限多个：

$$\boldsymbol{x}_1+\boldsymbol{x}_2+\boldsymbol{x}_3=\boldsymbol{y}_1+\boldsymbol{y}_2+\boldsymbol{y}_3$$
$$\boldsymbol{x}_1{}^2+\boldsymbol{x}_2{}^2+\boldsymbol{x}_3{}^2=\boldsymbol{y}_1{}^2+\boldsymbol{y}_2{}^2+\boldsymbol{y}_3{}^2$$

请自己找出一组。

这样的数组可能包含了 8 至 10 个数，在立方层面还有其他特性：

$$0+5+5+10=1+2+8+9$$
$$0^2+5^2+5^2+10^2=1^2+2^2+8^2+9^2$$
$$0^3+5^3+5^3+10^3=1^3+2^3+8^3+9^3$$
$$1+4+12+13+20=2+3+10+16+19$$
$$1^2+4^2+12^2+13^2+20^2=2^2+3^2+10^2+16^2+19^2$$
$$1^3+4^3+12^3+13^3+20^3=2^3+3^3+10^3+16^3+19^3$$

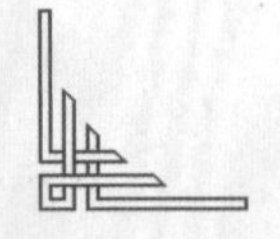

200 多年以前，圣彼得堡科学院的两位院士，克里斯提安·哥德巴赫以及瑞士数学天才莱昂哈德·欧拉研究出了很多可以生成此类数组的公式：

对于这样的 6 个数字数组：

$$x_1 = a + c \quad x_2 = b + c \quad x_3 = 2a + 2b + c$$

$$y_1 = c \quad y_2 = 2a + b + c \quad y_3 = a + 2b + c$$

（所有这类的等式中，a，b…可以是正整数）

在上面列出的等式系列中，$a = 1$，$b = 2$，$c = 1$。

生成 6 个数的另一个公式：

$$x_1 = ad \quad x_2 = ac + bd \quad x_3 = bc$$

$$y_1 = ac \quad y_2 = ad + bc \quad y_3 - bd$$

按上文生成 8 个数的方法：

$$x_1 = a \quad x_2 = b \quad x_3 = 3a + 3b \quad x_4 = 2a + 4b$$

$$y_1 = 2a + b \quad y_2 = a + 3b \quad y_3 = 3a + 4b \quad y_4 = 0$$

（F）下面是一组多功能数组：

$$1 + 6 + 7 + 17 + 18 + 23 = 2 + 3 + 11 + 13 + 21 + 22$$

$$1^2 + 6^2 + 7^2 + 17^2 + 18^2 + 23^2 = 2^2 + 3^2 + 11^2 + 13^2 + 21^2 + 22^2$$

$$1^3 + 6^3 + 7^3 + 17^3 + 18^3 + 23^3 = 2^3 + 3^3 + 11^3 + 13^3 + 21^3 + 22^3$$

$$1^4 + 6^4 + 7^4 + 17^4 + 18^4 + 23^4 = 2^4 + 3^4 + 11^4 + 13^4 + 21^4 + 22^4$$

$$1^5 + 6^5 + 7^5 + 17^5 + 18^5 + 23^5 = 2^5 + 3^5 + 11^5 + 13^5 + 21^5 + 22^5$$

等式如下：

$$a^n + (a + 4b + c)^n + (a + b + 2c)^n + (a + 9b + 4c)^n + (a + 6b + 5c)^n + (a + 10b + 6c)^n$$

$$= (a + b)^n + (a + c)^n + (a + 6b + 2c)^n + (a + 4b + 4c)^n + (a + 10b + 5c)^n + (a + 9b + 6c)^n$$

其中 a，b，c 为任意正整数，n 可以等于 1，2，3，4 或 5。

（G）已知：

$$4^2 + 5^2 + 6^2 = 2^2 + 3^2 + 8^2$$

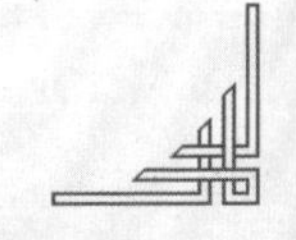

则有：

$$42^2+53^2+68^2=24^2+35^2+86^2$$

不过这并不是将第一个等式两边的各位数字进行左右、左右、左右组合来取平方和（和它们的反序数的平方和一样）的唯一方式。下面再提供五组：

$$42^2+58^2+63^2=24^2+85^2+36^2$$
$$43^2+52^2+68^2=34^2+25^2+86^2$$
$$43^2+58^2+62^2=34^2+85^2+26^2$$
$$48^2+52^2+63^2=84^2+25^2+36^2$$
$$48^2+53^2+62^2=84^2+35^2+26^2$$

一般来说，如果 $2\boldsymbol{n}$ 个一位数其平方数之间存在这样的关系：

$$\boldsymbol{x}_1^{\ 2}+\boldsymbol{x}_2^{\ 2}+\cdots+\boldsymbol{x}_n^{\ 2}=\boldsymbol{y}_1^{\ 2}+\boldsymbol{y}_2^{\ 2}+\cdots+\boldsymbol{y}_n^{\ 2}$$

那么则有：

$$(10\boldsymbol{x}_1+\boldsymbol{y}_1)^2+(10\boldsymbol{x}_2+\boldsymbol{y}_2)^2+\cdots+(10\boldsymbol{x}_n+\boldsymbol{y}_n)^2$$
$$=(10\boldsymbol{y}_1+\boldsymbol{x}_1)^2+(10\boldsymbol{y}_2+\boldsymbol{x}_2)^2+\cdots+(10\boldsymbol{y}_n+\boldsymbol{x}_n)^2$$

如果将第一个等式右边的顺序调整一下，则可以形成 $\boldsymbol{n}!=(\boldsymbol{n}-1)(\boldsymbol{n}-2)\cdots(2)(1)$ 这样的关系。

请使用数字 1 至 8，用自己的方法，分别确认 $\boldsymbol{x}_1$，$\boldsymbol{x}_2$，$\boldsymbol{x}_3$，$\boldsymbol{x}_4$ 和 $\boldsymbol{y}_1$，$\boldsymbol{y}_2$，$\boldsymbol{y}_3$，$\boldsymbol{y}_4$ 必须等于哪些数字，并构建出几个关于两位数的平方的等式。

（***H***）以下是几个由 12 个数组组成的数组，每个数组都是 6 个两位数及各自的反序数组成：

$$13+42+53+57+68+97=79+86+75+35+24+31$$
$$13^2+42^2+53^2+57^2+68^2+97^2=79^2+86^2+75^2+35^2+24^2+31^2$$
$$13^3+42^3+53^3+57^3+68^3+97^3=79^3+86^3+75^3+35^3+24^3+31^3$$
$$12+32+43+56+67+87=78+76+65+34+23+21$$
$$12^2+32^2+43^2+56^2+67^2+87^2=78^2+76^2+65^2+34^2+23^2+21^2$$
$$12^3+32^3+43^3+56^3+67^3+87^3=78^3+76^3+65^3+34^3+23^3+21^3$$

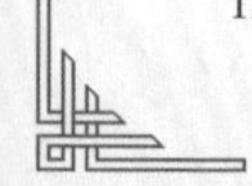

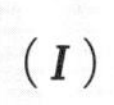

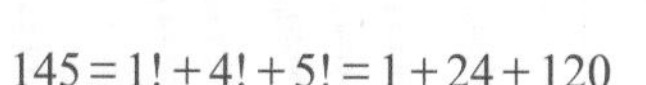

(*I*)

$$145 = 1! + 4! + 5! = 1 + 24 + 120$$

$$40585 = 4! + 0! + 5! + 8! + 5! = 24 + 1 + 120 + 40320 + 120$$

（注意，按惯例 $0! = 1$）

此外不存在其他符合条件的数字了。你能否找出 4 个数，其各位数字的阶乘之和正好比其中任意一个数大 1 或者小 1 吗?

(*J*) 376 的各次幂都是以 376 结尾，而且 625 各次幂都是以 625 结尾:

$376^2 = 141376 \quad 376^3 = 53157376\cdots$

$625^2 = 390625 \quad 625^3 = 244140625\cdots$

如何证明除了这两个数之外不存在其他满足这一条件的三位数?

请用自己的方法证明，如果一个 n 位数的平方以同样的 n 位数结尾，那么其他高次幂同样也会以同样的 n 位数结尾（比如说，$76^2 = 5776$，而且 76 的所有高次幂都是以 76 结尾）。

349. 一行正整数

(*A*) 将正整数 1，2，3…写成三角形的形状:

仔细观察下页的数字三角形:

1. 每一列最底下的数字正好是其所在列数（从左往右数）的平方。

2. 同一行中任意相邻两个数的乘积正好也在这一行中。比如，$5 \times 11 = 55$。而且乘积正好在两个乘数中较小的那个乘数 n 往右第 n 个位置：比如 55 正好在 5 往右第 5 个位置。

3. 最长一行的数字 $= n^2 - n + 1 = (n-1)^2 + n$，其中 $n=1$，2，3，4，

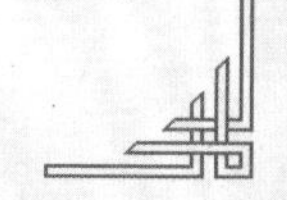

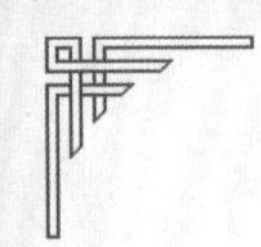

.

.....

....

50··············

37 51··············

26 38 52··············

17 27 39 53······ 107 ···

10 18 28 40 54······ 108 ···

5 11 19 29 41 55······ 109 ···

2 6 12 20 30 42 56······ 110 ···

1 3 7 13 21 31 43 57······ 111 ···

4 8 14 22 32 44 58······ 112 ···

9 15 23 33 45 59······ 113 ···

16 24 34 46 60······ 114 ···

25 35 47 61······ 115 ···

36 48 62··············

49 63··············

64··············

5···3 之后的每第三个数都可以被 3 整除；13 或 91 之后的每第 13 个数都可以被 13 整除，以此类推。每一行的数都有类似的特性。

（***B***）正整数的数列可以拆解为一系列加法等式：

$$1+2=3$$

$$4+5+6=7+8$$

$$9+10+11+12=13+14+15$$

$$16+17+18+19+20=21+22+23+24$$

以此类推。

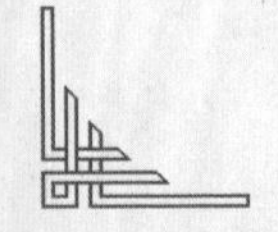

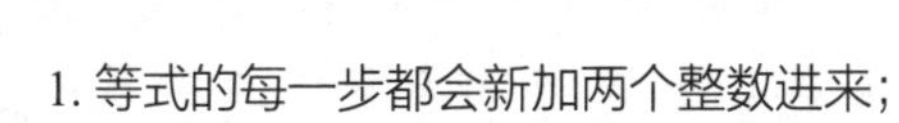

1. 等式的每一步都会新加两个整数进来；

2. 每个等式的第一项都是等式右侧整数数量的平方。因此不用将所有数字写出来就可以写出任意一个等式。

（*C*）前 n 个整数的平方和为：

$$1^2+2^2+3^2+\cdots+n^2=\frac{n(n+1)(2n+1)}{6}$$

从第一个 $\frac{1}{2}(n+1)$ 奇数开始的数列，各数字的平方和，同从第一个 $\frac{1}{2}n$ 偶数开始的平方和有相同的公式：

$$1^2+3^2+5^2+\cdots+n^2=\frac{(n+1)^3-(n+1)}{6}$$

$$2^2+4^2+6^2+\cdots+n^2=\frac{(n+1)^3-(n+1)}{6}$$

（*D*）

$$3^2+4^2=5^2$$

$$10^2+11^2+12^2=13^2+14^2$$

第一个等式是可以用来证明毕达哥拉斯定理（即勾股定理）的最简单三角形（3 和 4 是直角边，5 是斜边）。而第二个等式是俄罗斯画家波格丹诺夫 - 贝尔斯基的画作《困难的问题》的数学背景。该画展示了一群农村学生尝试用心算求解写在黑板上的一个问题：

$$\frac{10^2+11^2+12^2+13^2+14^2}{365}=?$$

如果你明白前三个平方数以及后两个平方数相加都等于 365 的话，这个问题就不算什么“困难的问题”了。因此答案为：2。

能否再找出一个同类的等式，均由正整数构成，左边是两项正整数的平方和或三项正整数的平方和。是否存在一系列左侧有四项、五项……的等式，就如本题（*B*）一样？

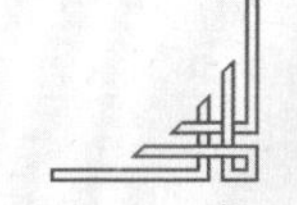

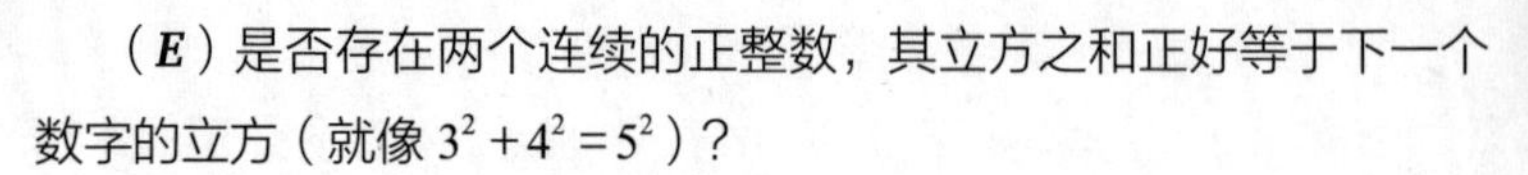

（*E*）是否存在两个连续的正整数，其立方之和正好等于下一个数字的立方（就像 $3^2+4^2=5^2$）？

并不存在。可以用反证法证明：将几个正整数设为 $(x-1)$，x 和 $(x+1)$。则有：

$$(x-1)^3+x^3=(x+1)^3$$
$$2x^3-3x^2+3x-1=x^3+3x^2+3x+1$$
$$x^3-6x^2=x^2(x-6)=2$$

因为 x^2 为正数，那么 $(x-6)$ 为正；那么 x 一定大于或等于 7，但此时 x^2（至少是 49）乘以 $(x-6)$（至少等于 1）会大于 2，这不可能。因此不存在满足条件的连续三个正整数。

（*F*）观察下方的乘法表：

1	2	3	4	5	…	…	p	…	n
2	4	6	8	10	…	…	$2p$	…	$2n$
3	6	9	12	15	…	…	$3p$	…	$3n$
4	8	12	16	20	…	…	$4p$	…	$4n$
5	10	15	20	25	…	…	…	…	…
…	…	…	…	…	…	…	…	…	…
…	…	…	…	…	…	…	…	…	…
p	$2p$	$3p$	$4p$	…	…	…	p^2	…	…
…	…	…	…	…	…	…	…	…	…
n	$2n$	$3n$	$4n$	…	…	…	…	…	n^2

当然，在这个表格中，乘积（比如 15）正好位于其因数所在行和列的交叉点（3 和 5 或者 5 和 3）。表格中的通道现在弯曲了一个直角，于是呈现出了其他一些数字模式：

1. 以左上角的 1 形成的方阵中的数字之和是一个平方数：

$$1=1^2$$
$$1+2+2+4=3^2$$
$$1+2+3+2+4+6+3+6+9=6^2$$

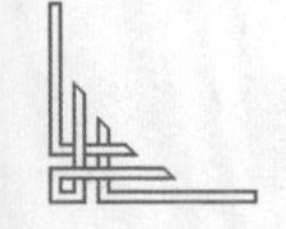

2. 每条通道里的数之和是一个立方数:

$$1=1^3$$

$$2+4+2=2^3$$

$$3+6+9+6+3=3^3$$

3. 这些方阵由 1，2，3…$\boldsymbol{n}$ 条通道组成。

于是这里就有了一个著名的古老公式:

$$1^3+2^3+3^3+\cdots+\boldsymbol{n}^3=(1+2+3\cdots+\boldsymbol{n})^2$$

既然 $1+2+3+\cdots+\boldsymbol{n}=\dfrac{\boldsymbol{n}(\boldsymbol{n}+1)}{2}$（等差数列之和）:

则有：$1^3+2^3+3^3+\cdots+\boldsymbol{n}^3=\left[\dfrac{\boldsymbol{n}(\boldsymbol{n}+1)}{2}\right]^2$

下面是一个出乎意料的几何解释。请数一下图 ***a*** 和图 ***b*** 中矩形（包括正方形）的数量。图 ***a*** 中有 9 个:

2×2 正方形	1
1×2 矩形	2+2
1×1 正方形	4
	9

(***a***)

图 ***b*** 中有 36 个:

3×3 正方形	1
2×3 矩形	2+2
2×2 正方形	4
1×3 矩形	3+3
1×2 矩形	6+6
1×1 正方形	9
	36

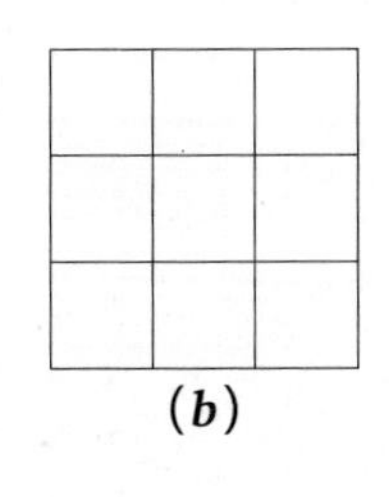

(***b***)

右侧的数是表格通道中的数。由 $2^2=4$ 个小格组成的方格含有 $1^3+2^3=9$ 个矩形，而由 $3^2=9$ 个小格组成的方格含有 $1^3+2^3+3^3=36$ 个矩形。那么由 $\boldsymbol{n}^2$ 个小格组成的方格含有多少个矩形呢?

（G）在那个古老的立方和公式中，各项分别为 1，2，3…法国数学家约瑟夫·刘维尔致力于找出立方和同平方和相等的非连续正整数（允许重复）：

$$a^3+b^3+c^3+\cdots=(a+b+c\cdots)^2$$

他所提出的这一卓越见解可以通过如下示例帮助理解：

数字 6 可以被 1，2，3 和 6 整除；1 有一个因数，2 有两个（1 和 2），3 有两个（1 和 3），而 6 有四个（1，2，3 和 6）。但是：

$$1^3+2^3+2^3+4^3=(1+2+2+4)^2=81$$

30 这个数的因数有 1，2，3，5，6，10，15 和 30。这些因数分别又有 1 个、2 个、2 个、2 个、4 个、4 个、4 个和 8 个因数：

$$1^3+2^3+2^3+2^3+4^3+4^3+4^3+8^3=(1+2+2+2+4+4+4+8)^2=729$$

请自行测试一下其他的数。

350. 反复出现的差

选一个四位数（各位数字不能全部相同）。用这四个数字组成一个最小数 m 和最大数 M，算出 $(M-m)$。得到的差再按刚才的方式处理，重复下去（如果出现三位数，比如 397，就写成 0397）。最后你一定会得到 6174，然后进入无限重复，因为：

$$7614-1467=6174$$

举个例子，如果从 4818 开始：

$$8841-1488=7353$$

$$7533-3357=4176$$

$$7641-1467=6174$$

$$\cdots$$

你能否证明任意数字最后都会得到 6174 吗？最初，这个问题被认作是“依然棘手的问题”。有许多读者都做过尝试。很快大家发现

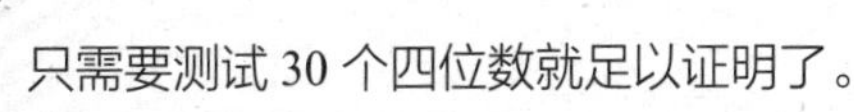

只需要测试 30 个四位数就足以证明了。

那么是哪 30 个数呢？如果我们用两位数进行上述操作，那么最终一定会得到什么数？三位数呢？五位数呢？

351. 回文之和

这也是一个棘手的问题。

将任意整数同其反序数相加。再将所得之和同其反序数相加。反复这一过程，直到最后得到的和为回文数（从左往右和从右往左都相同）：

38	139	48017
83	931	71084
121	1070	119101
	0701	101911
	1771	221012
		210122
		431134

过程中会需要计算很多步（从 89 到 8813200023188 需要 24 步）。据推测，每个整数通过这一操作最终都会得到一个回文数。

里加的工人摩尔发现 196 这个数在进行 75 步后依然没有出现回文数。在这里，与其从第 75 步之后（已经是 36 位数了）继续进行加和，还不如通过推理试着证明或者反驳上述的推测。

（本题提供解题思路与方法，不再提供答案。）

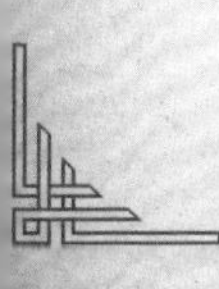

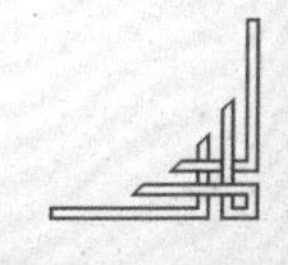

第14章 古老但永葆青春的数字

本章会呈现许多有趣的数字怪象，并展示本书中难度最大的几个谜题。

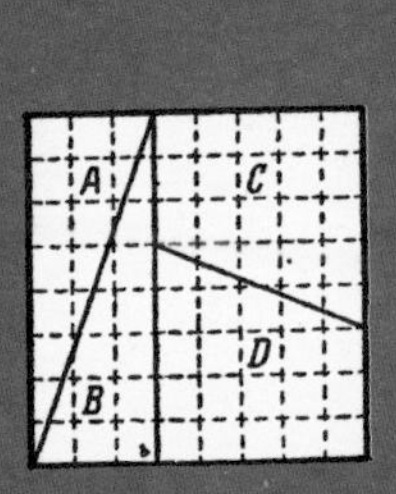

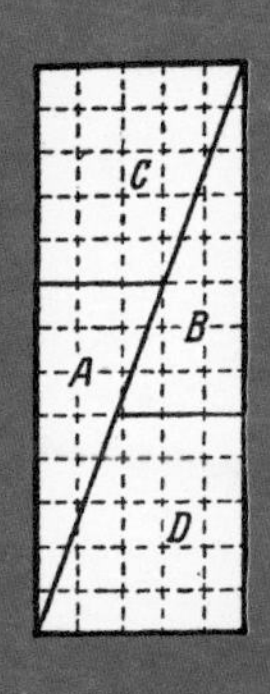

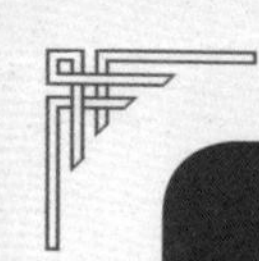

质数

352. 质数与合数

如果正整数 N 除以正整数 a 依然得到正整数，那么 a 就是 N 的一个因数：

1. 有一个因数（1）；

2. 有两个因数（1，2）；

3. 有两个因数（1，3）；

4. 有三个因数（1，2，4）；

质数有两个因数；而合数的因数则有三个或以上（1 既不是质数也不是合数）。

最小的质数 2 是唯一的偶数质数。而奇数中既有质数（3，5，7…）也有合数（9，15，21…）。

每个合数都是一组特定质数的乘积：

$12 = 2 \times 2 \times 3$

$363 = 3 \times 11 \times 11$

…

质数是一种基本的数，其他所有的数都由质数相乘而来。这就不难理解为何数学家们对质数的兴趣如此浓厚了。

（本题提供解题思路与方法，不再提供答案。）

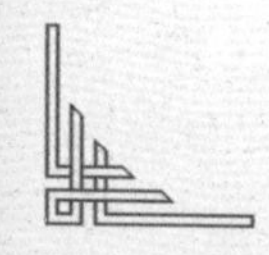

353. 埃拉托斯特尼筛法

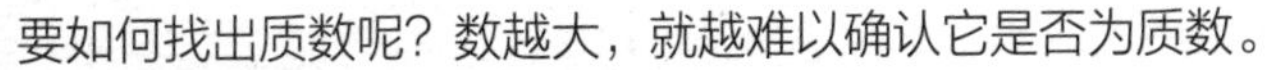

要如何找出质数呢？数越大，就越难以确认它是否为质数。

要从混合物中分离出谷粒，用不同大小的孔组成的筛子即可分离出不同大小的谷粒，非常管用。那么要分离出质数，我们也可以用类似的方法。

假设我们要找出从 2 到 **N** 之间的所有质数，首先就先按顺序将它们都写下来。排首位的质数是 2。在 2 的下面做下划线，然后划去 2 的所有倍数。这样一来剩下的第一个数字 3 就一定是质数了。再将 3 做下划线，然后划去 3 的所有倍数。数字 5 也这么操作（4 已被划去了）。持续进行下去就可以将从 2 至 **N** 的所有合数划去，而带下划线的数字就可以形成一张从 2 至 **N** 的质数表：

2, 3, ~~4~~, 5, ~~6~~, 7, ~~8~~, ~~9~~, ~~10~~,
11, ~~12~~, 13, ~~14~~, ~~15~~, ~~16~~, 17, ~~18~~, 19, ~~20~~,
~~21~~, ~~22~~, 23, ~~24~~, ~~25~~, ~~26~~, ~~27~~, ~~28~~, 29, ~~30~~,
31, ~~32~~, ~~33~~, ~~34~~, ~~35~~, ~~36~~, 37, ~~38~~, ~~39~~, ~~40~~,
……………………………………

这种筛法于 2000 多年前为希腊数学家埃拉托斯特尼（公元前 276 年—公元前 196 年）所创。直到今天，这种以该数学家命名的方法依然在使用，虽然冗长死板，却非常可靠。

数世纪以来，人们已经找出了 1 至 10000000 之间的所有质数。美国数学家莱默在这个领域做出了许多开创性的贡献，并在 1914 年经过自己仔细核对后制作完成并出版了质数表。

而俄罗斯一位自学成才的数学家佩武辛大约比莱默早 20 年就制作出了一张 10000000 以内的质数表，把它作为礼物送给科学研究院。佩武辛的质数表原稿保存在科学研究院的档案馆，一直未出版。

布拉格大学的一位教授库里克将发现的质数增至 100000000 以

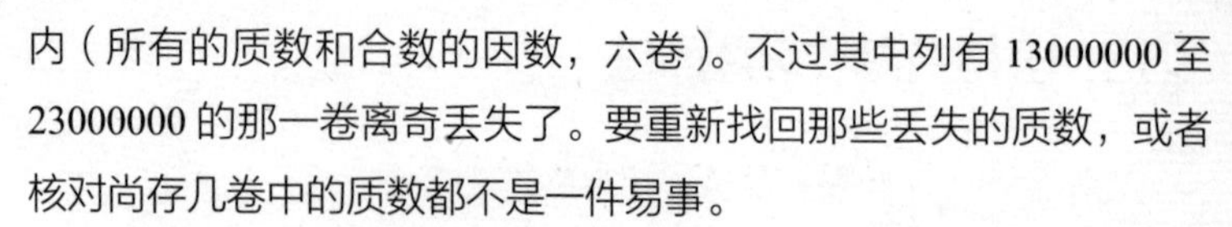

内（所有的质数和合数的因数，六卷）。不过其中列有 13000000 至 23000000 的那一卷离奇丢失了。要重新找回那些丢失的质数，或者核对尚存几卷中的质数都不是一件易事。

如今在电子计算机的帮助下能够找到一些特别庞大的质数，这些质数已经远远超出现有的质数表范围了。$2^{19937}-1$ 这个质数于 1971 年被美国数学家布莱恩特·塔克曼发现，有 6002 位数字！

（本题提供解题思路与方法，不再提供答案。）

354. 多少个质数

欧几里得曾经证明不存在最大的质数。如果将从 2 至 n 的所有质数相乘并将乘积加 1，那么最后的结果要么是质数，要么是拥有一个大于 n 的质因数的合数。

质数的出现并无规律，而且随着整数范围越大，出现的概率越小。在大于 1 的整数数列中，10 以内共有 5 个质数（出现率 50%），100 以内共有 26 个质数（出现率 26%），100 万以内出现率降至 8%。

（本题提供解题思路，不再提供答案。）

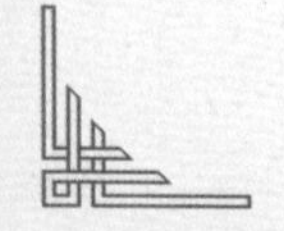

斐波那契数列

有一位伟大的算术专家名为列奥纳多（也称为“比萨的列奥纳多”），生活于 13 世纪的意大利。也有人称呼他为斐波那契，意思是“波那契之子”。1202 年，他出版了一本拉丁文书《计算之书》，包含了当时所知的全部算术与代数知识。这也是欧洲最早出现的用阿拉伯数字教授计算的书之一。在随后的两个多世纪，这本书一直是数值计算方面的权威著作。按惯例，斐波那契也参加了数学竞赛（一种用最好最快的方法解决困难问题的公开竞赛）。他在数学难题方面的解题技巧让人瞠目结舌。

355. 公开考试

1225 年，神圣的罗马皇帝腓特烈二世带着一大群数学家来到比萨想要公开考一考斐波那契，可见斐波那契的威望有多高。竞赛中有一个谜题是这样的：

一个平方数在减去 5 或者加上 5 之后依然是一个平方数。

显然，答案并不是整数。略微思考之后，斐波那契找到了这个数：

$$\frac{1681}{144} \quad \text{或者} \quad \left(\frac{41}{12}\right)^2$$

这个数减去 5 之后依然是平方数：

$$\frac{961}{144} = \left(\frac{31}{12}\right)^2$$

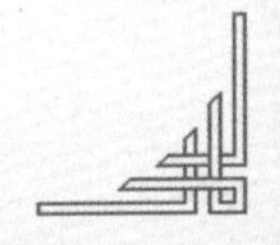

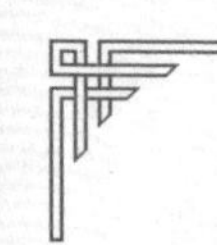

这个数加上 5 之后依然是平方数：

$$\frac{2401}{144}=\left(\frac{49}{12}\right)^2$$

在波波夫的《历史难题》一书中提供了一种解题方法：

$x^2+5=u^2$ 并且 $x^2-5=v^2$

那么：

$u^2-v^2=10$

而 $10=\frac{80\times18}{12^2}$

所以：$(u+v)(u-v)=\frac{80\times18}{12^2}$

假设 $u+v=\frac{80}{12}$ 且 $u-v=\frac{18}{12}$

这样就可以得到斐波那契的答案了。

当年斐波那契在竞赛上可能是采用这种方法。如果是真的，他的想象力简直太强大了，一般人谁能想到可以把 10 改写成上面那个分数呢。

（本题提供解题思路与方法，不再提供答案。）

356. 斐波那契数列

1，1，2，3，5，8，13，21，34，55…

每个数都等于其前两个数之和：1+1=2，1+2=3…

如果将数列里任意两个相邻的数设为 y 和 x，那么有：

$$x^2-xy-y^2=1，或者\ x^2-xy-y^2=-1$$

比如：

$$x=2，y=1$$

$$x=5，y=3$$

$$x=13，y=8$$

以上是上述第一个等式的解，而：

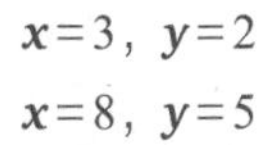

$$x=3,\ y=2$$

$$x=8,\ y=5$$

$$x=21,\ y=13$$

以上是第二个等式的解。

斐波那契数列的重要性不仅体现在数学上，也体现于植物学上。树枝上的叶子是围绕着根茎呈螺旋排列的。也就是说，每片叶子都比前一片叶子高，且与前一片叶子不在同一侧。不同种类的植物相邻两片叶子之间相差的角度各异。这个角度通常用 360 度的分数进行表示。对于椴树和榆树而言，其角度为 $\frac{1}{2}$；而山毛榉则为 $\frac{1}{3}$；橡树和樱桃树是 $\frac{2}{5}$；白杨树和梨树为 $\frac{3}{8}$；柳树为$\frac{5}{13}$，等等。同样的角度也存在于该树的树枝、树芽和花朵的排列上。这些分数都是由斐波那契数列构成。

（本题提供解题原理，不再提供答案。）

357. 一个悖论

如果将一个图形剪开并重新组合，形状可能会发生变化，但面积不会变。

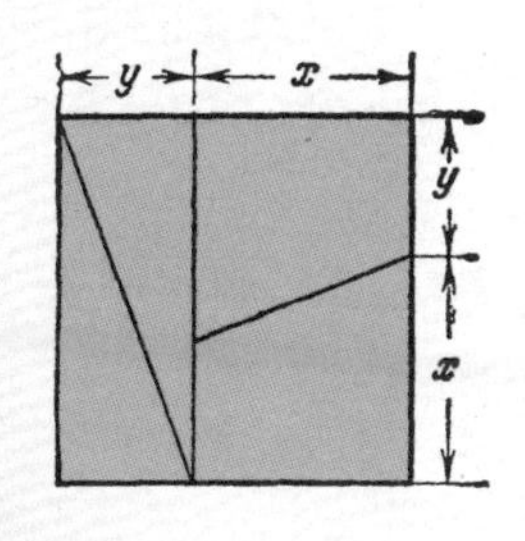

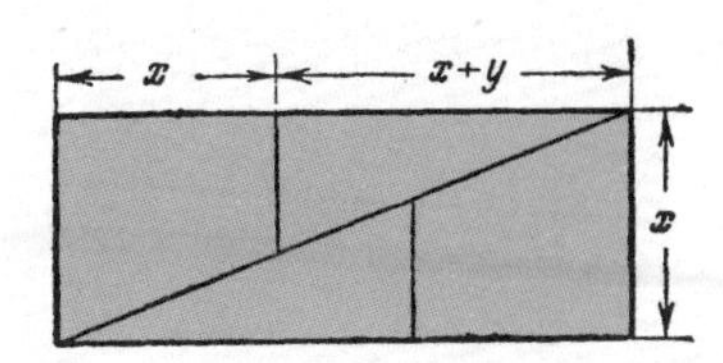

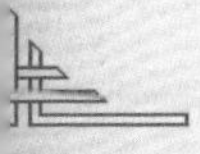

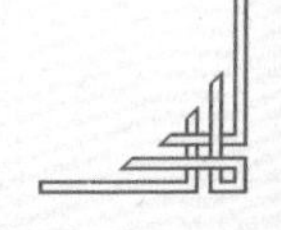

请观察上页图。这个正方形被剪成了两个全等的三角形和两个全等的梯形。那么我们是否能确定一组 x 和 y 的值，使得正方形变成如图所示的矩形？

有位青年朋友写信给我说道：“我用方格纸尝试了一些 x 和 y 的取值，但是这样剪出的形状无法构成矩形。当我测试 $x=5$，$y=3$ 时，构成的矩形面积为 $5\times13=65$（见下图）。”

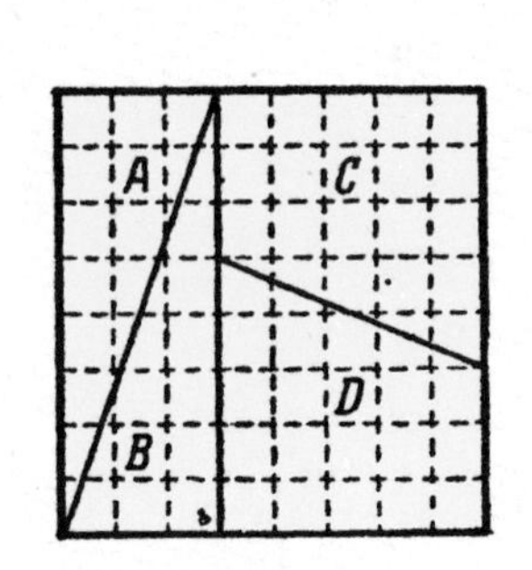

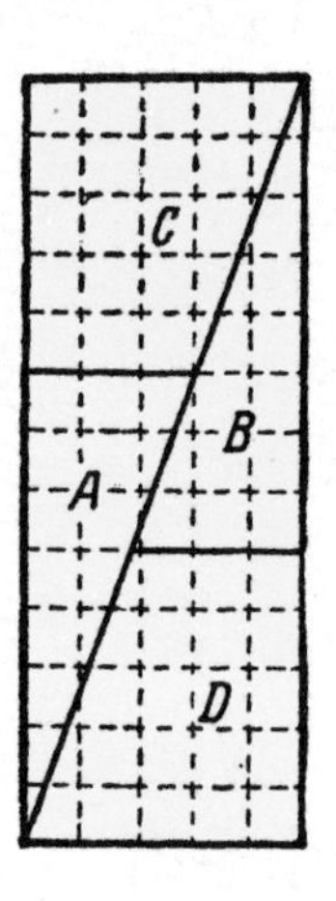

但是正方形的面积只有 64。

“而在一个 13×13 的正方形中，取 $x=8$，$y=5$。这样构成的矩形面积本应是 168，结果却是 169。而在一个 21×21 的正方形中，取 $x=13$，$y=8$。面积本应是 441，结果却是 442。是哪里弄错了？”另外，斐波那契数列扮演了什么角色呢？

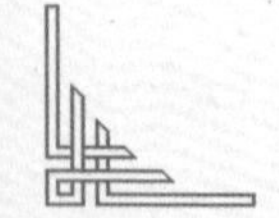

358. 斐波那契数列的特性

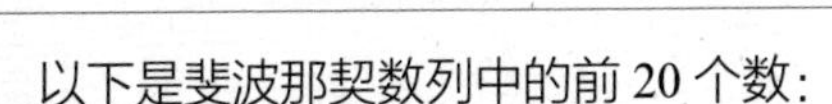

以下是斐波那契数列中的前 20 个数：

1	8	89	987
1	13	144	1597
2	21	233	2584
3	34	377	4181
5	55	610	6765

1. 相邻的两项可以这样用公式连接：

$$S_{n-2}+S_{n-1}=S_n$$

2. 对于任意数列，我们都希望能够直接由 n 得出数列中的任一个数 S_n。自然而然我们会期望公式中只会包含整数，或者是分数。这里并非如此。必须要有两个无理数，亦即：

$$a_1=\frac{1+\sqrt{5}}{2} \qquad a_2=\frac{1-\sqrt{5}}{2}$$

a_1 就是黄金分割比例，在第 357 道谜题中出现过；a_2 则是 a_1 的负倒数。

下面则是 S_n 的公式：

$$S_n=\frac{\left(\frac{1+\sqrt{5}}{2}\right)^n-\left(\frac{1-\sqrt{5}}{2}\right)^n}{\sqrt{5}}=\frac{a_1^{\ n}-a_2^{\ n}}{\sqrt{5}}$$

当 $n=1$ 时：

$$S_1=\frac{\frac{1+\sqrt{5}}{2}-\frac{1-\sqrt{5}}{2}}{\sqrt{5}}=\frac{\frac{2\sqrt{5}}{2}}{\sqrt{5}}=1$$

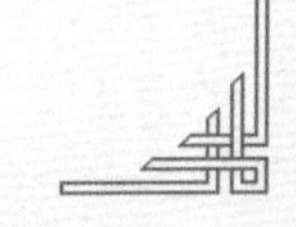

当 $n=2$ 时：

$$S_2=\frac{\left(\frac{1+\sqrt{5}}{2}\right)^2-\left(\frac{1-\sqrt{5}}{2}\right)^2}{\sqrt{5}}=\frac{6+2\sqrt{5}-(6-2\sqrt{5})}{4\sqrt{5}}=1$$

我们可以证明，对于本公式所定义的 S，其斐波那契关系 $S_{n+1}=S_{n-1}+S_n$ 则有：

$$S_{n-1}+S_n=\frac{a_1^{\,n-1}+a_1^{\,n}-a_2^{\,n-1}-a_2^{\,n}}{\sqrt{5}}$$

$$=\frac{\left(\frac{1+\sqrt{5}}{2}\right)^{n+1}\left[\frac{2^2}{(1+\sqrt{5})^2}+\frac{2}{1+\sqrt{5}}\right]-\left(\frac{1-\sqrt{5}}{2}\right)^{n+1}\left[\frac{2^2}{1-\sqrt{5}}+\frac{2}{1-\sqrt{5}}\right]}{\sqrt{5}}$$

由于两个括号内的表达式都等于 1（可以轻松推导出），因此整个表达式就等于 S_{n+1}。这样就用归纳法完成了证明：这个公式能够以前两个正确项持续产生斐波那契数列，而既然前两项已经证明了其正确性，那么必然所有项都是正确的。

3. 斐波那契数列前 n 个数之和的公式有一个有趣的特点：

$$S_1+S_2+\cdots+S_n=S_{n+2}-1$$

因此前六项之和为 $1+1+2+3+5+8=20$。所以第八项（不是第七项）为 21，或者说比前六项之和大 1。

4. 斐波那契数列前 n 位数的平方和正是数列中两个相邻的数的乘积：

$$S_1^{\,2}+S_2^{\,2}+\cdots+S_n^{\,2}=S_n\times S_{n+1}$$

举例：

$$1^2+1^2=1\times 2$$

$$1^2+1^2+2^2=2\times 3$$

$$1^2+1^2+2^2+3^2=3\times 5$$

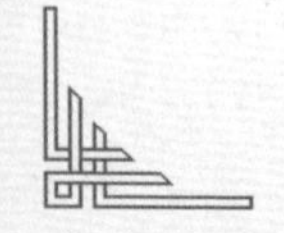
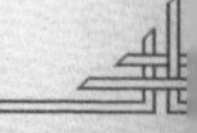

5. 一个斐波那契数的平方，再减去该斐波那契数相邻的前后两个数之乘积，最终结果会轮流等于正 1 或负 1；

$$2^2-1\times3=+1$$
$$3^2-2\times5=-1$$
$$5^2-3\times8=+1$$

6. $\boldsymbol{S}_1+\boldsymbol{S}_3+\cdots+\boldsymbol{S}_{2n-1}=\boldsymbol{S}_{2n}$

7. $\boldsymbol{S}_2+\boldsymbol{S}_4+\cdots+\boldsymbol{S}_{2n}=\boldsymbol{S}_{2n+1}-1$

8. $\boldsymbol{S}_n{}^2+\boldsymbol{S}^2{}_{n+1}=\boldsymbol{S}_{2n+1}$

9. 斐波那契数列中，每第三个数都是偶数，每第四个数都可以被 3 整除；每第五个数都可以被 5 整除；每第十五个数都可以被 10 整除。

某三角形其各边由三个不同的斐波那契数构成，这样的三角形是不存在的。你能找出原因吗?

（本题提供解题思路与方法，不再提供答案。）

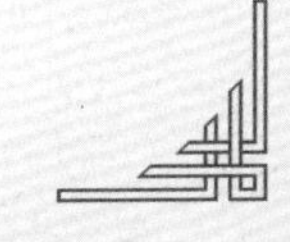

形数

359. 形数的特性

1. 古希腊人非常热衷于研究那些可以排成数列或者能够给予几何解释的数。比如两个连续整数之间的差（d）为常数的等差数列：

$$1,\ 2,\ 3,\ 4,\ 5\cdots\ (d=1)$$

$$1,\ 3,\ 5,\ 7,\ 9\cdots\ (d=2)$$

$$1,\ 4,\ 7,\ 10,\ 13\cdots\ (d=3)$$

或者用一般表示法表示：

$$1,\ 1+2d,\ 1+3d,\ 1+4d\cdots$$

每一行中的每个数都有自己的位置 n。为了求得第 n 个数（设其为 a_n），我们将该行的第一个数加上公差（d）与从 1 到 n 之间的步数（$n-1$）的乘积：

$$a_n=1+d(n-1)$$

所有这种数列中的数称为线性形数，又称一阶形数。

2. 我们来构建一行线性形数的连续和。第一个和就是该数列的第一个数，第二个和即前两个数之和，而第 n 个和就是前 n 个数之和。

第一个线性形数数列 1，2，3，4，5…按上述方式即可得到这样一个和的数列：1，3，6，10，15…这个数列中的数称为三角形数。

而第二个数列 1，3，5，7，9…则会得到一些平方数（又称正方形数）：

$$1,\ 4,\ 9,\ 16,\ 25\cdots$$

第三数列 1，4，7，10，13…会产生五边形数。

1，5，12，22，35…

再往后的数列则会依次产生六边形数、七边形数以及更高的多边形数。多边形数称为平面形数，又叫二阶形数。

3. 多边形数的几何名称是由古希腊人创建的几何解释而来。下图（四个多边形）展示的是一种使用 1 个至多个点、从左下角向外辐射构建多边形点阵的方法。数出每一步所需的点数就可以得到前四个平面形数数列。

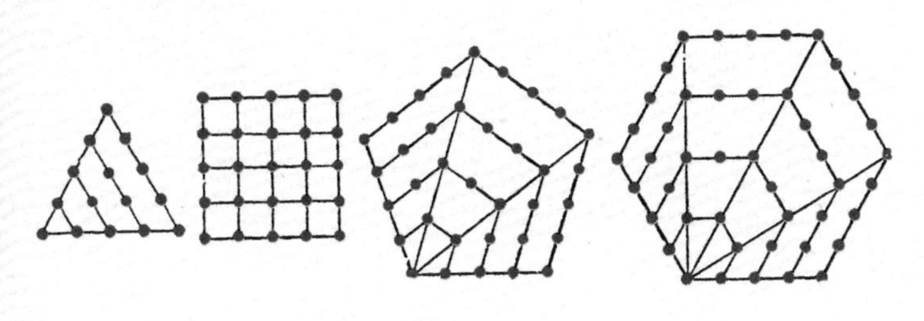

4. 我们将平面形数的情况制成表格，包括每个数列中计算第 n 项的公式：

d	图形	数 S_1	S_2	S_3	S_4	S_5	公式
1	三角形	1	3	6	10	15	$\frac{n(n+1)}{2}$
2	正方形	1	4	9	16	25	n^2
3	五边形	1	5	12	22	35	$\frac{n(3n-1)}{2}$
4	六边形	1	6	15	28	45	$n(2n-1)$
.	…	…	…	…	…	…	……
d		1	$2+d$	$3+3d$	$4+4d$	$5+10d$	$\frac{n[dn-(d-2)]}{2}$

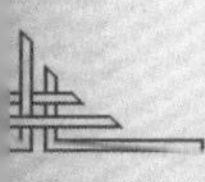
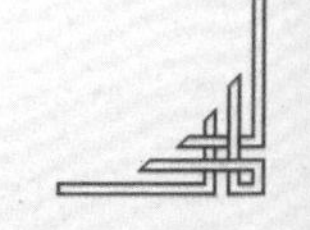

最后一行概括了公差为常数 d 的平面形数数列；求第 n 个数的一般公式放在了右下角。

5. 正整数数组和平面形数数列之间，以及平面形数本身之间都存在许多有趣的关系。

法国图卢兹市的皮耶·德·费马，是一名律师兼公众领袖，他的业余爱好是数学。他一生中在数论领域做出了许多重大贡献，比如：

任意正整数都是三角形数，或者 2 至 3 个三角形数之和。

任意正整数都是平方数，或者 2 至 4 个平方数之和。

一般来说，任意正整数都是不超过 k 个 k−边形数之和。

欧拉证明了其中一些情况，法国数学家奥古斯丁·柯西于 1815 年对此进行了一般的证明。

6. 公元前 3 世纪的古希腊数学家丢番图发现了三角形数 T 与平方数 K 之间的简单关系：

$$8T+1=K$$

你可以用三角形数 21 来验证这一公式。

下图是一个 169 个点组成的点阵。假设 13×13=169 为我们的

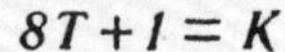

$8T+1=K$

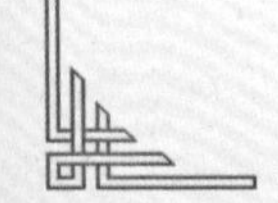

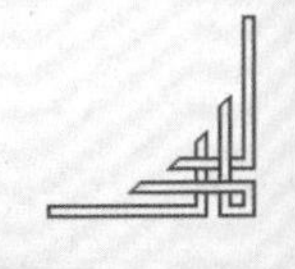

平方数 K。其中 1 个点位于正方形中心，其他 168 个点分布于周边 8 个三角形数 T 构成的 8 个带锯齿形斜边的直角三角形中。

7. 请独立思考，运用代数方法证明丢番图公式的正确性。此外请证明不存在一个三角形数以 2，4，7 或 9 结尾；再请证明每个六边形数都是一个位于三角形数数列中位于奇数位置的三角形数。

8. 从平面形数数列中构建连续和，即 $V_1=S_1$，$V_2=S_1+S_2$，$V_3=S_1+S_2+S_3$，以此类推。这样我们可以得到空间形数，或称三阶形数。

比如说，三角形数数列（1，3，6，10，15…）即可产生这样一组三阶形数：

1，4，10，20，35…

这些数称为角锥数（或金字塔数），因为这样的数可以通过用小球搭建的四面体角锥来表达。下图分别为 4 个和 10 个小球构成的四面体角锥。

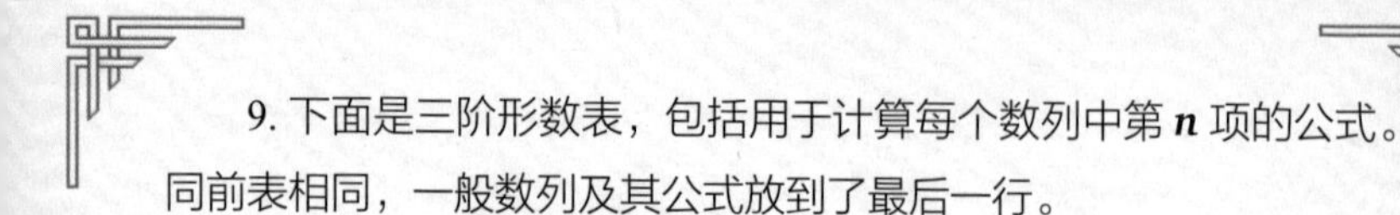

9. 下面是三阶形数表，包括用于计算每个数列中第 n 项的公式。同前表相同，一般数列及其公式放到了最后一行。

	数						
d	V_1	V_2	V_3	V_4	V_5		公式
1	1	4	10	20	35	…	$\frac{1}{6}n(n+1)(n+2)$
2	1	5	14	30	55	…	$\frac{1}{6}n(n+1)(2n+1)$
3	1	6	18	40	75	…	$\frac{1}{2}n^2(n+1)$
4	1	7	22	50	95	…	$\frac{1}{6}n(n+1)(4n-1)$
…	…	…	…	…	…	…	……
d	1	$3+d$	$6+4d$	$10+10d$	$15+20d$		$\frac{1}{6}n(n+1)[dn-(d-3)]$

（本题提供解题思路与方法，不再提供答案。）

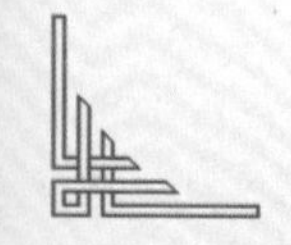

答　案

第1章　有趣的谜题

1. 观察力敏锐的孩子

注意火车头烟囱冒出来的烟。如果火车头是静止不动的，烟就会跟着风向飘动；如果火车头在没风的情况下行驶，烟就会向后倾斜。根据图片显示，行驶中的火车头烟囱冒出来的烟是直直向上的。因此，列车的行驶速度同风速一致，即 20 英里每小时。

---

2. 宝石花

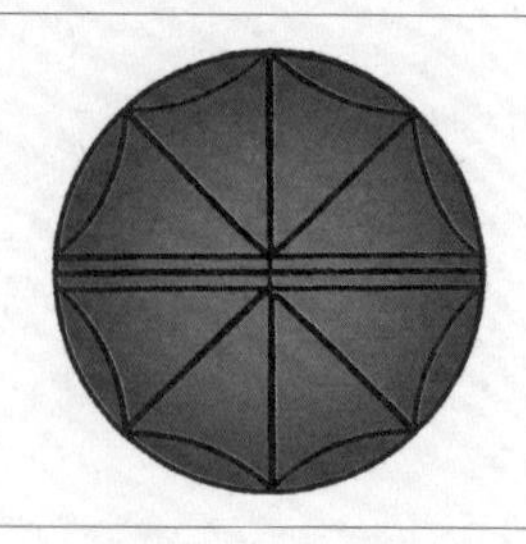

---

3. 移动棋子

如图，将棋子从左至右进行编号。如果空位在左侧，就将 2 号和 3 号棋子移到左侧（图中的第 I 步）。在空出的位置上放入 5 号和 6 号棋子（第 II 步）。最后将 6 号和 4 号棋子移到左侧（第 III 步）。

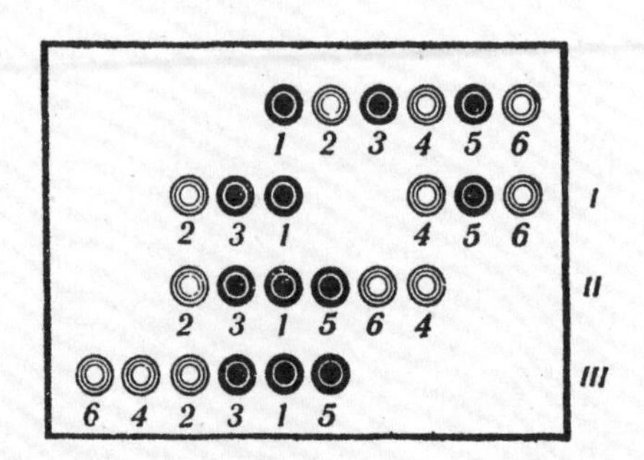

4. 走三步

三步完成谜题：第一堆火柴移动 7 根到第二堆，第二堆火柴 6 根移动到第三堆，第三堆火柴 4 根移动到第一堆。

堆	初始数量	第一步	第二步	第三步
第一堆	11	11－7＝4	4	4＋4＝8
第二堆	7	7＋7＝14	14－6＝8	8
第三堆	6	6	6＋6＝12	12－4＝8

5. 数数

35 个。

6. 花匠的路线

一条参考路线如图所示。

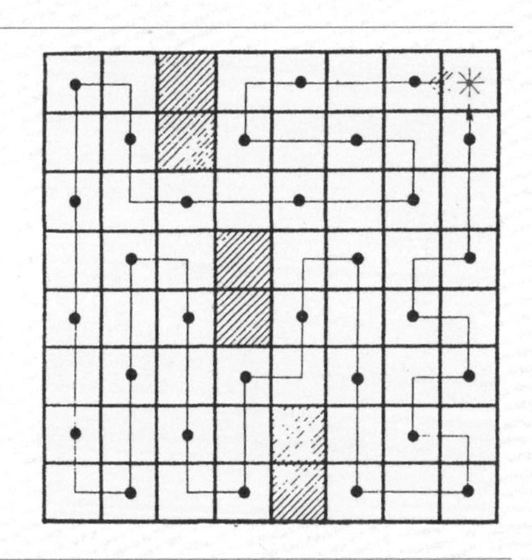

7. 五个苹果

将最后一个苹果放在篮子里给第五个小女孩。

8. 快问快答

四只猫。每只猫都坐在其相邻角落的另一只猫尾巴后面。

9. 上上下下

开始的时候，黄色铅笔有 1 英寸的长度涂上了颜料。随着蓝色铅笔往下滑动，蓝色铅笔又有 1 英寸的长度涂上了颜料。在接下来往上移动的过程中，蓝色铅笔第二次涂上颜料的地方又将黄色铅笔涂上了 1 英寸长度的颜料。

蓝色铅笔每上下移动一次，就会在蓝黄两支铅笔上各自多涂上 1 英寸长度的颜料。上下移动各 5 次就会使得两支铅笔各涂上 5 英寸长度的颜料。这 5 英寸加上最初的 1 英寸，每支铅笔总共涂上颜料的部分各 6 英寸。

有一次，莱奥尼德·雷巴科夫发现自己的靴子上沾满了污泥。他走路的时候两只靴子经常互相蹭到。

“奇怪了，”他思索着，“我没有踩过深泥坑，而靴子上的污泥都沾到膝盖处了。”

（现在你该明白这个谜题是从哪来的了。）

---

10. 过河

首先，两个男孩先过河。然后其中一个留在对岸，另一个男孩将船划回士兵处并下船。一名士兵上船过河。接着对岸的男孩上船将船划回士兵处，带上另一个男孩划到对岸。同样，一个男孩将船划回，再下船让一名士兵划船过河……重复这个流程，最后所有士兵都能过河。

---

11. 狼、羊和白菜

狼不吃白菜，因此可以首先带羊过河。

把羊留在对岸，划船返回，将白菜装上船渡河。到对岸后放下白菜，再把羊装上船。

到达后将羊留在出发点，带上狼渡河。之后将狼留在对岸同白菜待在一起，独自划船返回。

最后带羊渡河。

12. 让球滚出滑道

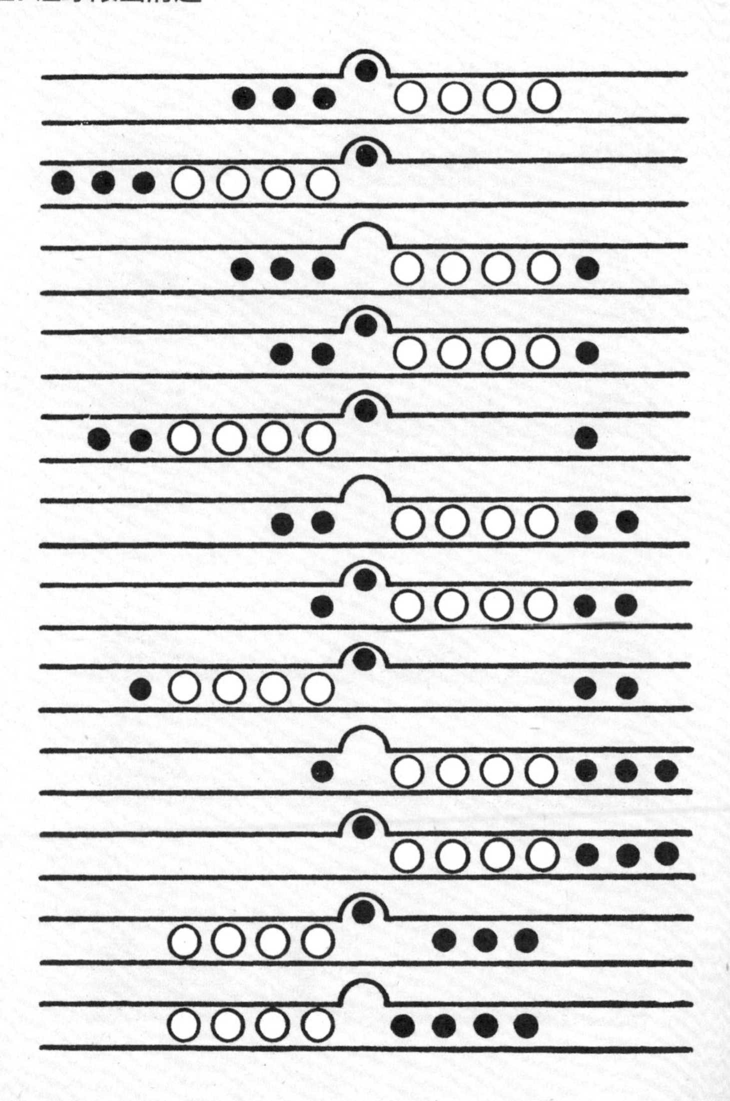

13. 修链子

将其中一段链子的 3 个环全部断开（此处共 3 步）。用这 3 个断开的环将其他 4 段链子全部连起来。一共 6 步完成。

---

14. 罗马数字等式

以下为两种解法：

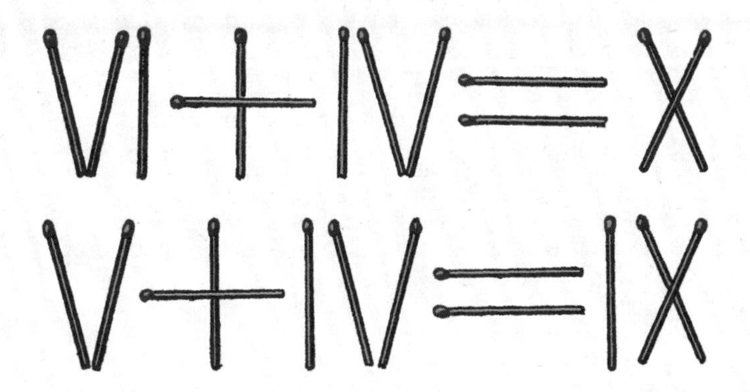

---

15. 由三得四

（IV 为罗马数字 4 的写法。）

III=3; IV=4

---

16. 三加二等于八

（VIII 为罗马数字 8 的写法。）

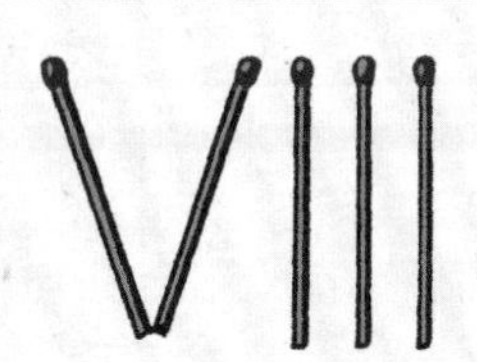

17. 三个正方形

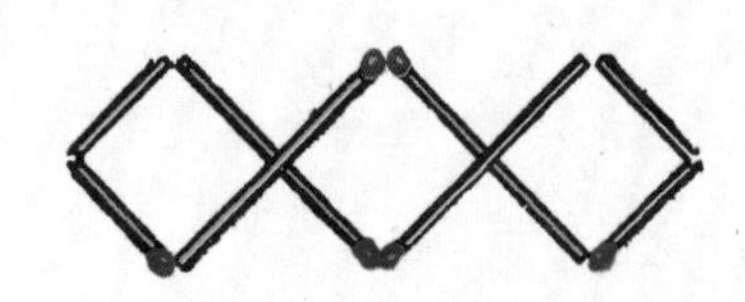

18. 几个产品

36 个毛坯可以制作 36 个产品，所产生的铅碎屑还能制作 6 个产品，但是到这还没完，这 6 个产品产生的碎屑还可以做出 1 个产品，因此总共是 43 个。

19. 排旗

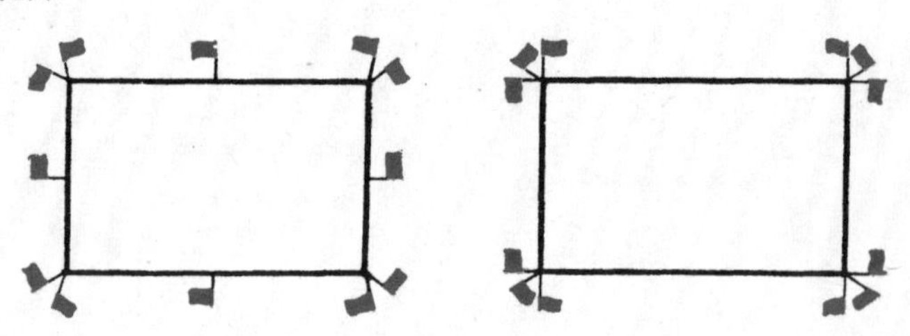

20. 十把椅子

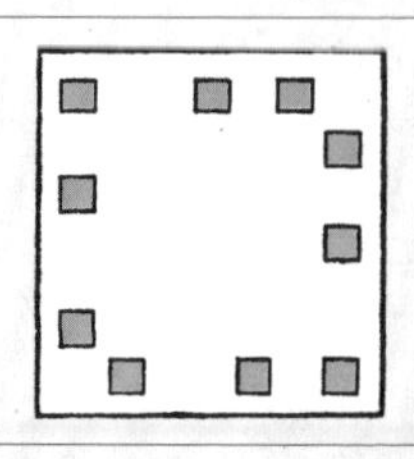

21. 保持偶数

以下为两种解法。

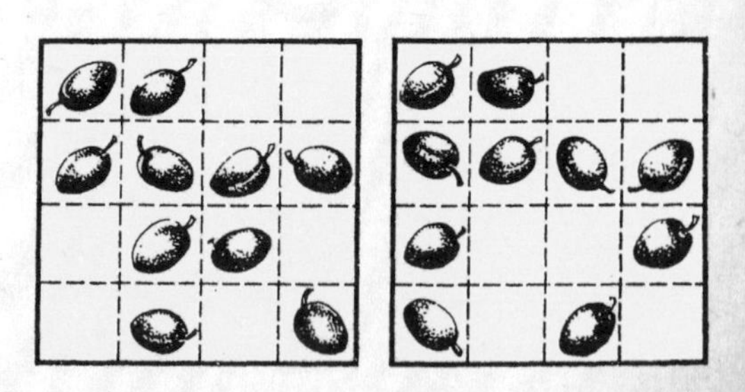

22. 魔幻三角

图 *a* 是一种和为 17 的解法；图 *b* 与图 *c* 是两种和为 20 的解法。

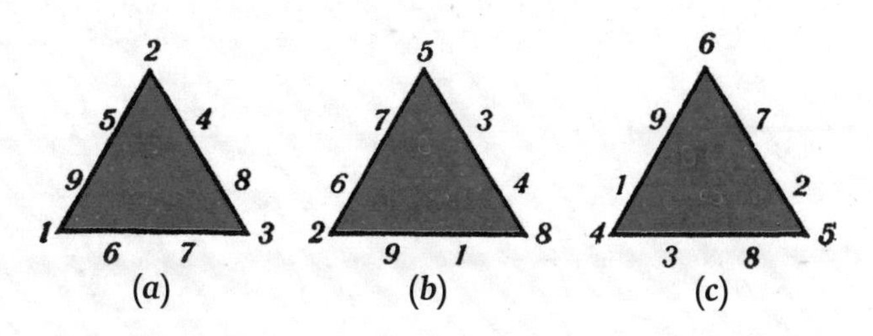

23. 玩球的女孩

下图为 13 个女孩跳过 5 个人的玩球方式。而跳过 6 个人的顺序一样，只是方向相反。

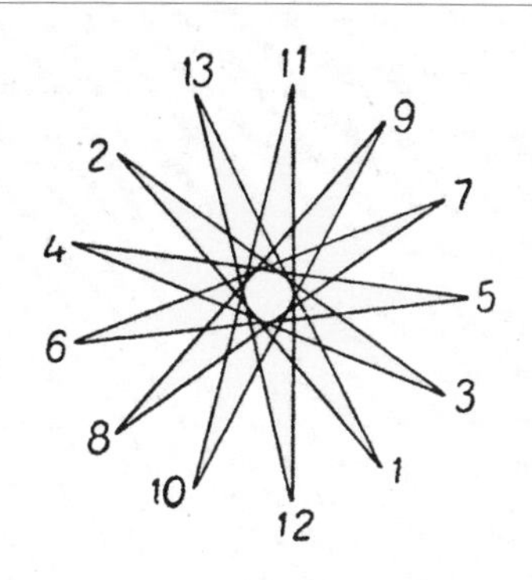

24. 四条直线

下图为一种解法。

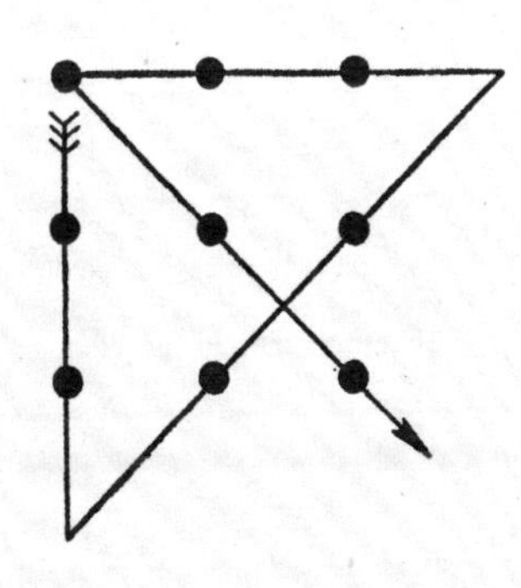

25. 羊与白菜

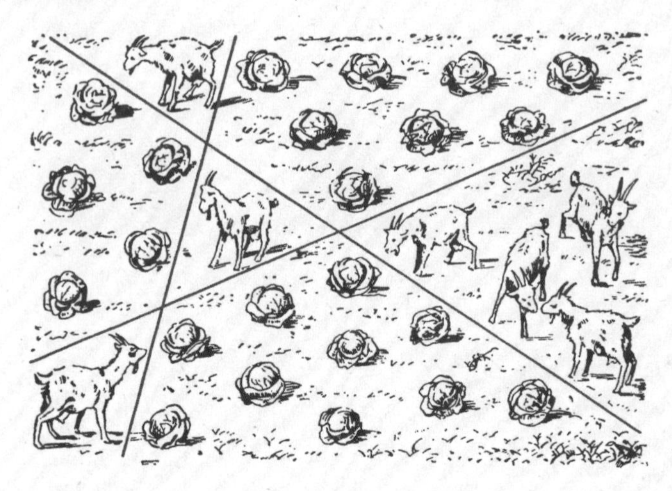

26. 两列火车

60 英里 +40 英里 =100 英里

27. 潮汐逼近

如果一个谜题涉及某一物理现象，那么在考虑数字运算的时候也要考虑物理实际。水面上升的同时绳梯也会上升，因此水面永远无法涨到绳梯的第三级。

28. 分隔表盘

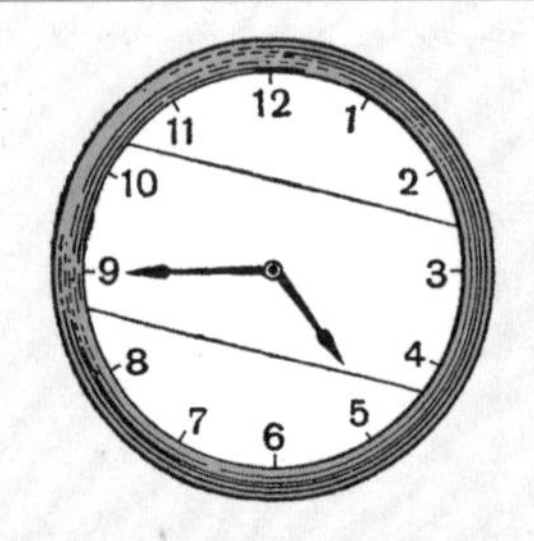

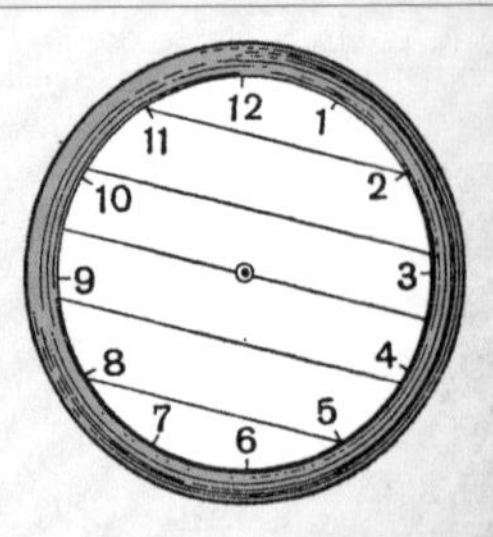

表盘上的所有数字之和为 78。如果出现两条线相交，那就必须分成 4 个相等的部分，不过 78 是无法被 4 整除的。因此各条线不能相交，分成三个部分，每个部分上的数字之和为 26。

如果你发现表盘上有成对数字之和为 13（12+1，11+2，等等），那么第一个问题的答案就很明显了，而且随之就可以得出第二个问题的答案。

29. 坏掉的钟面

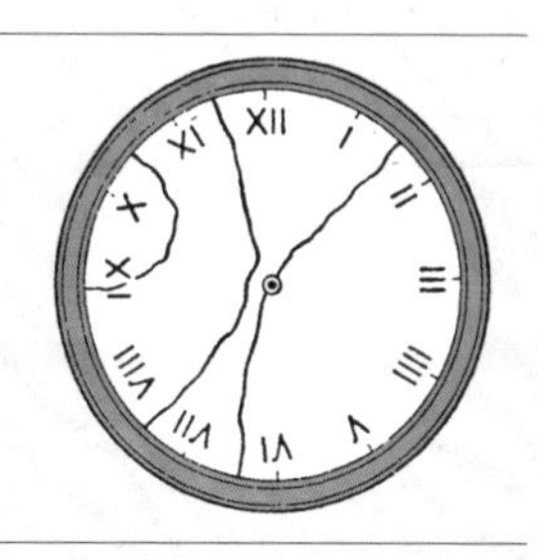

在IX，X，XI这三个数字中出现了三个相邻的数字“X”，而且其中两个肯定是在同一部分的。那么裂痕一定是将IX分开的（不是XI），这样才能使得所有分好的数字之和为 80。

30. 奇妙的钟

根据题面的描述，徒弟将两个指针装反了，分针变成了短针，而时针变成了长针。

徒弟第一次返回客户家中大概是他在将钟设置为六点之后的 2 小时 10 分钟。长针仅仅是从 12 走到 2 多一点的位置。短针走了两个整圈加 10 分钟，所以钟上显示的时间是正确的。

第二天上午大约 7:05 徒弟再一次来到客户家，这个时候是将钟设置为 6 点后经过了 13 个小时 5 分钟。那么本应是时针的长针走过了 13 个小时，停在了 1 的位置。而短针走了 13 个整圈加 5 分钟，停在了 7 的位置。因此钟上显示的时间还是正确的。

31. 三个一排

一共 20 行，其中含 3 个纽扣的行有 8 行（见图 ***a***），含 2 个纽扣的行有 12 行（图 ***b***）。

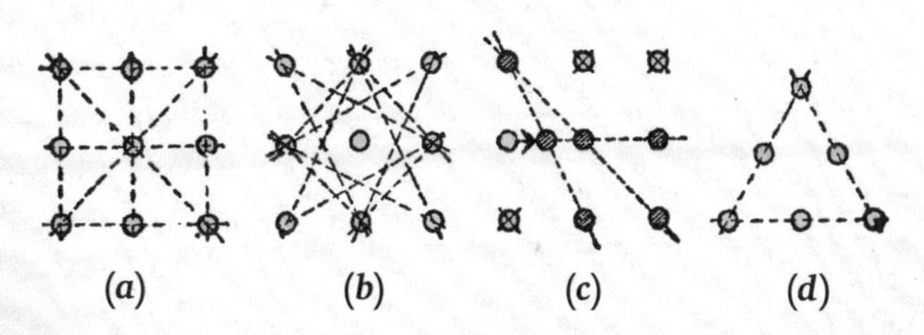

图 *c* 中，画“X”的纽扣表示已被拿走。虚线圆圈稍微右移一点儿（如箭头所示）。

图 *d* 所示为第二种将 6 个纽扣排成 3 行的方法。

32. 棋子排行

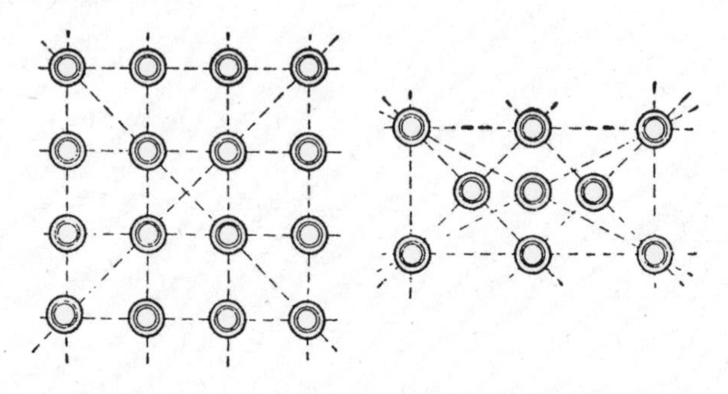

33. 硬币图样

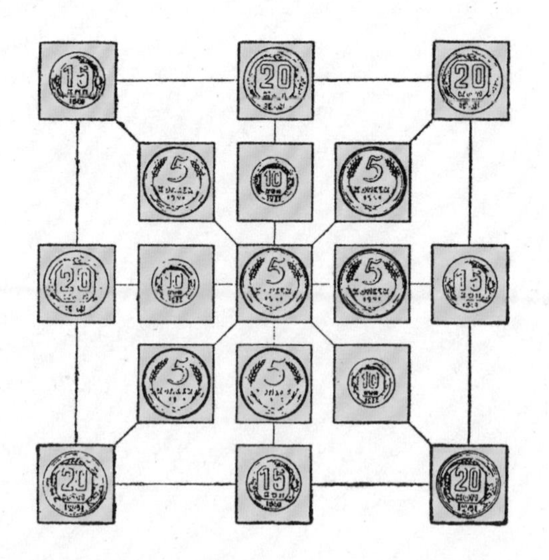

34. 从 1 到 19

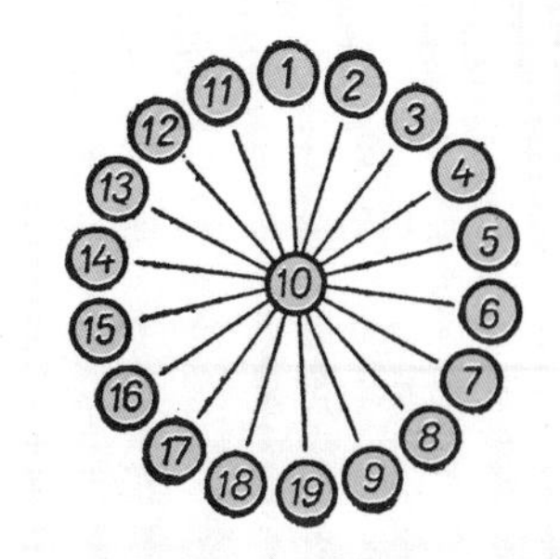

有 9 对数之和为 20（1+19，2+18，等等），最后剩下的 10 放在中间，使得每对数加上中间的 10 都等于 30。

35. 前方有陷阱

（*A*）一样远。

（*B*）一磅重的金属一定比半磅重的同样的金属价值更高。

（*C*）响 6 声需要 30 秒，因此响 12 声就需要 60 秒——这是常规的思路。不过当挂钟响 6 声的时候，每两声之间的间隔加起来只有 5 个，每个间隔为 30÷5=6 秒。那么响第一声和响第十二声之间会有 11 个 6 秒的间隔，因此响 12 声总共需要 66 秒。

（*D*）任意三个点总是处于同一平面上。

36. 数字小龙虾

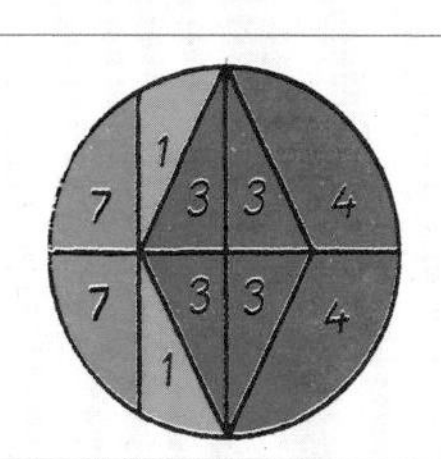

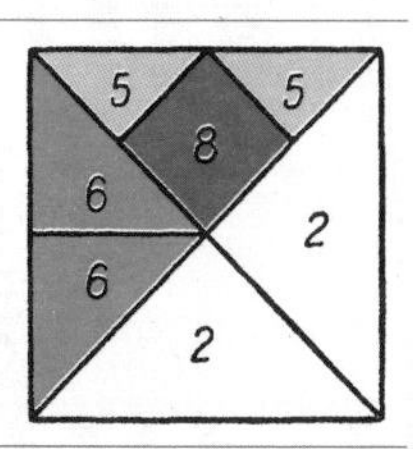

37. 书的价格

2 美元。

38. 不休息的苍蝇

这道题乍一看很难，实际上很简单。两位自行车手出发 6 小时后相遇，那么苍蝇的飞行距离就是 30×6=180 英里。

39. 颠倒的年份

1961 年。

40. 脑筋急转弯

（*A*）差 4 美元。信封上其实写的是 86，女儿看反了。

（*B*）将数字 9 翻转并同数字 8 交换位置。两列的总和都是 18。

---

41. 我几岁了

年龄差依然是 23 岁，所以如果父亲岁数是我的两倍，我必然是 23 岁。

---

42. 直觉分辨

看上去好像两列数字之和不可能一样，但仔细观察：比较个位的数字，9 个 1 匹配一个 9；比较十位的数字，8 个 2 匹配两个 8，以此类推。可以加一遍进行检查——总和是相等的。

---

43. 快速加法

（*A*）第一行和第五行，最末位的数字相加之和为 10，其他相对应的数字相加都等于 9，因此这两个数相加等于 1000000。

第二行和第六行、第三行和第七行，以及第四行和第八行各自相加都等于 1000000。因此八个数总和为 4000000。

（*B*）这八个数为：

7621

3057

2794

4518

5481

7205

6942

2378

如需快速计算，你只需要计算 9999 乘以 4，也就是 10000 乘以 4 再减去 4。答案为 39996。

（*C*）你写 48726918，总和为 172603293。要让你所写的第三个数的各位数字同第二个数相对应的各位数字之和为 9。最后的总和就简单了，用第一个数加上 100000000 再减去 1 即可。

44. 在哪只手里

10 美分（“偶数”硬币）位于：

	右手	左手
右手（×3）	奇数 × 偶数 = 偶数	奇数 × 奇数 = 奇数
左手（×2）	偶数 × 奇数 = 偶数	偶数 × 偶数 = 偶数
	和：偶数	和：奇数

如果你让朋友乘以除 3 和 2 以外的其他奇数与偶数，这个戏法依旧奏效。

45. 有几个兄弟姐妹

四个兄弟，三个姐妹。

46. 相同的数字（一）

$22+2+2+2=28$

$888+88+8+8+8=1000$

47. 相同的数字（二）

$111-11=100$

$(5\times5\times5)-(5\times5)=100$；$(5+5+5+5)\times5=100$；$(5\times5)\times[5-(5\div5)]=100$

48. 算术决斗

要得到 1111，有两种方式是通过将 10 个数字换成 0；用 9 个 0 的话有 5 种方式；用 8 个 0 的话有 6 种方式；用 7 个 0 的话有 3 种方式；用 6 个 0 的话有 1 种方式；用 5 个 0 的话也有 1 种方式；总共有 18 种方式。最后 5 个 0 的方式如下：

$$111+333+500+077+090=1111$$

请独立思考并找出其他 17 种方式。

49. 奇数相加

我们在行李装箱的时候，一般都会先放入大件，然后依次放入较小的物品。本题的思路也一样，所有的解法都是按降序排列。

19，17 和 15 是不能用的，因为这几个数之后没办法再放 7 个加数。而对于 13，放入 7 个 1 相加充分且必要：

$$13+1+1+1+1+1+1+1=20$$

而在 11 之后，也不能放入 9，7 和 5，这里我们试试 3：

$$11+3+1+1+1+1+1+1=20$$

除此之外就没有其他带 11 的解法了。

再从 9 开始。9 之后不能放 7（$9+7=16$，后面不存在 6 个奇数之和为 4 的可能性）。如果 9 之后放 5，则存在一种解法：

$$9+5+1+1+1+1+1+1=20$$

9 之后放 3 也有一种解法：

$$9+3+3+1+1+1+1+1=20$$

这样一来思路就清晰了，其他 7 种解法（总共 11 种）如下：

$$7+7+1+1+1+1+1+1=20$$

$$7+5+3+1+1+1+1+1=20$$

$$7+3+3+3+1+1+1+1=20$$

$$5+5+5+1+1+1+1+1=20$$

$$5+5+3+3+1+1+1+1=20$$

$$5+3+3+3+3+1+1+1=20$$

$$3+3+3+3+3+3+1+1=20$$

注意：只有第 6 至第 11 种解法中存在 4 个不同的加数。

50. 多少条路线

没错，如果你真的老老实实去将 ***A*** 点到 ***C*** 点的所有路线画出来，最后一定会混淆——这样做太复杂了。简单一点，我们可以转而解决 ***A*** 点附近

的点一步一步走向 C 点的路线。下图标出了从 1a（即 A 点）至 5e（即 C 点）的所有点。

很明显，从 A 点去往 AB 及 AD 上的最近点（即 2a 和 1b），各只有一条路。可以任选其一去往 2b（两条路）。而要去到十字路口 2c，通过 2b 过去有两条路，通过 1c 过去有一条路，总共三条路。同样，去往 3b 也有三条路。

现在分析的方法已经明确多了，每个十字路口存在的路线数量即为该路口左边最近点和下边最近点存在的路线之和。这一情况也很符合逻辑，因为只能向右或向上走。

就按照这个方法继续，一个一个点确认路线，最后到达 C 点的时候就会有 70 条路线了。

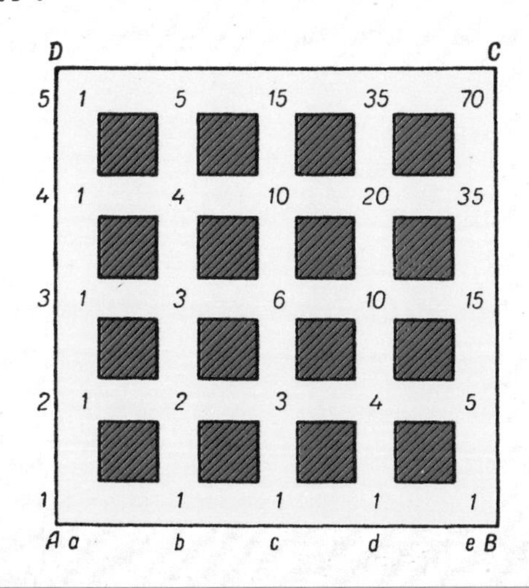

51. 数字排序

比如说我们准备把 A 和 a 放在同一条直径的两端，把 B 和 b 放在其相邻的一条直径的两端，大小写字母各自相邻。这样一来就有 $A+B=a+b$。稍做调整得到 $A-a=b-B$。按照题目要求可以得出，所有相对的两个数之差必须都相等。

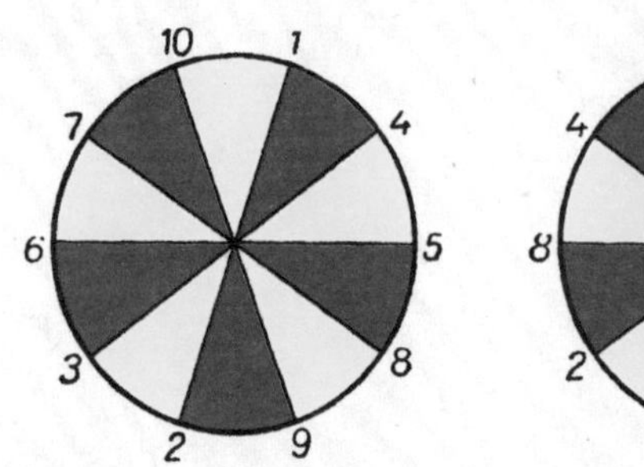

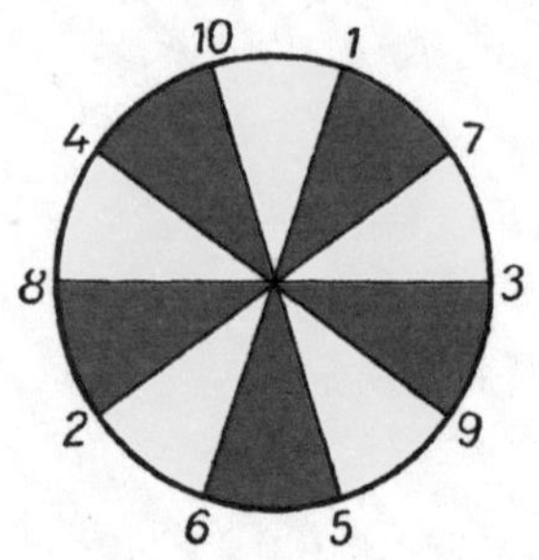

那么 1 至 10 的数必然是分成 5 组，且每组两个数之差必然相等。这样其实只存在两种分组法，差分别是 1 和 5：

1—2	1—6
4—3	7—2
5—6	3—8
8—7	9—4
9—10	5—10

这两种解法如上图。将数组相对的数更换位置即可得到变体解法。

为了避免出现旋转解法，将左图中的 1 固定不动，2 在 1 的相对位置。现在除了 (4—3) 这一组可以顺时针旋转调整位置，还有 (6—5)、(8—7)、(10—9)，如果放在第二条直径上旋转，也都可以得到变体解法。因此第二条直径就有 4 组数可选，第三条直径有 3 组数可选，第四条直径有 2 组，第五条直径有 1 组。因此就左图而言一共有 24 种变体解法（包括最开始的基本解法），再加上右图的 24 种解法，总共 48 种。

---

52. 不同的运算，相同的结果

4 个数只有一种解法：

$$1+1+2+4=1\times1\times2\times4$$

而 5 个数存在三种解法：

$$1+1+1+2+5=1\times1\times1\times2\times5$$

$$1+1+1+3+3=1\times1\times1\times3\times3$$

$$1+1+2+2+2=1\times1\times2\times2\times2$$

（请自己思考一下，能否找出 6 个、7 个或更多的解法。）

53. 99 和 100

$$9+8+7+65+4+3+2+1=99$$

$$9+8+7+6+5+43+21=99$$

$$1+2+34+56+7=100$$

$$1+23+4+5+67=100$$

54. 切分棋盘

解法如图。

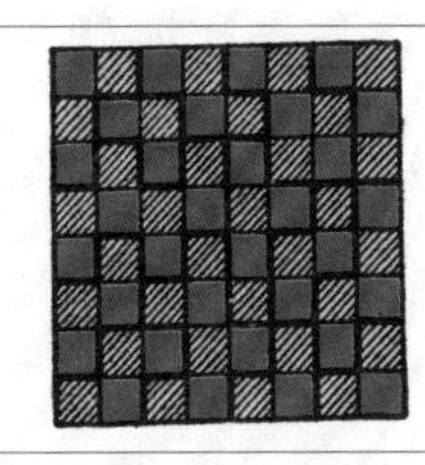

55. 找地雷

解法如图。一条路为实线，另一条路为虚线。

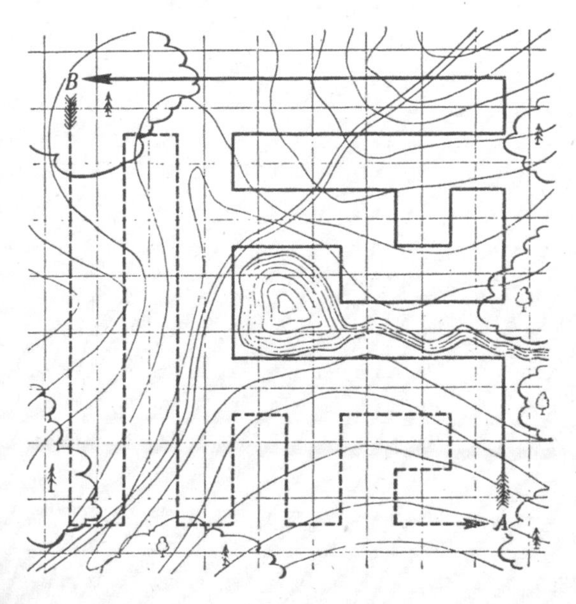

56. 两个一组

其他解法都是当前解法的变体。基本操作程序为：先在这一行火柴的两端之一做一个交叠，接下来的两步是，对剩下的 8 根未交叠的火柴的一端进行交叠操作。然后最后两步就很明显了。

---

57. 三个一组

将 5 号火柴移动到 1 号处，然后 6 号至 1 号，9 号至 3 号，10 号至 3 号，8 号至 14 号，7 号至 14 号，4 号至 2 号，11 号至 2 号，13 号至 15 号，12 号至 15 号。

本题的这一基本操作程序同上一谜题的程序类似：先在任意一端添加交叠态，再从剩下的未交叠火柴中对两端形成第二个三根组。当然，同样存在一些变体解法。

通过以上内容可以了解，制作二重交叠至少需要 8 根火柴，制作三重交叠至少需要 12 根火柴，制作 $\boldsymbol{k}$ 重交叠至少需要 $4\boldsymbol{k}$ 根火柴。

---

58. 停摆的钟

我离家前给挂钟上了发条。回家的时候挂钟上显示的走过的时间就等于我从朋友家往返和在朋友家所停留的时间之和。而在朋友家停留了多久我是知道的，因为我抵达和离开他家的时候都看了他的表。

用我离家的时长减去我在朋友家停留的时长再除以 2，就可以得到我从朋友家回家路上所花的时长。将这个时长加上我离开朋友家时他的表上显示的时间就可以得到正确时间了。

---

59. 加减法

依然只存在一种解法：

$$123-45-67+89=100$$

60. 迷惑的司机

15951 的第一位数字在 2 小时内是不可能改变的。因此新回文数的第一位和最后一位数字肯定还是 1。那么第二位数和第四位数字变成了 6。如果中间位置的数字为 0，1，2…那么汽车在 2 小时内分别行驶了 110 英里，210 英里，310 英里……明显第一个选项才是正确的，所以汽车的时速为 55 英里 / 时。

---

61. 发电站的设备

班长多生产的 9 套设备分给 9 个年轻工人，那么这 10 个人每日平均产量为 $15+1=16$ 套。班长的每日产量为 $16+9=25$ 套，而全班的产量则为 $(15\times9)+25=160$ 套。

如果懂得代数知识，则可以创建出带一个未知数的等式来解决这一谜题。

---

62. 准时送达

如果卡车时速为 30 英里 / 时，那么走过 1 英里需要 2 分钟；如果时速为 20 英里每小时，那么走过 1 英里需要 3 分钟；如果使用后者的速度，那么每走过 1 英里会比前者慢 1 分钟。如果要慢 2 小时（也就是 120 分钟），就需要走过 120 英里。而这就是农场同城市间的距离。

可能你会觉得所需的速度介于每小时 20 至 30 英里之间，或者认为就是 25 英里每小时，但这是不对的。

如果时速为 30 英里 / 时，那么卡车 4 小时可以走完 120 英里。而本题要求这段路要多开 1 小时，或者说要在上午 11 点准时抵达，那么所需的速度必须为 $(120\div5)=24$ 英里 / 时。

---

63. 坐火车

如果女孩们是在一列静止的火车上，那么女孩的计算是没问题的。但事实是火车在行驶状态。这列火车 5 分钟会遇到第二列火车，但第二列火车也需要 5 分钟时间才能抵达女孩们遇到第一列火车的地点。因此两列火车之间的时间差是 10 分钟，而不是 5 分钟。因此每小时抵达城市的火车只有 6 列。

64. 从 1 到 1000000000

这些数可以两两分组：

999999999 和 0；

999999998 和 1；

999999997 和 2；

以此类推。

这样的组有 5 亿个，而且每组的各位数字之和都是 81，而未分组的数只有 1000000000，各位数字之和为 1。所以：

$$(500000000 \times 81) + 1 = 40500000001$$

65. 球迷的噩梦

如果乒乓球滚到紧靠墙的位置，那么大铁球就无法碾碎它。

只要懂得几何知识就能算出，如果大球的直径至少是小球直径的 3.732 倍（$2+\sqrt{3}$ 倍），那么只要小球紧贴墙面就是安全的。

而一个比足球还大的铁球，其直径比乒乓球的直径已经远大于 3.732 倍了。

66. 我的手表

24 小时内，这块手表多走了 $\frac{1}{2}-\frac{1}{3}=\frac{1}{6}$ 分钟。看上去如果过了 $5 \times 6=30$ 天后（也就是 5 月 31 日的早晨）这块表会快 5 分钟。但在 5 月 28 日早晨的时候这块表已经快了 $27 \div 6=4\frac{1}{2}$ 分钟。这一天结束时表会再多快 $\frac{1}{2}$ 分钟，所以在 5 月 28 日时这块表刚好快 5 分钟。

67. 爬楼梯

$2\frac{1}{2}$ 倍（注意是 $5 \div 2$，不是 $6 \div 3$）。

68. 数字谜题

小数点。

---

69. 有趣的分数

$\frac{1}{5}$和$\frac{1}{7}$。任何分子为1且分母为$(2n-1)$的奇数的分数，在分子和分母同时加上分母的数字时，其值都会增加到原来的n倍。

---

70. 它是谁

$1\frac{1}{2}$。

---

71. 男生的路线

从农机站到火车站距离为全路程的$\frac{1}{3}-\frac{1}{4}=\frac{1}{12}$。这段距离鲍里斯走了5分钟，因此全路程会花1小时。1小时的四分之一是15分钟。因此他是在7:15离开家，8:15抵达学校。

---

72. 赛跑

并不是12秒。从第一面旗到第八面旗中间有7个间距，第一面旗到第十二面旗中间有11个间距。他跑完每个间距需要$\frac{8}{7}$秒，因此11个间距需要的时间为$\frac{88}{7}=12\frac{4}{7}$秒。

---

73. 节省时间

能。下半程所花的时间与全程步行所花的时间相同。因此不管火车的速度有多快，他在火车上坐了多久，他浪费的时间就有多少。

如果全程步行，他可以省下$\frac{1}{30}$的时间。

---

74. 有点慢的闹钟

3.5小时闹钟会慢14分钟。到中午的时候闹钟大约会多延迟1分钟。再过15分钟这个闹钟的指针会指向正午。

75. 要大段不要小段

他发现 $\frac{7}{12}=\frac{1}{3}+\frac{1}{4}$，因此他将 4 张板料各裁剪成 12 张 $\frac{1}{3}$ 板料；3 张板料各裁剪成 12 张 $\frac{1}{4}$ 板料。这样每个工人分得一张 $\frac{1}{3}$ 板料和一张 $\frac{1}{4}$ 板料，也就是 $\frac{7}{12}$。

而其他的分配方式如下:

$\frac{5}{6}=\frac{1}{2}+\frac{1}{3}$　　$\frac{13}{12}=\frac{1}{3}+\frac{3}{4}$　　$\frac{13}{36}=\frac{1}{4}+\frac{1}{9}$　　$\frac{26}{21}=\frac{2}{3}+\frac{4}{7}$

---

76. 一块香皂

既然 $\frac{1}{4}$ 块香皂重 $\frac{3}{4}$ 磅，那么整块香皂就重 3 磅。

---

77. 算术攻坚

（***A***）1×1，$\frac{1}{1}$，$\frac{2}{2}\cdots$；$1-0$，$2-1\cdots$；1°，2° $\cdots01$，还有许多种形式。

（***B***）$37=\frac{333}{3\times3}$；$37=3\times3\times3+\frac{3}{0.3}$

（***C***）$99+\frac{99}{99}$；$55+55-5-5$；$\frac{666-66}{6}$；或者用一般形式表示：$\frac{(100\boldsymbol{a}+10\boldsymbol{a}+\boldsymbol{a})-(10\boldsymbol{a}+\boldsymbol{a})}{6}$，$\boldsymbol{a}$ 可以是任意数字。

（***D***）$44+\frac{44}{4}=55$

（***E***）$9+\frac{99}{9}=20$

（***F***）

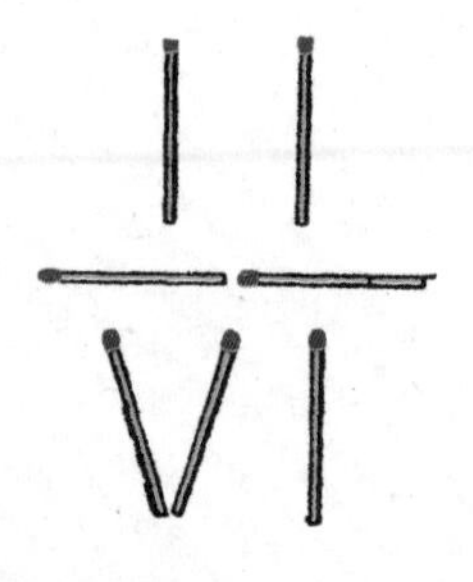

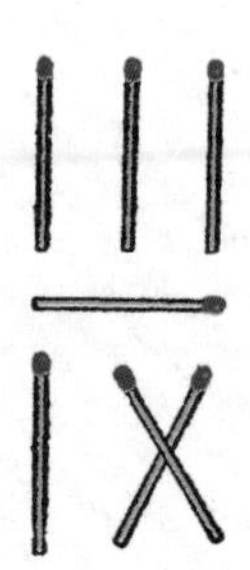

你能否找出其他解法?

（***G***）$1+3+5+7+\frac{75}{75}+\frac{33}{11}=20$

（***H***）$79\frac{1}{3}+5=84+\frac{2}{6}$；$75\frac{1}{3}+9=84+\frac{2}{6}$

（*I*）1 和 $\frac{1}{2}$；$\frac{1}{3}$ 和 $\frac{1}{4}$；一般来说就是 $\frac{1}{n-1}$ 和 $\frac{1}{n}$，且 $(n-1)$ 是大于 1 的整数。也可以写成 $\frac{1}{x}$和 $\frac{1}{x+1}$，x 为正整数。

（*J*）$\frac{35}{70}+\frac{148}{296}$；$\frac{45}{90}+\frac{138}{276}$；$\frac{15}{30}+\frac{486}{972}$；$0.5+\frac{1}{2}(9-8)(7-6)(4-3)$，等等。

（*K*）$78\frac{3}{6}+21\frac{45}{90}$；$50\frac{1}{2}+49\frac{38}{76}$；$29\frac{1}{3}+70\frac{56}{84}$，等等。

78. 多米诺分数

其中一种参考答案：

$$\frac{1}{3}+\frac{6}{1}+\frac{3}{4}+\frac{5}{3}+\frac{5}{4}=10$$

$$\frac{2}{1}+\frac{5}{1}+\frac{2}{6}+\frac{6}{3}+\frac{4}{6}=10$$

$$\frac{4}{1}+\frac{2}{3}+\frac{4}{2}+\frac{5}{2}+\frac{5}{6}=10$$

可以试试其他加和的方法。

79. 米夏的小猫

一只小猫的四分之三就是米夏所有小猫的四分之一。他的小猫数量为 $4\times\frac{3}{4}=3$ 只。

80. 平均速度

你可能想都不想就会回答是 8 英里 / 时。但如果你将全路程看作是 1，那么前半程这匹马花了$\frac{1}{2}\div 12=\frac{1}{24}$个单位时间，后半程花了$\frac{1}{2}\div 4=\frac{1}{8}$ 个单位时间。二者之和为 $\frac{1}{6}$ 个单位时间，所以平均速度是 6 英里 / 时。

81. 熟睡的乘客

全路程一半的三分之二，也就是三分之一。

82. 火车有多长

第一列火车中乘客的速度，相对于第二列火车的运动情况，则为 $45+36=81$ 英里 / 时。或者是：

$\frac{5280 \times 81}{60 \times 60} = 118.8$ 英尺 / 秒。

因此，第二列火车的长度为 $6 \times 118.8 = 712.8$ 英尺。

83. 自行车骑手

他步行了全程的三分之一，或者说是所骑行的路程的二分之一，但所花的时间却是骑行时间的两倍。因此，他骑行的速度是步行速度的四倍。

84. 比赛

沃罗迪亚已完成安排任务的 $\frac{2}{3}$，剩下 $\frac{1}{3}$。克斯提亚已完成安排任务的 $\frac{1}{6}$，剩下 $\frac{5}{6}$。

克斯提亚必须将自己的产能提高至沃罗迪亚的$\frac{5}{6} \div \frac{1}{3} = 2\frac{1}{2}$倍。

85. 谁是对的

玛莎的朋友是对的。玛莎将一个数字的三分之二乘以了该数字的三分之四，$\frac{2}{3} \times \frac{4}{3} = \frac{8}{9}$，或是正确答案减去自身的九分之一。正确体积的九分之一是 20 立方码，那么正确答案就是 180 立方码。

86. 三片吐司

她先将两片吐司放入锅中，30 秒之后两片吐司都有一面已烤好。然后她将第一片吐司翻个面，将第二片吐司从锅中取出，放入第三片吐司。过了第二个 30 秒之后第一片吐司已烤好，另外两片吐司都是半熟。所以最后的 30 秒将第二片和第三片吐司烤好即可。

第2章　有点难的谜题

87. 聪明的铁匠克丘

他们将 1 个铁链圈（10 磅重）放入篮中，将其降下去。然后在另一边的空篮子中放入 2 个铁链圈（20 磅重）。就这样轮流给两端的篮子持续每次增加 2 个铁链圈，直到最后将带 70 磅配重的篮子降下去，带 60 磅配重的篮子升上来。

克丘将 60 磅重的铁链圈取出，放入女仆（80 磅重）。女仆缓缓落地，同时另一个篮子带着 7 个铁链圈升了上来。克丘取出其中 6 个铁链圈并示意塔下的女仆从篮子中出来。接着克丘降下还剩有 1 个铁链圈的篮子，将空篮升上来。

女仆再次进入篮中（总重量为 80+10=90 磅），同时达丽丹进入，升上来的空篮中缓缓降下。现在两人都离开篮子，达丽丹踏上地面，女仆回到塔中。现在升上去的篮子带着 1 个铁链圈降下去，另一个篮子是空篮，缓缓上升。

克丘又把一开始的操作重复一遍，很快就又将女仆降到了地面。然后他在塔上示意达丽丹和女仆（100+80=180 磅）一起进入篮子中，这样克丘（180 磅）就可以带着一个铁链圈降下来。现在两个女孩回到了塔中，克丘到了地面。

按之前的方法让女仆降下来，然后达丽丹用之前的方法降到地面，女仆回到塔中。依然用一开始的方法女仆第四次也是最后一次降下来，同时带有 7 个铁链圈的篮子上升。在女仆踏出篮子的时候，克丘将篮子系好固定住，这样上升在高处的铁链圈不至于掉下来。

---

88. 猫和老鼠

从下图中的“X”号（即 13 号位）开始吃。然后顺时针方向依次经过 1，2，3…号位，每次划掉第十三个点：13，1，3，6，10，5，2，4，9，

11，12，7 和 8。将 8 号位置作为白老鼠，那么咕噜猫就是从白老鼠的位置顺时针方向的第五只老鼠（也就是 13 号位相对于 8 号位的位置）开始顺时针吃掉老鼠。或者也可以是从白老鼠的位置逆时针方向第五只老鼠开始逆时针吃掉老鼠。

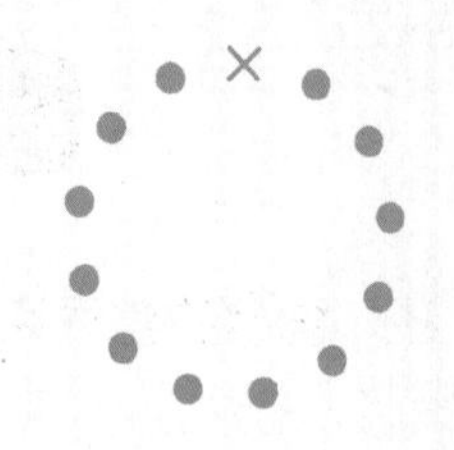

89. 黄雀与画眉

从左至右第七和第十四个笼子。

90. 火柴和硬币

更优的方法是看准那根开始的火柴。比如你从第五根火柴开始，那么就会在第七根火柴顶端放一枚硬币。然后再从第三根火柴开始，这样就可以在第五根火柴顶端放硬币，再从第一根火柴开始这样即可在第三根火柴顶端放硬币，以此类推（如图）。

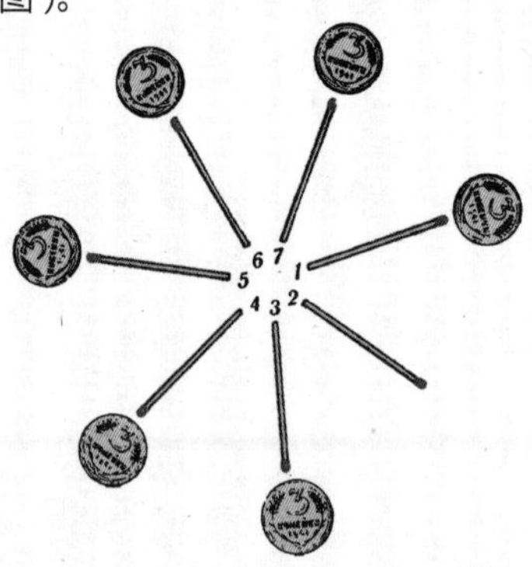

91. 让客运列车通过

工程列车先退入旁轨，旁轨可以停放三节车厢。

在旁轨将工程列车的后三节车厢脱离，剩余部分往前行驶一段足够多的距离。

客运列车进站并将工程列车脱离下的三节车厢挂入客运列车，然后在主轨道上倒退。

接着工程列车再倒回旁轨，这次就可以放入其火车头和剩下的两节车厢了。

最后客运列车再脱离那三节工程列车车厢，驶走即可。

---

92. 突发奇想的三个女孩（一）

将三位父亲简称为 A，B，C，其各自的女儿分别为 a，b，c。

此岸	对岸
A B C	• • •
a b c	• • •

1. 首先两个女孩过河：

此岸	对岸
A B C	• • •
a • •	• b c

2. 其中一个女孩返回此岸带另一个女孩到对岸：

此岸	对岸
A B C	• • •
• • •	a b c

3. 任意一个女孩返回此岸留下船同自己的父亲待在一起，另两位父亲划船至对岸：

此岸	对岸
A • •	• B C
a • •	• b c

4. 其中一位父亲同自己的女儿返回此岸；女孩留在此岸，其父亲同另一位父亲划船到对岸：

此岸	对岸
• • •	A B C
a b •	• • c

5. 对岸剩下的女孩划船回到此岸，并同第二名女孩再过河到对岸：

此岸	对岸
• • •	*A B C*
a • •	• *b c*

6. 留在此岸的女孩由其父亲（或者任意一个在对岸的女孩）划船接到对岸：

此岸	对岸
• • •	*A B C*
• • •	*a b c*

---

93. 突发奇想的三个女孩（二）

（*A*）用能坐三人的小船过河：将四位父亲代称为 *A*，*B*，*C*，*D*，其各自的女儿分别为 *a*，*b*，*c*，*d*。

此岸	乘船	对岸
A B C D		• • • •
a b c d		• • • •

1. 三个女孩出发：

此岸	乘船	对岸
A B C D		• • • •
a • • •	*b c d* →	• *b c d*

两个女孩返回此岸：

此岸	乘船	对岸
A B C D		• • • •
a b c •	← *b c*	• • • *d*

2. 此岸的一位父亲同自己的女儿以及另一位父亲（另一位父亲的女儿需在对岸）出发：

此岸	乘船	对岸
A B • •	*C D* } →	• • *C D*
a b • •	*c*	• • *c d*

然后一位父亲带着自己的女儿返回此岸:

此岸	乘船	对岸
A B C •	← C	• • • D
a b c •	c	• • • d

3. 三位父亲一起过河:

此岸	乘船	对岸
• • • •	A B C →	A B C D
a b c •		• • • d

对岸唯一的女孩返回此岸:

此岸	乘船	对岸
• • • •		A B C D
a b c d	← d	• • • •

4. 刚返回的女孩带上两个女孩一起过河:

此岸	乘船	对岸
• • • •		A B C D
a • • •	b c d →	• b c d

父亲 A 返回此岸(或者对岸任意一个女孩返回):

此岸	乘船	对岸
A • • •	← A	• B C D
a • • •		• b c d

5. 两人一起过河:

此岸	乘船	对岸
• • • •	A →	A B C D
• • • •	a	a b c d

(B)用能坐两人的小船过河:

此岸	中转小岛	对岸
A B C D	• • • •	• • • •
a b c d	• • • •	• • • •

1.

此岸	中转小岛	对岸
A B C D	• • • •	• • • •
a b • •	• • • •	• • ***c d***

2.

此岸	中转小岛	对岸
A B C D	• • • •	• • • •
a • • •	• • • •	• ***b c d***

3.

此岸	中转小岛	对岸
A B • •	• • • •	• • ***C D***
a b • •	• • • •	• • ***c d***

4.

此岸	中转小岛	对岸
A B C •	• • • •	• • • ***D***
a b • •	• • ***c*** •	• • • ***d***

（***C*** 带着 ***c*** 到中转小岛，然后回到此岸把船交给两个女孩。）

5.

此岸	中转小岛	对岸
A B C •	• • • •	• • • ***D***
• • • •	***a b c*** •	• • • ***d***

6.

此岸	中转小岛	对岸
A • • •	• • • •	• ***B C D***
a • • •	• ***b c*** •	• • • ***d***

7.

此岸	中转小岛	对岸
A • • •	• • • •	• ***B C D***
a • • •	• ***b*** • •	• • ***c d***

8.

此岸	中转小岛	对岸
• • • •	• • • •	***A B C D***
a • • •	• ***b*** • •	• • ***c d***

（***B*** 划船回到此岸接上 ***A*** 直接送到对岸。）

9.

此岸	中转小岛	对岸
• • • •	• • • •	***A B C D***

94. 跳棋

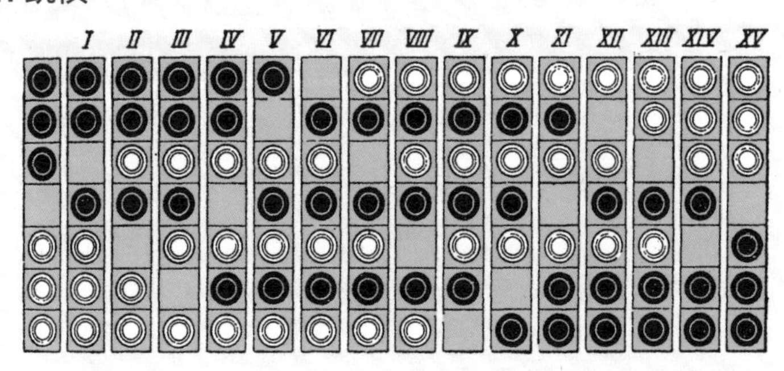

95. 移动棋子（一）

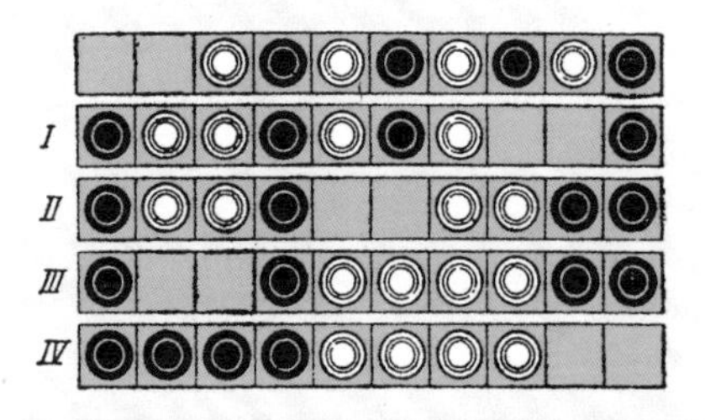

96. 移动棋子（二）

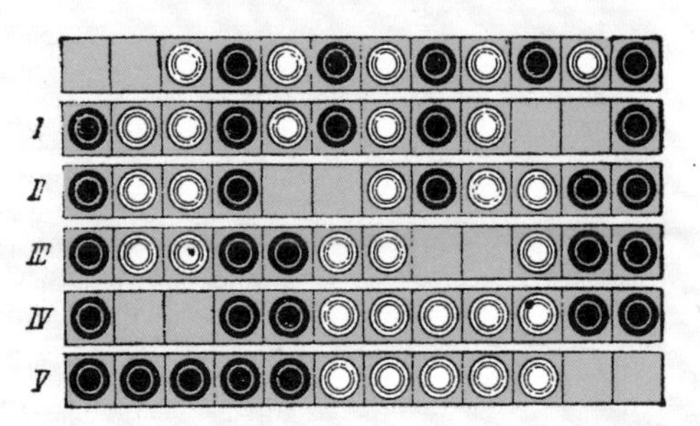

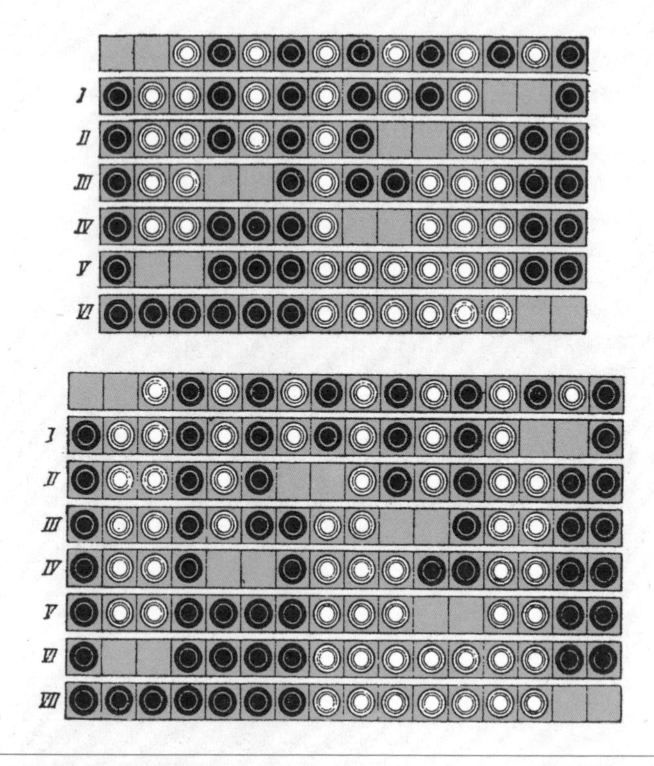

97. 移动棋子（三）

如图，这种垂直列表能够有助于我们集中关注左侧的两组棋子和右侧的两组棋子。

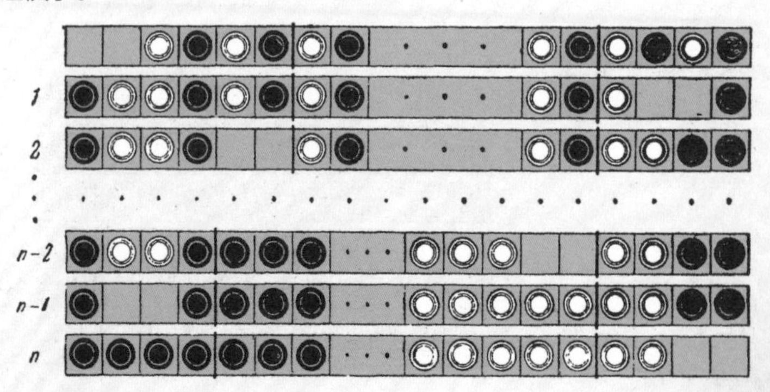

在前两步内侧的 $(n-4)$ 个棋组不动，并将外侧的 4 个棋组移动到图中所示的位置。将剩下的 2 个棋组右侧的空位留出来。

接下来的 $(n-4)$ 步就可以将内侧的棋组按顺序放置，黑色在左，白色在右。在 $(n-2)$ 步时将右侧两个棋组左侧的空位留出来。

最后 2 步将外侧的棋组按顺序放好，解题完成。

98. 排列扑克牌

题目中描述的第一步操作会使得牌在桌子上按以下顺序排列，其中 4 在这副牌的顶部：

1，3，5，7，9，2，6，10，8，4

既然 4 位于第十张牌的位置，那么在进行重新排序的时候就把 10 放到第四张牌的位置（从顶部往下数），而 8 在第九张牌的位置，那么就把 9 放到第八张牌的位置去，以此类推。重新排好顺序的这副牌从顶部到底部的顺序即为所需的答案：

1，6，2，10，3，7，4，9，5，8

99. 排列棋子

(*A*)

(*B*)

100. 神秘盒子

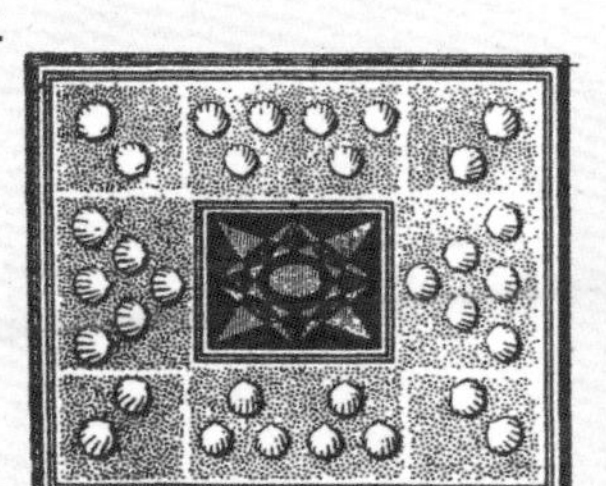

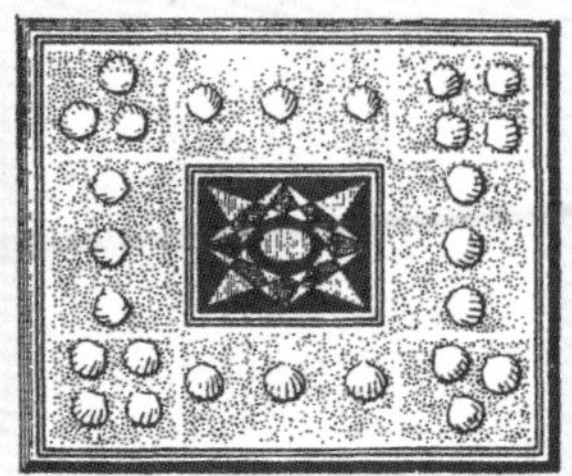

101. 勇敢的守军

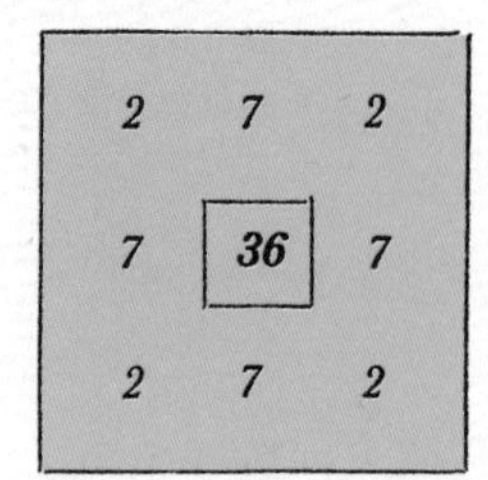

3 5 3
5 32 5
3 5 3

4 3 4
3 28 3
4 3 4

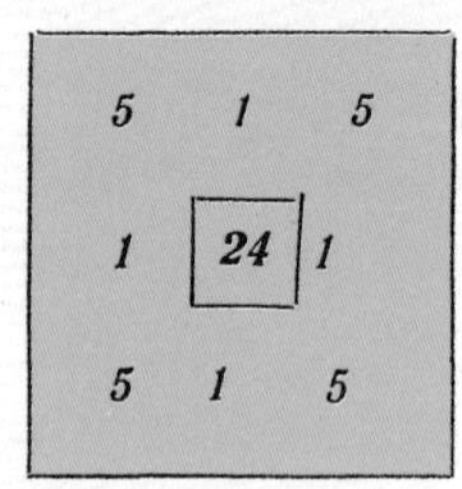

6 — 5
— 22 —
5 — 6

102. 日光灯

18 至 36 盏灯都可以实现要求，不过有些盏数的摆法不够对称。最大盏数 36 的摆法如最后一张图所示。

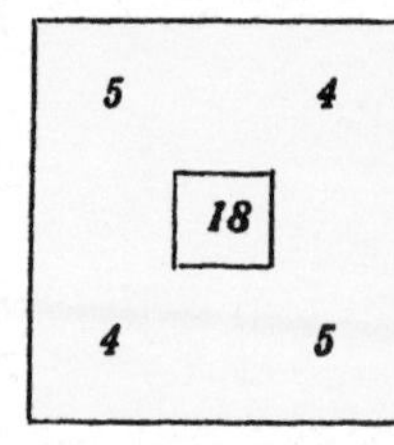

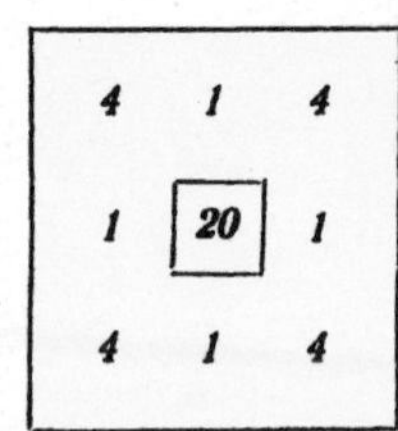

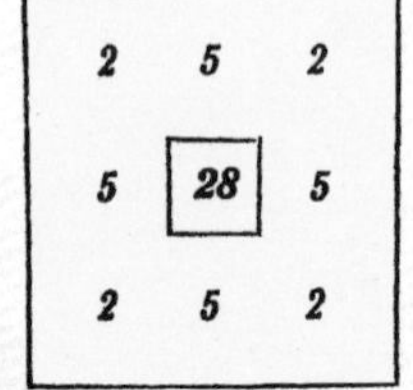

1 7 1
7 32 7
1 7 1

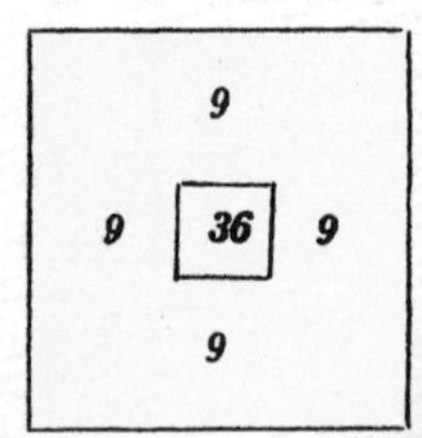

103. 排列兔子

如果只看条件 3 的话，那么 22 至 44 只兔子都可进行放置（参考谜题 102 的答案）。

但兔子的总数必须是 3 的倍数（条件 4），因此这个数可能是 24，27，30，33，36，39，42 中的一个。此外，测试后发现如果兔子总数是 24 只，要在不留空区（条件 1）的前提下在每一边放 11 只兔子（条件 3）是无法实现的。而如果兔子总数是 33，36，39，42 只的话，要使得每一边放 11 只兔子就必然会出现某些区兔子数量超过 3 只（条件 2）。

通过排除法可以得知预期应收到的兔子数量为 30 只，实际送达了 27 只。下图所示为放置方法（两张图为一组，每组的左图为第二层，右图为第一层）。

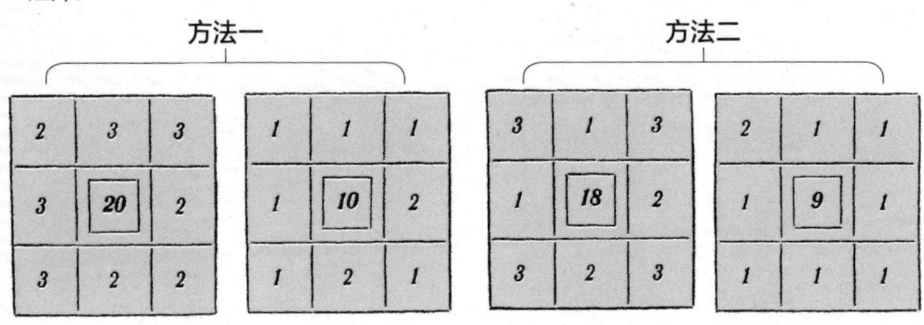

104. 节日准备

（*A*）下图给出了四种解法。其中第三张和第四张图为斯塔夫罗波尔市的四年级学生巴特尔找出的答案。他还成功将 12 盏灯放成 7 排（如第五张图所示），这图形很像个尖顶高帽。

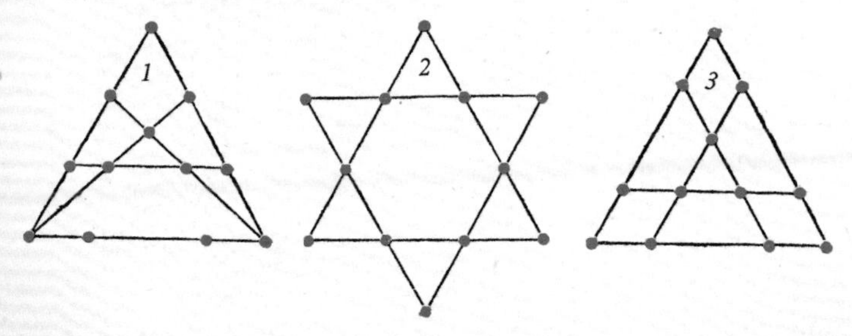

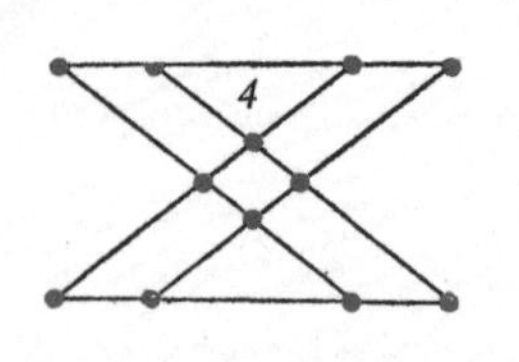

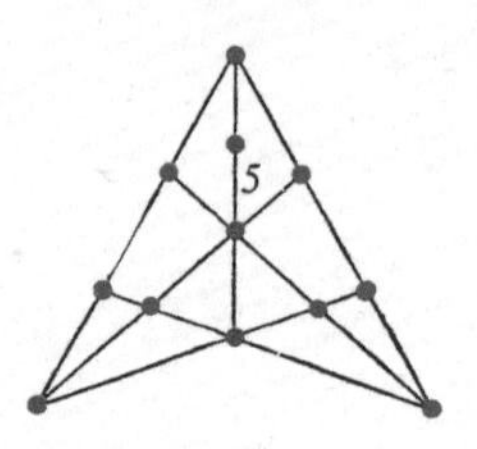

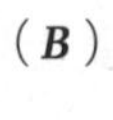

（***B***）

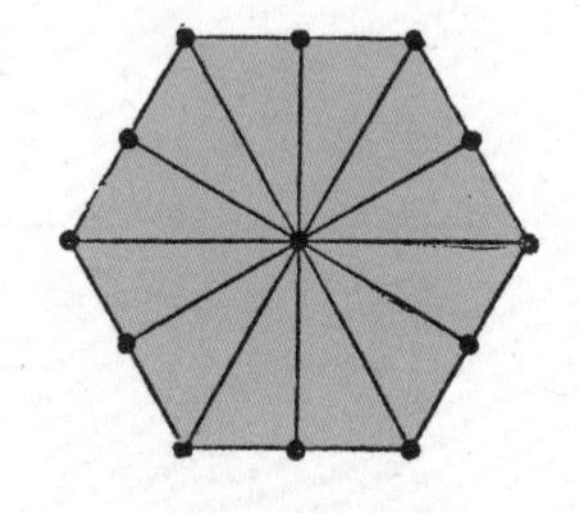

（***C***）本题的基本要求使用五点星形（左图）就可以满足，不过若能将没有摆放物件的交叉点去掉更好。因此园丁最后选择用这种不规则的星形。

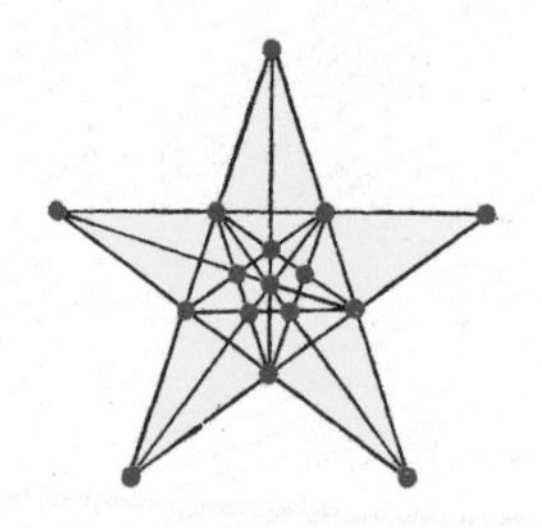

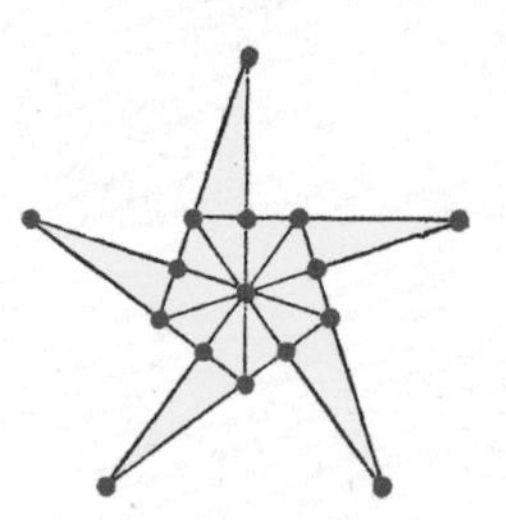

（***D***）两个正方形交错叠在一起。还有个更简单的解法：构建一个正方形点阵即可。

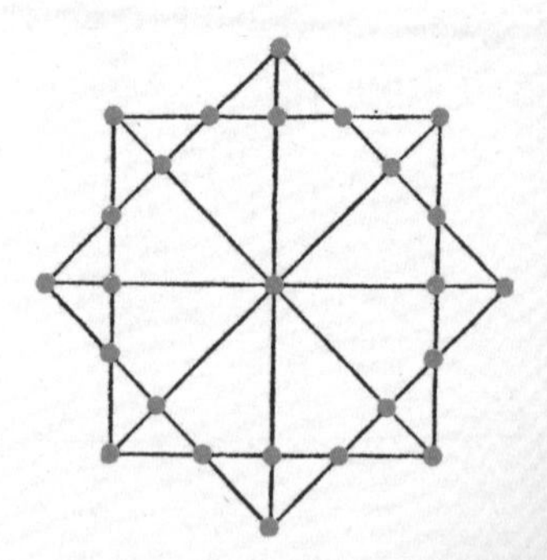

105. 种橡树

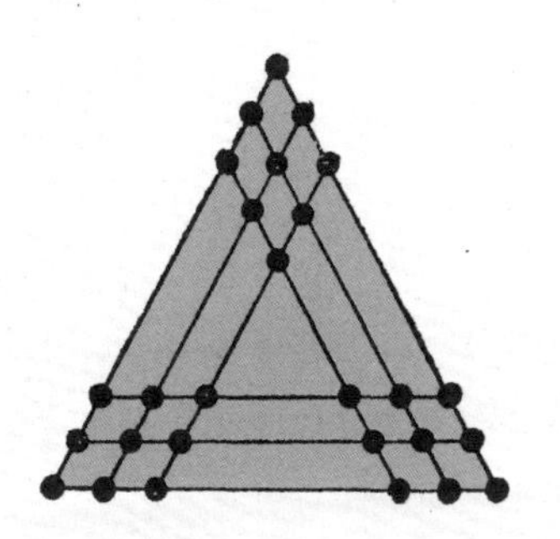

106. 几何游戏

（*A*）通过一些简单的几何构图就可以快速轻松地得出所有可用的解法。在纸上画出黑点表示棋子。划去上排任意 3 个点以及 1 个下排的点。将上排剩下的两个点之一同下排剩下的任意两个点相连，然后再将上排另外一个点同下排剩下的另外两个点相连（如下图）。注意不要让连线出现平行的情况。将最开始划去的点所对应的 4 个棋子置于四条连线的交点即可。

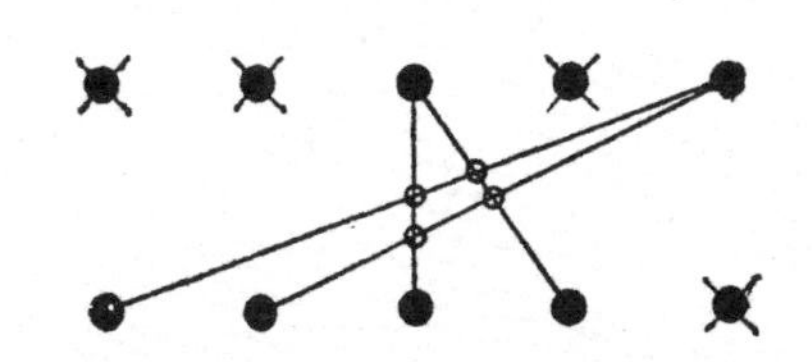

（*B*）

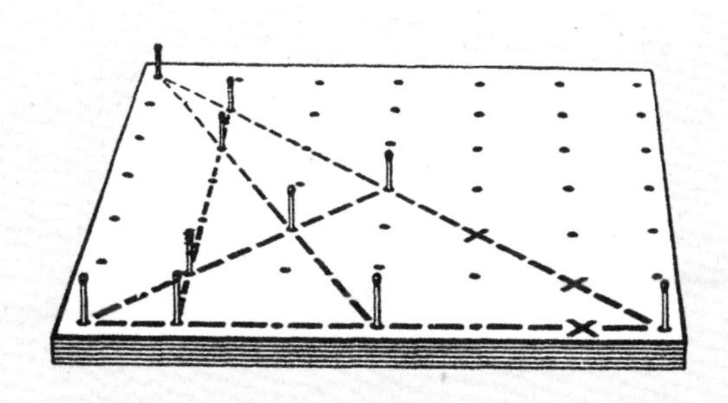

107. 奇数和偶数

最少需要 24 步（比如下方第一步的“1-***A***”表示 1 号棋移动到 ***A*** 圈内）:

1. 1-***A***;	7. 3-***B***;	13. 3-***C***;	19. 6-***C***;
2. 2-***B***;	8. 1-***B***;	14. 1-***C***;	20. 8-***B***;
3. 3-***C***;	9. 6-***C***;	15. 5-***A***;	21. 6-***B***;
4. 4-***D***;	10. 7-***A***;	16. 1-***B***;	22. 2-***E***（或 ***C***）;
5. 2-***D***;	11. 1-***A***;	17. 3-***A***;	23. 4-***B***;
6. 5-***B***;	12. 6-***E***;	18. 1-***A***;	24. 2-***B***

---

108. 走棋子

最好的方法是采用短链选择移动目标。也就是说，将 1 号和 7 号棋子交换之后，继续将 7 号棋子换到 7 号位（即 20 号棋子所在的位置），再将 20 号棋子换到 20 号位（即 16 号棋子所在的位置），以此类推。到第六步交换的时候两个棋子会走到正确的小方格中，那么下一步就可以重开短链了。

最快的解法是 19 步完成，共用到了 5 个短链。

1-7，7-20，20-16，16-11，11-2，2-24;

3-10，10-23，23-14，14-18，18-5;

4-19，19-9，9-22;

6-12，12-15，15-13，13-25;

17-21

---

109. 解谜礼物

从外层最大的盒子中的 9 颗糖中取出 1 颗放到最小的盒子中。现在最里层的盒子中有 5 颗糖（2 对加 1）；这 5 颗糖必须算到倒数第二里层的盒子中的糖果数量里，那么这个盒子中的糖果数量是 5+4=9（4 对加 1）。

那么倒数第三里层的盒子中有 9+4=13 颗糖（6 对加 1），而外层最大的盒子中糖的数量为 13+8=21（10 对加 1）。当然，还有其他解法，可以试试看。

110. 马的走法

第一个吃掉的兵除了 ***c***4，***d***3，***d***4，***e***5，***e***6 和 ***f***5 之外都可以。比如说把马放到 ***a***3 的位置，首先吃掉 ***c***2 的兵，然后按顺序吃掉 ***b***4，***d***3，***b***2，***c***4，***d***2，***b***3，***d***4，***e***6，***g***7，***f***5，***e***7，***g***6，***e***5，***f***7 和 ***g***5。

---

111. 移动棋子

（***A***）下表中的第一步指的是 2 号棋移动到 1 号格，以此类推：

1. 2-1；	11. 7-***B***；	21. 1-***C***；	31. 7-6；	41. 6-***C***；	51. 1-4；
2. 3-2；	12. 8-7；	22. 9-7；	32. 7-7；	42. 5-4；	52. 1-3；
3. 4-3；	13. 8-6；	23. 9-8；	33. 7-8；	43. 5-5；	53. 1-***A***
4. 4-***A***；	14. 8-5；	24. 9-9；	34. 1-7；	44. 5-6；	
5. 5-4；	15. 9-8；	25. 9-10；	35. 1-6；	45. 5-7；	
6. 5-3；	16. 9-7；	26. 8-6；	36. 1-5；	46. 4-3；	
7. 6-5；	17. 9-6；	27. 8-7；	37. 1-***B***；	47. 4-4；	
8. 6-4；	18. 1-9；	28. 8-8；	38. 6-5；	48. 4-5；	
9. 7-6；	19. 1-8；	29. 8-9；	39. 6-6；	49. 4-6；	
10. 7-5；	20. 1-7；	30. 7-5；	40. 6-7；	50. 1-5；	

剩下的 22 步就很明显了。

（***B***）

1. 右移 1 步；	2. 左跳 1 步；	3. 左移 1 步；	4. 右跳 1 步；
5. 上移 1 步；	6. 下跳 1 步；	7. 下移 1 步；	8. 上跳 1 步；
9. 右跳 1 步；	10. 左移 1 步；	11. 左跳 1 步；	12. 上移 1 步；
13. 右移 1 步；	14. 左跳 1 步；	15. 下移 1 步；	16. 右跳 1 步；
17. 上移 1 步；	18. 下跳 1 步；	19. 右移 1 步；	20. 上移 1 步；
21. 下跳 1 步；	22. 左移 1 步；	23. 上跳 1 步；	24. 上跳 1 步；
25. 下移 1 步；	26. 下跳 1 步；	27. 右跳 1 步；	28. 上移 1 步；
29. 下跳 1 步；	30. 左跳 1 步；	31. 上跳 1 步；	32. 右移 1 步；
33. 左跳 1 步；	34. 上跳 1 步；	35. 右移 1 步；	36. 左跳 1 步；

37. 下跳 1 步；　38. 右跳 1 步；　39. 右跳 1 步；　40. 左移 1 步；
41. 左跳 1 步；　42. 右移 1 步；　43. 上跳 1 步；　44. 下移 1 步；
45. 下跳 1 步；　46. 上移 1 步

112. 1 至 15 整数分组

$$\left.\begin{matrix}1\\8\\15\end{matrix}\right\}\boldsymbol{d}=7\quad \left.\begin{matrix}2\\7\\12\end{matrix}\right\}\boldsymbol{d}=5\quad \left.\begin{matrix}6\\10\\14\end{matrix}\right\}\boldsymbol{d}=4\quad \left.\begin{matrix}9\\11\\13\end{matrix}\right\}\boldsymbol{d}=2\quad \left.\begin{matrix}3\\4\\5\end{matrix}\right\}\boldsymbol{d}=1$$

113. 八颗星

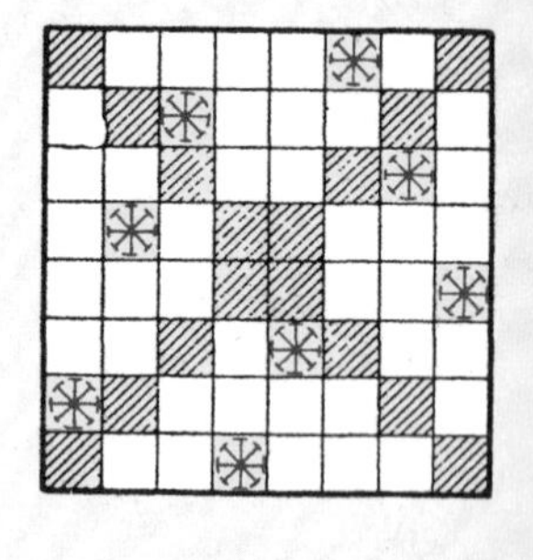

以下是唯一的一种解法。解决这一谜题有一种缓慢而可靠的方法。第一颗星位于第一列靠下的方格内。现在要将第二颗星放在第二列的方格内。而第二列从下往上数第一和第二个白色方格可以排除，因为都同第一颗星处于某一条对角线上。所以第二颗星放到从下往上第三个方格中。

第三列可以放到最下面的白色方格，第四列放到从下往上第三个白色方格，后面以此类推。

如果某一列出现“无法放置”的情况，就将前一列的星往上移（一步一步地移，满足条件即可）。如果前一列的星没有其他合适的方格可放，或者能放的方格依然使得后一列的星“无法放置”，那么就拿走前一列的星，然后再往左一列上重复上一个过程。

114. 字母谜题

（***A***）如果都是相同的字母，那么先在对角线 ***AC*** 上任放 1 个（如下图），而对角线 ***BD*** 的 4 个小格中，其中两个已经同第一个字母处于同一列和同一行。因此剩下的两个小格，放哪个都可以。

不难看出，剩下两个字母只能按图示位置进行放置。

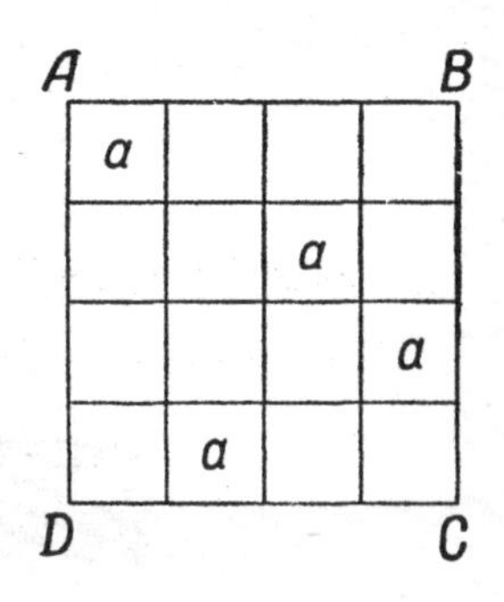

由于第一个字母可以放在对角线 AC 上 4 个小格中的任意一个，而第二个字母能够放在对角线 BD 上 2 个小格中的任意一个，因此存在 $4\times2=8$ 种解法。不过，这 8 种解法都可以通过第一种解法进行旋转或对称得到。

四个不同的字母还是这 8 种放置方法，但是每种放法都存在 24 种不同的字母位置排列：**a**，**b**，**c**，**d**；**a**，**b**，**d**，**c**；…**d**，**c**，**b**，**a**。所以一共存在 $8\times24=192$ 种解法。

（***B***）根据题目条件可以发现 4 个角所放置的字母必然是各不相同的。我们可以随便按一种顺序先写一个下来（见图 ***a***）。而在包含 ***a*** 和 ***d*** 的对角线上的两个小格中肯定是放 ***b*** 和 ***c*** 的，存在两种放法（图 ***b*** 和图 ***c***）。

a			b
c			d

(*a*)

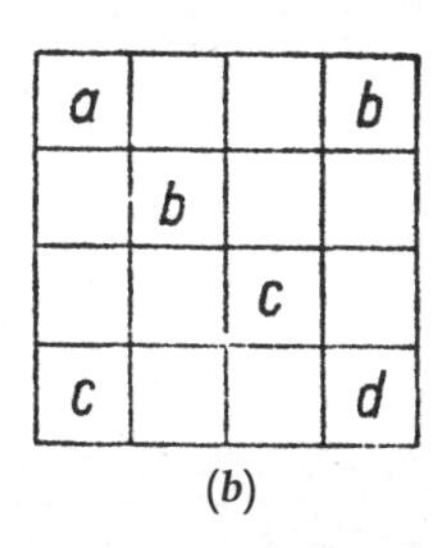

(*b*)

a			b
	c		
		b	
c			d

(c)

这 6 格放好字母之后剩下的小格就只存在一种放法了（先放外层的格子，再放另一条对角线的格子）。最后完成的情况请见下方两张图。

a	c	d	b
d	b	a	c
b	d	c	a
c	a	b	d

a	d	c	b
b	c	d	a
d	a	b	c
c	b	a	d

而四个角的格子内的字母存在 $4\times3\times2\times1=24$ 种放法，而每种放法各自还有两种次级放法，因此总共 48 种解法。

115. 不同颜色的格子

以下为其中一种解法。

1 红	4 黑	2 绿	3 白
2 白	3 绿	1 黑	4 红
3 黑	2 红	4 白	1 绿
4 绿	1 白	3 红	2 黑

将四种颜色代称为 ***A***，***B***，***C***，***D***，四个数字代称为 ***a***，***b***，***c***，***d***（右图就是将上图用代称进行了转化，红、黑、绿、白分别为 ***A***，***B***，***C***，***D***，数字 1，2，3，4 分别为 ***a***，***b***，***c***，***d***，以此类推）。同谜题 114 的（***B***）小题类似，四种颜色共有 48 种放置方法，同时四个数字也有 48 种放置方法。而本题中两种类型的元素是相互独立的，因此解法总数为 $48\times48=2304$ 种。

Aa	Bd	Cb	Dc
Db	Cc	Ba	Ad
Bc	Ab	Dd	Ca
Cd	Da	Ac	Bb

116. 纸片游戏

下面每一步的写法，前面的数字表示起跳圈的编号，后面的数字表示落地圈的编号：

1. 9-1；　　9. 1-9；　　17. 28-30；　　25. 25-11；

2. 7-9；　　10. 18-6；　　18. 33-25；　　26. 6-18；

3. 10-8；　　11. 3-11；　　19. 18-30；　　27. 9-11；

4. 21-7；	12. 16-18；	20. 31-33；	28. 18-6；
5. 7-9；	13. 18-6；	21. 33-25；	29. 13-11；
6. 22-8；	14. 30-18；	22. 26-24；	30. 11-3；
7. 8-10；	15. 27-25；	23. 20-18；	31. 3-1；
8. 6-4；	16. 24-26；	24. 23-25	

117. 盘之环

1. 1-2, 3	2-6, 5	6-1, 3	1-6, 2	13. 3-4, 5	2-3, 5	5-1, 6	1-2, 5
2. 1-2, 3	4-1, 3	3-6, 5	5-3, 4	14. 3-4, 5	1-3, 4	4-2, 6	2-1, 4
3. 1-4, 5	3-4, 1	4-2, 6	2-3, 4	15. 3-4, 5	4-1, 6, 5	6-5, 3	3-2, 6
4. 1-4, 5	5-2, 6	6-4, 1	1-6, 5	16. 3-4, 5	5-2, 6, 4	6-3, 4	3-1, 6
5. 2-3, 4	3-1, 6, 5	6-2, 4	2-1, 6	17. 4-3, 2	3-1, 6, 5	3-5, 6	4-5, 6
6. 2-3, 4	5-2, 3	3-1, 6	1-3, 5	18. 4-3, 2	1-4, 3	3-5, 6	5-3, 1
7. 2-4, 5	5-1, 3, 6	6-2, 4	2-1, 6	19. 4-1, 2	1-3, 6, 5	6-2, 4	4-6, 5
8. 2-4, 5	3-2, 5	5-1, 6	1-5, 3	20. 4-1, 2	3-1, 4	1-6, 5	5-1, 3
9. 3-1, 2	5-3, 2	2-6, 4	4-5, 2	21. 5-3, 4	4-1, 6	6-3, 5	5-6, 4
10. 3-1, 2	4-3, 1	1-6, 5	5-1, 4	22. 5-3, 4	2-3, 5	3-1, 6	1-2, 3
11. 3-1, 2	1-2, 6, 4	6-2, 3	3-6, 5	23. 5-1, 2	3-2, 5	2-6, 4	4-3, 2
12. 3-1, 2	2-1, 6, 5	6-3, 1	3-6, 4	24. 5-1, 2	1-4, 6	6-2, 5	5-1, 6

118. 花样滑冰选手

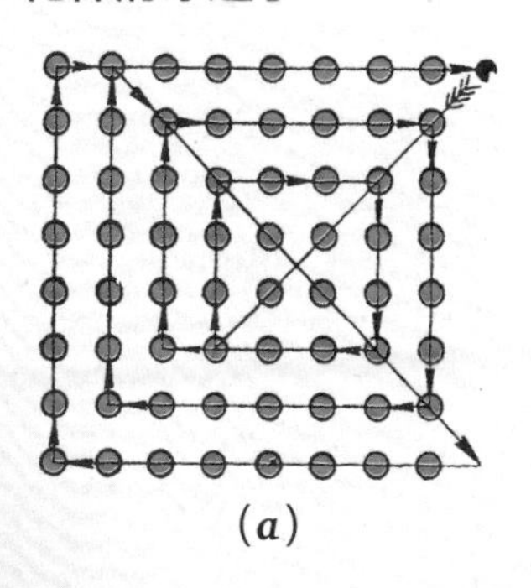

(*a*)

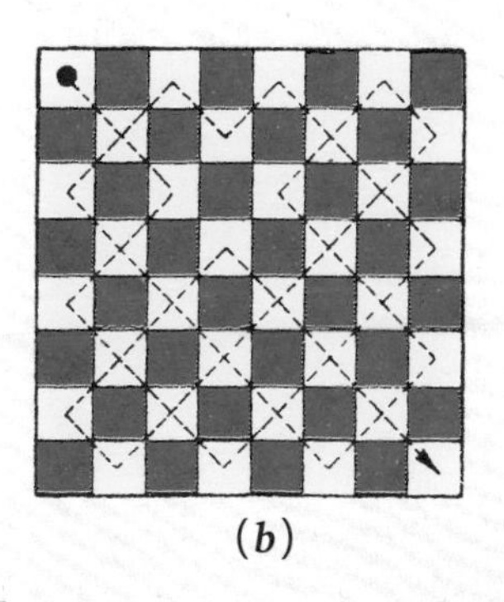

(*b*)

119. 马的问题

不能。马如果从黑格出发，就一定会走到蓝格上，反之亦然。那么从 ***a***1 出发经过了 1，3，5…61，63 步之后，马停在了蓝格之上。由于这颗棋子需要走 63 步才能将所有方格走遍（减去出发的那格），因此最后一步必然是停在蓝格上。而 ***h***8 是黑格。

---

120. 145 扇门

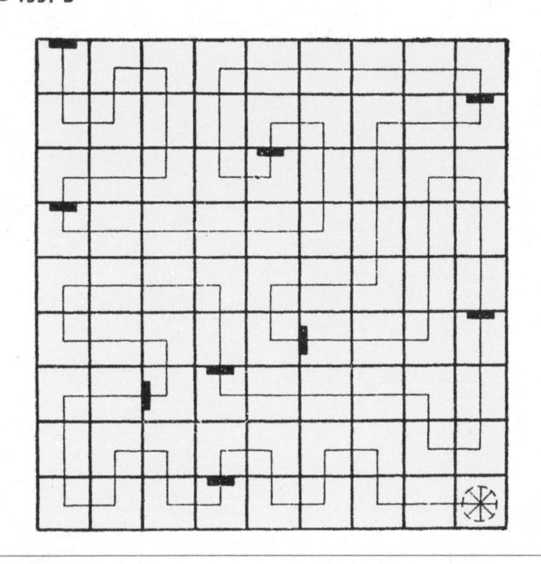

---

121. 逃离地牢

囚犯可以取到 ***d*** 钥匙和 ***e*** 钥匙之后打开牢房 ***E*** 和牢房 ***D***（见 65 页图）。取到 ***c*** 钥匙打开牢房 ***C***，然后取到 ***a*** 钥匙，这样就能打开牢房 ***A*** 并取到 ***b*** 钥匙。再次穿过牢房 ***E*** 和 ***D*** 去打开牢房 ***B*** 的门，取得 ***f*** 钥匙，第三次穿过牢房 ***E*** 打开牢房 ***F*** 的门。取得 ***g*** 钥匙并经由牢房 ***G*** 逃出地牢。

通往自由之路并不轻松——要穿过 85 道门。

第3章　火柴几何学

122. 火柴阵列（一）

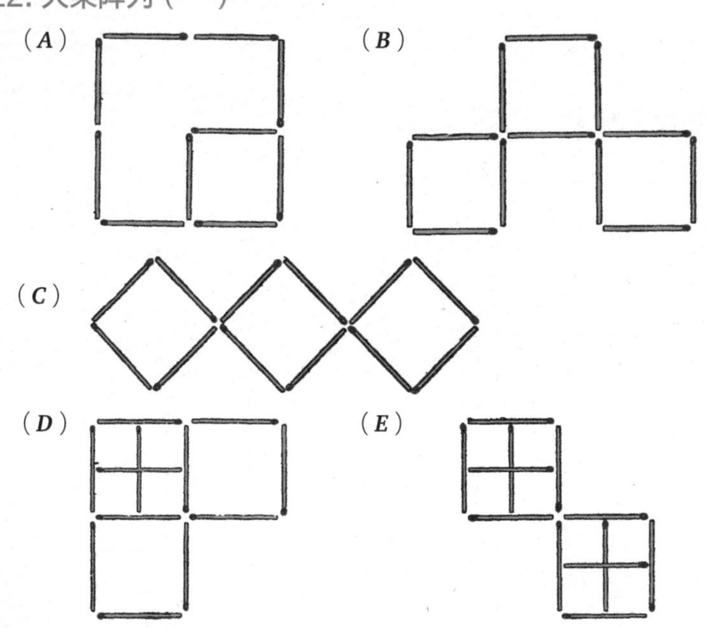

123. 火柴阵列（二）

（A）将大正方形内部的 12 根火柴取出，用其搭出另一个大正方形。

（B）

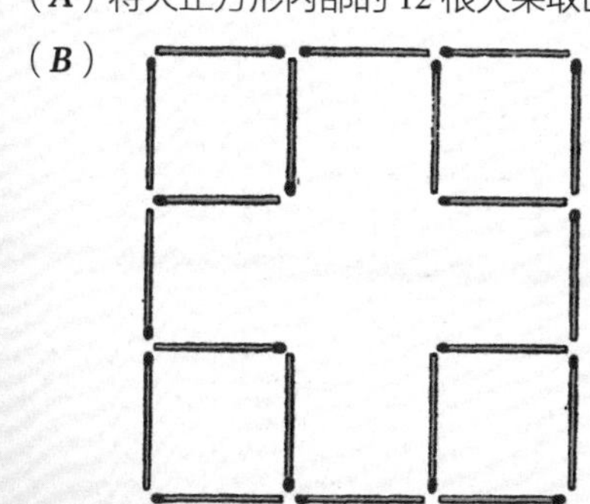

（*C*）取走 4 根火柴的情况见图 ***a***；6 根火柴的情况见图 ***b***（存在另一种解法）；8 根火柴的情况见图 ***c***（还有其他两种解法）。

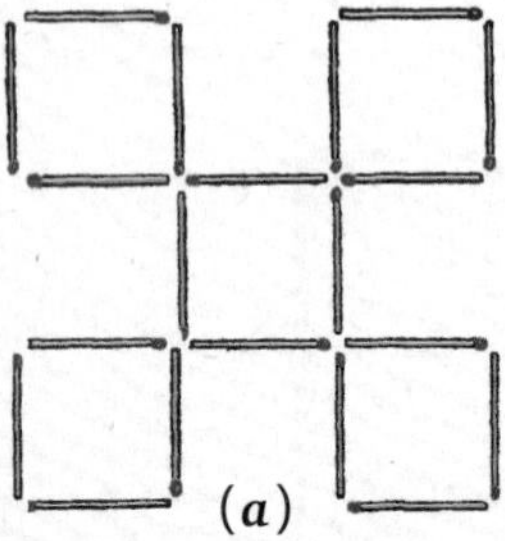

(***a***) 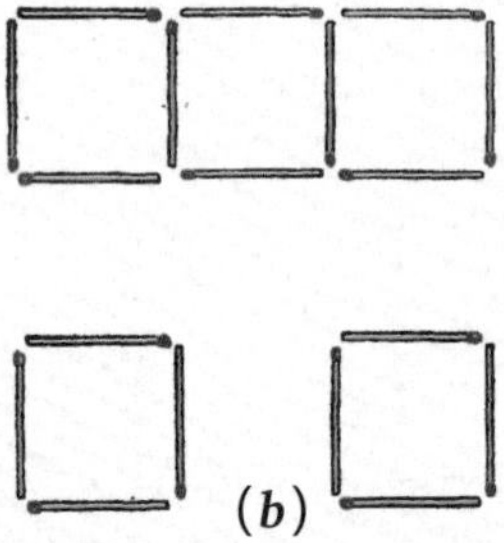　　(***b***) 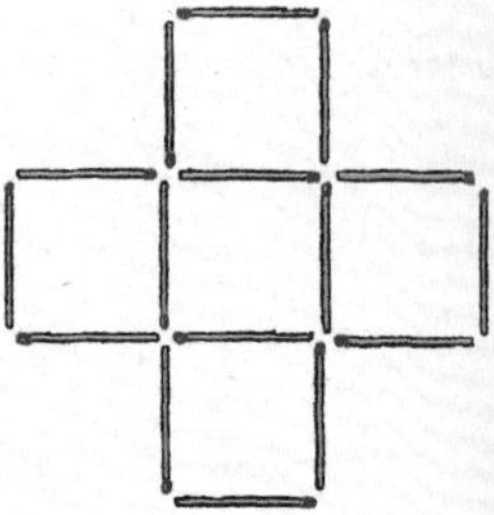　　(***c***)

（*D*）

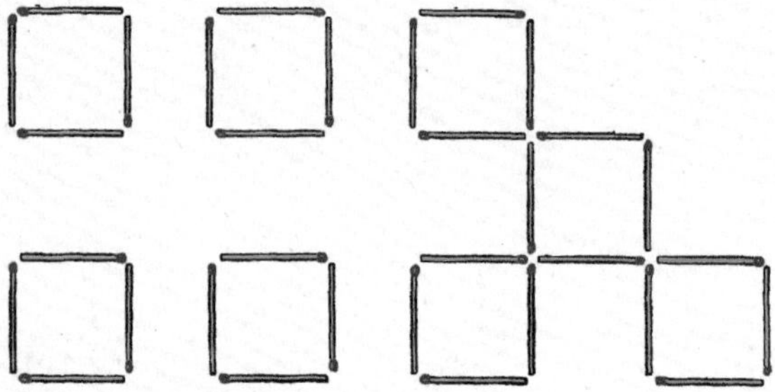

（*E*）

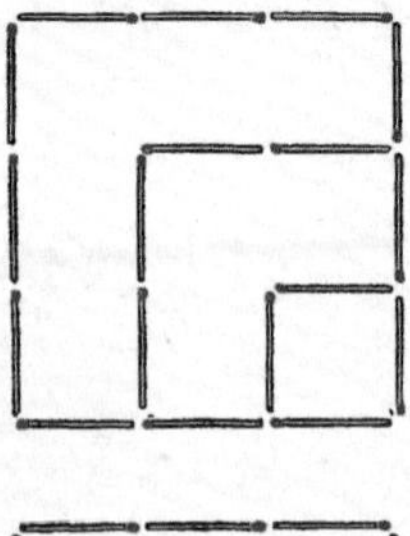

（*F*）

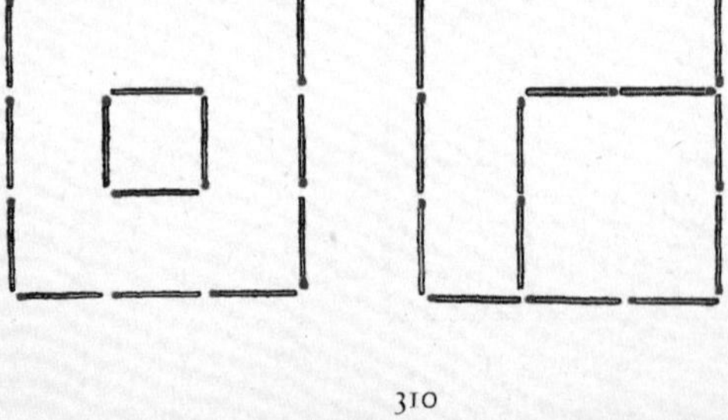

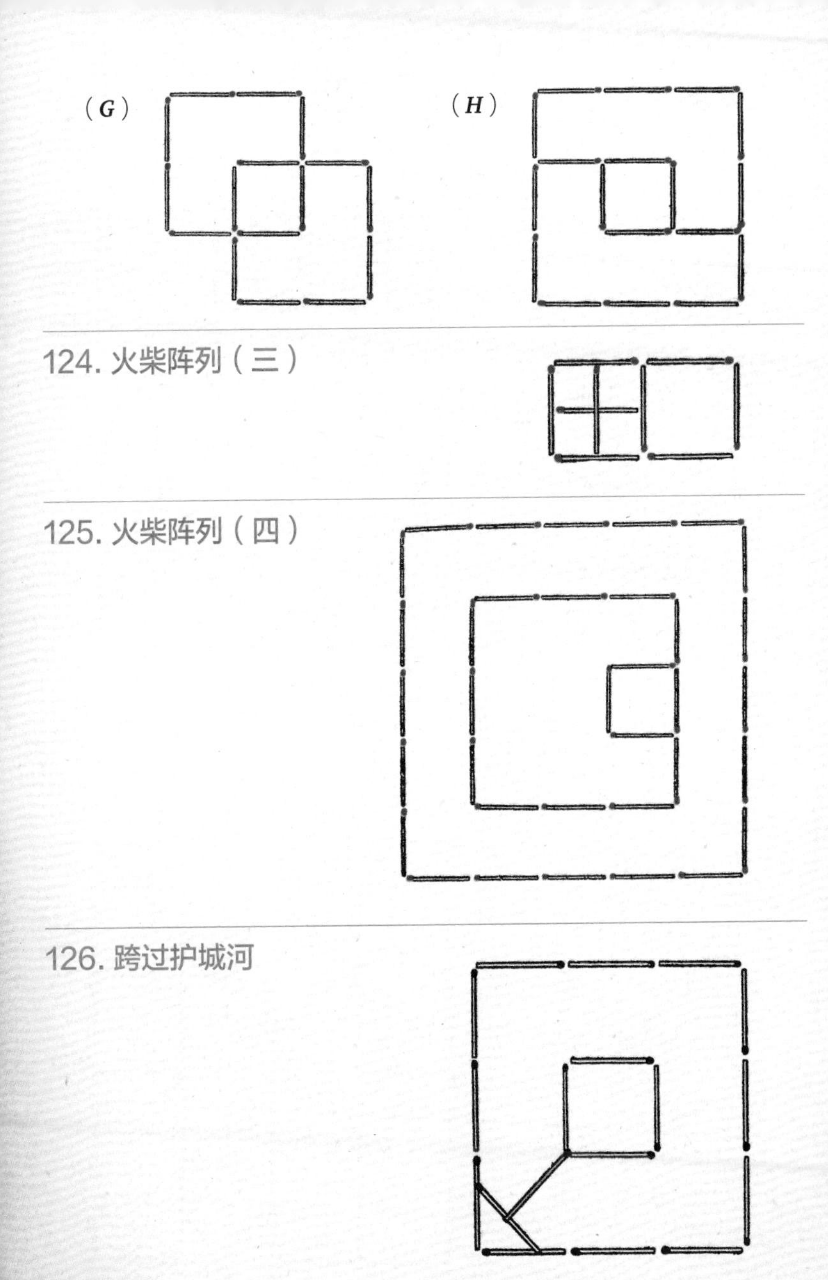

124. 火柴阵列（三）

125. 火柴阵列（四）

126. 跨过护城河

127. 火柴阵列（五）

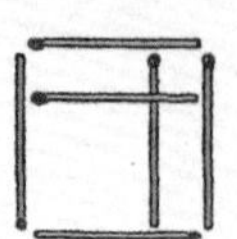

128. 一栋房子的外观

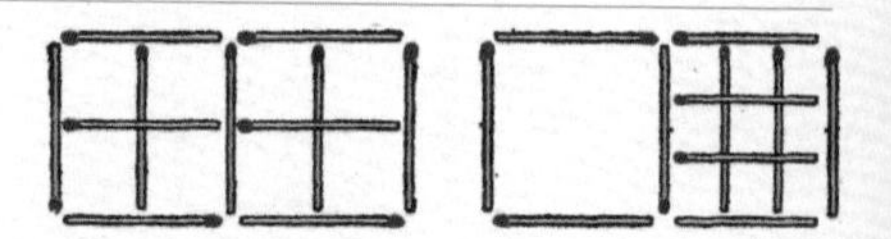

129. 让火柴拐弯

两根火柴折断做成拐角，如图。

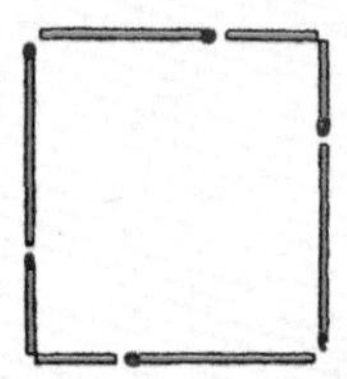

130. 变换三角形

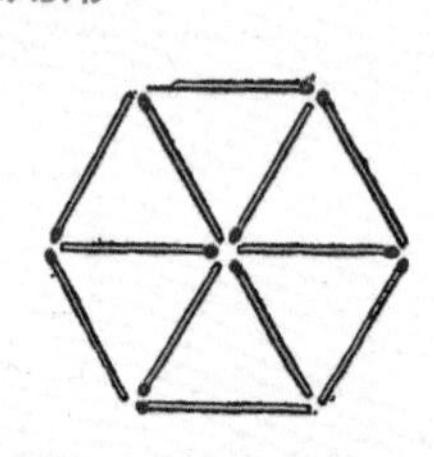

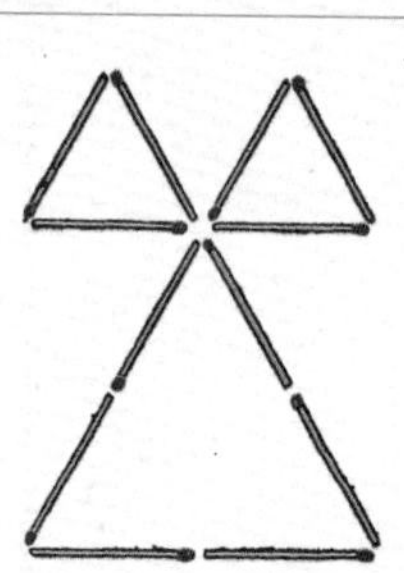

131. 正方形变形

取走 9 根火柴就可以了。

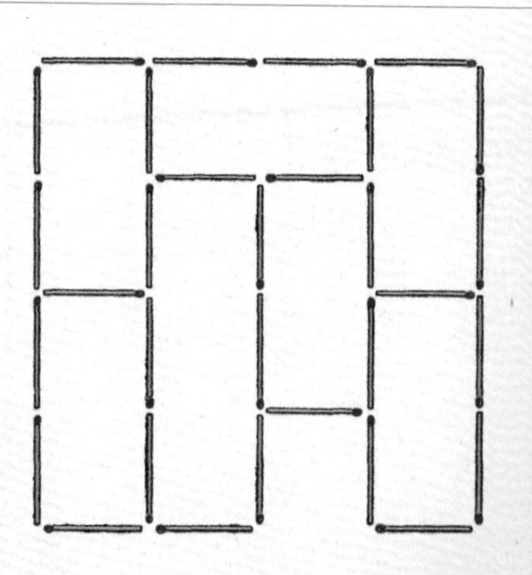

132. 脑筋急转弯（一）

答对了吗？英文单词 ***yard***（大写 ***YARD***）就是 1 码呀。

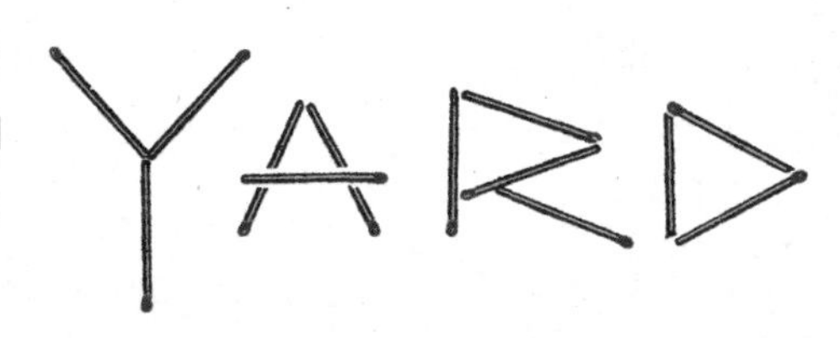

133. 栅栏变正方形

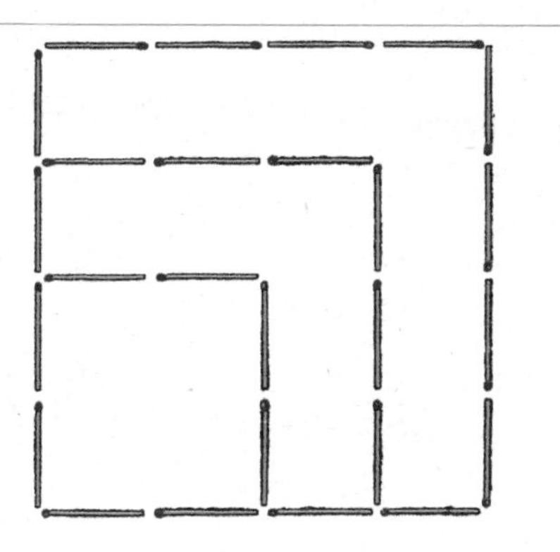

134. 脑筋急转弯（二）

在桌角放好 2 根火柴，让桌子的 2 个边缘构成正方形的另外两条边。

135. 变形箭

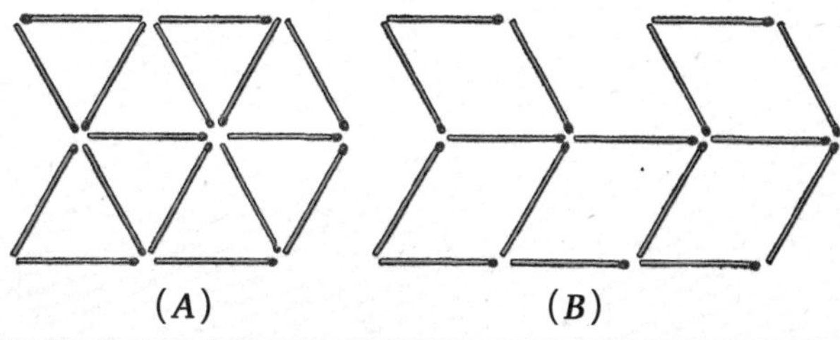

136. 正方形与菱形

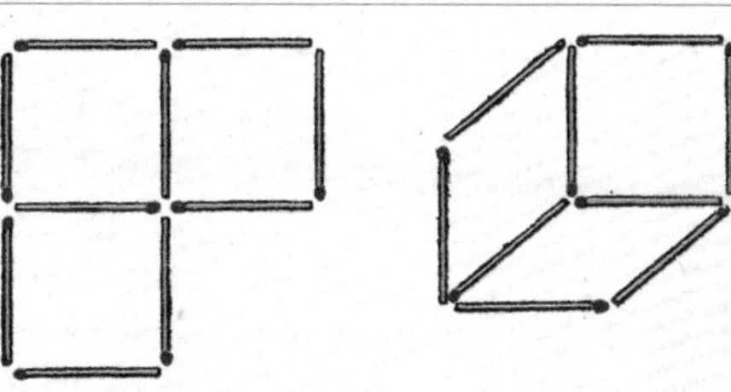

137. 火柴多边形

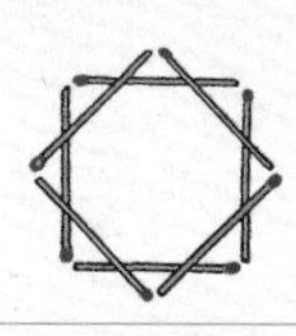

138. 定制花园

139. 等分正方形

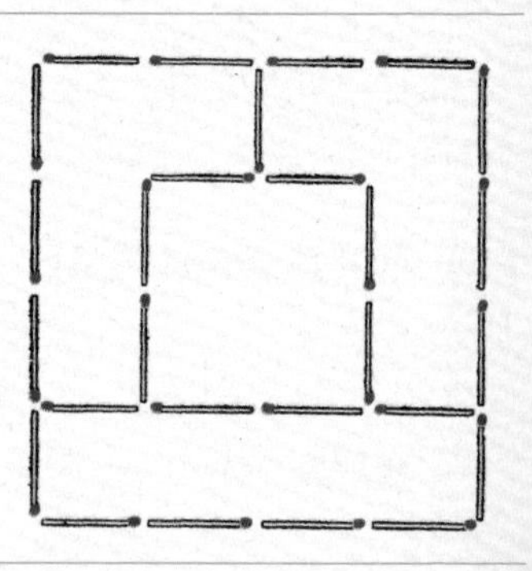

140. 花园与井

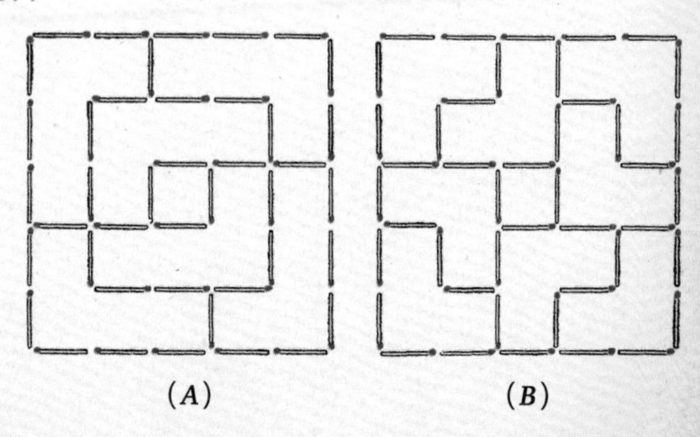

141. 铺地板

需要 684 根火柴。

142. 巧用比率

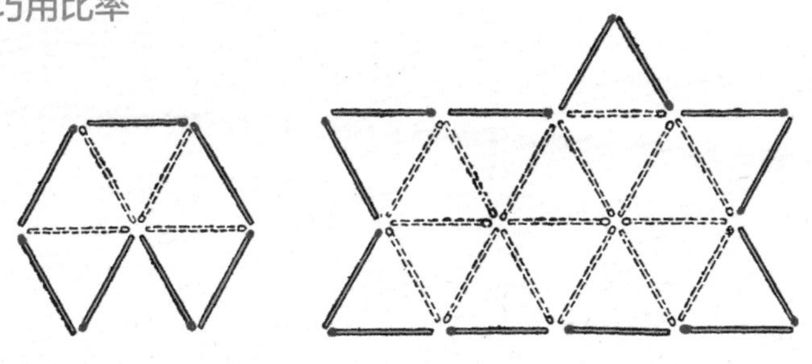

143. 创意多边形

这里提供三种解法：

1. 首先构建一个边长为分别为 3，4，5 的直角三角形（其面积则为 6 平方单位）。接着将 4 根火柴移动到三角形内部，面积减少 3 个平方单位（如下图所示）。这样一来阴影部分的面积就是3个平方单位，. 由12根火柴构成。

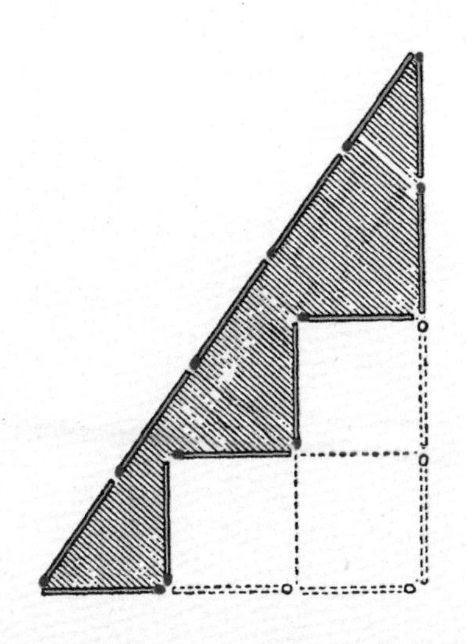

2. 如图，先搭建一个面积为 4 平方单位的正方形。进行第一次变形时面积保持不变。第二次变形时面积减少 1 平方单位，还剩 3 平方单位，依然为 12 根火柴构成。

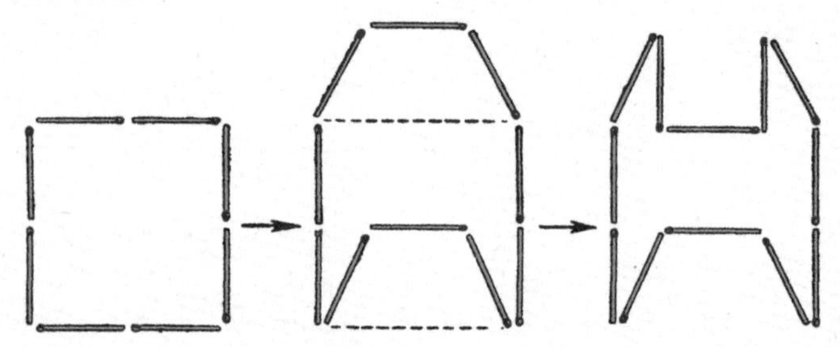

3. 构建一个底边长为 1 个单位、高为 3 个单位的平行四边形。其面积为 $1\times3=3$ 平方单位，由 12 根火柴构成。

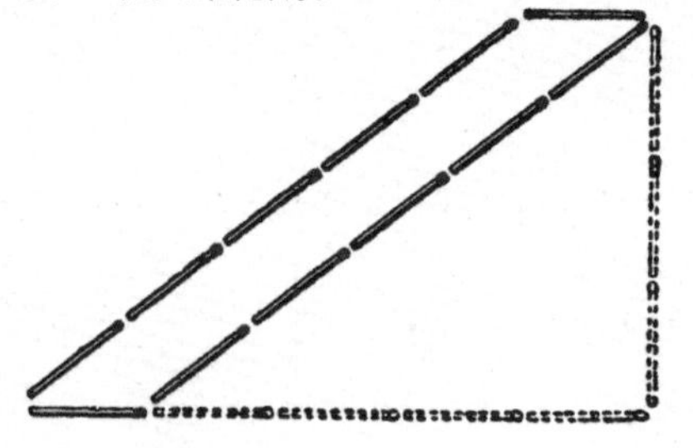

144. 找一个证明

第一种解法：如图 $\boldsymbol{a}$，构建 3 个相邻的等边三角形。那么这两个实际用到的火柴所形成的角度为 $3\times60^\circ=180^\circ$，因此两根火柴形成的是直线。

第二种解法：见图 $\boldsymbol{b}$。

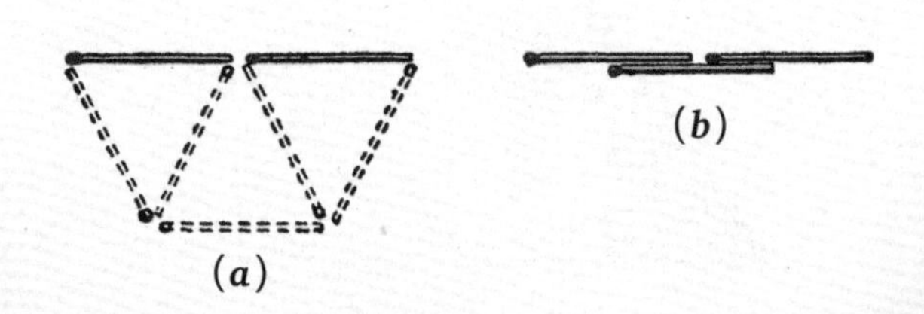

第4章　七思而后“切”

145. 等分图形

（A）　　（B）

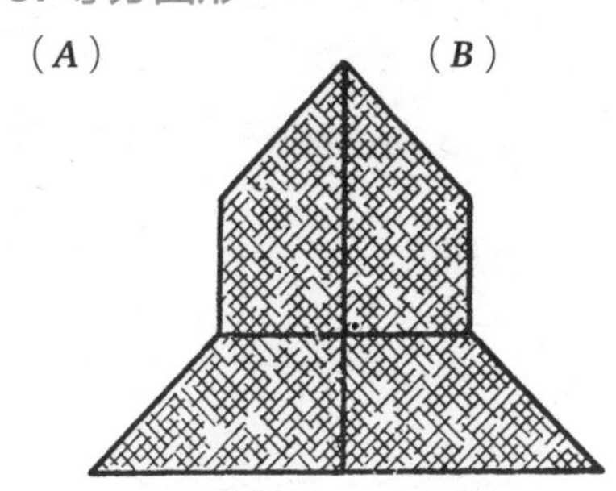

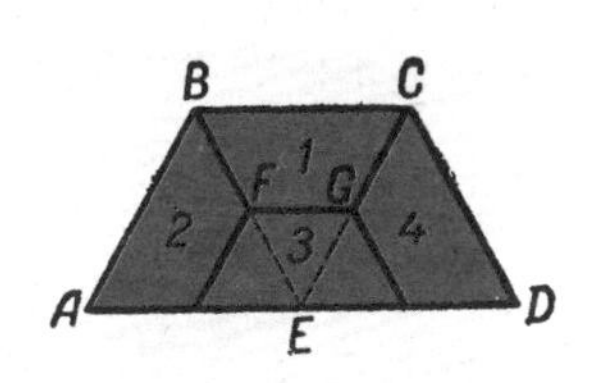

（C）

（D）

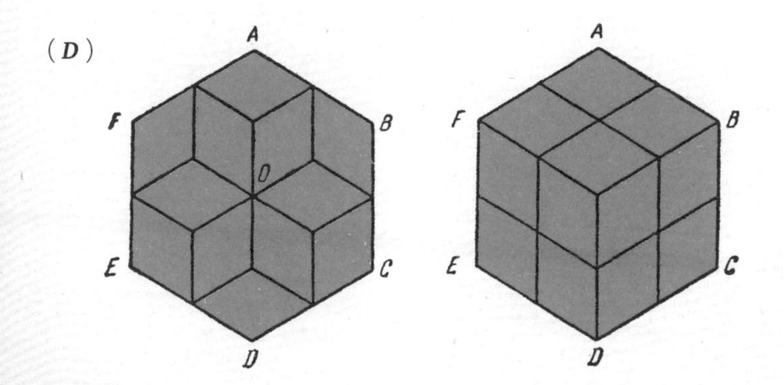

(*E*)

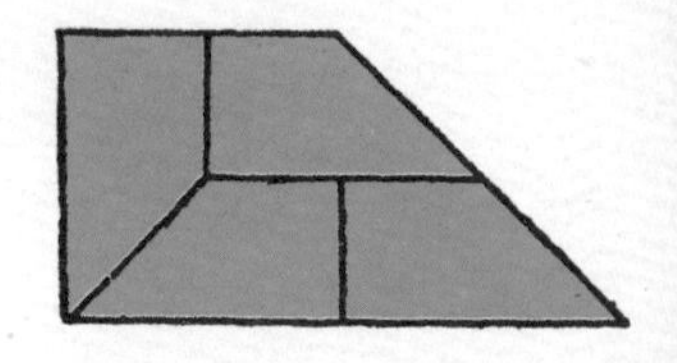

146. 蛋糕上的七朵玫瑰

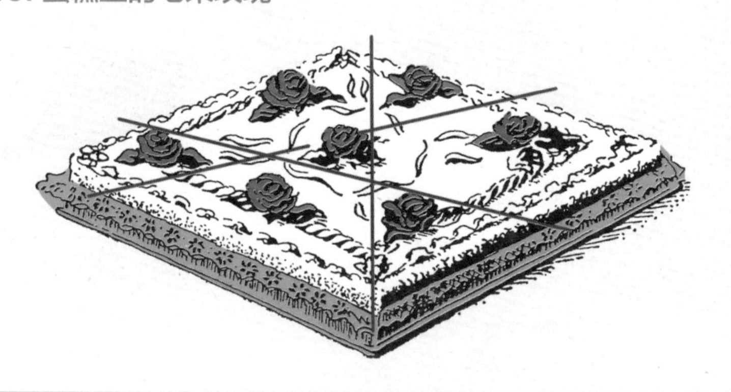

147. 丢失的切分线

1. 首先在相邻的两个相同数字之间进行 1 格长的切割（如图 ***a***）；

2. 将每个 1 格长的切割按照题目所述在另外三个对称位置也进行相同的操作（图 ***b***）；

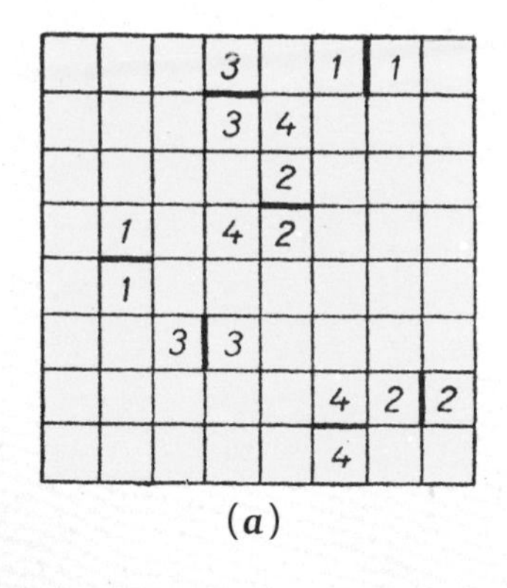

(***a***)

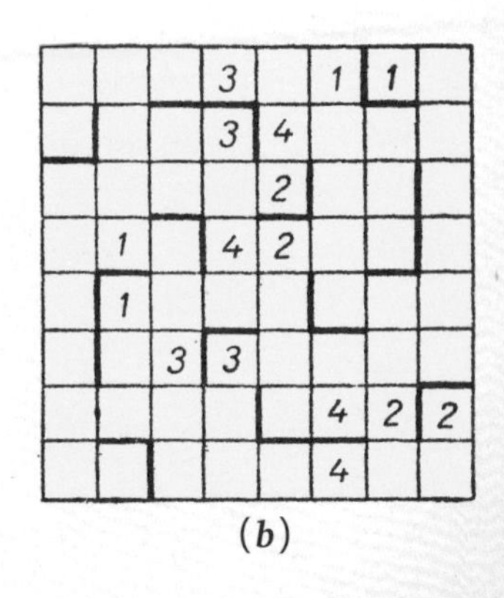

(***b***)

3. 既然不可能有多个2位于同一个图形中，因此可以将中间4个格隔开。那么到这里其他切割线就能够画出来了。要记住，正方形的各个角格（正方形四个顶点的方格）都位于另一个图形中，而且每个图形都要包含一套1至4的数字。

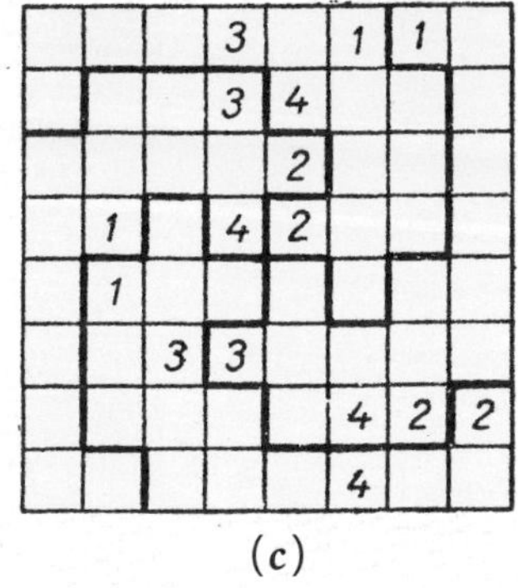

(c)

148. 想一个办法

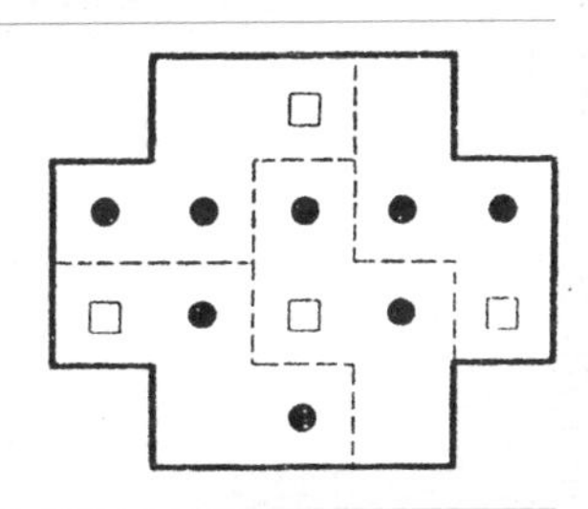

149. 零损耗

矩形铜料可以做出6块1号铜牌，如图。

其他六种样式的切割方法见下面六张图。

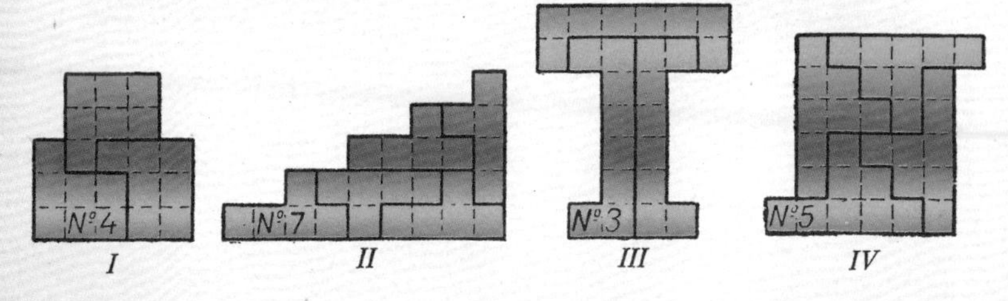

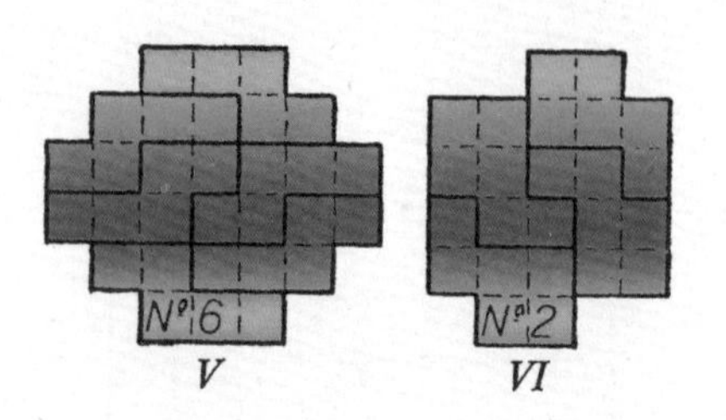

150. 当法西斯入侵祖国时

瓦斯亚很聪明，将板子切成阶梯形状，如图。

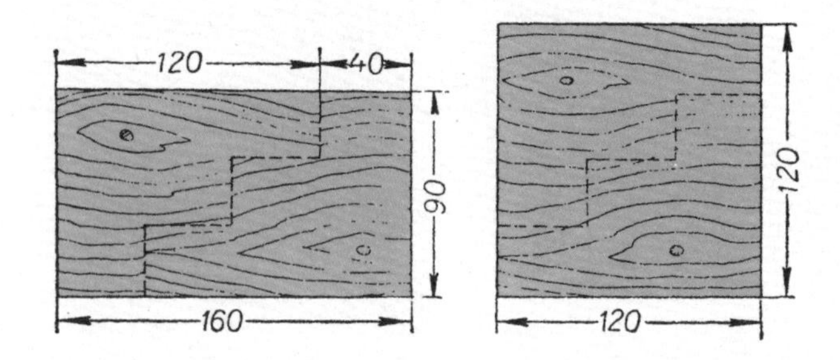

151. 电工的回忆

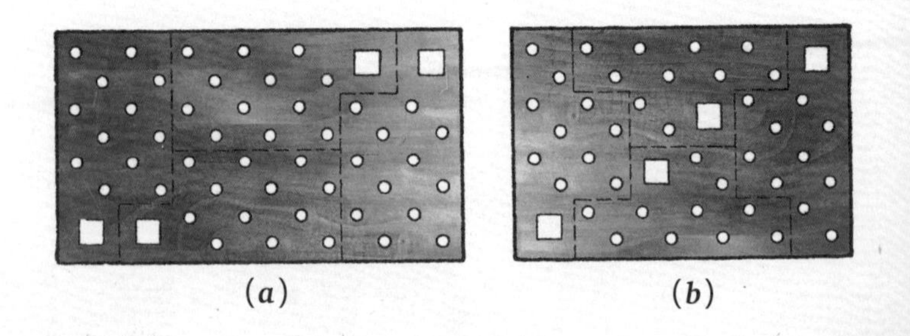

请自己思考，找出 **b** 板的第二种解法。

152. 一点都不浪费

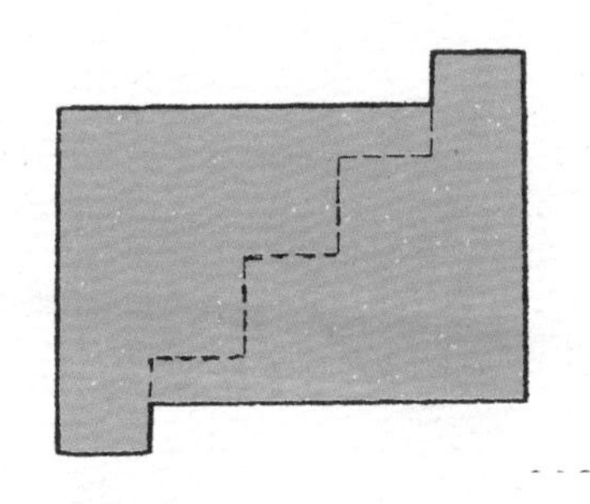

153. 切分谜题

沿着 ***abcde*** 线进行切分（其中 ***b***，***c***，***d*** 分别是构成 ***a*** 图形的三个小正方形的中心点）。将切出来的部分移动到右上角，组成一个完整的框形（图 ***b***）。请独立思考，找出第二种解法。

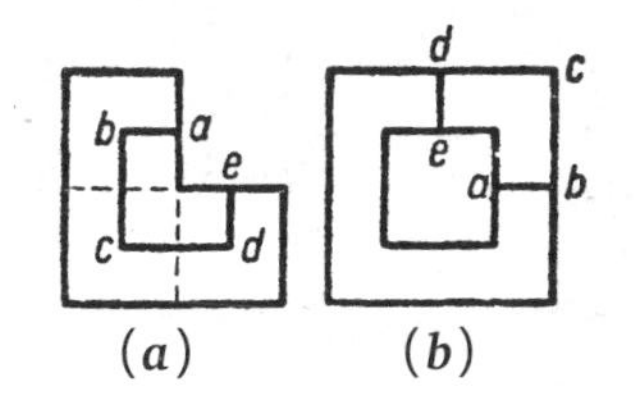

154. 马蹄铁的切分法

切割线的相交点必须位于马蹄铁上。

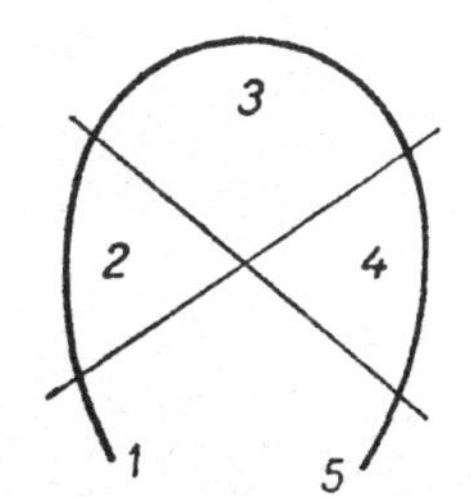

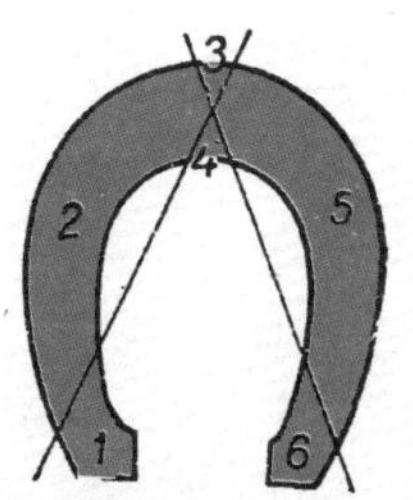

155. 每块一个洞

本题跟上一题不一样，并没有说第一次切分之后不允许将各块进行重新排列。

先将马蹄铁顶部的两个小洞切出来。将顶部这一块放在任意一个边块的旁边，使得 6 个孔排成两行。最后来一次横切就可以达到目的。

156. 水壶做成正方形

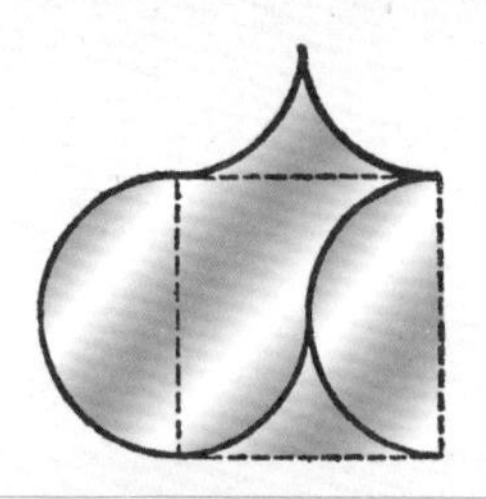

157. 方形字母 *E*

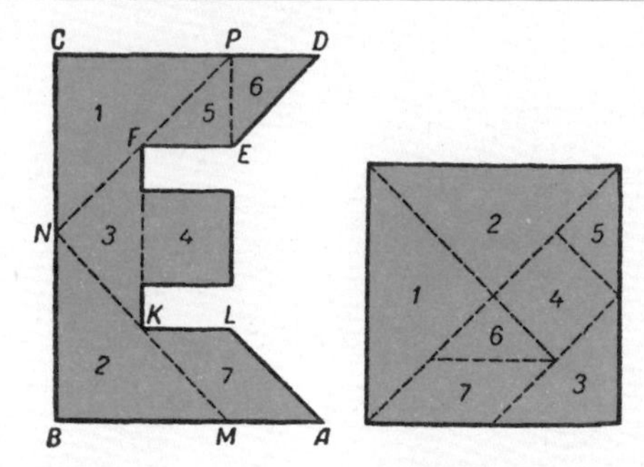

158. 转换八边形

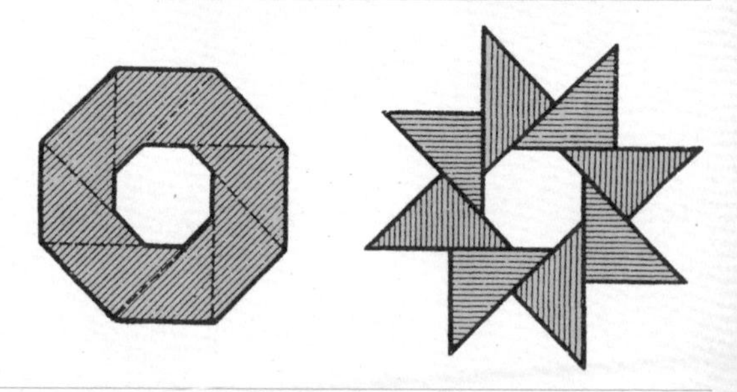

159. 毛毯修复

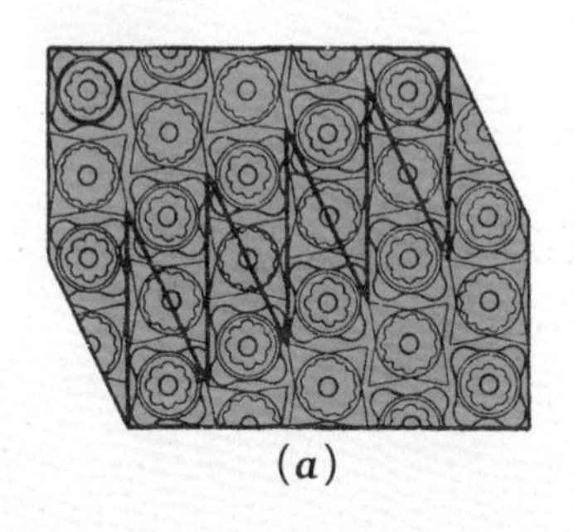

(*a*)

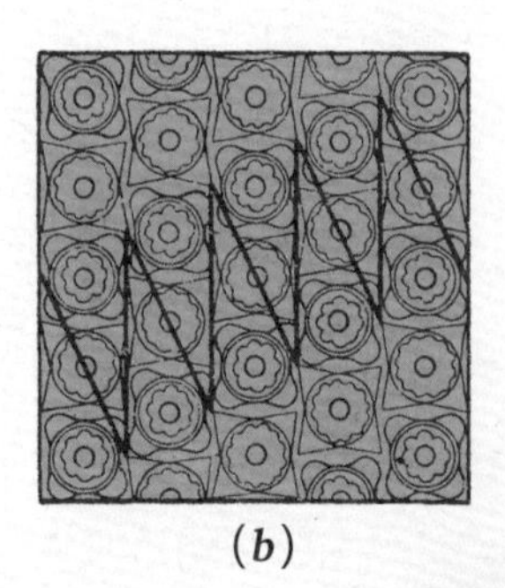

(*b*)

160. 珍贵的奖品

她将其做阶梯形切分成两个部分，然后组合在一起。

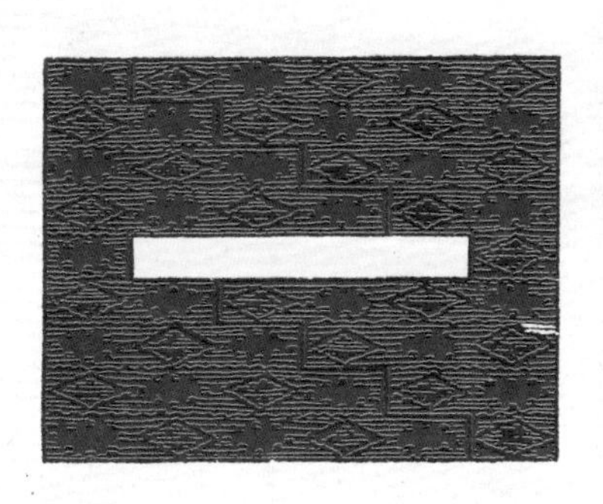

161. 拯救棋手

将这 8 × 8 的棋盘看作是黄红相间的纵列（图 $\boldsymbol{c}$）。那么要在这个棋盘上切出图形 $\boldsymbol{a}$，无论怎么切都会包含奇数个（1 或 3）黄色格子和奇数个（3 或 1）红色格子。而图形 $\boldsymbol{b}$ 则包含黄红色格子各 2 个，所以这 16 个部件包含的黄红色格子总数应该都是奇数。棋盘上却是 32 个黄色格子和 32 个红色格子。也就是说，将棋盘切分出 15 个 $\boldsymbol{a}$ 图形加 1 个 $\boldsymbol{b}$ 图形是不可能的。

另一个问题的解法如图 $\boldsymbol{d}$。

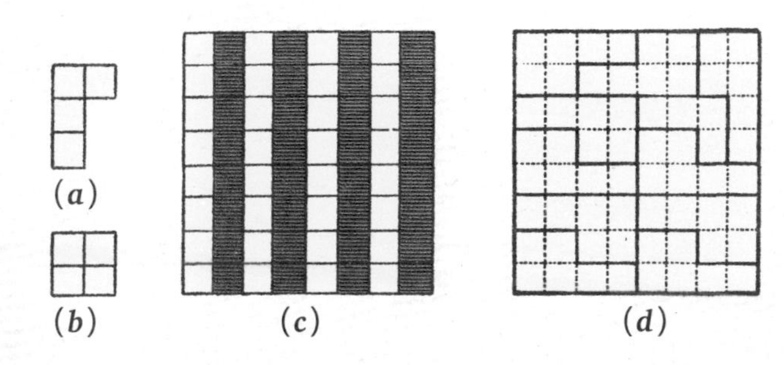

162. 给祖母的礼物

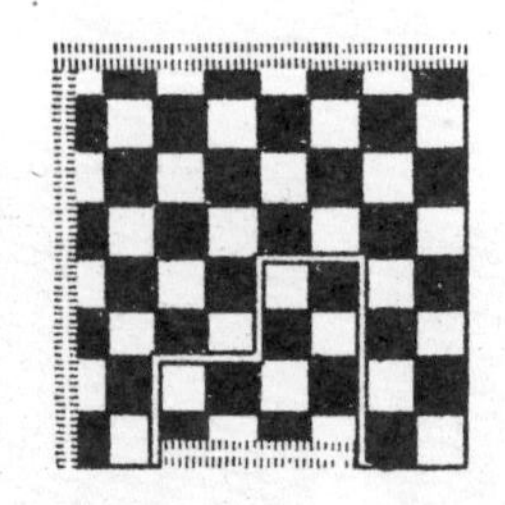

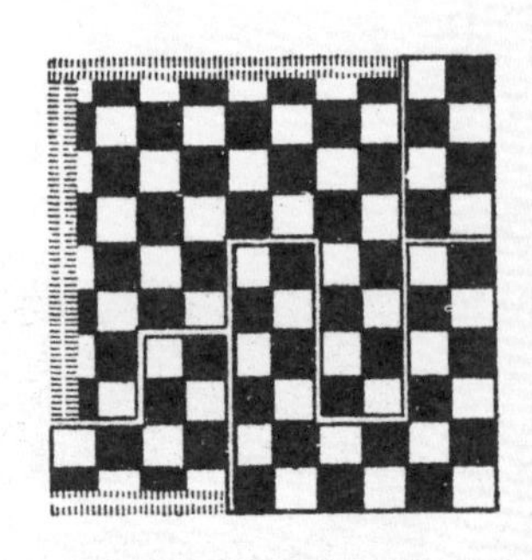

163. 家具木匠的问题

木匠要沿着切线 BA，CA，B_1A_1 和 C_1A_1 将两块框架板进行切分。这样切出来的 8 个部件粘在一起就可以得到圆形桌面了（如图）。

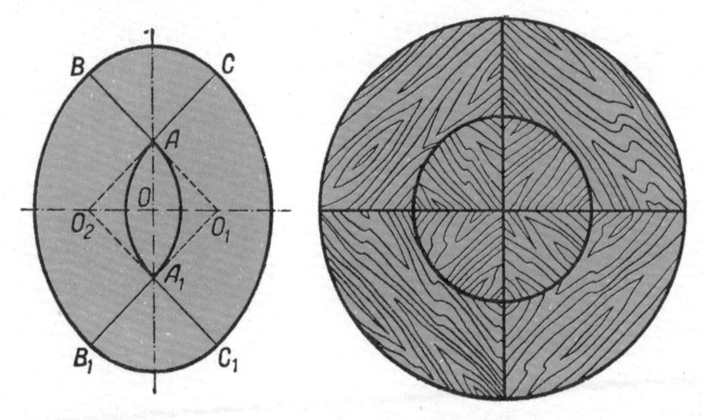

164. 服装师也要懂几何

假设三角形 ABC 就是需要翻转的那块补丁。服装师要沿着 DE 和 DF（E 和 F 分别是 BC 和 AB 的中点）切开，然后将切分后得到的三个部件进行翻转——两个三角形围绕纵轴翻转，四边形以 EF 为轴翻转。翻转后的几个部件缝在一起就可以实现三角形 ABC 在保持形状不变的前提下完成翻转。

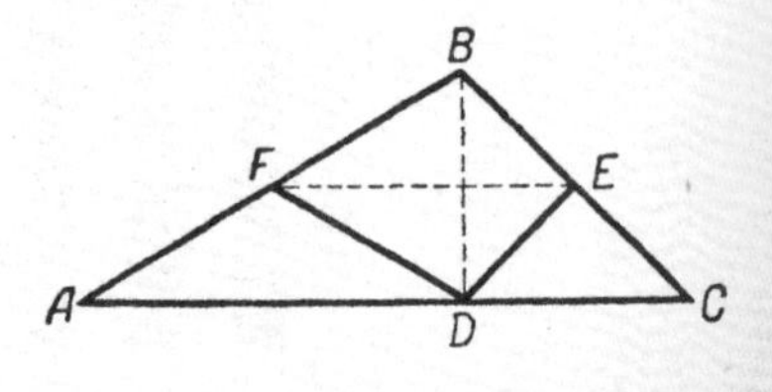

165. 四个马棋

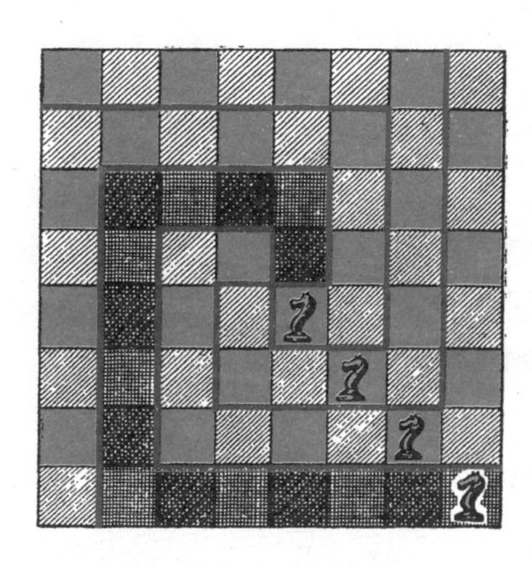

166. 切圆

要让分出来的块数最多，每条线必须同其他所有直线相交，并且在同一点相交的直线不得超过两条。

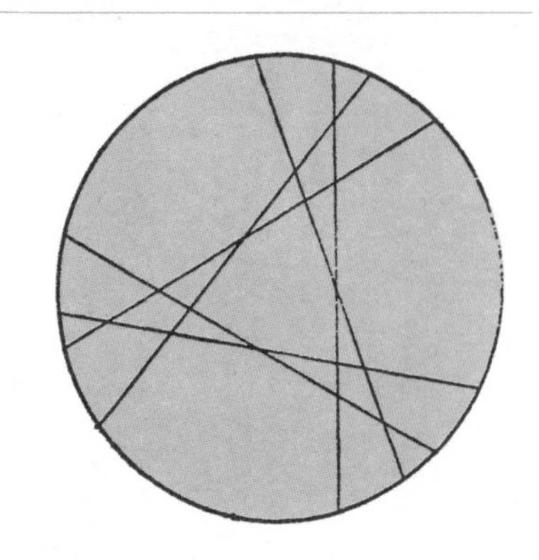

167. 多边形变为正方形

做 AC 的中点 K，使 $FQ=AK=DP$。沿着 BQ 和 QE 切开，切出来的部件即可组成正方形 $BPEQ$。

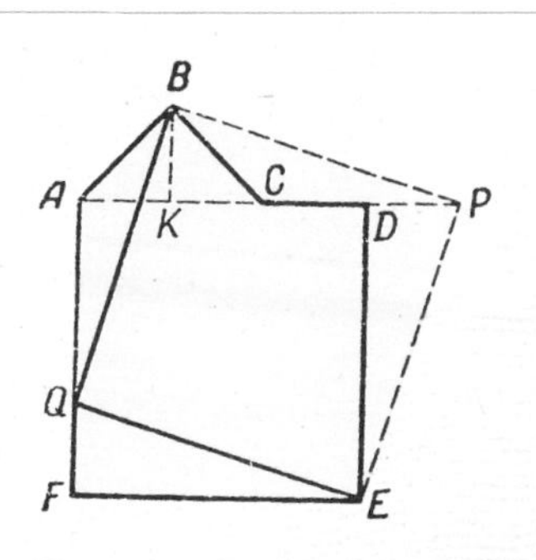

168. 正六边形变成等边三角形

图 ***a*** 中，连接 ***AC***，做 ***AF*** 的垂直线 ***EL***。***LM*** = ***EL***。连接 ***EM***，并以 ***EM*** 为边画出等边三角形 ***EMN***。连接 ***KN*** 并做 ***KN*** 的延长线，使其同 ***CD*** 相交于 ***P*** 点。如果以上操作正确完成，***CP*** 会等于 ***CK***。

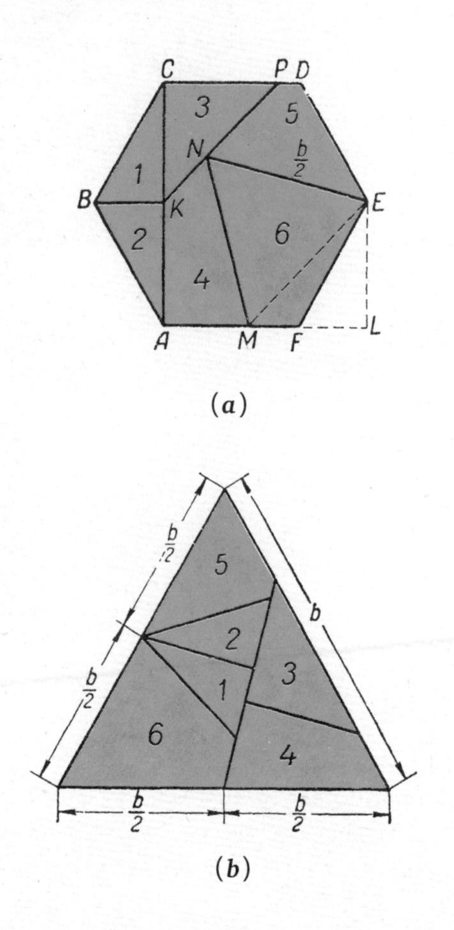

(***a***)

(***b***)

按实线将图 ***a*** 切分成 6 个部件，并按图 ***b*** 组成等边三角形。

第5章 生活中的数学

169. 目标在何处

目标离 ***A*** 点 75 英里，离 ***B*** 点 90 英里。请观察 94 页的图：中间是个英里比例尺。用圆规从比例尺上取 75 英里的长度，并以 ***A*** 点为圆心画一段半径为 75 英里的圆弧。再取 90 英里的长度，并以 ***B*** 点为圆心画一段半径为 90 英里的圆弧。那么两段圆弧在海上的交点就是目标所在地。

---

170. 方块切片

切分 6 次；能切出 27 个小方块；4 面为黑的小方块有 0 个，3 面为黑的小方块有 8 个（因为大方块有 8 个角块），2 面为黑的小方块有 12 个（因为大方块有 12 条边），1 面为黑的小方块有 6 个（因为大方块有 6 个面），0 面为黑的小方块有 1 个。

---

171. 火车相遇

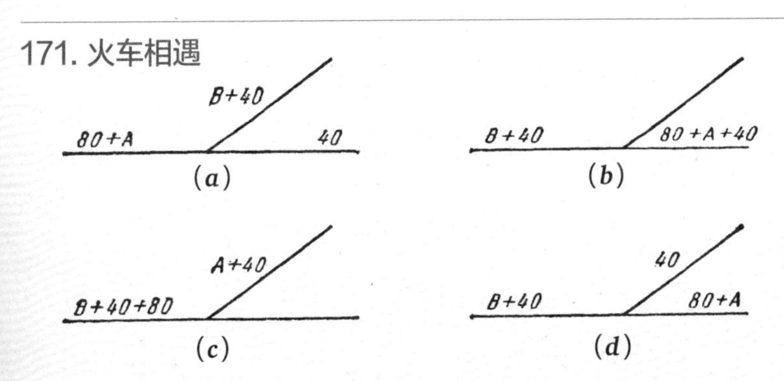

1. 列车 ***B*** 的车头带着 40 节车厢进入侧轨（将尾部的 40 节车厢暂放于右侧）。见图 ***a***。

2. 列车 ***A*** 带着 80 节车厢驶过侧轨，连接上之前 ***B*** 列车留在右侧的 40 节车厢。列车 ***B*** 离开侧轨。见图 ***b***。

3. 列车 ***A*** 带着 120 节车厢从右至左驶过侧轨，将本车的 80 节车厢留在左侧，但继续带着 **B** 车的 40 节车厢进入侧轨。见图 ***c***。

4. **A** 车将 **B** 车的 40 节车厢留在侧轨，回主路连接好本车的 80 节车厢，从右侧离开。而依然带着 40 节车厢的 **B** 车驶入侧轨，连上剩下的 40 节车厢，最后从左侧离开。见图 ***d***。

172. 三角形铁路

（***A***）下图为走 10 步的解法:

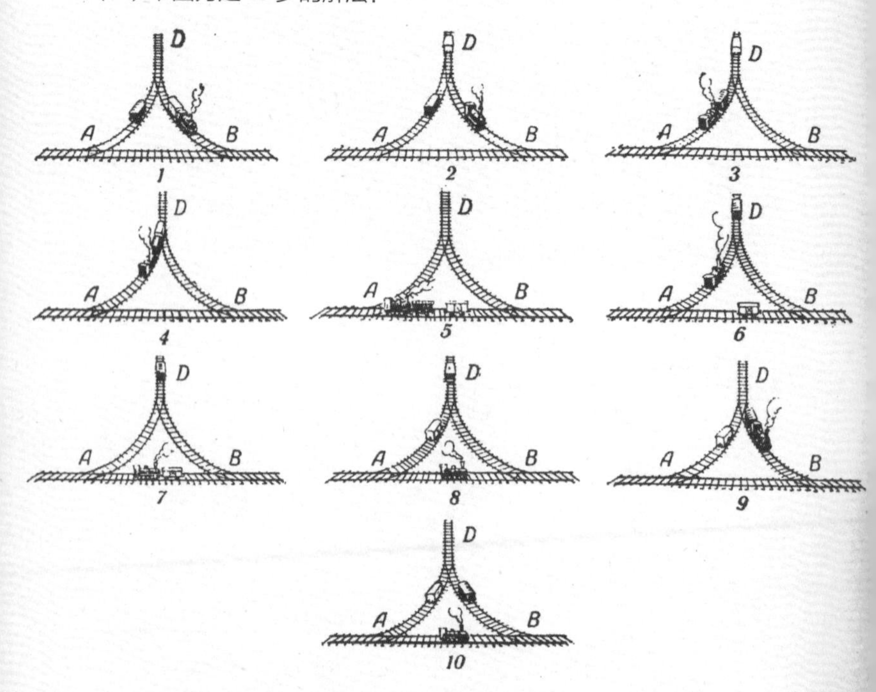

1. 火车驾驶员倒车至 **BD** 轨并同白色车厢相连。

2. 将白色车厢推回 **D** 点并解除连接，然后沿着 **DB** 轨驶出。

3. 火车头经过 **B** 点，倒车经过 **A** 点，再前进入 **AD** 轨，同黑色车厢连接。

4. 将黑色车厢往前推至白色车厢处，将两车厢相连，然后带着两节车厢从 **AD** 轨往后退。

5. 倒车经过 **A** 点，再推着两节车厢往 **B** 点前进一段距离后停止，将白色车厢解除连接。

6. 白色车厢依旧停留在 **AB** 轨，接着火车头带着黑色车厢倒车经过 **A** 点，再前进推其进入 **AD** 轨走到 **D** 点解除连接。然后沿着 **AD** 轨退回。

7. 火车头倒车经过 **A** 点，然后前进至 **AB** 轨上的白色车厢处并行连接。

8. 火车头再倒车经过 **A** 点，前进将白色车厢推至 **AD** 轨上并解除连接，然后倒车再次经过 **A** 点并朝 **B** 点方向行驶一段距离。

9. 火车头前进经过 **B** 点，再倒车进入 **BD** 轨走到黑色车厢处同其连接，并将其沿着 **DB** 轨向前推。

10. 在 **BD** 轨上解除同黑色车厢的连接，向前行驶经过 **B** 点，继续倒车回到 **AB** 点中间的某个位置。这个时候正好车头朝右。

（**B**）下图显示 6 步的解法：

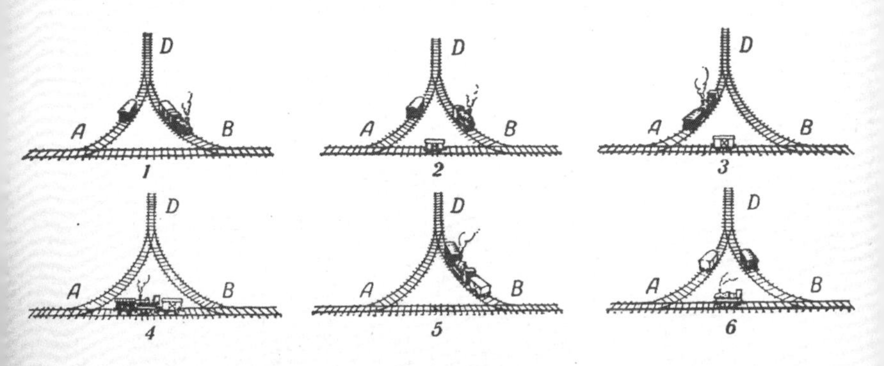

1. 火车头倒车进入 **BD** 轨并同白色车厢连接。

2. 火车头带着白色车厢向前经过 **B** 点，然后在 **BA** 轨倒车至 **AB** 点之间，解除同白色车厢的连接。接着向前行驶经过 **B** 点，再倒车进入 **BD** 轨。

3. 倒入再驶出 **D** 点，沿着 **DA** 轨前进至黑色车厢处并同其连接。

4. 火车头推着黑色车厢经过 **A** 点，然后在 **AB** 轨倒车至白色车厢处并同其连接。

5. 现在火车头被夹在两车厢中间，现在倒车经过 **B** 点后向前进入 **BD** 轨。

接着解除同黑色车厢的连接。

6. 黑色车厢现在停在了 ***BD*** 轨，现在火车头推着白色车厢后退经过 ***B*** 点，再将其拉着从 ***AB*** 轨驶过 ***A*** 点，接着倒车进入 ***AD*** 轨并将白色车厢解除连接。随后在 ***AD*** 轨向前行驶经过 ***A*** 点最后倒车进入 ***A*** 点和 ***B*** 点之间的中点位置。此时车头朝左。

173. 称重沙砾

1. 将 180 盎司重的沙堆分成两堆放到天平的两个盘里，让两个盘各重 90 盎司。

2. 仍然只用天平不用砝码，再将其中一份 90 盎司重的沙堆分成两堆，每堆重量为 45 盎司。

3. 使用两个砝码从其中一份 45 盎司重的沙堆中再减去 5 盎司，那么现在有一份沙堆就是 40 盎司了，然后将所有剩下的沙砾集中起来就是 140 盎司了。

174. 转动皮带

都能转动。***C*** 和 ***D*** 是顺时针转动，***B*** 是逆时针转动。如果 4 条皮带都是交叉连接还是能够转动，但若是 1 条或 3 条皮带交叉连接就无法转动了。

175. 七个三角形

本题只能在三维空间有解，如图。

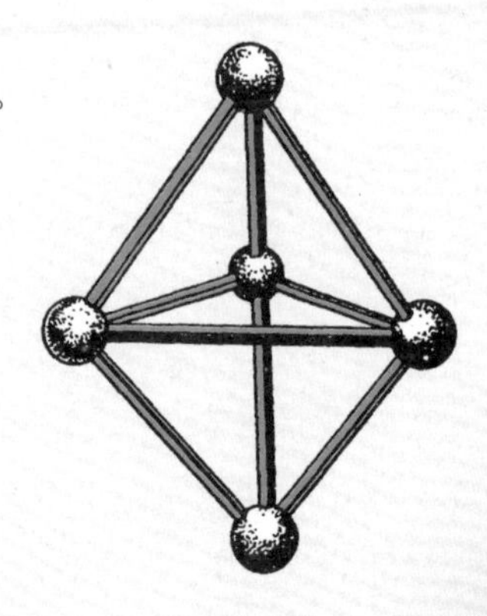

176. 艺术家的帆画布

她是用几何方法证明的。将任意边长为整数的矩形划分为一个个单元方格（图 ***a***）。将矩形的边上的单元方格涂阴影观察。阴影部分的格子数量比其周长少 4 个单元方格。有且只有矩形中心无阴影的部分包含 4 个单元方格，单元方格的总数（即面积）才会等于周长。但矩形中心能够安置 4 个单元方格的方式只有两种（图 ***b*** 和图 ***c***），因此两种解法分别是 4×4 的正方形和 6×3 的矩形。

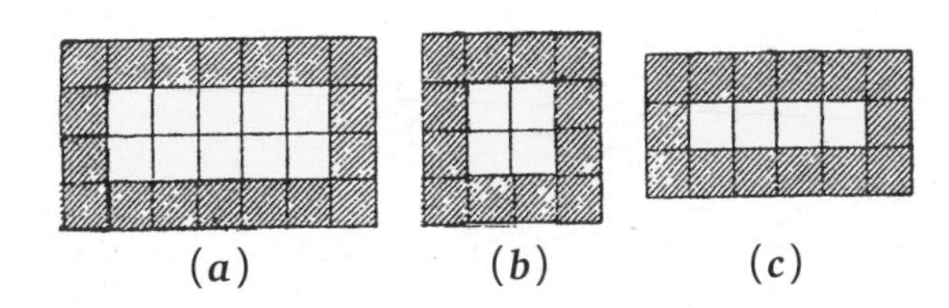

(*a*)　(*b*)　(*c*)

这两种解法也可以通过 $xy=2x+2y$（x 和 y 为矩形的长宽）这一方程式轻易算出，不过无法证明只有这两种解法。

177. 瓶子多重

为了便于说明，这里将原题的图再放上来。在图 ***b*** 中，瓶子的重量等于一个盘子加杯子的重量。如果两边各加一个杯子，那么天平依旧保持平衡。因此一个瓶子加一个杯子同一个盘子加两个杯子重量相同（下页图 ***d***）。比较图 ***a*** 和图 ***d***，我们可以发现壶的重量等于一个盘子加两个杯子的重量。另外，两个壶同三个盘子重量也相等（图 ***c***）。因此，三个盘子的重量同两个盘子加四个杯子的重量相等（图 ***e***）。

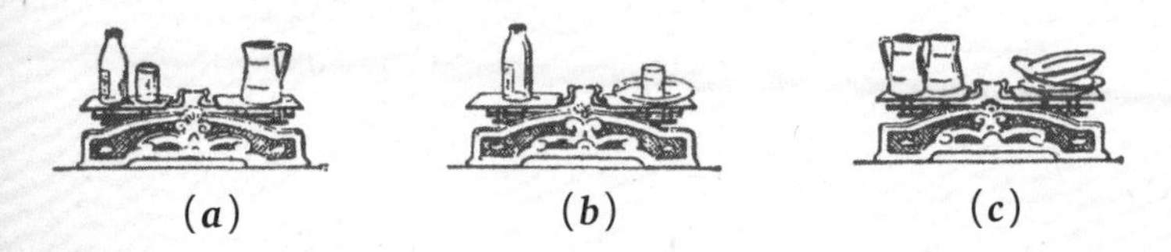

(*a*)　(*b*)　(*c*)

将图 *e* 中两边各取走两个盘子，使得一个盘子同四个杯子保持平衡（图 *f*）。现在回到图 *b*，将一个盘子替换为四个杯子，最后使得五个杯子同一个瓶子保持平衡（图 *g*）。

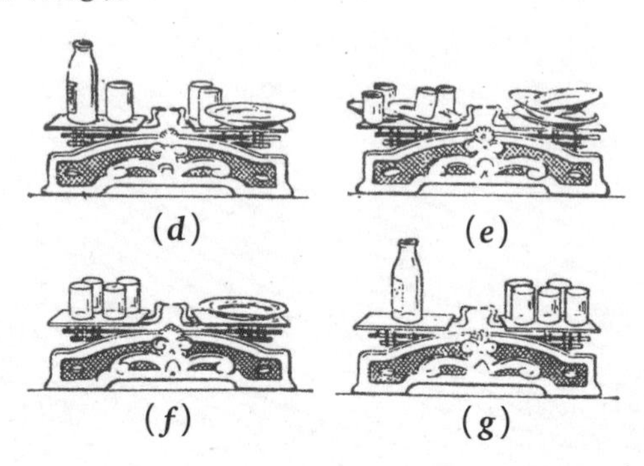
(*d*) (*e*)
(*f*) (*g*)

178. 方块玩具

如图，他需要将每个方块切分为 8 个小方块。这样每个小方块的表面积明显是大方块的四分之一，因此总面积就是大方块的两倍。

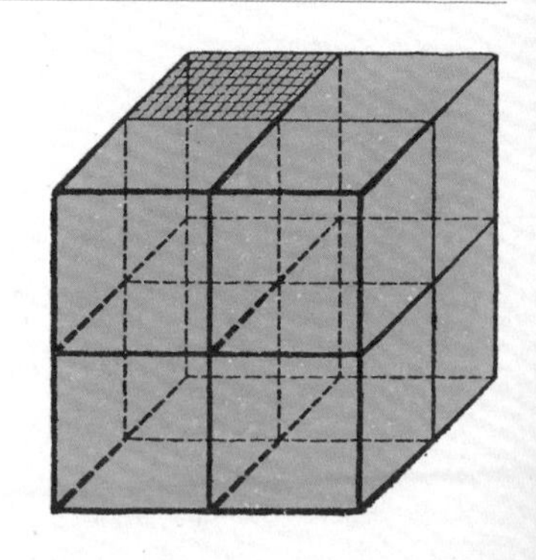

179. 装铅丸的壶

将铅丸全部倒入壶中，再在壶中装满水。那么小铅丸之间的空隙就全部被水填满了。因此，水的体积加上铅丸的体积就是壶的总容积了。

将铅丸从壶中取出，再测出剩下的水的体积，最后用壶的容积减去水的体积即可。

180. 中士去哪儿了

如图，他最后回到了出发点。

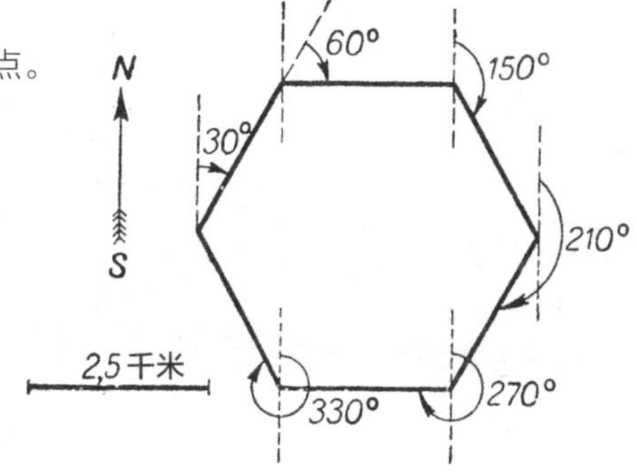

181. 原木的直径

从一个节点孔到该节点孔另一个切口的距离约为整个胶合板宽度的$\frac{2}{3}$，即 30 英寸。那么原木的直径为$\frac{30}{\pi}\approx 10$英寸。

182. 卡尺的难题

在尺腿和凹陷处之间放一个东西卡住，这样不松开尺腿就可以取出卡尺。最后用卡尺伸展的读数减去那个东西的长度就可以了。

183. 没有测量计

（***A***）将电线在圆柱形物体上紧紧缠绕若干圈，如图 ***a***。以图为例，20 根电线的直径是 2 英寸，那么 1 根电线的直径就是 0.1 英寸。

（***B***）将锡皮放到一个带有圆洞的支撑物上。用锤子击打开洞位置，形成杯状凹陷（图 ***b***）。将锡皮翻转，用锉刀将突出的部分锉掉（图 ***c***），就可以得到一个圆洞。

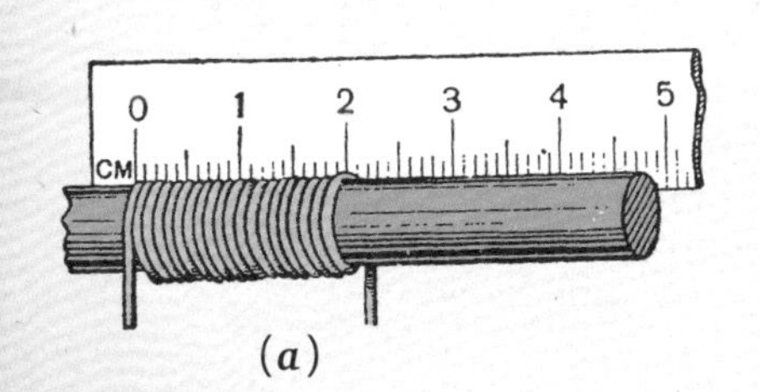

(*a*)

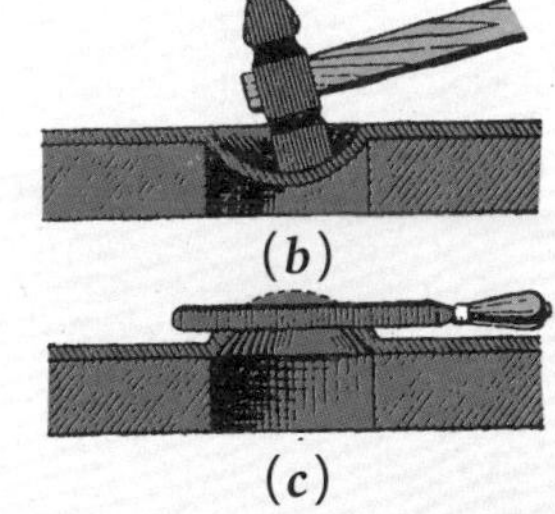
(*b*)

(*c*)

184. 能否节省 100%

没有任何发明能够节省 100% 的燃油，因为能量无法凭空获得。

正确的计算并不是 $30\%+45\%+25\%=100\%$，而是：

$$100\%-(100\%-30\%)(100\%-45\%)(100\%-25\%)$$

$$=100\%-(70\%\times 55\%\times 75\%)$$

$$=71.125\%$$

前提必须是三项发明的效果各自独立。

---

185. 弹簧秤

将这根棒子横放到 4 个弹簧秤的吊钩上。那么每个吊钩就负载了重物的 $\frac{1}{4}$ 重量。那么 4 把秤的读数之和就是这根棒子的重量。如果按图中的读数所示，那么棒子的重量为 16 磅。

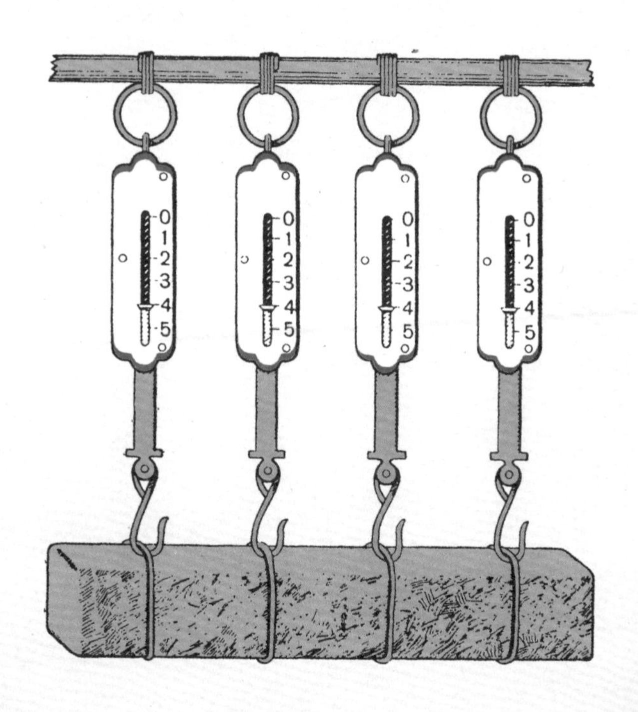

186. 独创设计

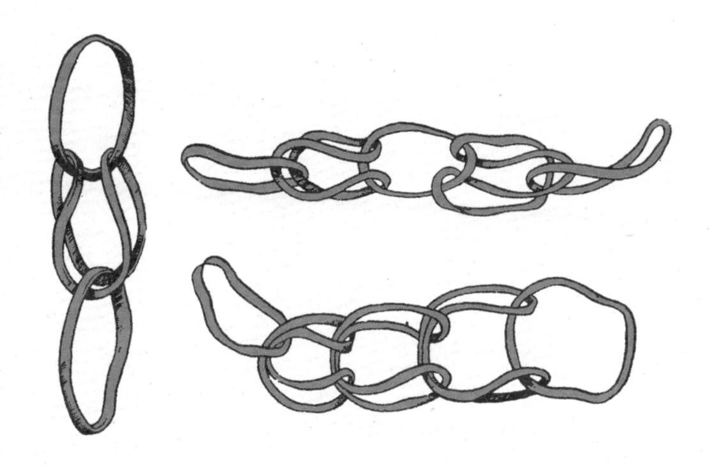

187. 切分方块

（$\boldsymbol{A}$）不能。要切出五边形就要切到正方体的五个面。但正方体的每两个相对面都是平行的，因此一个平面切无法影响到奇数的面（也就是切到某个面就一定会切到其相对面）。

（$\boldsymbol{B}$）可以。图 $\boldsymbol{a}$ 中，三角形 AD_1C 的三条边分别是正方体三个面的对角线，因此都是相等的。图 $\boldsymbol{b}$ 中，这个六边形的六条边也都是相等的，因为这六条边正好是边长为正方体边长一半的正方形的对角线。

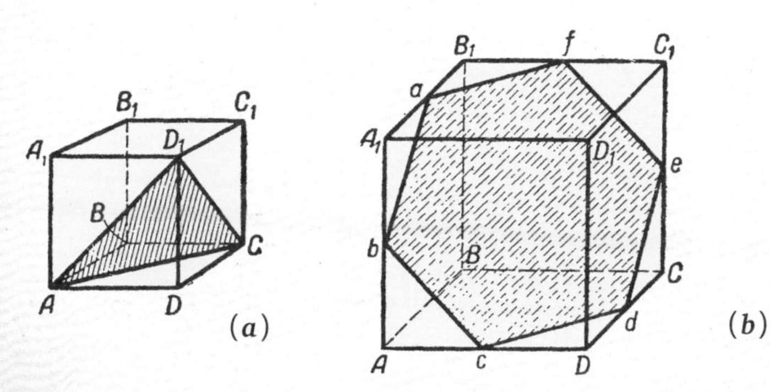

（*C*）不能。正方体只有 6 个面，平面切一次只能切到每个面一次。

188. 找圆心

如图，将三角尺的直角点 ***C*** 置于圆周上。***D*** 和 ***E*** 是三角尺两条直角边同圆周相交的点，这两个点就是一条直径的两个端点，连接两个点。用同样的方式再画出一条直径。两条直径相交的点就是圆心。

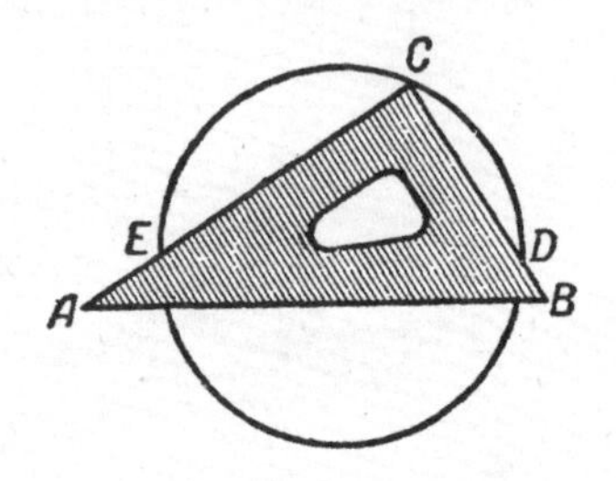

189. 哪个箱子更重

一个箱子中的球按照 $3\times3\times3$ 的方式排列，另一个箱子按照 $4\times4\times4$ 的方式排列。那么大球的直径就是小球的 $\frac{4}{3}$，其体积和重量就是小球的 $\frac{64}{27}$。而大球的数量是小球的 $\frac{27}{64}$，因此两个箱子的重量相同。

其他的立方数组也成立。

190. 家具木匠的艺术

如图，直角 $\boldsymbol{A}$ 和 $\boldsymbol{A_1}$，以及直角 $\boldsymbol{B}$ 和 $\boldsymbol{B_1}$，在立方体组合时是完全吻合的，只能沿着直线 ***AB*** 进行滑动才能将两个部分分开。

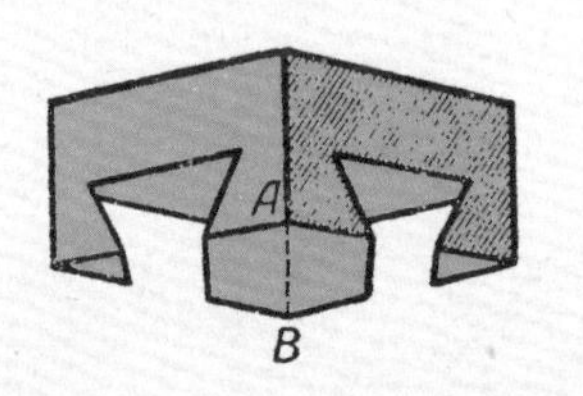

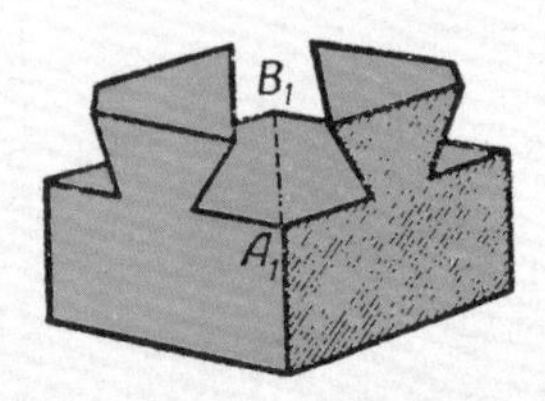

191. 球的几何

将圆规的针尖置于小球上任意一点 M，并在球面上以任意半径画圆。在画出的圆上取任意三个点（如图 a）。在纸上以 ABC 为顶点做三角形，用圆规量距离使 A，B，C 三个点之间的距离同这三个点在球上的距离相同（如图 b）。

做一个圆穿过三角形的三个顶点，并做两条互相垂直的直径 PQ 和 GH。纸上这个圆就等于圆球上画的那个圆，因此 $PQ=KL$。

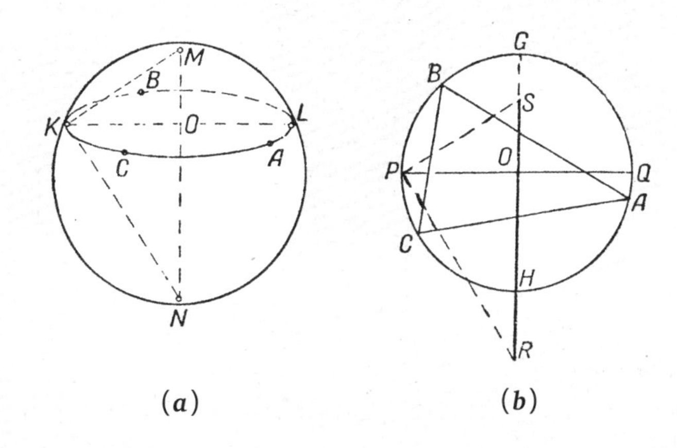

(a)　　(b)

将纸上的圆的 P 点看作是小球表面的圆上的 K 点。将圆规打开至 KM 的长度，圆规的针尖置于 P 点，画弧线找出 GH 上的 S 点，因此 $PS=KM$。做 PS 的垂直线 PR，R 点位于 GH 的延长线上。SR 这条线段就等于小球的直径。这一结论证明起来也很简单，因为小球上的三角形 MKN 同纸面上的三角形 SPR 是全等的。

192. 木梁

将木梁切成两个全等的阶梯形状部件，如图 ***a*** 所示。每一级台阶的高度为 9 英寸，宽度为 4 英寸。再按图进行转换即可组成图 ***c*** 的正方体。

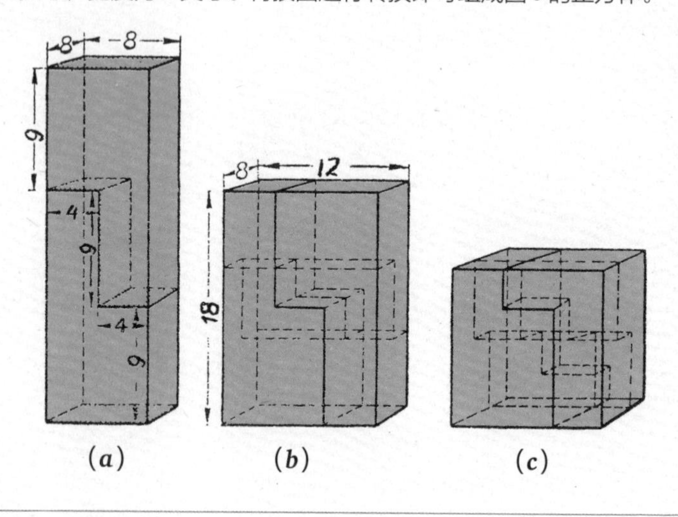

193. 瓶子的容积

圆形、正方形和矩形的面积都可以通过直尺测量直径或边长之后简单算出。将这个面积设为 s。

将瓶子竖直放好（如图），测量出液面的高度 h_1。那么装满液体的部分的体积就是 sh_1。

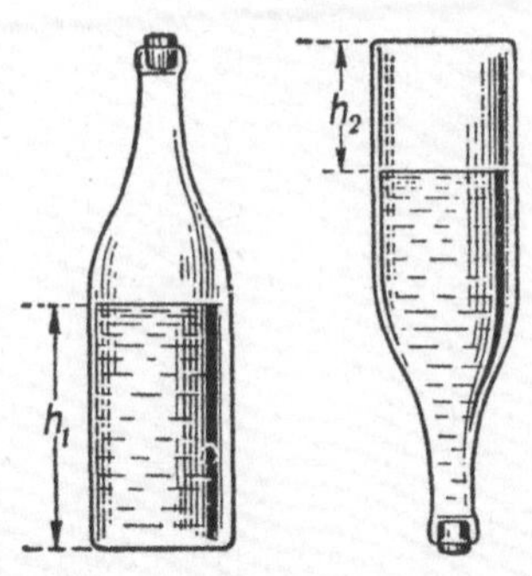

将瓶子倒过来，用尺子测量出无液体空间的高度 h_2，那么瓶子中空置部分的体积为 sh_2。因此整个瓶子的体积就是 $s(h_1+h_2)$。

194. 大多边形

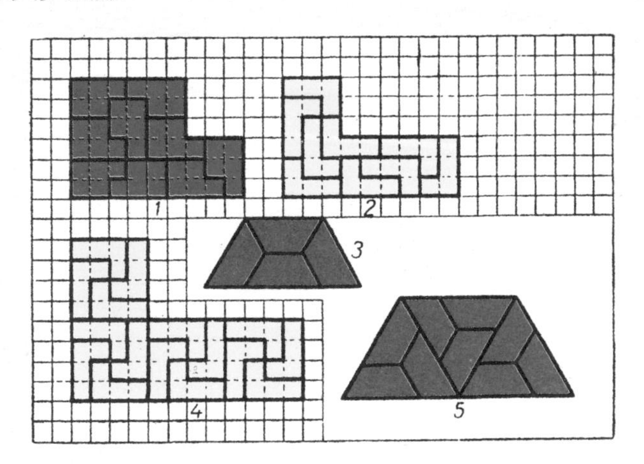

195. 两步法构建大多边形

下图 a，b 和 c 中有多个示例。

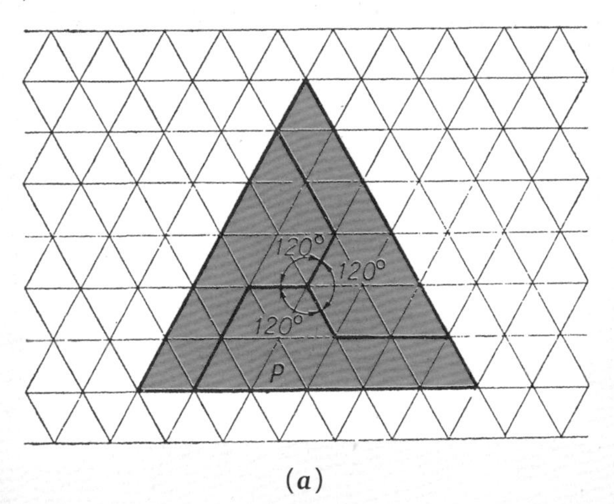

(a)

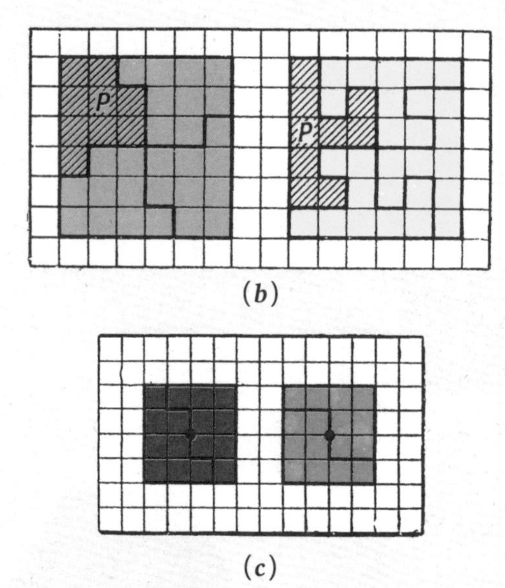

(*b*)

(*c*)

有一个较好的寻找单位多边形的方法，就是将包含有偶数个方格的矩形中心点（图 ***d*** 中的黑点标识）标记出来，并通过中心点画阶梯线或是锯齿线将矩形分成两个全等的部件（如图）。由于矩形总是可以组成正方形的，因此找到的单位多边形也总是可以组合成为正方形。

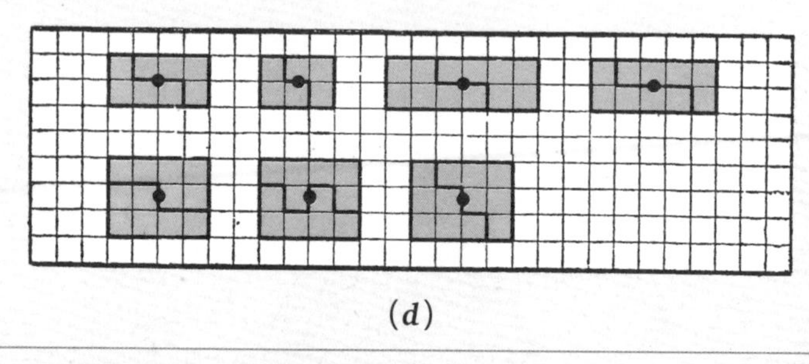

(*d*)

196. 构建正多边形的铰链结构

正九边形和正十边形的内角分别等于 140° 和 144° 。使用铰链结构将这两个图形构建出来，用 144° 的角减去 140° 的角，等到一个 4° 的角。用直尺和圆规将这个角进行两次二等分，就可以得到 1° 的角。

第6章　多米诺骨牌与骰子

197. 多少点

5 个点。因为每个点数在方格上出现的次数都是偶数次（确切说是 8 个），也就是说所有点数都有偶数个。在牌链中各个点数都是两两配对的，因此牌链中如果一端是 5，那么另一端肯定也是 5。

198. 一个戏法

自己藏起来的两个点数值必须出现在两端，因为这两个点数值都只剩下了奇数个，而牌链中间的点数值都是成对出现的。

199. 第二个戏法

左侧 13 张骨牌的值为 12 至 0。在调换之前，中间的那张（第十三张）牌为 0。如果调换了 1 张牌，那么中间那张牌就成了 1；如果调换了 2 张，那么中间的牌就成了 2，以此类推。

200. 赢牌局

暂时没用到的 4 张牌为 0-2，1-2，2-5，6-2。打出来的 4 张牌为 2-4，3-4，3-2，2-2。

B，***C*** 和 ***D*** 拿到的牌可能是这样的：

B：0-1，0-3，0-6，0-5，3-6，3-5

C：0-0，1-1，2-2，3-3，4-4，3-4

D：6-6，5-5，6-5，6-4，5-4，6-1

201. 空心正方形

（***A***）顶层横排（由左至右）：4-3，3-3，3-1，1-1，1-4，4-6，6-0。右侧竖排（由上至下）：0-2，2-4，4-4，4-5，5-5，5-1，1-2。底层横排：（由

右至左）：2-3，3-5，5-0，0-3，3-6，6-2，2-2。左侧竖排（由下至上）：2-5，5-6，6-6，6-1，1-0，0-0，0-4。顶层两个转角处的排法如图：

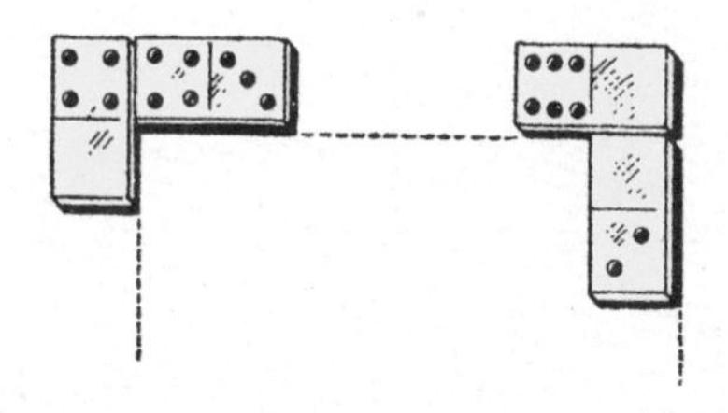

（***B***）8 个转角尽量多放空白牌，每条边的值之和可以达到 21。如果 8 个转角处的点数之和为 8，那么每条边之和可以达到 22（见下图）；如果转角之和为 16，边之和则为 23；如果转角之和为 24，边之和则为 24；如果转角之和为 32，边之和则为 25；如果转角之和为 40，边之和则为 26。

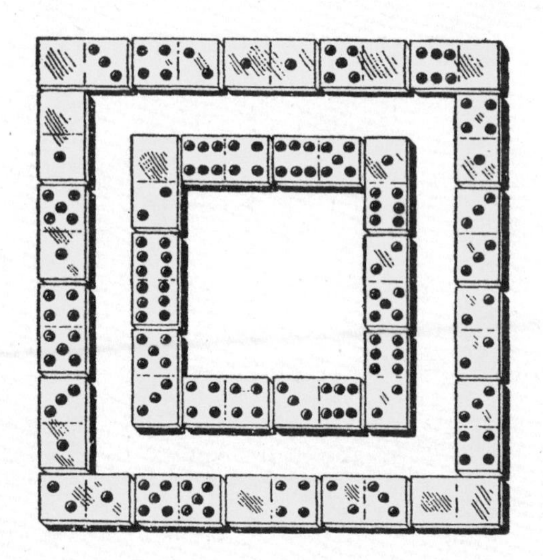

202. 窗

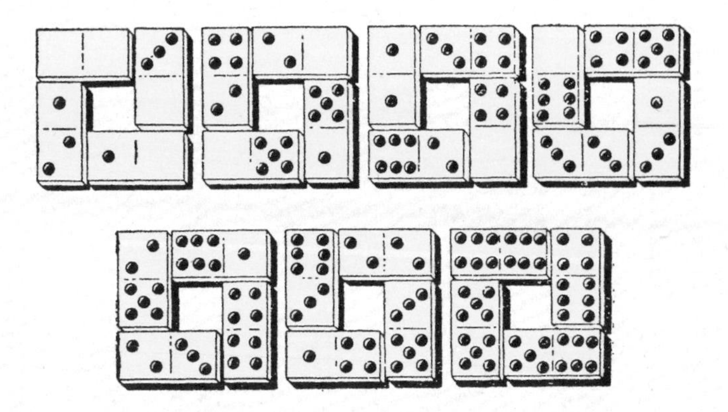

203. 多米诺骨牌幻方

（*A*）

(*B*)

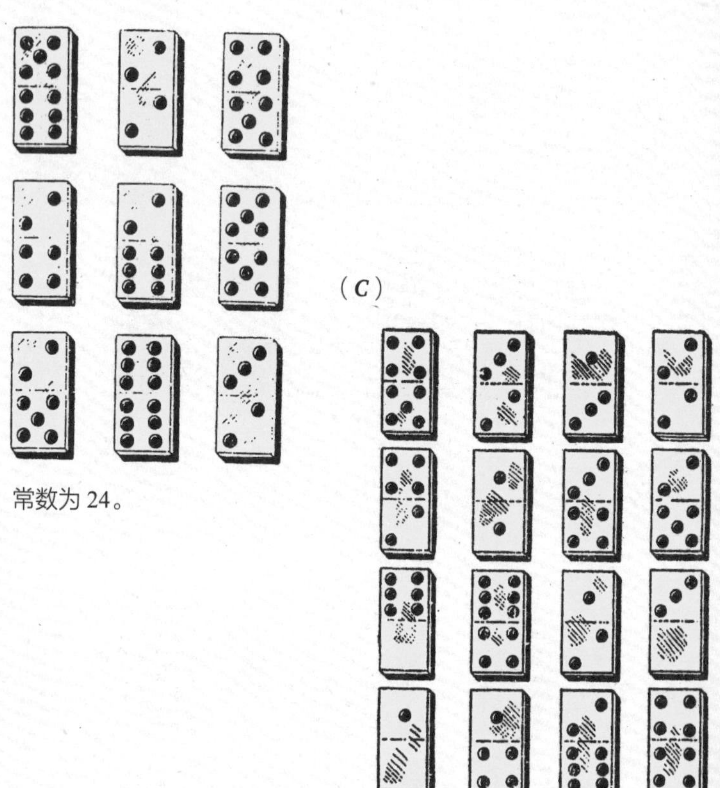

常数为 24。

(*C*)

(*D*)解法如下:

5-3	0-3	0-6	2-2	1-5
1-1	3-2	1-6	4-5	0-4
6-2	4-6	0-0	1-2	2-4
0-1	1-3	2-5	3-6	3-3
4-4	1-4	3-4	0-2	0-5

204. 空洞幻方

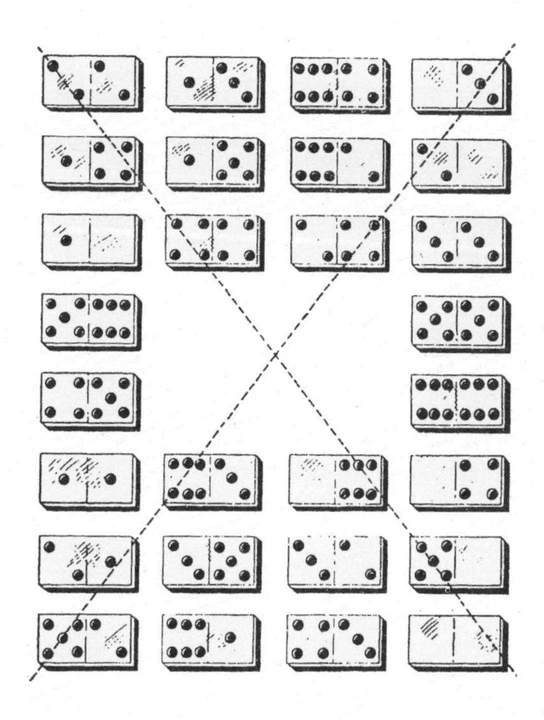

205. 多米诺乘法

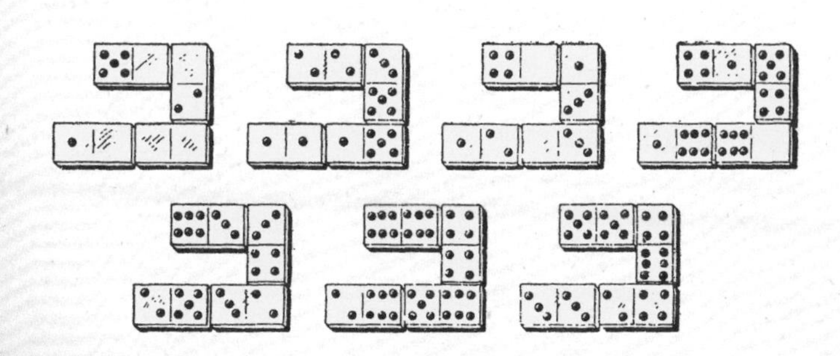

206. 猜牌

假设脑中想的牌为 $x-y$，并假设方格上先使用的的数字为 x。那么他的计算为 $(10x+5m+y)$。你从中减去 $5m$ 后得到一个由 x 和 y 组合而成的两位数。如果计算从 y 开始，最后得到的就是 $10y+x$，一定有效。

---

207. 三个骰子的戏法

需要猜的那个和，就是三颗骰子最后一次掷出后朝上的那一面的点数加上一颗骰子两个相对的面上的点数之和（两个相对的面上的点数之和为 7）。

---

208. 猜出隐藏面的点数之和

中间那颗骰子上下两个面之和为 7；底下那颗骰子上下两个面之和也是 7。顶上那颗骰子的底面为 3（7 减去该骰子顶面的点数 4）。

给骰子各个面编号使得相对两个面点数之和为 7 有两种方式，互为镜像（如下图所示）。现代的骰子的编号方法如图 b 所示，1，2 和 3 点以共用转角点呈逆时针方向分布。所以你只需看到一颗骰子相邻两个面就能了解其他四个面的点数。请独立思考，说出下方 2 颗骰子各自隐藏的三个面的点数是多少。

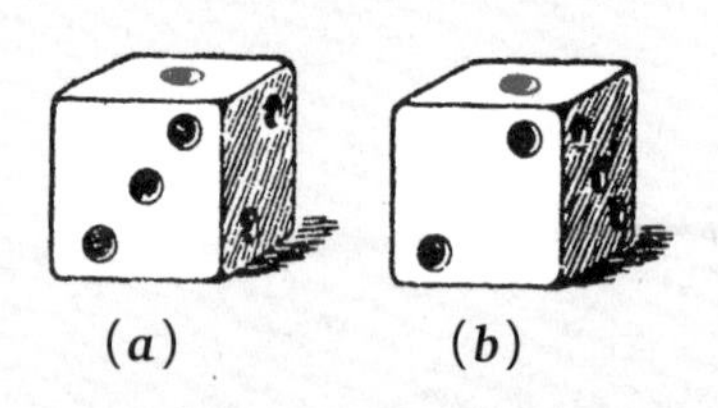

(a)　　　　(b)

---

209. 骰子摆放的顺序

假设最初的三位数为 A。由于骰子两面值的和为 7，那么第二个数为 $777-A$，于是六位数为 $1000A+777-A=999A+777=111(9A+7)$。这个数除以 111 再减去 7，再除以 9，还是得到 A。

第7章　9的特性

210. 哪个数字被删掉了

（*A*）对方的数除以 9 之后的余数同该数的各位数字之和除以 9 之后的余数是一样的。而后者在删去 9 的情况下结果不变，所以前者也会保持不变。

（*B*）由相同数字组成的两个多位数之差除以 9 的余数为 0。如果他删去的是 1，2，3…9，那么删数字之后的这个差及他告诉你的各位数字之和，除以 9 之后的余数为 8，7，6…0。如果用 9 减去其中一个数，或者减去 $9n$ 与 $(9n+9)$ 之中的数字之和，就能得到 1，2，3…9 的一个，这就是被删去的那个数字。

（*C*）将他所说的数的各位数字相加求和（$6+9+8=23$）。再用比这个数大的最小的 9 的倍数减去刚才的和（$27-23=4$）。

---

211. 数 1313

假设他用 1313 减去 48（等于 1265），后面附上 148（得到 1265148），删去一个数字之后他告诉你一个最后的结果，假如是 125148。这个数的各位数字之和为 21，而比 21 大的 9 的最小倍数为 27，21 比 27 小 6，所以被删去的数字为 6。

原理：减去一个数，再在其后附上 100 同刚才减去的数之和，相当于在 1313 这个数各位数字之和上加了 1。这个和（即 8）能够简化计算，因为（8+1）除以9的余数为0。之后要做的事就与第210道谜题中的（*B*）相同了。

---

212. 猜出丢失的数字

（*A*）1 至 9 的各数之和为 45。计分线上的各数之和为 40。所以我没选的那个数是 5。

或者还有一种更快的算法：1 至 9 的各数之和为 45，45 的各位数字相加为 4+5=9。计分线各位数字之和为 13，那么其各位数字之和就是 1+3=4。4 比 9 小 5。

（***B***）3。已知的两位数为 9 个（11，22，33，44，55…99）。计分线上的两位数为 6 个。6 比 9 小 3。因此没连接的数字是 3。

---

213. 从一个数字开始

$$99 \times 11 = 1089 \qquad 99 \times 66 = 6534$$

$$99 \times 22 = 2178 \qquad 99 \times 77 = 7623$$

$$99 \times 33 = 3267 \qquad 99 \times 88 = 8712$$

$$99 \times 44 = 4356 \qquad 99 \times 99 = 9801$$

$$99 \times 55 = 5445$$

通过观察就可以知道所需的乘积为 4356。从上述计算可以发现，这些乘积每一纵列的各位数字都在规律性的按 1 递增或递减，这就表明我们可以找出一种通用的方法，而不是每次都对照这张表：

1. 第一位和第三位上的数字相加总是 9。由于第三位数字为 5，那么第一位数字肯定是 4。

2. 第二位的数字比第一位的小 1，所以第二位数字为 3。

第二位和第四位上的数字相加总是 9，因此第四位数字为 6。所需的乘积为 4356。

---

214. 猜数字差

该数与其反序数，其中间位的数字是相同的。从第一位数字大的那个数减去小的那个数，所以，第一位数字小的那个数的最后一位数字是大的，因此二者之差的中间位数字一定是 9（不是 0）。

这里要提到的数字 9 的一个特性为，上述二者之差的各位数字之和为 9。这个差的第一位数字和第三位数字相加之和也必然是 9。

所以，如果对方说出的这个差的最后一位数为 5，那么第一位数字为 4 且第二位数字为 9，得到的数为 495。

215. 三个人的年龄

A 和 B 的年龄差是 9 的倍数，范围从 0 至 91 − 19（也就是 72）。那么 C 的年龄为 0，$4\frac{1}{2}$，9，$13\frac{1}{2}$…36。而 C 的年龄乘以 10 会得到一个两位数，那么他就是 $4\frac{1}{2}$ 岁或者 9 岁。但如果 C 是 9 岁，B 就是 90 岁，而 A 就成了 09 岁或 9 岁，同题面提供的已知条件矛盾。

因此 C 是 $4\frac{1}{2}$ 岁，B 是 45 岁，A 是 54 岁。

---

216. 一串数字的秘密

他选出来的是奇数个数字的数，中间的数字随机选一个，然后心算其他数字之和，使之都是 9 的倍数。

第8章　用代数与不用代数

217. 战后互助

用反推法就很容易解出了：

第一农机站		第二农机站		第三农机站	
24	+	24	+	24	= 72
↓		↓			
12	+	12	+	48	= 72
↓		↓		↓	
6	+	42	+	24	= 72
		↓		↓	
39	+	21	+	12	= 72

最后一行即是答案。从下往上看，将箭头的顺序反过来，就能一步步还原题面所设的已知条件了。

218. 懒汉与恶魔

我们还是用反推法来解，但这次不用写，口头推演即可。在第三次过桥之前，懒汉身上还有 12 美元。那么加上在第二次过桥之后给恶魔的 24 美元，一共就是 36 美元，也就是在第二次过桥前身上的 18 美元的两倍。再加 24 美元得到 42 美元，也就是在刚开始过桥之前身上的 21 美元的两倍。

---

219. 聪明的小男孩

大哥在将自己的一半苹果分给另外两兄弟之前有 16 个苹果；二哥和三弟各有 4 个苹果。二哥在分配自己的苹果之前有 8 个苹果，这就意味着大哥的苹果数量为 $16-\frac{1}{2}(4)=14$。而三弟只有 2 个苹果。所以三弟在分配苹果之前有 4 个苹果；二哥则有 $8-\frac{1}{2}(2)=7$ 个苹果，大哥则有 13 个苹果。

那么三弟的年龄为 7 岁，二哥为 10 岁，大哥 16 岁。

---

220. 打猎

设所需的答案为 $\boldsymbol{x}$。

$$\boldsymbol{x}-(4\times 3)=\frac{1}{3}\boldsymbol{x}$$

$$\frac{2}{3}\boldsymbol{x}=12$$

$$\boldsymbol{x}=18$$

---

221. 火车相遇

两列火车头相遇时，两节守车的距离则为 $\frac{2}{6}=\frac{1}{3}$ 英里，互相接近的净速度为 120 英里 / 时。那么就需要 $\frac{1}{360}$ 小时——也就是 10 秒钟后两节守车相遇。

---

222. 维拉打手稿

母亲是对的。要达到平均每天 20 页，维拉后半部分的手稿需要在“0 天”打完。

223. 蘑菇事件

假设最后每个男孩手里拿到 x 个蘑菇。马努西亚给了科里亚 $(x-2)$ 个蘑菇，给了安德琉沙 $\frac{1}{2}x$ 个，给了凡尼亚 $(x+2)$ 个，给了佩提亚 $2x$ 个。那么总数为 $4\frac{1}{2}x=45$ 个蘑菇。解得 $x=10$，所以四个男孩各自拿到了 8 个、5 个、12 个和 20 个蘑菇。

---

224. 划船

你是不是觉得“他俩花的时间是一样的”？我们用“代数与非代数”的方式来分析这个问题。明显 A 的速度要慢一些，因为水流为他加速的时间（也就是相同的距离条件下速度更快）要小于为他减速的时间。如果假设水流的速度是 A 划船速度的一半，那么 A 逆流划船走完一半路程所花的时间就等于 B 走完全程的时间。而如果水流的速度同 A 划船的速度相同，那他基本就是原地不动了！

我们用代数的方法来验证一下。速度乘以时间等于路程，所以路程除以速度就等于时间。B 的路程为 $2x$，设其速度为 r，那么 B 的时间为 $\frac{2x}{r}$。

A 顺流走完 x 路程的速度为 $(r+c)$，c 为水流的速度。而逆流走完 x 路程的速度为 $(r-c)$，那么 A 的总时间为：

$$\frac{x}{r+c}+\frac{x}{r-c}=\frac{2xr}{r^2-c^2}$$

再用 A 的时间除以 B 的时间：

$$\frac{2xr}{r^2-c^2}\div\frac{2x}{r}=\frac{r^2}{r^2-c^2}$$

由于 r^2 大于 (r^2-c^2)，因此这个分数大于 1，所以 A 花的时间多于 B。

---

225. 游泳者和帽子

我们以帽子的视角来考虑这个问题。这样的话就不是帽子顺着水流从一座桥漂到另一座桥，而是第二座桥以水流的速度朝着帽子移动。那么水流就“静止”了。而在静水状态下，游泳运动员朝着远离帽子的方向游了 10 分钟，又朝帽子的方向游了 10 分钟。当运动员再次抵达帽子处时，第二座桥刚好也“抵达”了帽子处。所以水流的速度就是 1000 ÷ 20 = 50 码 / 分。运动员的速度就无关紧要了。

226. 两艘柴油船

从救生圈的视角（顺水漂流）考虑，两艘船是在静水中以相同的速度朝着远离自己的方向行驶，然后还是在静水状态再以相同的速度返回救生圈处。所以两艘船会同时抵达救生圈处。

227. 机智考验

第一次相遇时，两艘摩托艇走过的距离相加等于一个湖的长度；第二次相遇时则是三个湖的长度（如图），所花的时间和走过的距离就是第一次相遇时各自行驶的时间和距离的 3 倍。然后再第二次相遇时 **M** 走过了 500 × 3 = 1500 码的距离，而这个距离比一个湖的长度多 300 码，那么湖的长度则为 1200 码。

M 同 **N** 的速度之比等于二者在第一次相遇时各自走过的距离之比：

$$\frac{500}{1200-500}=\frac{5}{7}$$

228. 种果树

假设所需的答案为 x。科尔玉沙的小队要种植 $\frac{1}{2}x$ 棵果树。维提亚的小队要种植 $\frac{1}{3}x$ 棵果树。先前的其他小队要种完剩余的果树量：$\frac{1}{6}x$。已知条件了解到其他小队种了 40 棵，那么 x 就等于 240。

---

229. 两个数的倍数

大两倍。将较小的数的一半设为 m。那么较小的数减去 m 等于 m；较大的数减去 m 是 m 的三倍，即 $3m$。所以较小的数为 $m+m=2m$，而较大的数为 $3m+m=4m$。

---

230. 柴油船与水上飞机

或许不用引入代数方法或者扩展计算你就能发现，柴油船再行驶 20 英里的路程，水上飞机就能飞出 200 英里，即柴油船离岸 200 英里时，水上飞机能赶上柴油船。

---

231. 自行车骑手

在 $\frac{1}{3}$ 小时的时间中，他们各自完成 $\frac{1}{3}$ 英里距离的次数分别为 6 次、9 次、12 次和 15 次。这些数都能够被 3 整除。20 分钟内他们回到最初出发点 3 次：分别为 $6\frac{2}{3}$ 分钟、$13\frac{1}{3}$ 分钟和 20 分钟。

---

232. 拜克夫的工作速度

以前用的时间是现在所用时间的 14 倍（$\frac{35}{2.5}$），因此反过来现在的切割速度是以前的 14 倍：

$$\frac{v}{v-1690}=14$$

那么 $v=1820$ 英寸 / 分。

---

233. 杰克 · 伦敦之旅

如果杰克 · 伦敦还能够全速多走 50 英里，那么他抵达营地的时间会提前 24 小时。因此如果他还能全速多走 100 英里，就能够提前 2 天抵达营地，也就是一点没迟到。因此第一天结束的时候离营地还剩下 100 英里的距离。在 5 只哈士奇都在工作的情况下他能走完的距离不是 100 英里，而是 $\frac{5}{3}(100)=166\frac{2}{3}$ 英里。按照题面的意思，如果没有多出来的这 $66\frac{2}{3}$ 英里，他就能省下 2 天的时间。所以全速状态下是每天 $33\frac{1}{3}$ 英里。杰克•伦敦走过的距离为 $33\frac{1}{3}$ 英里（第一天）再加上 100 英里（两只哈士奇跑走后），总共 $133\frac{1}{3}$ 英里。

234. 错误类比

（***A***）30%（从 1 到 $\frac{13}{10}$）。

（***B***）并非 30%，而是差不多 43%（从 1 到 $\frac{10}{7}$）。

（***C***）10%+8%=18% 这种算法是错误的。如果一本书原价的 90% 等于该书成本的 108%，那么该书原价的 100% 就等于该书成本的 $108\%\times\frac{100}{90}=120\%$。所以利润是 20%。

（***D***）并非提高了 $p\%$。以前工人在 1 个时间单位中能做出 1 个部件，而现在所需的时间为：$1-\frac{p}{100}$ 个时间单位。工人在 1 个时间单位中能做好的部件也不是 $1+\frac{p}{100}$，而是：$\frac{1}{1-\frac{p}{100}}=\frac{100}{100-p}$ 个部件，那么增长的百分比为：

$$100\left(\frac{100}{100-p}-1\right)\%=\frac{100p}{100-p}\%$$

比如说，在本题的（***B***）小题中，p 就是 30%，那么增长为：

$$\frac{100(30)}{100-30}=\frac{3000}{70}\approx 43\%$$

235. 法律纠葛

这个问题没有“正确”的答案。罗马法学家萨尔维安•朱利安提议：

父亲的意图很明显，就是要让女儿得到的遗产是妻子所得的一半。而儿子得到的遗产是妻子所得的两倍。那么遗产就需要进行 7 等分：2 份给妻子，

4 份给儿子，1 份给女儿。

另一种反对的观点则认为：

父亲的意愿是让自己的妻子至少继承到 $\frac{1}{3}$ 的遗产，但萨尔维安·朱利安只愿意给到 $\frac{2}{7}$。那何不就将 $\frac{1}{3}$ 给妻子，然后将剩余的部分根据意愿的比例 4:1 给儿子和女儿呢？所以就要将遗产平均分成 15 份：5 份给妻子，8 份给儿子，2 份给女儿。

而阿齐姆拜·阿萨洛夫则提供了另一个观点：

就算生双胞胎，出生也是有先后顺序的。如果是男孩先出生，他有权获得 $\frac{2}{3}$ 的遗产，剩余的部分为 $\frac{1}{3}$（即 $\frac{3}{9}$），则 $\frac{1}{9}$ 给女儿，$\frac{2}{9}$ 给妻子（需要是女儿所得的两倍）。但如果是女孩先出生，她就有权获得 $\frac{1}{3}$ 的遗产，剩下的儿子得到 $\frac{4}{9}$，妻子得到 $\frac{2}{9}$（需要是儿子所得的一半）。

---

236. 两个孩子

（*A*）一般来说 2 个孩子存在 4 种概率相等的情况：男孩—男孩，男孩—女孩，女孩—男孩，女孩—女孩。既然男孩—男孩这种情况被排除，那么两个孩子都是女孩的概率则为 $\frac{1}{3}$。

（*B*）将 4 种概率相等的情况按照长幼顺序排列。由于女孩—男孩以及女孩—女孩的情况被排除，那么两个孩子都是男孩的概率为 $\frac{1}{2}$。

---

237. 谁骑的马

第一种解法：这道题可以用先代数后非代数的方法解决。假设从村庄到城市的距离为 x 英里。那么年长者走过的距离为 y，剩下的距离为 $(x-y)$ 英里。如果他走了 $3y$ 英里，那么就会剩下 $(x-3y)$ 的里程，或者也可以说他还有“一半”的距离，即 $\frac{1}{2}(x-y)$：

$$x-3y=\frac{1}{2}(x-y)$$

$$y=\frac{1}{5}x$$

年轻人走了 z 英里，剩余距离则为 $(x-z)$ 英里。如果他走过的是 $\frac{1}{2}z$ 英里的距离，那么还剩下 $(x-\frac{1}{2}z)$ 英里。或者也可以说“3 倍”的距离：$3(x-z)$ 英里。

$$x-\frac{1}{2}z=3(x-z)$$

$$z=\frac{4}{5}x$$

年轻人走过的距离是老者的四倍，因此骑马的是老者。

第二种解法：八年级学生莱俄利亚•格列琴科采用了一种几何作图的方法。

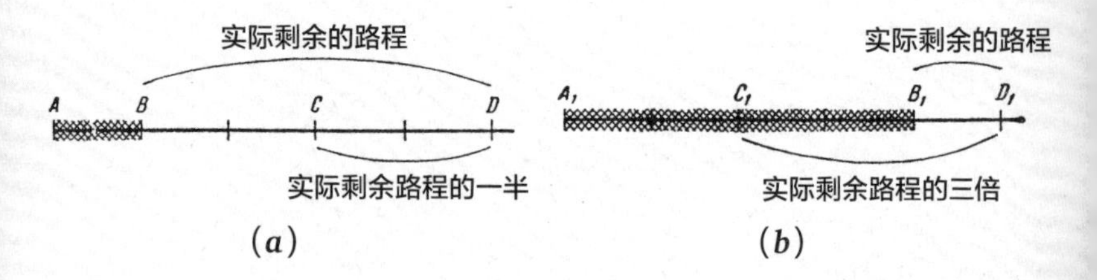

图 a 中，假设随机线段 AB 代表长者走过的距离。再标记两段同 AB 长度相等的线段。如果老者走过自己已走过路程的三倍，那就能够达到 C 点。现在再标记出 D 点，使 CD 等于 BD 的一半（BD 就是实际的剩余路程）。

注意，离城市的路程有 5 个完整的小段，如图 b。

图 b 中，我们也给年轻人做一个类似的图。假设随机线段 A_1B_1 代表他走过的距离。在 C_1 点将其分成两部分，以表示其走的路程是已走路程一半时所到达的位置。因此 C_1D_1 是 B_1D_1 的三倍，也就是实际剩下的路程。

再次提醒，线段是进行了五等分的，而由于 $AD=A_1D_1$，年轻人走过的路程是老者的四倍（图中阴影部分），因此骑马的是老者。

238. 两个摩托车手

假设第一个摩托车手走了 x 小时，休息了 $\frac{1}{3}y$ 小时，第二个摩托车手走了 y 小时，休息了 $\frac{1}{2}x$ 小时。

那么则有：

$$x+\frac{1}{3}y=y+\frac{1}{2}x$$

$$x=\frac{4}{3}y$$

既然第一个摩托车手完成相同的距离所花的时间更多，所以第二个摩托车手的速度更快。

239. 父亲驾驶哪架飞机

这个问题比较简单，没必要用代数法，列个表即可：

飞机编号	右边架数	左边架数	右边的数与左边的数乘积
1	8	0	0
2	7	1	7
3	6	2	12
4	5	3	15
5	4	4	16
6	3	5	15
7	2	6	12
8	1	7	7
9	0	8	0

他的父亲驾驶第三架飞机（12 比 15 小 3）。

240. 心算等式

对两个等式进行加减就会发现有几个数变成了 10000，10000 和 50000（相加时），或 3502，−3502 以及 3502。将等式两边各除以 10000 和 3502，可以得到：

$$x+y=5$$

$$x-y=1$$

这么简单的方程式，谁都可以在心中解开了。

241. 两支蜡烛

将长蜡烛的初始长度设为 x，短蜡烛初始长度设为 y。而 2 小时以后，

长蜡烛已燃烧 $2 \div 3\frac{1}{2} = \frac{4}{7}\boldsymbol{x}$，而短蜡烛已燃烧 $\frac{2}{5}\boldsymbol{y}$，而剩下的 $\frac{3}{7}\boldsymbol{x}$ 同 $\frac{3}{5}\boldsymbol{y}$ 长度相等。因此短蜡烛的长度是长蜡烛的 $\frac{5}{7}$。

---

242. 惊人的睿智

任意四位数都可以写作：

$$1000\boldsymbol{a} + 100\boldsymbol{b} + 10\boldsymbol{c} + \boldsymbol{d}$$

将第一位数调换至末位，得到：

$$1000\boldsymbol{b} + 100\boldsymbol{c} + 10\boldsymbol{d} + \boldsymbol{a}$$

二者之和为：

$$1001\boldsymbol{a} + 1100\boldsymbol{b} + 110\boldsymbol{c} + 11\boldsymbol{d}$$

很明显，这个和能够被 11 整除的，而只有托利亚的计算结果能够被 11 整除。（参见第 314 道谜题获取更快的验证方法。）

---

243. 腕表的时间

其实这 2 分钟的差距并不能通过减法来抵消，且腕表也是走不准的。

挂钟 1 个小时实际走了 58 分钟。

而挂钟走 1 个小时的时间台钟要走 62 分钟。挂钟走的 58 分钟里（实际时间是 1 个小时），台钟走过的时间为：

$$58 \times \frac{62}{60} \text{ 分钟}$$

而台钟走过的上述时间里（实际时间是 1 个小时），闹钟走过的时间为：

$$58 \times \frac{62}{60} \times \frac{58}{60} \text{ 分钟}$$

而闹钟走过的上述时间里（实际时间是 1 个小时），腕表走过的时间为：

$$58 \times \frac{62}{60} \times \frac{58}{60} \times \frac{62}{60} = 59.86 \text{ 分钟}$$

腕表在每个实际小时中会慢 0.14 分钟，7 个小时就会慢 0.98 分钟。那么到了下午 7 点，腕表上的时间精确到分钟的话就是 6:59。

244. 快表与慢表

当我的手表快出的时间同瓦西亚的手表慢掉的时间相加等于 12 小时（即 43200 秒），两只手表显示的时间就会再次相同了。我的手表过了 x 小时就会快 x 秒，而瓦西亚的手表则会慢 $\frac{3}{2}x$ 秒，所以有：

$$x+\frac{3}{2}x=43200$$

$$x=17280\text{ 小时}=720\text{ 天。}$$

而要再次显示正确的时间，要等待的时间就更长了——要等到我的手表快出的小时数是 12 的倍数且瓦西亚的手表慢掉的小时数是 12 的倍数时才行。我的手表每次要等 43200 小时（1800 天）才发生一次，瓦西亚的手表每次要等 1200 天才发生一次。而 1800 天和 1200 天的最小公倍数是 3600 天（近 10 年），因此第二个问题的答案就是 3600 天。

---

245. 什么时间

（*A*）午餐时间内两根指针走了 360° ——一个整圈。分针的移动速度是时针的 12 倍，它走过了 $\frac{12}{13}$ 圈，时针走过了 $\frac{1}{13}$ 圈。工匠离开去用餐所花的时间为 $\frac{12}{13}$ 小时，或者说是 $55\frac{5}{13}$ 分钟。

从正午到 x 分钟之后（工匠用餐的时间），分针从 12 点往后移动了 x 分钟，而时针则为 $\frac{1}{12}x$ 分钟。工匠离开的这段时间两根指针相差了 $\frac{11}{12}x$ 分钟。而这个时间差刚才已确认为 $\frac{1}{13}\times 60$ 分钟，所以有：

$$\frac{11}{12}x=\frac{1}{13}\times 60$$

$$x=5\frac{5}{143}\text{ 分钟}$$

工匠出门去吃午餐的时间为下午12点 $5\frac{5}{143}$ 分，离开的时长为 $55\frac{5}{13}$ 分钟，返回的时间为下午1点 $\frac{60}{143}$ 分。

（*B*）我出门的2小时后，分针会留在我出门的时候的位置不变，而时针会走过 $\frac{2}{12}$ 圈。要让两根指针移动到同原初位置互换的位置，那它们与原初位置之间的距离之和在2小时后必须要增长 $\frac{10}{12}$ 圈，或者说50分钟。分针移动的速度是时针的12倍，因此分针还需要走过的距离就是 $\frac{12}{13}\times 50=46\frac{2}{13}$分钟。那么散步的时间就是2小时再加 $46\frac{2}{13}$ 分钟。

（*C*）在下午 4:00 的时候，时针指向 20 分钟的位置。而分针在走过 x 分钟时，时针走过了 $\frac{1}{12}x$ 分钟。那么有：

$$20x\times\frac{1}{12}x=x$$

$$x=21\frac{9}{11}\text{ 分钟}$$

小男孩开始解题的时间是下午 4 点 $21\frac{9}{11}$ 分。

还是从下午 4:00 开始，当分针走过 y 分钟，走到领先时针 30 分钟（半个整圈）的位置时，时针从 20 分钟的位置走了 $\frac{1}{12}y$ 分钟。那么有：

$$20+\frac{1}{12}y+30=y$$

$$y=54\frac{6}{11}\text{ 分钟}$$

小男孩完成解题的时间是下午 4 点 $54\frac{6}{11}$ 分。他解题所花的时间为 $32\frac{8}{11}$ 分钟。

---

246. 会议是几点开始和结束的

图中的时针、分针的位置显示了会议开始的时间。自下午 6:00 开始分

针移动了 y 分钟，时针移动了 $(x-30)$ 分钟。因为分针移动的速度是时针的十二倍：

$$y=12(x-30)$$

现在请想象两根指针交换位置。从下午 9:00 开始时针（图中的长针）移动了 $(y-45)$ 分钟，而分针（图中的短针）移动了 x 分钟，那么有：

$$x=12(y-45)$$

再代入第一个等式：

$$x=12[12(x-30)-45]=144x-4860$$

$$x=33\ \frac{141}{143}\text{分钟}$$

$$y=12(x-30)=47\ \frac{119}{143}\text{分钟}$$

会议开始的时间为下午 6 点 $47\frac{119}{143}$ 分，结束的时间为下午 9 点 $33\frac{141}{143}$ 分。

247. 中士的教导

无论两人先跑还是先走，第一个人都会先抵达。

比如他们先跑。前半程都是跑步。那么第二个人开始走路。但这个时候第一个人还要跑一会儿，因为他在一半时间里跑步的距离要比一半时间里走路的距离长。所以第一个人会领先。而当第一个人开始转为走路时，第二个人依然是在走路，因此第一个人会一直保持领先，最后首先抵达。

再说先走路的情况。他们前一半时间都在走路——不过这里没必要用这个方式完成证明。其实跟前述的情况一模一样，只是反过来了而已。因此还是第一个人首先抵达。

248. 两份急件

设列车的长度为 x，速度为 y。它从观察者面前经过，意思就是它在 t_1 时间内走过了同自己本身长度相同的距离：

$$y=\frac{x}{t_1}$$

列车穿过了大桥——意思是，它在 t_2 时间内走过的距离等于自身长度

与 a 码之和：

$$y=\frac{x+a}{t_2}$$

那么：

$$x=\frac{at_1}{t-t_1} \qquad y=\frac{a}{t_2-t_1}$$

---

249. 新车站

如果现有的车站数量为 x，新增的车站数量为 y，那么每个新设的站点就会需要 $(x+y-1)$ 套车票。有 y 个新车站就需要 $y(x+y-1)$ 套车票。而每个旧车站需要 y 套车票，则有：

$$y(x+y-1)+xy=46，或者$$

$$y(2x+y-1)=46$$

所以 y 必然是正整数，且是 46 的一个因数。那么就有可能是 1，2，23 或 46。而题目说的是“新修的一些车站”，所以 1 排除。而 23 和 46 又会使得旧车站数量为负，因此 $y=2$，而 $x=11$。

---

250. 选四个单词

选出的单词为 ***school***（6 个字母）、***oak***（3 个字母）、***overcoat***（8 个字母）和 ***mathematical***（12 个字母）。将给出的两个等式相乘得到：$a^3d=b^3dc$，或者是 $a^3=b^3c$。

那么 c 必然是一个整数的立方数。而 2 至 15 之间唯一的立方数就是 8，所以 $c=8$。而 $a^3=8b^3$，即 $a=2b$。

代入第一个等式中，得到 $4b^2=bd$，即 $4b=d$。而在已给的数字范围中，b 只能等于 2 或 3，而 d 必然等于 8 或 12。由于 c 等于 8，那么 d 就是 12 而 b 等于 3。最后 $a=2b=6$。

---

251. 有问题的天平

天平两边平衡的时候，就算天平本身没有安装力臂，下面的等式都

成立:

$$a(p+m)=b(q+m)$$

公式中的 a 和 b 是力臂的长度，p 和 q 是载物的重量，m 是置物盘的重量（如图）。

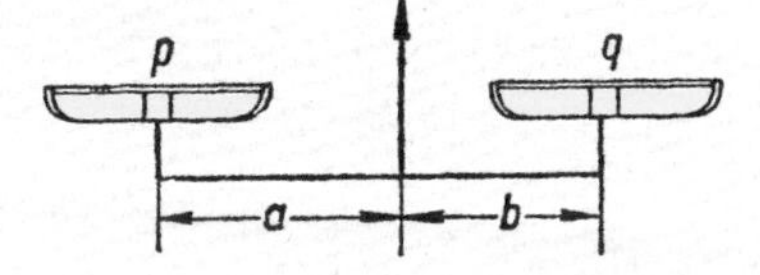

根据题目的描述，假设 x 磅的糖以及 y 磅的糖分别同 1 磅的糖平衡。那么有:

$$a(1+m)=b(x+m)\text{，并且 } a(y+m)=b(1+m)$$

因此:

$$x=\frac{a+am-bm}{b} \qquad y=\frac{b+bm-am}{a}$$

糖量相加:

$$x+y=\frac{a}{b}+\frac{b}{a}+m\left(\frac{a}{b}+\frac{b}{a}\right)-2m$$

现在我们要证明，任意正分数 $\frac{a}{b}$（a 不等于 b）和它的倒数 $\frac{b}{a}$ 之和一定大于 2。由于 $(a-b)^2$ 为正:

$$a^2-2ab+b^2>0\text{，或者是 } a^2+b^2>2ab$$

两边同时除以 ab（ab 也为正）:

$$\frac{a}{b}+\frac{b}{a}>2$$

两边都乘以 m（m 也为正）:

$$m\left(\frac{a}{b}+\frac{b}{a}\right)>2m$$

进而得到:

$$m\left(\frac{a}{b}+\frac{b}{a}\right)-2m>0$$

简化:

$$\frac{a}{b}+\frac{b}{a}>2$$

很明显，在糖的总重量的等式中，$(x+y)$ 必然大于 2。

要使用有缺陷的天平测出准确的重量，糖和砝码必须放在天平的同一侧！但并不完全是这样。你可以将1磅的砝码放在天平左侧，并在右侧放入铅块进行平衡。接着取出1磅的砝码并加入糖使得同铅块再次平衡。操作两次就可以得到2磅的糖了。

252. 大象与蚊子

$(y-v)^2$ 的平方根用错了。根据题目描述的条件，应该是 $-(y-v)$，而不是 $(y-v)$：

$$x-v=-(y-v);$$

$$x+y=2v$$

请注意，$(x-v)$（即大象的重量减去一半大象的重量再减去一半蚊子的重量）是正数，而 $(y-v)$ 是负数。如果使用了实际的数就能看出谬误了，比如说：

从 $81=81$

可以得出 $9=-9$

253. 有趣的五位数

在 A 后面补1的话就是 $10A+1$。如果在 A 前面补1，那就是 $100000+A$。那么有 $10A+1=3(100000+A)$，所以 $A=42857$。

254. 活到100不衰老

如果我的年龄是 AB，你的年龄为 CD，那么线段 KB 则表示了多久以前我的年龄等于你现在的年龄。但是那个时候你的年龄比现在的年龄小 $ND=KB$，也就等于 CN，而 CN 是 AB 的一半。

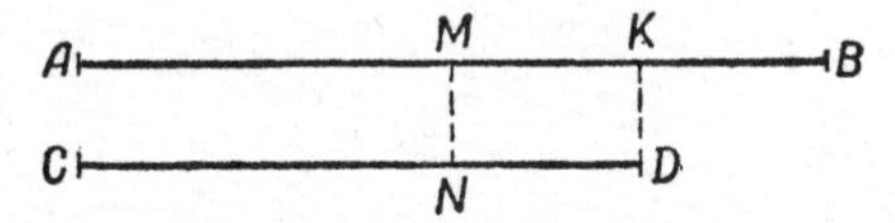

由于 $ND=MK=KB$，那么 $MB=2KB$，$AB=4KB$，且 $CD=3KB$。

当你跟我现在的年龄一样大时，那么你的年龄就可以用一段等于 AB 的线段来表示。且等于 **KB** 的四倍。到那个时候我的年龄将会增加 **KB**，那么就可以用一段等于五倍 **KB** 的线段来表示。既然 $4KB+5KB=63$，那么线段 **KB** 表示 7 年。你 21 岁，我 28 岁。7 年之前你 14 岁，是我现在年龄的一半。

255. 卢卡斯谜题

如果你的答案是 7 艘，那是你只考虑那些还没有出发的船，但漏掉了那些已经出发的船。下图中的解法会比较容易理解：

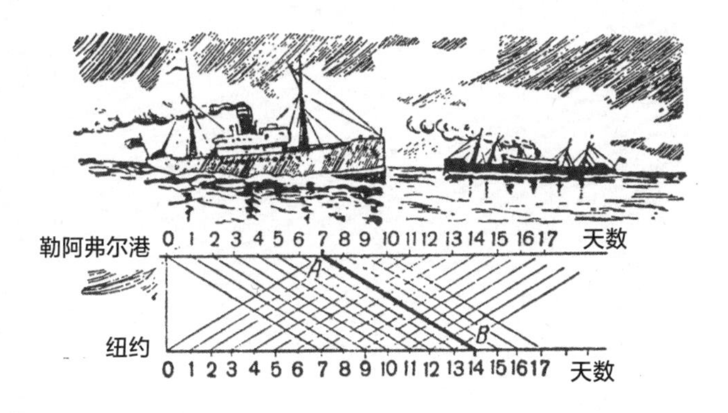

AB 就是今天离开勒阿弗尔港的船。它会在海上遇到 13 艘船，另外两边港口还会各自遇到 1 艘船。因此总数为 15 艘。每天的中午和午夜都会遇到。

256. 单程旅途

从题目上我们无法了解自行车换人骑的频率以及时间。对于这种设置流动条件的谜题，一般来说画图会有更直观的帮助。下页图 ***a***、图 ***b*** 的纵轴表示里程数，横轴表示小时数。

图中的 **OA** 表示一个男孩全程骑车（速度为 15 英里 / 时），**A** 点位于 60 英里和 4 小时的坐标处。**OB** 表示一个男孩全程步行（速度为 5 英里 / 时），**B** 点位于 60 英里和 12 小时的坐标处。两个男孩的实际路线位于 **OA** 和 **OB** 之间，并最终交于 **AB** 上（因为最后他们两人同时到达）。

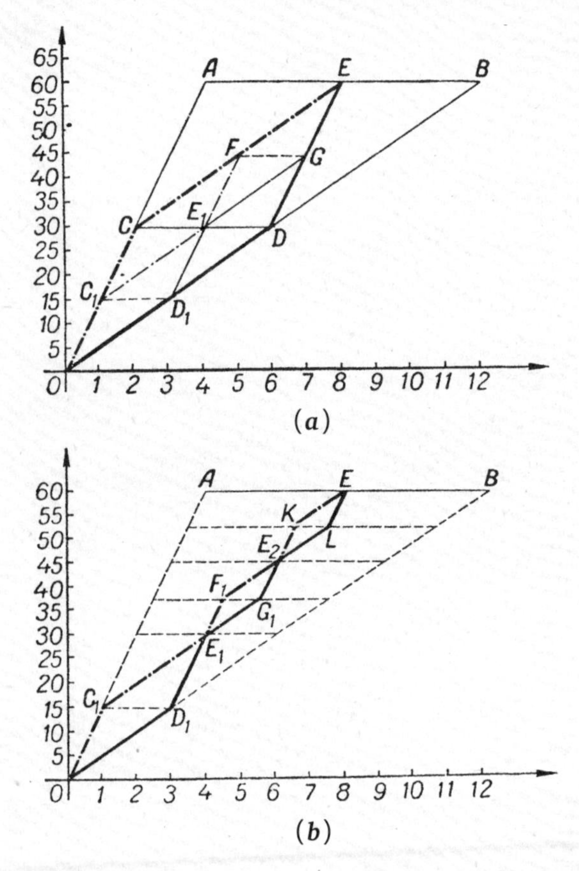

假设自行车中途换人 1 次（见图 ***a***）（很明显，如果两人要同时抵达，他们就必须在中途 30 英里的地方换人）。一个男孩骑车到 ***C*** 点，然后步行到 ***E*** 点。注意他的路线 ***OCE*** 中的折点。他的步行线 ***CE*** 同第二个男孩从 ***O*** 到 ***D*** 的步行线是平行的。第二个男孩拿到自行车的时候，自行车已经被第一个男孩放在该处 4 个小时了。然后第二个男孩从 ***D*** 骑到 ***E***，且同 ***OA*** 平行。

D 和 ***C*** 在坐标轴上的高度是一样的，因为第二个男孩取自行车的地方就是第一个男孩留下自行车的地方。***CDAE*** 是个平行四边形，且 $AE=CD=4$ 小时。然后 ***E*** 点位于 8 小时处，也就是坏了一辆车且中途只换 1 次人骑车走

完全程所花的时间。

而如果自行车中途换人 3 次（见图 a），那么第二次换人就在 E_1 处，CD 的中点。这里第二个男孩在步行完 OD_1 后骑行 D_1E_1 追上第一个男孩（第一个男孩骑行 OC_1，步行 C_1E_1）。他们的路线为 OC_1E_1FE（第一个男孩）和 OD_1E_1GE（第二个男孩）。最后一次换人位于离目的地 15 英里处（在 FG 上）。

如果中途换人 5 次，见图 b。他俩在 E_1 碰面后，各自的路线分别为 $E_1F_1E_2KE$ 和 $E_1G_1E_2LE$，最后一次换人位于离目的地 $7\frac{1}{2}$ 英里处（在 KL 上）。

无论中途换人多少次，最后的点都位于 E（总共的骑行距离和时间都是一样的）。因此答案是，无论最后一次自行车留在哪个位置，他们最后总是可以同时抵达。

257. 简分数的特征

对于这种设置硬性条件的一般性问题，可以试试代数法。

假设 $\frac{a_1}{b_1}$，$\frac{a_2}{b_2}$，$\frac{a_3}{b_3}\cdots\frac{a_n}{b_n}$ 的分子和分母都是正整数，以升序排列。最小的分数为 $\frac{a_1}{b_1}$，最大的分数为 $\frac{a_n}{b_n}$，我们必须证明：

$$\frac{a_1}{b_1}<\frac{a_1+a_2+a_3+\cdots+a_n}{b_1+b_2+b_3+\cdots+b_n}<\frac{a_n}{b_n}$$

我们有：

$$\frac{a_2}{b_2}>\frac{a_1}{b_1}\text{，或者 } a_2>b_2\frac{a_1}{b_1}$$

$$\frac{a_3}{b_3}>\frac{a_1}{b_1}\text{，或者 } a_3>b_3\frac{a_1}{b_1}$$

$$\cdots$$

$$\frac{a_n}{b_n}>\frac{a_1}{b_1}\text{，或者 } a_n>b_n\frac{a_1}{b_1}$$

因此：

$$a_2+a_3+\cdots+a_n>(b_2+b_3+\cdots+b_n)\frac{a_1}{b_1}$$

我们在左侧加上 a_1，右侧加上：$\frac{b_1a_1}{b_1}$

$$a_1+a_2+a_3+\cdots+a_n>(b_1+b_2+b_3+\cdots+b_n)\frac{a_1}{b_1}$$

因此:

$$\frac{a_1+a_2+a_3+\cdots+a_n}{b_1+b_2+b_3+\cdots+b_n}>\frac{a_1}{b_1}$$

定理的第二部分也同理可证。

第9章　不用计算的数学

258. 鞋和袜子

4 只鞋，3 只袜子。4 只鞋子中的 2 只必然是同一个牌子；3 只袜子中的 2 只必然是同一个颜色。

---

259. 苹果

4 个苹果；7 个苹果。

---

260. 天气预报

不会——还是午夜。

---

261. 植树节

10 棵。六年级少先队员比任务量多完成了 5 棵树；四年级少先队员比任务量少完成了 5 棵树。

---

262. 姓名和年龄

1. 布洛夫的两位祖父，一个姓布洛夫，另一个姓赛洛夫。佩提亚的祖父是莫克罗索夫。佩提亚不姓布洛夫。

2. 科里亚不姓布洛夫。

3. 布洛夫的名是格里沙。

4. 佩提亚不姓格里德涅夫，所以他一定是克利门科。

5. 根据排除法，科里亚姓格里德涅夫。

6. 如果佩提亚 7 岁上一年级，那么他上六年级的时候就是 12 岁。

7. 格里德涅夫和格里沙都是 13 岁。

综合以上：

格里沙 • 布洛夫 13 岁。

科里亚 • 格里德涅夫 13 岁。

佩提亚 • 克利门科 12 岁。

---

263. 射击比赛

将得分结果制成表格会发现，要将这 18 枪分成 6 枪一组共三组相等得分的方式，符合这一要求的分法只有一种：

25，　20，　20，　3，　2，　1

25，　20，　10，　10，　5，　1

50，　10，　5，　3，　2，　1

第一行是安德琉沙的成绩，因为只有这一组包含两个和为 22 的数字。

第一行和第三行都有 3 分。那么第三行为沃罗迪亚的成绩，而且他射中了靶心。

---

264. 买东西

4 美分、20 美分、8 个笔记本和 12 张纸都可以被 4 整除，但 170 美分却无法被 4 整除。

---

265. 火车包厢里的乘客

下页表格中的数字代表某种城市与该乘客所代表的字母之组合是不可能

的。比如说 ***A*** 这一列，“1”代表题目的描述 1，也就是说 ***A*** 并非来自莫斯科。而“1-2”代表题目的描述 1 和描述 2，也就表示医生 ***A*** 并非来自圣彼得堡，来自圣彼得堡的人是一位教师。

	A	*B*	*C*	*D*	*E*	*F*
莫斯科	1	7	7-8 1-3	—	1-2	*
圣彼得堡	1-2	*	2-3	—	2	—
基辅	—	—	*	—	—	—
图拉	1-3	4	3	*	2-3	4
敖德萨	*	—	6	—	—	—
哈尔科夫	5	7-8	8	—	*	—

将所有能放的数字放入表格之后，那么 ***C*** 所在的城市都可以排除，只留下基辅。那么就在 ***C*** 和基辅相交的方格中标上星号，并在基辅所在行的其他方格中都填入“—”，表示排除。***A*** 所在列可以将除敖德萨之外的所有城市排除，按照这个方式进行下去使得所有空格都填入了星号或者“—”。

题目描述 1 至 3 将 6 个乘客或城市同职业进行了连接。刚才标注了星号的配对将其他的 6 个乘客或城市同职业进行了连接。那么有：***A***. 敖德萨，医生；***B***. 圣彼得堡，教师；***C***. 基辅，工程师；***D***. 图拉，工程师；***E***. 哈尔科夫，教师；***F***. 莫斯科，医生。

已知的事实很充分，但并非所有条件都必要。表格中的两个信息都可以说明 ***C*** 并非来自莫斯科。

要匹配乘客和城市需要 15 条事实：要匹配出第一个城市就要将 6 个乘客排除 5 个；匹配第二个城市要将 5 个乘客排除 4 个；匹配第三个城市将 4 个乘客排除 3 个，第四个城市将 3 个排除 2 个，第五个城市将 2 个排除 1 个。

266. 象棋锦标赛

	步兵	飞行员	坦克兵	炮兵	骑兵	迫击炮兵	工兵	通信兵
上校	9-10	1-2	7-12	10	1	1-13	11-12	*
少校	3-4	—	7-8	*	—	—	—	—
上尉	5-9	*	5-7	5-10	5-13	5-13	5-11	—
中尉	9	—	7-11	9-10	*	—	11	—
高阶军士	3-4	—	7-12	10-12	1-12	*	11-12	—
初阶军士	6-9	—	6-7	6-10	—	—	*	—
下士	3	—	*	—	—	—	—	—
列兵	*	—	—	—	—	—	—	—

星号表示已完成的配对。表格中有 28 条已知信息，刚好够（7+6+5+4+3+2+1=28）。

267. 志愿者

锯 2 码长的原木所得到的 $\frac{1}{2}$ 码长的原木数量可以被 4 整除；而锯 $1\frac{1}{2}$ 码长的原木所得的 $\frac{1}{2}$ 码长的原木数量可以被 3 整除；锯 1 码长的原木所得的原木数量可以被 2 整除。帕斯托霍夫小组所锯出的 27 块木头无法被 2 或 4 整除，所以他们这组必然就是锯 $1\frac{1}{2}$ 码长的原木的佩提亚和克斯提亚。而小组组长是佩提亚 • 加尔金，所以帕斯托霍夫的名就是克斯提亚。

268. 工程师姓什么

住的地方离售票员最近的乘客不是彼得罗夫（描述 4 和 5），他并不住在莫斯科或是圣彼得堡，因为这两个地方离售票员的住地是一样远（描述 2），因此他不是伊万诺夫（描述 1）。排除之后，他只可能是西多罗夫。

由于从圣彼得堡来的乘客不是伊万诺夫（描述 1），通过排除可以确定是彼得罗夫，并且售票员的姓也是彼得罗夫（描述 3）。由于西多罗夫不是消防队员（描述 6），排除后确定他就是工程师。

269. 犯罪故事

西奥是清白的，因为他做了两次否认偷窃的陈述。这样一来描述（9）就是假话，如果（9）是假话，那么描述（8）就是真话。既然（8）是真话，那么（15）就是假话。既然（15）是假话，那么（14）就是真话。真正的窃贼是朱迪。

270. 采药人

（***A***）和的第一位数字是 1，因为不存在两个一位数相加会等于 20 或以上的情况。第二位数字是 7，从（***B***）的除数就可以看出来。所以两个加数就是 9 和 8，只有这两个个位数相加之和等于 17。第一个加数是 9，因为第一组比第二组采到的药多。

（***B***）除数为 17，由（***A***）得出。

被除数等于（***C***）和（***D***）中的乘积之和。第一位数是 1，因为不存在两个两位数相加会等于 200 或以上的情况。商乘以一个第一位数是 1 的数得到的数的第一位数还是 1，因此商的第一位数字是 1。

被除数下面的一行是 $1\times17=17$。被除数的第二位数字是 8 或 9；如果是 7 的话，那么被除数下面的两行不会再有星号。此外也不会是 9，因为被除数下面的两行的第一位数肯定是 2，而一个 2 开头的两位数在除以 17 之后必然是有余数的。因此被除数的第二位数字只能是 8，被除数下面的两行是 17，而被除数的第三位数字是 7。

整个算式是 $187\div17=11$。

（***C***）第一组得到了 $11\times9=99$ 美分。

（***D***）第二组得到了 $11\times8=88$ 美分。

271. 隐藏的除法

此题能够快速解出的关键在于商有五位数，但乘积只有 3 个。这样第二和第三个乘积这两个数的范围就缩小了，说明商的第二位数字和第四位数字都是 0。商的第一和最后位数字乘以这个两位数的除数是一个三位数；而 8 只能得出 2 位数，所以第一和最后一位数字都是 9。

商为 90809。除数是 12，这也是唯一在乘以 8 之后可以得到一个两位数、乘以 9 之后可以得到一个三位数的数。被除数是 1089709。

---

272. 加密运算

（***A***）先思考 ***A*** 和 ***ABC*** 的乘积。***A*** 是 1，2 或 3；如果 ***A*** 比 3 还大，那么乘积必然是四位数。***A*** 不是 1，否则乘积最后一位就会是 ***C***，而不是 ***A***。如果 ***A*** 为 3，那么 ***C*** 就是 1（$1\times3=3$），但 ***C*** 不可能是 1，否则 ***C***×***ABC*** 会是一个三位数。所以 ***A*** 是 2。同样，***C*** 不是 1，所以 ***C*** 是 6。

再来考虑 ***B*** 和 ***ABC*** 的乘积。***B*** 等于 4 或者 8，因为 ***B*** 的最后一位数 ×***B*** 还是 ***B***。但如果 ***B*** 等于 4，乘积就会是一个三位数（$4\times246=984$）。所以 ***B*** 等于 8。而由于目前我们已经知道 ***ABC***=286 且 ***BAC***=826，通过几次简单的乘法运算就可以得出其他星号代表的数字。

（***B***）1. 一个三位数乘以 2 得到的乘积是一个四位数，但其他两个乘积是三位数。那么第二行的两个星号都是 1，所以乘数就是 121。

2. 既然第三个乘积是通过乘以 1 得到的，那么乘积中的 8 在第一行和第一个乘积中也会有：

```
      * 8 *
      1 2 1
      -----
      * 8 *
  * * * *
  * 8 *
  ---------
* * 9 * 2 *
```

3. 第一行的第一位数是 5 或比 5 大的数，否则第四行不可能是一个四位数：第四行的第一位数必然是 1。第四行的最后一位数是 4，因为 4 是唯一在最后一行得到 2 的数字：

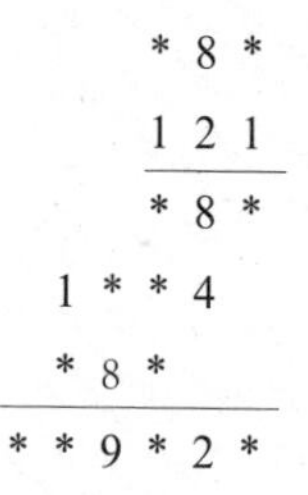

4. 最后一行的第一位数必然是 1。第五行（以及第三行、第一行）的第一位数不是 8 就是 9，否则乘积会是一个五位数。

5. 既然第四行的最后一位数是 4，那么第一行、第三行、第五行的最后一位数就是 2 或 7。

6. 第四行的第三位数是 6 或 7，因为这是 2 与 8 的乘积的最后一位数，也有可能进位加 1。第四行的第二位数是 7 或 9，要看第一行的第一位数是 8 还是 9。如果第四行的第二位数是 7，那么其所在列（7+8）要转入 4 才能得到该列下方的 9。但是第三列的三个数字之和无法得出一个 4 的进位。因此，第四行的第二位数就是 9。

7. 因此第一行的第一位数，同时也是第三行、第五行的第一位数，并不是 8（根据第 6 步的分析），所以必然是 9（根据第 4 步的分析）：

```
      9 8 *
      1 2 1
      -----
      9 8 *
    1 9 * 4
    9 8 *
  ---------
  1 * 9 * 2 *
```

8. 乘积中的 9 是旁边那列进位 2 而来的。如果第一行的第三位数是 2，那么这一列则为 $9+6+2+1$ 等于 18，进位只有 1 而不是 2。那么根据第 5 步的分析，第一行的第三位数就是 7（$9+7+7+1=24$）。其他的数字就显而易见了，并且：

$$987\times121=119427$$

（*C*）提示：如果第三个乘积只是个六位数，那么对于除数的第一位数有什么意义呢？持续下去将数字的范围缩小，尤其是第三、第四个乘积同除数的关系，谨慎分析最终就会得出答案：

$$7375428413 \div 125473 = 58781$$

（*D*）

$$1337174 \div 943 = 1418$$

$$1202464 \div 848 = 1418$$

$$1343784 \div 949 = 1416$$

$$1200474 \div 846 = 1419$$

（*E*）提示：第二个和中的 ***I*** 是什么？第三个和中，***SOL*** 中的 ***S*** 可能大于 2 吗？如果它就是 2，***R*** 和 ***L*** 又是多少，且同第一个和有什么一致性吗？

DOREMIFASOL 就是 34569072148 或者 23679048135。

（*F*）$1091889708 \div 12 = 90990809$

（*G*）提示：$M \times M$ 的最后一位数是多少？什么样的四位数具备这一特性？哪两个数字可以立即排除？然后再考虑 $OM \times OM$，以此类推。

你能否用自己的方法证明 ***ATOM*** = 9376 是唯一的解法？

273. 质数密码算术

提示：如果 ***a***，***b*** 和 ***c*** 分别是第一行、第二行、第三行的最后一位数，那么 ***b*** 可能等于 2 吗？或者是 ***a*** 等于 2 吗？ ***c*** 呢？（$a \times b$）的最后一位数是什么样的？

$$\begin{array}{r} 775 \\ 33 \\ \hline 2325 \\ 2325 \\ \hline 25575 \end{array}$$

274. 摩托车手和骑马人

摩托车手从同骑马人碰面的地方起去到机场再返回，需要花费 20 分钟。

因此他同骑马人碰面的时候离机场还有 10 分钟的路程。这 10 分钟加上骑马人在碰面前花费的 30 分钟共计 40 分钟，这就是飞机提前抵达的时间。

275. 步行与坐车

汽车本应在上午 8:30 抵达火车站。而汽车遇到工程师的时候，自己已经省下了 10 分钟——也就是 5 分钟到火车站，5 分钟从火车站返回到碰面地点。因此工程师是在上午 8:25 遇到汽车的。

276. 反证法

（***A***）假设两个整数都不大于 8。那么或者是两个整数都等于 8，或者是一个整数等于 8，另一个小于 8，或者是两个整数都小于 8。以上三种情况的乘积都小于 75，无法满足要求。因此，至少有一个整数必须大于 8。

（***B***）假设被乘数的第一位数不等于 1。那么这个数就不会小于 2，从而被乘数就不会小于 20。但是 $20 \times 5 = 100$，而且任何比 20 大的数乘以 5 都大于 100。但乘积是一个两位数，因此被乘数的第一位数必然是 1。

277. 找出假硬币

（***A***）第一次称量：天平两边各放 3 枚硬币。如果天平有一边抬起，那么这 3 枚之中就有假币。如果天平平衡，那么剩下的 3 枚硬币之中就有假币。

第二次称量：将包含假币的 3 枚硬币在天平两边各放 1 枚。如果天平有一边抬起，那么抬起的一边就是假币。如果天平平衡，那么剩下的那枚硬币就是假币。

（***B***）如果你能看出 2 枚硬币同 3 枚硬币一样可以使天平失去平衡，那就没什么问题了。

第一次称量：天平两边各放 3 枚硬币。如果天平有一边抬起，按照（***A***）往下进行即可。如果天平保持平衡，那么剩下的 2 枚硬币之中就有假币。

第二次称量（如果第一次称量出现平衡）：剩下的 2 枚硬币放于天平的两边，抬起的那侧即是假币。

（*C*）将 12 枚硬币编号 1 至 12。

第一次称量：天平两侧分别放置 1，2，3，4 号硬币和 5，6，7，8 号硬币。如果天平平衡，那么剩下的 4 枚硬币中就有假币。

第二次称量（如果第一次称量出现平衡）：天平两侧分别放置 1，2，3 号硬币和 9，10，11 号硬币。

如果天平平衡，那么 12 号硬币就是假币。再将 12 号同 1 号放入天平两侧就可以明白假币是较重还是较轻。如果放 1，2，3 号硬币的一侧往下沉，那么 9，10，11 号硬币之中有个硬币较轻（因为在第一次称量中已经确认 1，2，3 号是真币）。那么再称一次就可以找出假币，就如同（*A*）的第二次称量一样。如果放 1，2，3 号硬币的一侧向上抬起，操作方法也是类似。

不过若在第一次称量中放 1，2，3，4 号硬币的一侧往下沉，请按下图的方式往下进行（如果向上抬起，操作方法类似）：

表示硬币

表示在第一次称量中位于较重一侧的硬币

表示真币

表示可能是假币

表示放入天平两侧称量对比

第一次称量

1 2 3 4　5 6 7 8

第二次称量

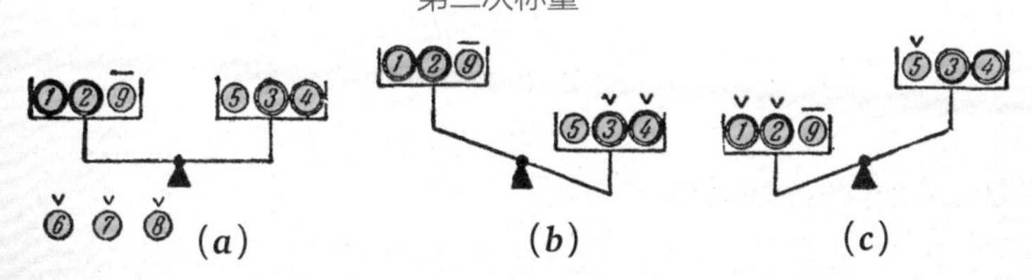

第三次称量

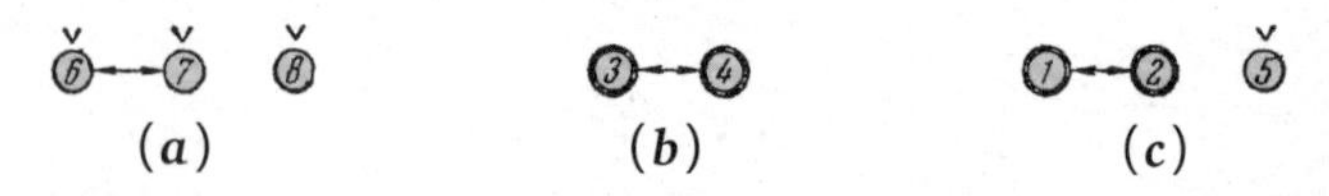

(*a*)　　　　(*b*)　　　　(*c*)

278. 合理的平局

A 的推断："假设我贴的是黑纸，朋友们是白纸。那么 ***B*** 肯定心里会想：***A*** 贴的是黑纸，***C*** 贴的是白纸，如果我贴的也是黑纸，那么 ***C*** 在看到两张黑纸之后必然能够立即宣布自己贴的是白纸。但是 ***C*** 没有发声，因此我断定我贴的是白纸。但是 ***B*** 也没有发声，因此我断定我贴的是白纸。"

B 和 ***C*** 也是这样推断的。不过 ***A*** 还可以加几句："在公平竞赛中，我们要面对的问题必须一样。如果我能看到两张白纸，他们也可以。"

279. 三位圣人

A 的推断："***B*** 很确信自己的脸没有被画。如果他看到我的脸没有被画，那么 ***C*** 的大笑就会让他很诧异，因为 ***C*** 没有看到被画的脸，他笑什么呢？但是 ***B*** 并没有诧异。因此我的脸也被画了。"

280. 五个问题

（***A***）1. 两个。2. 锐角。

（***B***）1. 弦。2. 三角形。3. 直径。4. 等边三角形。5. 同心圆。

（***C***）垂线、中线、垂直平分线、顶点角平分线、对称轴。

（***D***）几何图形、平面图形、多边形、凸四边形、平行四边形、菱形、正方形。

（***E***）所有凸多边形的外钝角都不超过 3 个。因此，所有凸多边形的内锐角都不超过 3 个。

281. 不用等式的推理

（***A***）10 至 22 之间，9 的唯一偶倍数就是 18，验证：

$18\times4\frac{1}{2}=81$

（*B*）答案是：$6\times7\times8\times9=3024$

282. 孩子的年龄

能够作为比一个孩子的岁数大 3 的平方数为 4，9，16。其中只有 9 在减去 3 之后再减 3 等于该数的平方根。所以孩子的年龄是 6 岁。

除了 3 以外，还有以下情况：

$2+1=3$ 岁；　$3+1=2\times2$；

$4+6=10$ 岁；　$10+6=4\times4$；

$5+10=15$ 岁；　$15+10=5\times5$

283. 是或否

解题的关键在于 2 的 10 次方是 1024（也就是大于 1000）。每次的提问都要排除剩余数的一半，而 10 次提问之后只留下对方“所想”的数。假设所想的数为 860，那么 10 个问题如下：

1.“你的数大于 500 吗？”“是的。”加上 250。

2.“大于 750 吗？”“是的。”加上 125。

3.“大于 875 吗？”“不是。”减去 62（不是减 62.5，而是减去最接近的偶数）。

4.“大于 813 吗？”“是的。”加上 31。

5.“大于 844 吗？”“是的。”加上 16（而不是 15.5）。

6.“大于 860 吗？”“不是。”减去 8。

7.“大于 852 吗？”“是的。”加上 4。

8.“大于 856 吗？”“是的。”加上 2。

9.“大于 858 吗？”“是的。”加上 1。

10.“大于 859 吗？”“是的。”

那么这个数就是 860。

第10章 数学游戏和数学魔术

284. 十一根火柴

（*A*）是的。我们从最后往前推。最后一次，你要剩 1 根才能赢。再往前一次必须要剩下 5 根，对方可以拿起 1，2 或 3 根，对应的你就拿 3，2 或 1 根，留最后 1 根给他。

而在留下 5 根之前，你必须留下 9 根。那么不管对方拿起 1，2 或 3 根，你都可以对应留给他 5 根，以此类推。

所以你第一个拿时，拿起 2 根，留下 9 根。

（*B*）是的。将此序列以 4 递增：1，5，9，13，17，21，25，29。那么你第一个拿时，拿 1 根，留给对方 29 根，随后依次留给他 25 根，21 根，以此类推。

（*C*）不行。开局必须是你想要留给对方的火柴数量，不然只要他不犯错误，他就能用你的方法赢。

你要留给对方的火柴数量是 1，$p+2$，$2p+3$，$3p+4$，以此类推。当然，从后往前推达到序列中的数，其中最大的一个不大于 n 的数设为 N，如果 N 不等于 n，那么先拿（n-N）根可以赢。但如果 N 等于 n，对方能赢。

285. 最后的胜利者

还是反向推，最后一次你留给对方 7 根就能赢。如果对方拿 1，2，3，4，5，6 根，你最后全部拿完即可。

倒数第二步你要留给对方 14 根，倒数第三步要留 21 根；倒数第四步留 28 根。所以第一次要拿 2 根。

286. 偶数胜利

这道题的解题思路比之前要复杂一些。先拿两根火柴，然后：

如果对方拿取偶数根火柴，那么留给他的火柴数量要比 6 的倍数大 1

（19，13，7）；

如果他拿取的火柴数量是奇数，那么留给他的火柴数量要比 6 的倍数小 1（23，17，11，5）；

如果做不到这一点，那么留给他的数量必须是 6 的倍数（24，18，12，6）。比如说，你拿了 2 根，对方拿了 3 根，现在剩下 22 根。你不能拿 5 根（剩下 17 根），所以你拿 4 根（剩下 18 根）。

请自己尝试证明这一策略能够确保胜利。

---

287. 取石子

有。（3，5），（4，7），（6，10），（8，13），（9，15），（11，18），（12，20）…

【这一数组序列同斐波那契数列和黄金分割密切相关。第一组数（1，2）之差为 1，第二组之差为 2，第 n 组之差为 n。每个正整数在这一数组序列中出现且仅出现一次。】

---

290. 谁先叫到 100

要叫 100，先要叫到 89；要叫 89，先要叫到 78；依次要叫到 67，56，45，34，23，12 以及最开始的 1。对方无法打破这一序列。

---

291. 方格游戏

A 在中间方格标记任意一条边，比如 ***v***（见图 ***a***）。

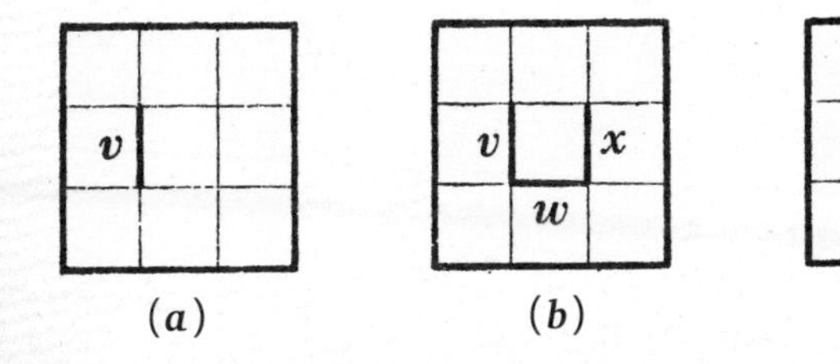

(*a*)　　(*b*)　　(c)

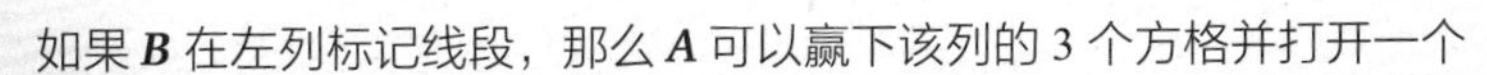
如果 ***B*** 在左列标记线段，那么 ***A*** 可以赢下该列的 3 个方格并打开一个

如 171 页图 *c* 的 3×2 的长方形，赢下所有 9 个方格。

如果 ***B*** 没有失误，在中间方格标记线段 ***w***（如图 ***b***），那么 ***A*** 标记线段 ***x***。***B*** 可以完成中间方格的标记赢下这一格但是 ***A*** 就赢了其他 8 个方格（如果 ***B*** 标记其他线段，那么 ***A*** 可以赢下所有 9 个方格）。

而如果 ***B*** 在右列标记线段 ***y***，那么 ***A*** 就对应标记线段 ***z***（如图 ***c***）。然后不管 ***B*** 怎么走下一步，都会输掉 8 个或 9 个方格。

---

295. 数字纵横字谜

（***A***）先从本题的第二个图表开始。5 纵向为 543 或 567。如果是 543，6 横向就是 34 开头，且是 77 与一个末位数为 3 的两位数的乘积。而实际上 77×43=3311，这就表示不存在这样的数。所以 5 纵向为 567，8 横向为 47，且 6 横向为 3619。

剩下的比较有难度的是 7 纵向。3087 的质因数为 7（立方）和 3（平方）。77 的质因数是 7 和 11。这些数的乘积唯一能组成第一位数为 9 的两位数只有 11×3×3=99。下图是完整的答案：

[1] 3	0	[2] 8	[3] 7
[4] 4	[5] 5	6	7
[6] 3	6	1	[7] 9
[8] 4	7	[9] 3	9

（***B***）由于 3 纵向只有三位数，那么 1 横向和 8 横向的第一位数只差 1（二者不可能相同）。所以 1 纵向的中间数字就是 1——同样也是 10 横向的第一位数。

由于 3 纵向最大的两位数因数的第一位数是 1（5 横向），那么最小的两位数因数也是一样（11 纵向）。2 纵向的前两位数是 17，那么 3 纵向的末位数是 7。9 横向的后两位数是 11，那么 1 横向和 8 横向的后两位数是相加之和为 99；其实这两个数的末位数和倒数第二位数相加之和都是 9。然后 1 横向的第四位数为 2，7 横向的末位数也是 2。

在 4 纵向中，8 横向的末位数（设为 $\boldsymbol{y}$）等于 1 横向的末位数（设为 $\boldsymbol{x}$）的两倍。而之前已经证实 $\boldsymbol{x}+\boldsymbol{y}=\boldsymbol{p}$，所以 $\boldsymbol{x}=3$，$\boldsymbol{y}=6$。

3 纵向就是 1 横向与 8 横向之差。观察这几个数的末位数，由于 3 纵向的末位数为 7，那么 1 横向大于 8 横向。3 纵向的中间位数必然是 4。在 1 横向与 8 横向尚未找出的 5 个数字之中，1 横向就是 50，8 横向就是 498（见下图 $\boldsymbol{a}$）。

[1] 5	0	[2] 1	[3] 2	[4] 3
[5] 1	[6]	[7] 7	4	2
[8] 4	9	8	7	6
[9]			[10] 1	[11] 1
[12]				

($\boldsymbol{a}$)

[1] 5	0	[2] 1	[3] 2	[4] 3
[5] 1	[6] 9	[7] 7	4	2
[8] 4	9	8	7	6
[9] 1	1	1	[10] 1	[11] 1
7	4	2	9	3

($\boldsymbol{b}$)

9 横向为 11111。3 纵向的质因数 19 和 13 同样也存在于 5 横向（以及 10 纵向）和 11 纵向。

由于 6 纵向的第一位数为 9，而其反序数就是 3 纵向和一个末位数为 7 的两位质数的乘积——并且第一位数为 1（因为 9 纵向的第一位数就是 1）。我们知道 $247\times17=4199$；6 纵向是 9914，9 纵向为 17。

对于 12 横向，6 纵向的两个因数的乘积有 221，247，323。这几个数分别同末位数为 9，7，3 的两位质数的乘积（因为 12 横向的末位数是 9）等于 12 横向。看起来比较接近的乘积只有 $221\times29=6409$ 以及 $323\times23=7429$；后者就是 12 横向（参见图 $\boldsymbol{b}$ 获得完整答案）

（$\boldsymbol{C}$）从平方表中可以发现，唯一对称的六位平方数为 698896（10 横向）；其平方根为 836（11 纵向），那么反序数为 638（10 纵向）。这些数的

质因数为:

$$638 = 29 \times 11 \times 2$$

$$836 = 19 \times 11 \times 2 \times 2$$

[1]5	[2]3	2	[3]9		[4]1
[5]1	1		[6]7	[7]2	9
	[8]7	[9]3		4	
[10]6	9	8	[11]8	9	[12]6
[13]3	9		[14]3	6	5
8		[15]1	6	0	0

最大公因数为 $11 \times 2 = 22$，而其二分之一为 11（5 横向）。4 纵向必然是 11 或 19；要存在一个末位数为 8 的数字的一半（9 纵向）那必然是 19，且 9 纵向为 38。那么 13 横向是 39，且 15 横向是 1600（40 的平方）。

对于 1 纵向，数字 2 至 6 的最小公倍数是 60，那么比这个数小 1（使得被 2 至 6 整除后的余数各自小 1）就是 59。再减去 8 就是 51（1 纵向）。

第一位数是 5 的四位平方数只有 5041 和 5329。前者可以排除，因为 2 纵向不可能第一位数是 0。所以 1 横向是 5329 且 8 横向是 73。检查一下，2 纵向的各位数字之和为 29。3 纵向为 97，这也是唯一第一位数是 9 的两位质数。找出剩下的数就比较简单了（见上图）。

296. 猜出“所想”的数

（*C*）有四种情况。

情况 1:“所想”的数形式为 $4n$。那么:

$$4n + 2n = 6n;\ 6n + 3n = 9n;\ 9n \div 9 = n$$

没有余数。“所想”的数为 $4n$。

情况 2：形式为 $(4n+1)$。较大部分为 $(2n+1)$：

$$(4n+1)+(2n+1)=6n+2；(6n+2)+(3n+1)=9n+3；$$

$$(9n+3)\div 9=n，余数为 3。$$

余数小于 5。“所想”的数为 $(4n+1)$。

情况 3：形式为 $(4n+2)$。

$$(4n+2)+(2n+1)=6n+3$$

加上较大部分 $(3n+2)$：

$$(6n+3)+(3n+2)=9n+5；(9n+5)\div 9=n，余数为 5。$$

“所想”的数为 $(4n+2)$。

情况 4：形式为 $(4n+3)$。其较大部分为 $(2n+2)$：

$$(4n+3)+(2n+2)=6n+5$$

再加上较大部分 $(3n+3)$：

$$(6n+5)+(3n+3)=9n+8；(9n+8)\div 9=n，余数为 8。$$

余数大于 5，所以“所想”的数 $(4n+3)$。

（D）如果“所想”的数形式为 $4n$，就用不到较大部分。答案就会是 $4n+2n+3n=9n$，这也是 9 的倍数。$9n$ 的各位数字之和可以被 9 整除，为了将未知的和隐藏的各位数字加成 9 的倍数，就无须再做其他（也就是加“0”）。

而对于形式为 $(4n+1)$、$(4n+2)$、$(4n+3)$ 的数，分别只会在第一步、第二步以及两步都用到较大部分。如同（C）一样，答案为 $(9n+3)$，$(9n+5)$，$(9n+8)$。这几个数的各位数字之和再分别加上 6，4 和 1 之后会等于 9 的倍数。当从下一个更大的 9 的倍数减去这个新的各位数字之和时，这个差就等于隐藏的数字。

（E）将“所想”的数设为 x，要加的数设为 y，那么：

$$(x+y)^2-x^2=2xy+y^2=2y(x+\frac{y}{2})=z$$

$$x=\frac{z}{2y}-\frac{y}{2}$$

（F）将“所想”的数设为 x，x 除以 3，4，5 的商分别设为 a，b，c，余数分别设为 r_3，r_4，r_5。那么很明显：

$$x = 3a + r_3$$

$$x = 4b + r_4$$

$$x = 5c + r_5$$

由此可得：

$$r_3 = x - 3a;\ r_4 = x - 4b;\ r_5 = x - 5c;$$

做一些数学运算：

$$\begin{aligned} & 40r_3 + 45r_4 + 36r_5 \\ & = 40(x - 3a) + 45(x - 4b) + 36(x - 5c) \\ & = 121x - 120a - 180b - 180c \end{aligned}$$

除以 60 之后的余数就是 x。

297. 不用问的问题

（*A*）将对方“所想”的数设为 n，然后你自己提供的三个数分别为 a，b 和 c。那么首先他需要计算 $\frac{na+b}{c}$。当他减去 $\frac{ab}{c}$ 时，答案就是 $\frac{b}{c}$。最后的答案并不包括 n，所以并不需要问问题。

（*B*）将“所想”的数设为 y，然后封装在信封中的数设为 x。首先观众得到的是 $y+99-x$，这个数必然是介于 100 至 198 之间。然后划去第一位数字再将其加回去，意思就是减去 99，即 $y+99-x-99$。而最后观众将自己“所想”的数 y 减去 $y-x$ 时，最后得到的就是封装到信封的数 x。

玩法变换：观众从 201 至 1000 之中挑选数：封装的数从 100 至 200 之间选；中间的计算用 999 替换 99。

298. 我知道谁拿了多少

	A	B	C
初始状态	$4n$	$7n$	$13n$
第一步之后	$8n$	$14n$	$2n$
第二步之后	$16n$	$4n$	$4n$
第三步之后	$8n$	$8n$	$8n$

第三步之后，每个人拿到的数量都是 A 初始拿到的数量的两倍，剩下的就简单了。

299. 三次尝试

将“所想”的两个正整数设为 a 和 b，那么有：

$$(a+b)+ab+1=a+1+b(a+1)=(a+1)(b+1)$$

这个方法是基于两个数的和数与乘积的加减。

300. 谁拿了铅笔，谁拿了橡皮

A 是一个质数，B 是一个无法被 A 整除的合数。其他两个数 y 和 x 互为质数，且 y 是 B 的因数。$Ay+Bx$ 可以被 y 整除，带有数 y 的男孩拿了铅笔。$Ay+Bx$ 无法被 y 整除，那么带有数 y 的男孩拿了橡皮。

301. 猜三个连续数

三个连续数和一个 3 的倍数的和为：

$$a+(a+1)+(a+2)+3k=3(a+k+1)$$

再乘以 67，可以得到：

$$201(a+k+1)$$

已知 $a<59$ 且 $3k<100$，或 $k<34$。因此，$(a+k+1)$ 不会大于两位数。而且 $201(a+k+1)$ 的后两位数就是 $(a+k+1)$。将其减去 $(k+1)$ 就可以得到最初“所想”的数了。

此外，$201(a+k+1)$ 的后两位数之前的两位或三位数就是 $2(a+k+1)$。

302. 猜出若干个“所想”的数

如果“所想”的数有两个，分别为 a 和 b：$5(2a+5)+10=10a+35$；$10a+35+b$。

减去 35，就可以得到一个由“所想”的数构成的两位数 $(10a+b)$。

三个或以上“所想”数的证明过程类似。

303. 你多少岁

年龄设为 x，那么答案就是 $10x-9k$（k 是个位数）。我们将这个差转换一下：

$$10x-9k=10x-10k+k=10(x-k)+k$$

现在，x 是大于 9 的，而 k 不可能大于 9；那么 $(x-k)$ 是正数。然后 $10(x-k)+k$ 的末位数就是 k。如果拿掉 k，那就只剩下 $(x-k)$ 了，再加回 k 就等于 x。

---

304. 猜他的年龄

对方年龄设为 x，且有：

$$(2x+5)\times 5=10x+25=10(x+2)+5$$

所以末位数就是 5。将其去掉就剩下 $(x+2)$，然后减去 2 就剩下 x。

---

305. 几何“消失”

并没有线段消失。第 13 条线段其实是被 12 条其长度比原线段长 $\frac{1}{12}$ 的新线段替换了——如果你画出的线段足够长，就可以用尺子测出这个差异来。

这样的效果在下图中体现得更为明显。照着左图将其复印或画下来再将其剪出。如果你将这个圆稍微逆时针旋转一点，就会发现有一条线消失了（图右）。

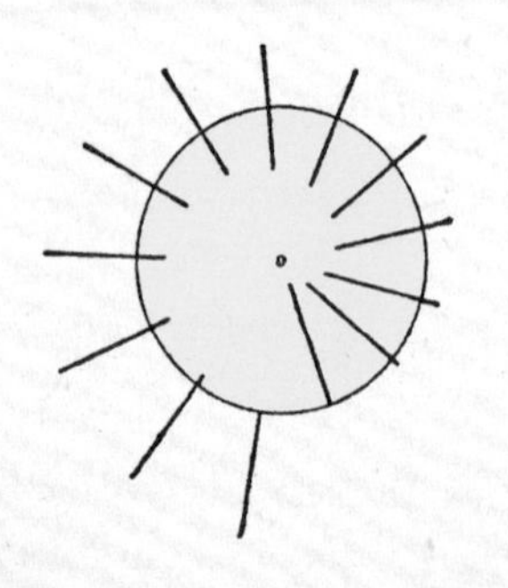

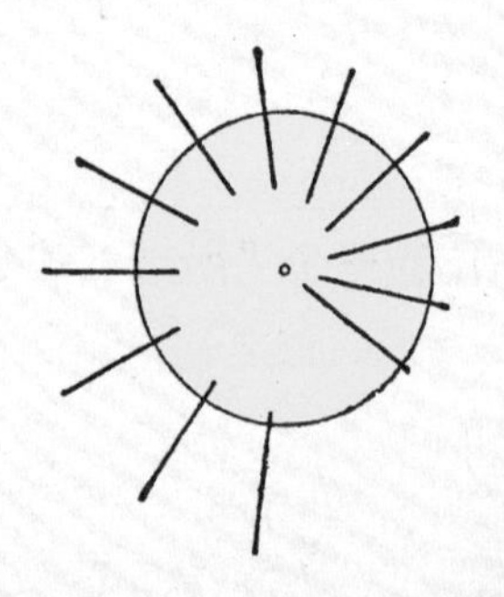

第11章　整除

306. 墓碑上的数

一组数的最小公倍数就是这组数各个不同的质因数的乘积，每个质因数做乘数的数量取其在各个数中出现的最高次数。对于数 1 至 10 的最小公倍数乘积为：

$2\times2\times2\times3\times3\times5\times7=2520$

1 至 10 同 6 至 10 的最小公倍数相等。一般来说，1 至 $2\boldsymbol{n}$ 的最小公倍数等于 $(\boldsymbol{n}+1)$ 至 $2\boldsymbol{n}$ 的最小公倍数。

---

307. 新年礼物

如果多出 1 个橙子，那么橙子的数量将可以被 10，9，8…整除，我们在第 306 道题中讲过，这样的数的最小公倍数为 2520。

所以我们总共有 2519 个橙子，或者是 $2519+2520\boldsymbol{n}$ 个，$\boldsymbol{n}$ 为任意正整数。

---

308. 这样的数存在吗

这样的数有无限多个。除数与余数之差永远为 2。然后 2 加上这个数等于已知除数的一个倍数。3，4，5，6 的最小公倍数为 60，而 $60-2=58$，这就是最小的一个答案。

---

309. 一篮鸡蛋

2，3，4，5，6 的最小公倍数为 60，那么这里需要找到一个比 60 的倍数大 1 的 7 的倍数。

$$60\boldsymbol{n}+1=(7\times8\boldsymbol{n})+4\boldsymbol{n}+1$$

如果 $(4\boldsymbol{n}+1)$ 可以被 7 整除，那么 $(60\boldsymbol{n}+1)$ 就可以被 7 整除。满足这一条件的最小的 $\boldsymbol{n}$ 值为 5。

因此，篮子里共有 301 个鸡蛋。

310. 一个三位数

7，8，9 的最小公倍数为 504。这就是答案，因为这个数的任何倍数都不是三位数。

311. 四艘柴油船

4，8，12 和 16 的最小公倍数为 48。四艘船会在 48 周后再次相遇，即 1953 年 12 月 4 日。

312. 收银员的错误

猪油和肥皂的价格都是 3 的倍数。糖和糕点的价格也是 3 的倍数。因此总价应该也是 3 的倍数，但收银员开始算出的价格并不是。

313. 数字谜题

等式的左边能够被 9 整除，因此右边也可以。可知右侧的各位数字之和也可以被 9 整除，因此 $\boldsymbol{a}$ 为 8，所以 $\boldsymbol{t}$ 的值为 4。

314. 11 的整除性

（$\boldsymbol{A}$）$7+1+2+1-(3+\boldsymbol{a}+0+0)=0$； $\boldsymbol{a}=8$

（$\boldsymbol{B}$）等式的左边能够被 11 整除，所以按之前的方法可以得出 $\boldsymbol{b}=8$。由于 $61^2=3721$ 且 $62^2=3844$，因此括号中的表达式接近于 6150，所以 $\boldsymbol{x}$ 的值接近于 68。通过这个值和前后其他几个值的验证可知 $\boldsymbol{x}$ 等于 67。

315. 7，11，13 的整除性

用 31218001416 举个例子：

$$\begin{aligned}31218001416&=416+(1\times10^3)+(218\times10^6)+(31\times10^9)\\&=416+1(10^3+1-1)+218(10^6-1+1)+31(10^9+1-1)\\&=(416-1+218-31)+[(10^3+1)+218(10^6-1)+31(10^9+1)]\end{aligned}$$

括号中的表达式可以被 7，11 和 13 整除。因此整个数被 7，11 和 13 的整除性取决于 (416−1+218−31) 的整除性，也就是该数的奇数位数字之和

与偶数位数字之和的差。在这一例子中这个差为 602，能够被 7 整除，但无法被 11 或 13 整除。

316. 8 的整除性

我们必须证明，如果 $(10\boldsymbol{x}+\boldsymbol{y}+\frac{\boldsymbol{z}}{2})$ 能够被 4 整除，那么 $(100\boldsymbol{x}+10\boldsymbol{y}+\boldsymbol{z})$ 这个三位数能够被 8 整除。

设 $10\boldsymbol{x}+\boldsymbol{y}+\frac{\boldsymbol{z}}{2}=4\boldsymbol{k}$（$\boldsymbol{k}$ 为任意正整数）。那么有：

$$20\boldsymbol{x}+2\boldsymbol{y}+\boldsymbol{z}=8\boldsymbol{k};\ \boldsymbol{z}=8\boldsymbol{k}-20\boldsymbol{x}-2\boldsymbol{y};$$

$$100\boldsymbol{x}+10\boldsymbol{y}+\boldsymbol{z}=100\boldsymbol{x}+10\boldsymbol{y}+8\boldsymbol{k}-20\boldsymbol{x}-2\boldsymbol{y}=80\boldsymbol{x}+8\boldsymbol{y}+8\boldsymbol{k}$$

很明显，最后的表达式能够被 8 整除。

请证明，如果 $10\boldsymbol{x}+\boldsymbol{y}+\frac{\boldsymbol{z}}{2}=4\boldsymbol{k}+1$ 或者 $4\boldsymbol{k}+2$ 或者 $4\boldsymbol{k}+3$（$\boldsymbol{k}$ 为任意正整数），那么 $(100\boldsymbol{x}+10\boldsymbol{y}+\boldsymbol{z})$ 无法被 8 整除。

317. 超强记忆力

将这一九位数设为 $\boldsymbol{N}$，然后以下面的形式写出：

$$\boldsymbol{N}=10^6\boldsymbol{a}+10^3\boldsymbol{b}+\boldsymbol{c}$$

其中的 $\boldsymbol{a}$，$\boldsymbol{b}$，$\boldsymbol{c}$ 为三组三位数。已知 $\boldsymbol{a}+\boldsymbol{b}+\boldsymbol{c}$ 能够被 37 整除。我们将 $\boldsymbol{a}+\boldsymbol{b}+\boldsymbol{c}$ 设为 $37\boldsymbol{k}$。现在可以这样写：

$$\boldsymbol{N}=10^6\boldsymbol{a}+10^3\boldsymbol{b}+37\boldsymbol{k}-\boldsymbol{a}-\boldsymbol{b}=\boldsymbol{a}(10^6-1)+\boldsymbol{b}(10^3-1)+37\boldsymbol{k}$$

由于这三项各自都可以被 37 整除，所以 $\boldsymbol{N}$ 可以被 37 整除。

318. 3，7，19 的整除性

将需要验证的数的后两位数去掉。将剩下的数加上去掉的两位数，加 4 次。将上述过程重复下去，直到得出一个容易进行验证的足够小的数。

例如 138264。将 1382 加上 64×4 得到 1638，38×4 得到 152，重复一次：$16+152=168$。

没有必要再重复了：168 可以被 3 和 7 整除，但无法被 19 整除，所以 138264 可以被 3 和 7 整除，但无法被 19 整除。

第12章　交叉和与幻方

324. 星形

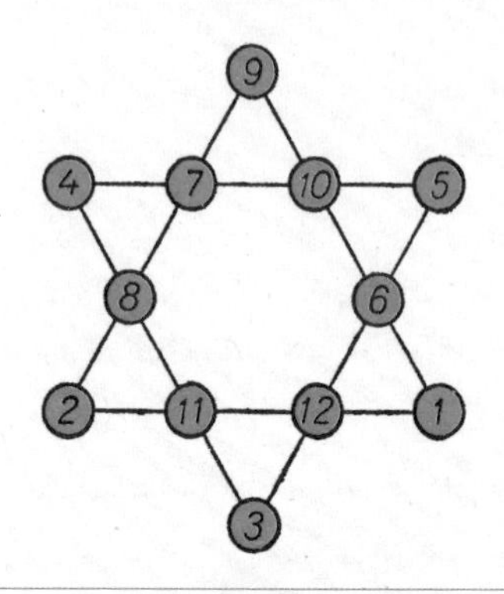

325. 水晶

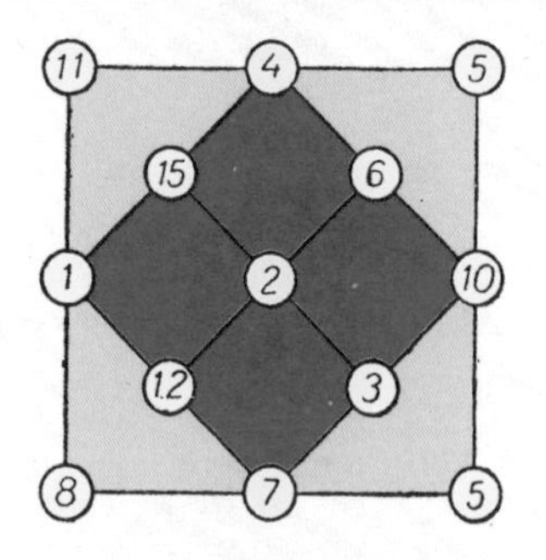

326. 窗饰

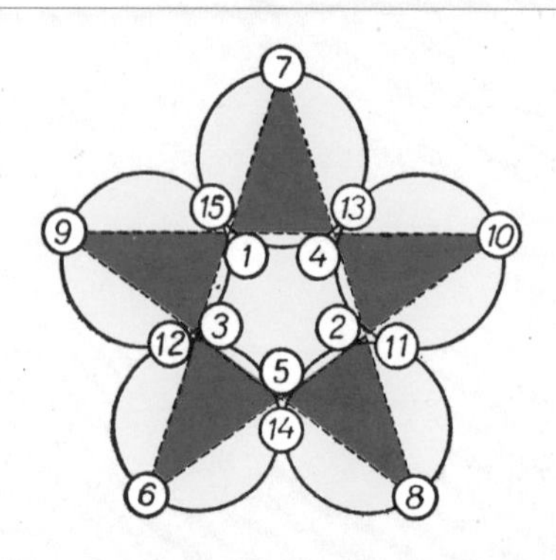

327. 六边形

有两种解法。

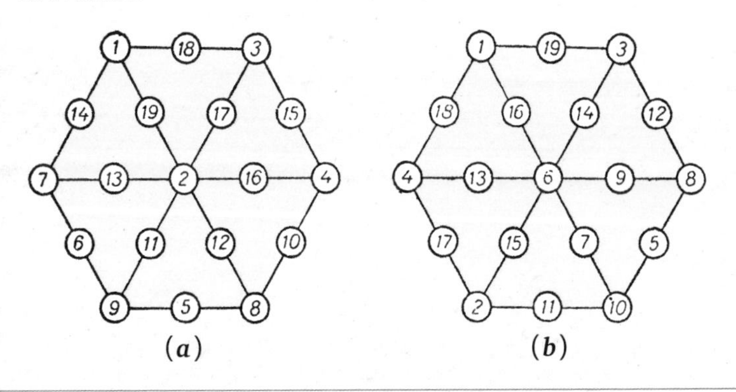

(*a*) (*b*)

328. 星象仪

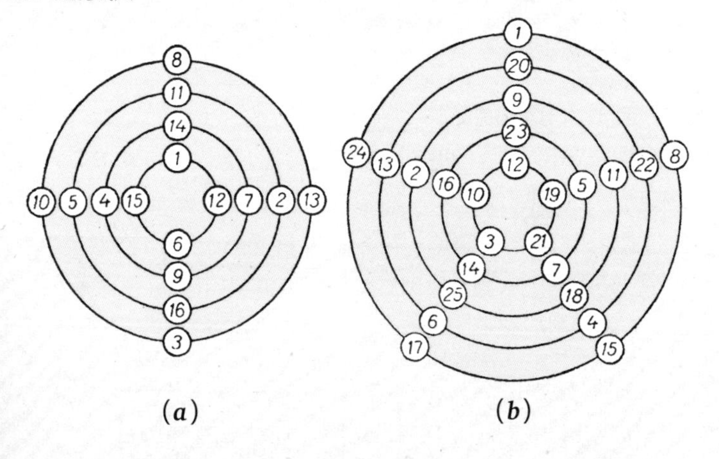

(*a*) (*b*)

329. 重叠三角形

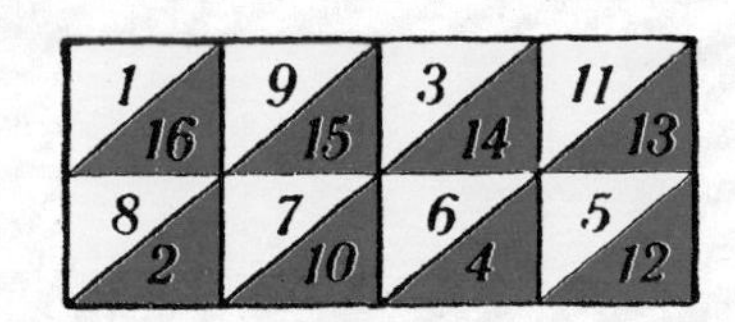

330. 趣味分组

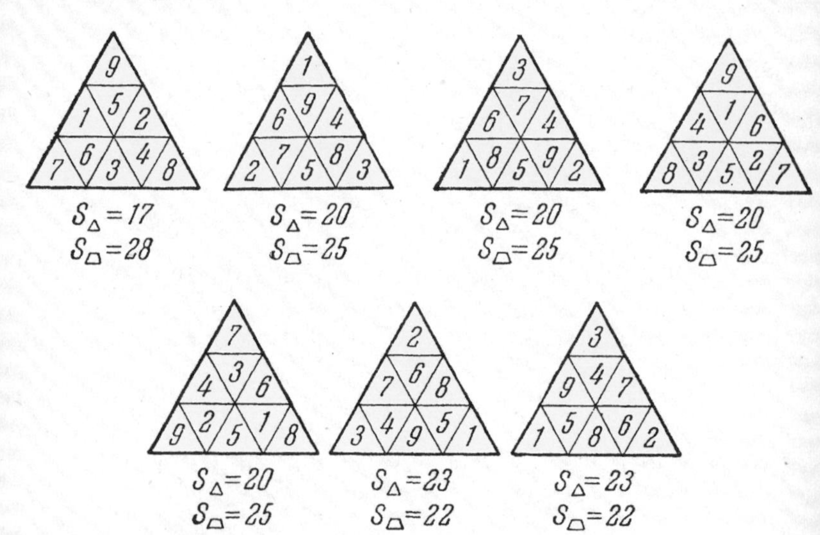

331. 中国旅人和印度旅人

图 ***a*** 中，印度的幻方行列都标上了数。我们需要将前文（第 331 道迷题）分析到的数放到对角线上：12，14，3，5 和 15，9，8，2。要做到这一点，我们需要先将行 II 移到第一行，行 IV 移到第二行，行 I 移到第三行，而行 III 就到了第四行。然后将第二列、第三列互换位置。这样图 ***b*** 的方格就具备了所需的特征。

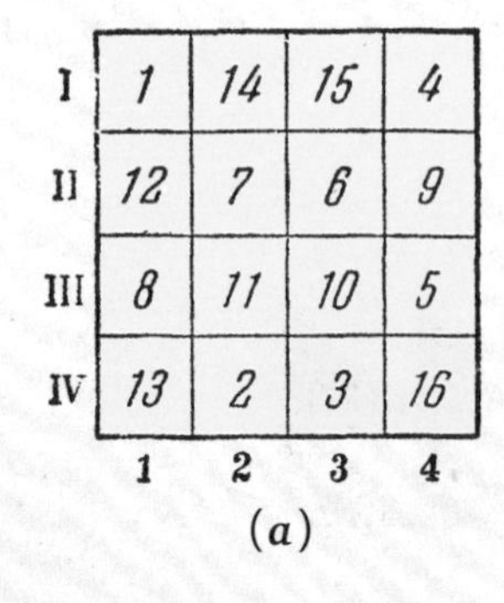

(*a*)

12	6	7	9
13	3	2	16
1	15	14	4
8	10	11	5

(*b*)

333. 智力测试

这个 7×7 的格子有 4 行和 4 列都各带 4 个黄色小格，以及 3 行和 3 列各带 3 个黄色小格。这个形式可以通过将一个 9 格幻方“嵌入”一个 16 格幻方进行实现。

图 1 构建出的是一个 4 阶幻方，图 2 则是 3 阶幻方，二者的幻常数都是 150。图 3 展示了如何通过合并两个幻方来找出本题的答案。

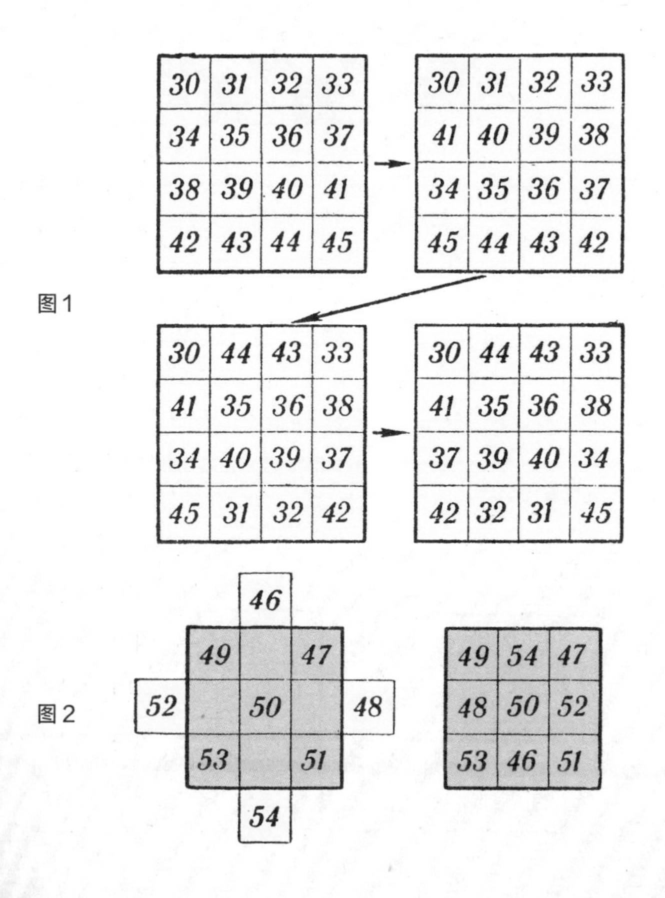

图1

图2

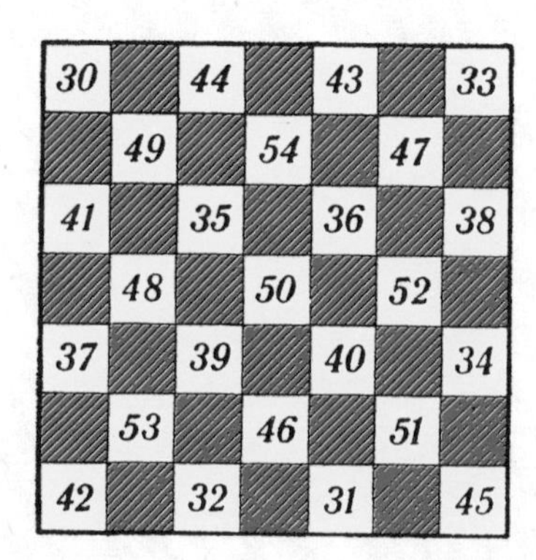

图 3

334. 魔幻的“15”游戏

按照以下顺序移动方块（每个数代表需要移动的方块的编号）：12，8，4，3，2，6，10，9，13，15，14，12，8，4，7，10，9，14，12，8，4，7，10，9，6，2，3，10，9，6，5，1，2，3，6，5，3，2，1，13，14，3，2，1，13，14，3，12，15，3。

刚好 50 步！你可能也会按照自己的想法得出不同的幻方，不过我还没找到一种少于 50 步的解法。

13	1	6	10
14	2	5	9
	12	11	7
3	15	8	4

1	2	3	4
13	5	6	10
14	12	11	9
	15	8	7

335. 异类幻方

（*A*）见下图。题目给出的条件是将相同的数字按照象棋里马的走法来摆放。

1	7	2	8
4	6	3	5
7	1	8	2
6	4	5	3

（*B*）运用第 332 道谜题的方法做出一个幻方（图 *a*）。将前两行互换位置，再交换两列，可以得到所需的幻方（图 *b*）。

31	3	5	25
9	21	19	15
17	13	11	23
7	27	29	1

(*a*)

21	9	19	15
3	31	5	25
13	17	11	23
27	7	29	1

(*b*)

（*C*）将幻方上下颠倒，会发现幻方的性质没变，幻常数也没变。

---

336. 中间格

$$a_1+a_4+a_7=S \qquad a_3+a_6+a_9=S$$

$$a_1+a_5+a_9=S \qquad a_3+a_5+a_7=S$$

$$a_4+a_7=S-a_1 \qquad a_6+a_9=S-a_3$$

$$a_5+a_9=S-a_1 \qquad a_5+a_7=S-a_3$$

那么，$a_4+a_7=a_5+a_9$，且 $a_6+a_9=a_5+a_7$，将这些等式相加:

$$a_4+a_7+a_6+a_9=2a_5+a_9+a_7 \text{ 或者 } a_4+a_6=2a_5$$

等式两边都加上 a_5:

$$a_4 + a_5 + a_6 = 3a_5$$

但是 $a_4 + a_5 + a_6 = S$，所以 $S = 3a_5$。当 $S = 15$ 时，$a_5 = 5$。

第13章　奇特的数字

340. 十位数

（*A*）先说一个数字，比如 1。它可以在一个十位数中占据任意一个位置。1 每占用一个位置，其他 9 个空位就可以供第二数字占用（比如 2）。然后是 8 个空位可以供 3 占用，7 个空位给 4，以此类推最后是 1 个空位给 0。这样就可以有 $10 \times 9 \times 8 \times 7 \times 6 \times 5 \times 4 \times 3 \times 2 \times 1 = 3628800$ 个排列方式。但是等一下，任何数都不可能以 0 开头，而以上各种排列中有十分之一都是以 0 开头。那么减去 362880 就可以得到答案：3265920 种。

（*B*）$4938271605 \div 9 = 548696845$。

（*C*）a 或 b 同第一组的任何一个数的乘积都不会出现重复的数字；a 或 b 同第二组的任何一个数的乘积都会出现重复的数字。第一组的数（除 1 外）同 a 和 b 没有公因数，但第二组的数（除 6 外）与 a 和 b 有公因数。

（*D*）因为 $12345679 \times 9 = 111111111$。

341. 其他的数字怪象

（*A*）$2025 = 45^2$。只需要在平方数表中查验 32 至 99 并进行所需的计算即可。我们不能忽视这类直接的解题方法。

342. 重复运算

（*A*）假设（a，b，c，d）这一数组同其换位后的数（d，a，b，c）、

（c，d，a，b）和（b，c，d，a）都是同一行。那么就有六种方式将奇数和偶数分成 4 个数一组：

（e，e，e，e）（e，e，o，o）（e，o，o，o）

（e，e，e，o）（e，o，e，o）（o，o，o，o）

（e 代表偶数，o 代表奇数。）

两个奇数或两个偶数的差为偶数；一个奇数和一个偶数之差为奇数；那么这六种分组方式的第四组差是什么样的呢？

对于（e，e，e，e）所有的差都是（e，e，e，e）；

而对于（e，e，e，o）：

A_1 =（e，e，o，o）　A_3 =（o，o，o，o）

A_2 =（e，o，e，o）　A_4 =（e，e，e，e）

第三、第四和第六种分组就是这一序列中的 A_1，A_2 和 A_3。因此这几个组到第四组差的时候一定会得到（e，e，e，e）这一形式。请通过自己的方法证明（e，o，o，o）的第四组差为（e，e，e，e）。

因此任意一行的第四组差都是由偶数组成。

现在我们暂时先将 A_4 的各个数替换为它的一半。那么这行数组同实际上的 A_5 有什么区别呢？

各个数为 A_5 的一半。举个例子，如果 A_4 =（4，6，12，22），A_5 =（2，6，10，18），那么 A_4 的数组的一半为（2，3，6，11）。而它的第一组差为（1，3，5，9），都是由 A_5 相应的数的一半所构成。

把 A_4 中每一个数都替换为其一半的行的第四组差的数依然是 A_8 的数的一半。但是第四组差中的数是由偶数构成的，所以 A_8 是由 $4=2^2$ 的倍数构成。同样，A_{12} 由 $8=2^3$ 的倍数构成，而 A_{4n} 由 2 的 n 次方的倍数构成。

每组数都存在一个最大的数 x。由于不会有比 0 小的数作为 x 的减数，所以任意一组的差所构成的数都不会大于 x。假如比 x 大的 2 的第一个幂数为 2 的 y 次方。那么 A_{4y} 就是由 2 的 y 次方的倍数构成，但是任意一组差所构成的每个数都会小于 2 的 y 次方。因此，A_{4y} 就是（0，0，0，0）。

（B）从表格的第一列选一个数，将其减去第二列同一行的数。再从第一列选同一个数或其他的数，并将其减去第三列同一行的数。用第一列和第四列重复这样的运算。当然也可以按照这个方式用第一列和任意多列进行重复。最后的一对数不可以从第一行里选（否则选的数会以 0 开头）：

x^2	a	$10b$	$100c$	$1000d$	…
0	0	0	0	0	…
1	1	10	100	1000	…
4	2	20	200	2000	…
9	3	30	300	3000	…
16	4	40	400	4000	…
25	5	50	500	5000	…
36	6	60	600	6000	…
49	7	70	700	7000	…
64	8	80	800	8000	…
81	9	90	900	9000	…

我们需要这些减法运算后的得数之和的最大值。很明显，最开始我们应该选最后一行的（81−9）。最后一对数（至少是从第四列中选）应该从第二行中选，这样减法运算后的损失最小（即相减得到的负数最大）。且中间的几位数应该为 0（选第一行），因为不管哪一列，相减的差为 0（其他的差都会是负数）。

这样所选的正整数的形式为 1***Z***9（***Z*** 代表 1 个 0 或多个 0）。这类正整数之中我们应该选 109，因为（1−100）产生的值损失要小于（1−1000）、（1−10000）等。不过：

$$1^2+0^2+9^2=82$$

这个数小于 109。所以，任意三位或三位以上的数的各位数字的平方和小于这个数。而且如果这样重复运算的次数达到一定的数量，最后得到的数会小于三位数。

346. 数字的模式

（*E*）

$$49=7^2$$
$$4489=67^2$$
$$444889=667^2$$
$$44448889=6667^2$$

（*F*）

$$81=9^2$$
$$9801=99^2$$
$$998001=999^2$$
$$99980001=9999^2$$

347. 以一代全与万全归一

（*A*）

$11=22\div2+2-2$

$12=2\times2\times2+2+2$

$13=(22+2+2)\div2$

$14=2\times2\times2\times2-2$

$15=22\div2+2+2$

$16=(2\times2+2+2)\times2$

$17=(2\times2)^2+\frac{2}{2}$

$18=2\times2\times2\times2+2$

$19=22-2-\frac{2}{2}$

$20=22+2-2-2$

$21=22-2+\frac{2}{2}$

$22=22\times2-22$

$23=22+2-\frac{2}{2}$

$24=22-2+2+2$

$25=22+2+\frac{2}{2}$

$26=2\times(\frac{22}{2}+2)$

（*B*）

$1=(4\div4)\times(4\div4)$

$2=(4\div4)+(4\div4)$

$3=(4+4+4)\div4$

$4=4+(4-4)\times4$

$5=(4\times4+4)\div4$

$6=4+(4+4)\div4$

$7=4+4-4\div4$

$8=4+4+4-4$

$9=4+4+4\div4$

$10=(44-4)\div4$

（*C*）

$$3=\frac{17469}{5823}\quad 5=\frac{13485}{2697}\quad 6=\frac{17658}{2943}\quad 7=\frac{16758}{2394}$$

$$8=\frac{25496}{3187}\quad 9=\frac{57429}{6381}$$

（*D*）

$$9=\frac{95742}{10638}=\frac{75249}{08361}=\frac{58239}{06471}$$

---

348. 偶数也能变奇数

（*B*）

$$14\times 82=41\times 28 \qquad 34\times 86=43\times 68$$

$$23\times 64=32\times 46 \qquad 13\times 93=31\times 39$$

（*I*）

$$1466-1=1+24+720+720$$

$$81368-1=40320+1+6+720+40320$$

$$372970-1=6+5040+2+367880+5040+1$$

$$372973+1=6+5040+2+362880+5040+6$$

（*J*）假设 $\boldsymbol{n}$ 为一个三位数，而其（$\boldsymbol{n}^2-\boldsymbol{n}$）的最后三位为 0。

观察 $\boldsymbol{n}^k-\boldsymbol{n}$ 这个表达式（$\boldsymbol{k}$ 为任意正整数）:

$$\boldsymbol{n}^k-\boldsymbol{n}=\boldsymbol{n}(\boldsymbol{n}^{k-1}-1)$$

所以这个表达式能够被 $\boldsymbol{n}$ 或 $(\boldsymbol{n}-1)$ 整除。然后 $\boldsymbol{n}^k-\boldsymbol{n}$ 能够被 $\boldsymbol{n}(\boldsymbol{n}-1)=(\boldsymbol{n}^2-\boldsymbol{n})$ 整除。但由于 $(\boldsymbol{n}^2-\boldsymbol{n})$ 的最后三位数为 0，所以 $\boldsymbol{n}^k-\boldsymbol{n}$ 最后三位数也为 0，而且 $\boldsymbol{n}^k$ 同 $\boldsymbol{n}$ 的最后三位数是一样的。那么我们只需要证实只有 376 和 625 的平方数是以其同样的三个数字结尾。

这样的数其形式必然为 $\boldsymbol{n}$ 或者 $(\boldsymbol{n}-1)$，且 $\boldsymbol{n}(\boldsymbol{n}-1)$ 为 1000 的倍数。这里的 $\boldsymbol{n}$ 和 $(\boldsymbol{n}-1)$ 是两个相邻的整数，不存在共用的质因数。那么其中一个数能够被 $2\times 2\times 2=8$ 整除，另一个数能够被 $5\times 5\times 5=125$ 整除（且不能被 2 整除）。满足后者条件的数有四个：125，375，625 和 875，其各自相邻的

整数为 124 和 126，374 和 376，624 和 626，874 和 876。这几个相邻数之中只有 376 和 624 能够被 8 整除。

所以能够满足要求的三位数只有 375，376，624 和 625。但是 $375^2 = 140625$ 且 $624^2 = 389376$。证明完成。

349. 一行正整数

（*D*）三个问题的答案分别是不存在、不存在、存在。$n^2+(n+1)^2=(n+2)^2$ 的唯一正整数解只有 $n=3$，且 $n^2+(n+1)^2+(n+2)^2=(n+3)^2+(n+4)^2$ 的唯一正整数解只有 $n=10$。但是左侧有四项、五项……的等式是存在的：

$$21^2+22^2+23^2+24^2=25^2+26^2+27^2$$

$$36^2+37^2+38^2+39^2+40^2=41^2+42^2+43^2+44^2$$

请用自己的方法证明，如果 n 为等式右侧整数的数量，那么等式的第一项为 $n(2n+1)$。

（*F*）

$$\left(\frac{n(n+1)}{2}\right)^2$$

350. 反复出现的差

假设一个数的各位数字为 a，b，c，d，且 a 等于或大于 b，c 等于或大于 d，且 a 大于 d。$M=abcd$ 且 $m=dcba$。那么要找出（$M-m$）：

1、如果 $b>c$：

$$\begin{array}{rcccc} & [a] & [b] & [c] & [d] \\ - & [d] & [c] & [b] & [a] \\ \hline & [a-d] & [b-1-c] & [10+c-1-b] & [10+d-a] \end{array}$$

2、如果 $b=c$：

$$\begin{array}{rcccc} & [a] & [b] & [c] & [d] \\ - & [d] & [c] & [b] & [a] \\ \hline & [a-1-d] & [10+b-1-c] & [10+c-1-b] & [10+d-a] \end{array}$$

在第一种情况中，差的两端的数字之和为 10，中间两个数字之和为 8。在第 2 种情况中，和分别是 9 和 18，且中间的两个数字都是 9。

后续的减法运算也存在同样的情况。那么我们只需要存在第一种情况的差的类似的 25 个数，以及存在第二种情况的差的类似的 5 个数即可（各位数字的顺序可以忽略）。

9801	8802	7803	6804	5805
9711	8712	7713	6714	5715
9621	8622	7623	6624	5625
9531	8532	7533	6534	5535
9441	8442	7443	6444	5445

以及 9990，8991，7992，6993，5994。

下面的图表显示了方格中的 30 个数（各位数字按降序排列）按箭头方

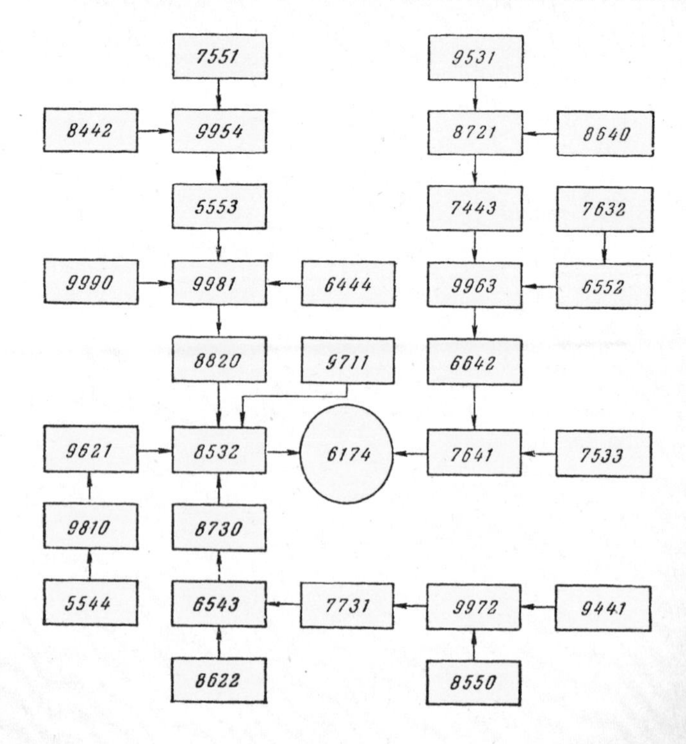

向（基本都是通过其他的数）指向圆圈中的 6174。任意四位数不超过七步就可以完成。

我们可以将最后的差称为极数。所有三位数的极数都是 495。两位数没有极数。不过两位数最后会出现差的循环：

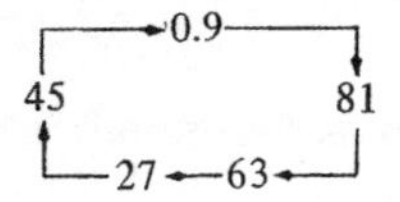

对于五位数，每个差的中间数字为 9，而剩下的四个数字的结构同四位数的结构相同（可以自己测试）。因此五位数的核验可以简化为对同样的 30 组四位数的测试。这些数能够形成三种独立的循环：

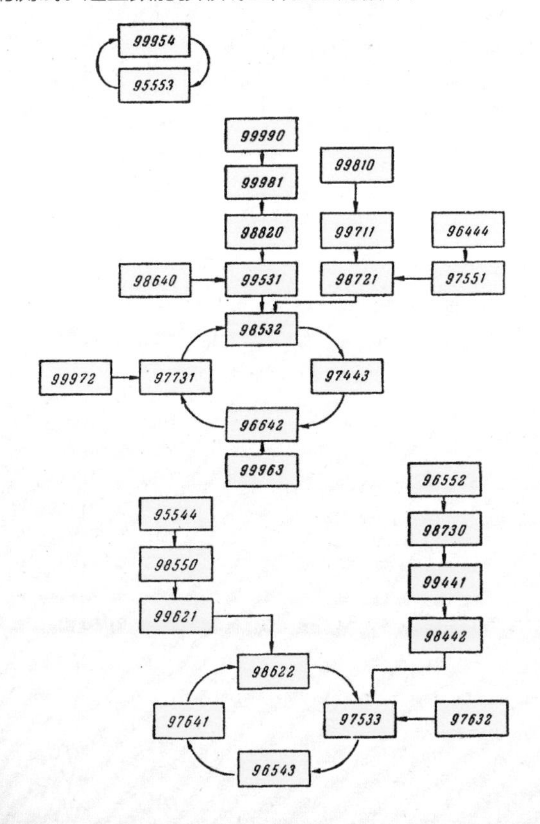

莫斯科工程师奥尔洛夫发现了极的一个很有意思的特性。比如 495 是三位数的极数。将其各位数字分成三组并插入 5，9，4，如下：

5 9 4
↓4↓9↓5

再以得到的数 549945 开始，可以得到 995544－445599＝549945，而这个数又是一个六位数的极数。

我们继续：

5 9 4
↓54↓99↓45

由于 999555444－444555999＝554999445，这就有了一个九位数的极数，我们现在取四位数的极数 6174。将其各位数字分成三组并插入 3 和 6：

3 6
6↓17↓4

得到 631764，又是一个六位数的极数。再来：

3 6
63↓17↓64

又得到一个八位数的极数。这样的操作可以无限重复下去。

此外，如果我们拿一个六位数的循环（六位数的循环会出现分支，两个极数，且其中之一是封闭的，可以自己测试）并插入若干 3 和 6，可以得到一个八位数的循环：

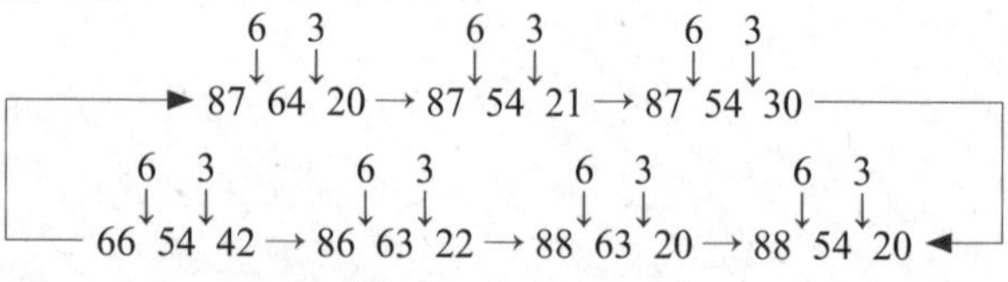

87 ↓6 64 ↓3 20 → 87 ↓6 54 ↓3 21 → 87 ↓6 54 ↓3 30
66 ↓6 54 ↓3 42 → 86 ↓6 63 ↓3 22 → 88 ↓6 63 ↓3 20 → 88 ↓6 54 ↓3 20

87664320 → 87654321 → 87654330 → 88654320
66654432 → 86663322 → 88663320

这种插入也可以无限进行下去。

第14章　古老但永葆青春的数字

357. 一个悖论

矩形的面积 $x(2x+y)$，减去正方形的面积 $(x+y)^2=x^2-xy-y^2$，从第356道谜题可以得知，等于1或者 -1（当 x 和 y 为斐波那契数时）。矩形的有些部分有些许重叠或是少许未能完全闭合，导致面积出现差异。下图显示出一个 13×5 的矩形中间的“空洞” ***KHEF***，一个极其狭小的四边形，面积为1。

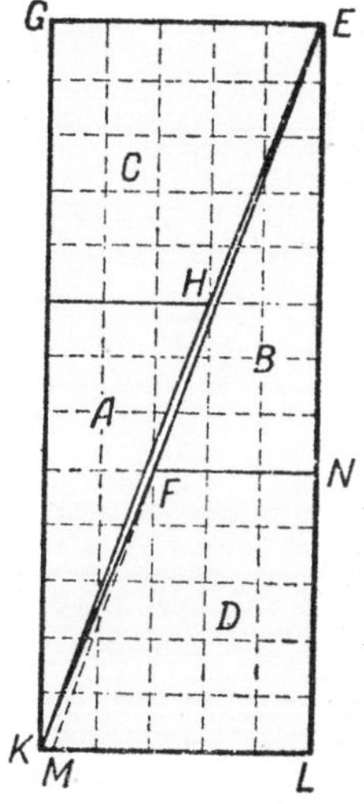

为了证明这一点，将三角形 ***EFN*** 的一条边 ***EF*** 的延长线同 ***KL*** 的交点设为 ***M***（如果 ***EFK*** 为一条直线，那么 ***M*** 点将会同 ***K*** 点重合）。

由于三角形 ***EFN*** 和三角形 ***EML*** 是相似关系，那么有以下比例关系：

$$\frac{ML}{FN}=\frac{EL}{EN}\text{，或者 }\frac{ML}{3}=\frac{13}{8}$$

那么 $ML=4.875$。而由于 $KL=5$，***M*** 点同 ***K*** 点并未重合，所以 ***EFK*** 和

EHK 并不是直线，且存在图示的空洞。

为了将正方形切分为真正的矩形，我们设 $x^2-xy-y^2=0$，而不是等于 1 或 −1。方程式变形并只留下正数解：

$$x=\frac{1+\sqrt{5}}{2}y$$

这正是艺术家与建筑师所珍视的“黄金分割”比例。